国家示范性高等职业教育电子信息大类“十三五”规划教材

计算机网络技术

主　审　杨　烨

主　编　姜东洋　邬美林　徐湘艳

副主编　沈宫新　梅　清　郑士基　战忠丽

華中科技大學出版社
http://www.hustp.com
中国·武汉

内容简介

本书以工作过程导向为基础，按照由简单到复杂、由单一到综合的模式对计算机网络基础知识的教学内容进行编排，并针对职业岗位能力的要求，遵循学生职业能力培养规律，以典型的工作过程为依据来整合、优化教学内容。书中理论知识与实践讲解并重，系统介绍了组建与维护网络的方法和技巧。其中，理论知识部分注重讲解组建与维护网络时应掌握的基本概念，然后通过实例练习来介绍组建与维护网络的操作方法，并达到灵活运用的目的；实践部分以工作过程为导向进行内容编排，是本书的一大特色。本书注重网络基本知识与应用技能的紧密结合，力求通过网络实践反映计算机网络知识的全貌，适合学生循序渐进地学习。

本书的实用性和可操作性较强，可作为高职高专计算机类学生的教材，也可作为有关计算机网络基础知识培训的教材，还可以作为网络管理人员、网络爱好者和网络用户的学习参考资料。

为了方便教学，本书还配有电子课件等教学资源包，相关教师和学生可以登录“我们爱读书”网（www.ibook4us.com）免费注册并游览，或者发邮件至 hustpeiit@163.com 免费索取。

图书在版编目(CIP)数据

计算机网络技术/姜东洋，邬美林，徐湘艳主编. —武汉：华中科技大学出版社，2016.2(2022.12 重印)
国家示范性高等职业教育电子信息大类“十三五”规划教材
ISBN 978-7-5609-8209-0

Ⅰ. ①计…　Ⅱ. ①姜…　②邬…　③徐…　Ⅲ. ①计算机网络-高等职业教育-教材　Ⅳ. ①TP393

中国版本图书馆 CIP 数据核字(2015)第 311196 号

计算机网络技术
Jisuanji Wangluo Jishu

姜东洋　邬美林　徐湘艳　主　编

策划编辑：康　序　徐　欢
责任编辑：康　序
封面设计：原色设计
责任校对：何　欢
责任监印：朱　玢
出版发行：华中科技大学出版社(中国·武汉)　电话：(027)81321913
武汉市东湖新技术开发区华工科技园　邮编：430223
录　排：武汉正风天下文化发展有限公司
印　刷：武汉邮科印务有限公司
开　本：787mm×1092mm　1/16
印　张：17.5
字　数：448 千字
版　次：2022 年 12 月第 1 版第 4 次印刷
定　价：39.00 元

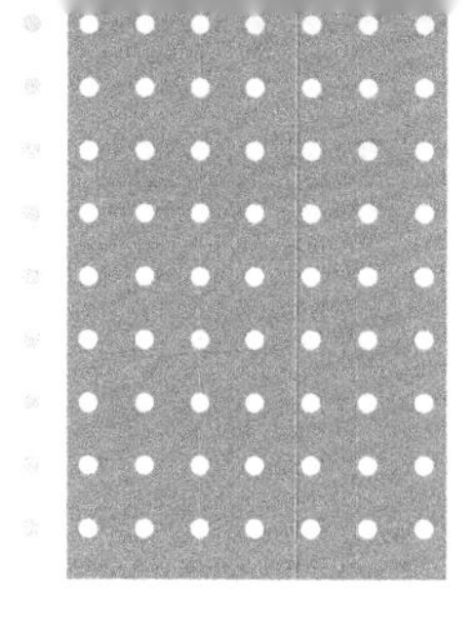

FOREWORD
前言

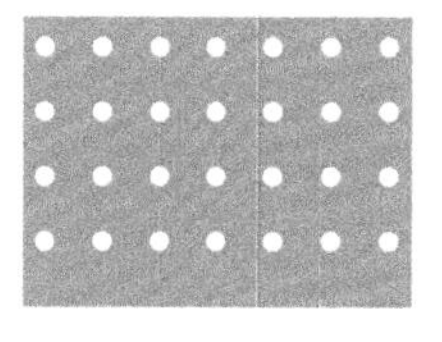

目前高职高专院校信息类专业为适应新型工业化发展的需要，结合本专业的特点，使教学内容与企业工作岗位需求密切结合，形成了较为明显的以就业为导向的职业教育特色。同时，根据目前各高职高专院校计算机类各专业的课程设置情况，构建工作过程系统化的课程体系，由企业专家确定典型的教学案例，并提出各种与工程实践相关的技能要求，将这些意见和建议融入课程教学，使教学环节和教学内容最大限度地与工程实践相结合。

计算机网络技术是将计算机技术和通信技术紧密结合的产物，它的产生、发展、应用普及从根本上改变着人们的生活方式、工作方式和思维方式。计算机网络的应用普及程度已成为衡量一个国家现代化水平和综合国力的重要标志。计算机网络技术比较复杂，并且其发展迅速，新知识、新技术、新标准、新产品不断涌现，令人目不暇接。本书紧密结合计算机网络的最新发展方向，将计算机网络的基础知识与实际应用相结合，力求内容新颖，涵盖面广，注重理论结合实际，以及学生综合能力的培养。

本书在编写过程中，以培养学生的工程实践能力和创新意识为重点，理论知识以“够用为度”，强调“应用为主”，在讲解基础知识的同时，介绍相应知识在网络组网、网络操作系统中的具体应用，使学生在了解计算机网络基本理论、基础知识的同时，掌握网络组建和维护、网络操作系统的管理和维护，并掌握网络设备的安装与调试等相关知识，为其今后从事计算机网络管理、网络建设与维护、网络规划与设计等方面的工作打下良好的基础。为了帮助学生加深对教学内容的理解，以及巩固学习内容和提高实际操作能力，部分章节后设有实践练习和习题。

本书内容丰富、结构合理、条理清晰、语言流畅，注重网络基本知识与基本技术的紧密结合，力求通过网络技术的实践反映计算机网络知识的全貌，适合学生循序渐进地学习。本书可作为高职高专院校计算机类各专业学生的教材，同时也可作为广大网络爱好者的参考书。教师可以根据授课专业的不同，依据教学标准有选择性地讲授书中的内容。

本书由辽宁机电职业技术学院姜东洋、新疆石河子职业技术学院郐美林、辽宁机电职业技术学院徐湘艳任主编，由南京科技职业学院沈宫新、武汉城市职业学院梅清、江门职业技术学院郑士基、吉林电子信息职业技术学院战忠丽任副主编。全书由姜东洋统阅定稿，由武汉软件工程职业学院杨烨主审。其中，姜东洋编写了项目4，郐美林编写了项目1至项目3，徐湘艳编写了项目6和项目7，沈宫新编写了项目5和项目8，梅清编写了项目9，郑士基编写了项目10，战忠丽编写了部分章节的习题。

为了方便教学，本书还配有电子课件等教学资源包，相关教师和学生可以登录“我们爱读书”网(www.ibook4us.com)免费注册并浏览，或者发邮件至 hustpeiit@163.com 免费索取。

由于编写时间仓促、作者学术水平有限，书中难免存在不足和疏漏之处，恳请广大读者批评指正，以便下次修订时完善。

编　者

2017 年 2 月

CONTENTS

目录

项目 1　计算机网络概述

项目 2　计算机网络的体系结构

项目 3　数据通信系统

项目 4　局域网技术

项目1　计算机网络概述

项目描述　计算机网络(computer network)是计算机技术和通信技术相结合的产物。它结合了计算机技术、通信技术、多媒体技术等各种新技术。计算机网络的出现改变了人们的生活和工作方式,并为人们的生活和工作带来了极大的方便,如网络聊天、娱乐、办公自动化、网上购物、网上订票、通过 E-mail 交流信息等。计算机网络使世界变得越来越小,生活节奏变得越来越快。

基本要求　掌握计算机网络的定义,了解计算机网络的产生与发展,熟悉计算机网络的组成和计算机网络的分类,掌握计算机网络的主要功能和计算机网络的应用等内容。

任务1　计算机网络基础知识

网络化是计算机技术发展的一种必然趋势,社会的信息化、数据的分布处理、计算机资源的共享等各种应用要求引发了人们对计算机网络技术的兴趣,推动了计算机网络技术的蓬勃发展。

一、计算机网络的定义

计算机网络是按照网络协议将地理上分散且功能独立的计算机利用通信线路连接起来以实现资源共享的计算机集合。

计算机资源主要指计算机硬件、软件、数据资源等。所谓资源共享就是通过连在网络上的计算机让用户可以使用网络系统的全部或部分计算机资源(通常根据需要被适当授予使用权)。其中,硬件资源包括超大型存储器(如大容量的硬盘)、特殊外设(如高性能的激光打印机、扫描仪、绘图仪等)、通信设备;软件资源包括各种语言处理程序、服务程序、各种应用程序、软件包;数据资源包括各种数据文件、各种数据库等。

网络用户不但可以使用网络系统的计算机资源,还可以调用网络中几台不同的计算机共同完成一项任务。在计算机网络中,能够提供信息和服务能力的计算机是网络的资源,而索取信息和请求服务的计算机则是网络的用户。

功能独立的计算机就是指每台计算机有自己的操作系统,互联的计算机之间没有主从关系,任何一台计算机都不能干预其他计算机的工作。每台计算机既可以联网工作,也可以脱机独立工作。

计算机网络是计算机的一个群体,是由多台计算机组成的,它们之间要做到有条不紊地交换数据,则必须遵守事先的约定和通信规则(即通信协议)。这就如同不同国家的人们之间进行交流一样,大家可以在使用同一种语言的基础上直接进行交流,或者通过翻译进行交流,否则大家之间就无法进行交流。

从资源构成的角度来说,计算机网络是由硬件和软件组成的。其中,硬件包括各种主机、终端等用户端设备,以及交换机、路由器等通信控制处理设备;软件则由各种系统程序和应用程序以及大量的数据资源组成。

但是，从计算机网络的设计与实现的角度，则更多的是从功能角度去看待计算机网络的组成。由于计算机网络的基本功能分为数据处理与数据通信两大部分，因此将计算机网络逻辑划分为资源子网和通信子网。

资源子网负责全网的数据处理业务，并向网络用户提供各种网络资源和网络服务。资源子网主要由拥有资源的主计算机、请求资源的用户终端以及相应的I/O设备、各种软件资源和数据资源等构成。

主计算机系统简称主机(host)，可以是大型机、中型机、小型机、工作站或微型机等。主机是资源子网的主要组成单元，它通过高速通信线路与通信控制处理机相连。主机系统拥有各种终端用户要访问的资源，它负担着数据处理的任务。

终端(terminal)是用户进行网络操作时所使用的末端设备，它是用户访问网络的界面。终端一般是指没有存储与处理信息能力的简单输入/输出设备，也可以是带有微处理器的智能终端。终端设备的种类很多，如电传打字机、CRT监视器、键盘，另外还有网络打印机、传真机等。终端设备可以直接与主机连接或者通过通信控制处理机和主机相连。

通信子网的作用是为资源子网提供传输、交换数据信息的能力。通信子网主要由通信控制处理机、通信线路及信号变换设备组成。

通信控制处理机(communication control processor，CCP)在网络拓扑结构中被称为网络结点。一方面，它作为与资源子网的主机、终端相连接的接口；另一方面，它作为通信子网中的分组存储转发结点，完成分组的接收、校验、存储、转发等功能，实现将源主机报文准确发送到目的主机的作用。通信控制处理机是一种在数据通信系统中专门负责网络中数据通信、传输和控制的专门计算机或具有同等功能的计算机部件。它一般由配置了通信控制功能的软件和硬件的小型机、微型机承担。

通信线路(transmission line)即通信介质，它是用于传输信息的物理信道以及为达到有效、可靠的传输质量所需的信道设备的总称。通常情况下，通信子网中的线路属于高速线路，所用的信道类型可以是由电话线、双绞线、同轴电缆、光缆等组成的有线信道，也可以是由无线通信、微波与卫星通信等组成的无线信道。

信号转换设备可以根据不同传输系统的要求对信号进行转换。例如，实现数字信号与模拟信号之间转换的调制解调器、无线通信的发送和接收设备，以及光纤中使用的光-电信号的变换和收发设备等。

二、计算机网络的功能

计算机网络的使用，扩展了计算机的应用能力。计算机网络虽然有多种形式，但其基本功能如下。

1. 数据通信

数据通信是计算机网络基本的功能之一，它可以为分布在各地的用户提供强有力的通信手段。建立计算机网络的主要目的就是使得分散在不同地理位置的计算机可以相互传输信息。计算机网络可以传输数据、声音、图形和图像等多媒体信息。利用该计算机网络的数据通信功能，通过计算机网络传送电子邮件和发布新闻消息等已经得到了普遍的应用。

2. 资源共享

计算机网络最早是从消除地理距离的限制以进行资源共享而发展起来的。这里的资源主要指计算机硬件、计算机软件、数据与信息资源。

用户拥有的计算机的性能总是有限的。在网络环境下，一台个人计算机的用户可以通过使用网络中的某一台高性能的计算机来处理自己提交的某个大型的复杂问题，还可以使用网络中的一台高速打印机打印报表、文档等，使工作变得非常快捷和方便。

共享软件允许多个用户同时使用，并可以保证网络用户使用的是版本、配置等相同的软件，这样不仅可以减少维护、培训等过程，而且更重要的是可以保证数据的一致性。可使用的共享软件很多，其中包括大型专用软件、各种网络应用软件以及各种信息服务软件等。

计算机用户之间经常需要交换信息、共享数据与信息。在网络环境下，用户可以使用网上的大容量磁盘存储器来存放自己采集、加工的信息。随着计算机网络覆盖区域的扩大，信息交流已逐渐不受地理位置、时间的限制，使得人类在对资源的使用上可以互通有无，大大提高了资源的利用率和信息的处理能力。

3. 增强系统可靠性

计算机网络中拥有的可替代的资源增强了计算机系统的可靠性。例如，当网络中的某一台计算机发生故障时，可由网络中其他的计算机代为处理，以保证用户的正常操作，不会因局部故障而导致系统瘫痪。又例如，某一数据库中的数据因计算机发生故障而消失或遭到破坏时，可从网络中另一台计算机的备份数据库中调来数据进行处理，并恢复遭破坏的数据库。

4. 提高系统处理能力

计算机网络的应用提高了计算机系统的处理能力。可以将分散在各台计算机中的数据资料适时集中或分级管理，并经综合处理后形成各种报表，提供给管理者或决策者分析和参考，如自动订票系统、政府部门的计划统计系统、银行财政等。当网络中的某一台计算机的任务很重时，可通过网络将此任务传递给空闲的计算机去处理，以调节忙闲不均的现象。对于综合性的大型问题可采用合适的算法，将任务分散到网中不同的计算机进行分布式处理，这一点对当前流行的局域网是非常有意义的，利用网络技术将微型计算机连成高性能的分布式计算机系统，使其具有解决复杂问题的能力。

正因为计算机网络有如此多的功能，使得它在工业、农业、交通运输、邮电通信、文化教育、商业、国防以及科学研究等领域获得越来越广泛的应用。

任务2　计算机网络的发展

计算机网络是通信技术和计算机技术相结合的产物，它是信息社会最重要的基础设施，网络技术的进步正在对当前信息产业的发展产生着重要的影响。计算机网络的发展是非常迅速的，其发展过程大致可分为以下四个阶段。

一、面向终端的计算机网络

计算机网络技术发展的第一阶段为20世纪50年代中期至60年代末期。人们将彼此独立发展的通信技术和计算机技术结合起来，将一台计算机经通信线路与若干终端直接相连，形成简单的“终端—通信线路—计算机”单机系统，如图1-1所示。

由图1-1可知，单机系统中除了一台主机外，其余的终端都不具备自主处理功能，在系统中主要是进行终端和主机间的通信。在单机系统中，多个终端分时使用主机的资源，此时主机既要进行数据处理，又要承担通信功能，因此单机系统存在两个明显的缺点：一是主机的负担较重，会导致系统响应时间过长；二是由于每个分时终端都要独占一条通信线路，导致通信线路利用率低、系统费用增加。

为了减轻主机负担和提高通信线路利用率，在通信线路和计算机之间设置了一个前端处理机(FEP)或通信控制器(CCU)专门负责与终端之间的通信控制，使数据处理和通信控制分开进行。在终端机较集中的地区，采用了集中管理器(集中器或多路复用器)用低速线路把附近群集的终端连起来，组成了“终端群→低速通信线路→集中器→高速通信线路→前端机→主机”结构的多机系统，如图 1-2 所示。

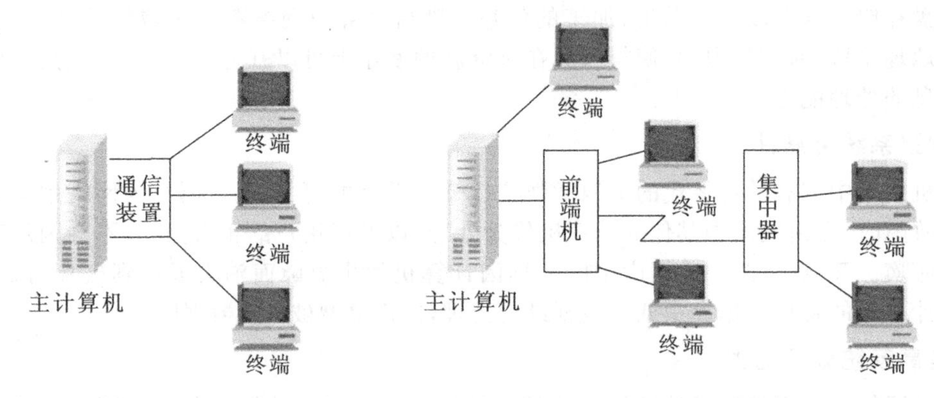

图 1-1　单机系统的计算机网络　　　　图 1-2　多机系统的计算机网络

严格来说，无论是单机系统还是多机系统都不能算是计算机网络，但由于它们将通信技术和计算机技术相结合，可以使用户以终端方式与远程主机进行通信，所以它们可以看成计算机网络的雏形，称为面向终端的计算机网络。

二、计算机-计算机网络

计算机网络技术发展的第二阶段为 20 世纪 60 年代中期至 70 年代中后期。这一阶段的计算机网络是由若干台计算机相互连接起来的系统，即利用通信线路将多台计算机连接起来，以分组交换技术为基础理论，实现了计算机与计算机之间的通信，如图 1-3 所示。

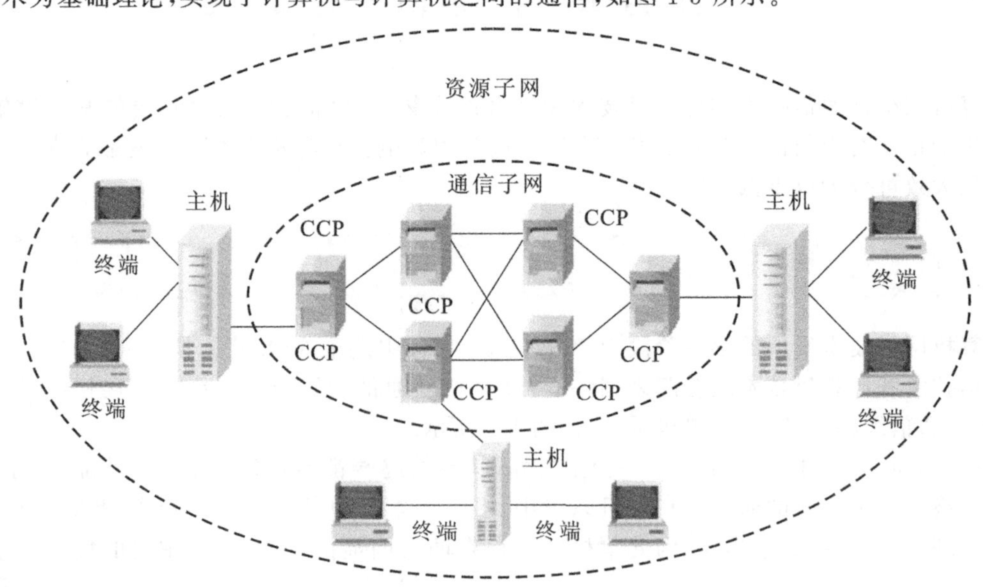

图 1-3　计算机-计算机网络

这个阶段的典型代表是美国国防部所属的高级研究计划局于1969年成功研制的世界上第一个计算机网络——ARPANET(简称ARPA网),该网络是一个典型的以实现资源共享为目的的计算机-计算机网络,简称为计算机通信网络,它为计算机网络技术的发展奠定了基础。其结构上的主要特点是:以通信子网为中心,多主机多终端。除此以外,IBM的SNA网和DEC的DNA网也都是成功的典例。这个时期的网络产品是相对独立的,没有统一的标准。

三、开放式的标准化计算机网络

计算机网络技术发展的第三阶段为20世纪70年代中期至80年代初期,它具有统一的网络体系结构,遵循国际标准化协议。标准化使得不同的计算机能方便地互联在一起。

随着ARPANET的建立,20世纪70年代中期国际上各种广域网、局域网与分组交换网发展十分迅速,各个计算机生产商纷纷开发各自的计算机网络系统。虽然不断出现的各种网络极大地推动了计算机网络的应用,但是众多不同的专用网络体系结构都不相同,协议也不相同,使得不同系列、不同公司的计算机网络难以实现互联。这为全球网络的互联、互通带来了很大的不便。鉴于这种情况,国际标准化组织(ISO)于1977年成立了专门的机构从事"开放系统互联"问题的研究,目的是设计一个标准的网络体系模型。1984年国际标准化组织颁布了"开放系统互联基本参考模型",这个模型通常被称为OSI参考模型。所谓"开放"是指相对于各个计算机生产商按照各自的标准独立开发的封闭系统,这一点与世界范围的电话和邮政系统非常相像。从此,网络产品有了统一标准,促进了企业的竞争,大大加速了计算机网络的发展。

四、高速互联计算机网络

计算机网络技术发展的第四阶段为20世纪90年代开始至今。自OSI参考模型推出后,计算机网络一直沿着标准化的方向发展,网络标准化也使得Internet飞速发展。Internet作为世界上最大的国际性的互联网,正在当今经济、文化、科学研究、教育与人类社会生活等方面发挥着越来越重要的作用,而且更高性能的第二代Internet也正在发展之中。

近年来,随着通信技术,尤其是光纤通信技术的发展,计算机网络技术得到了迅猛的发展。光纤作为一种高速率、高带宽、高可靠性的传输介质,在各国的信息基础建设中使用越来越广泛,这为建立高速的网络技术打下了基础。千兆位乃至万兆位传输速率的以太网已经被越来越多地用于局域网和城域网中,而基于光纤的广域网链路的主干带宽也已达到10 Gb/s数量级。网络带宽的不断提高,更加刺激了网络应用的多样化和复杂化。计算机网络已经进入了高速、智能化的发展阶段。

总之,将来网络将充分利用大规模集成技术和现代通信技术来发展高速、智能、多媒体、移动和全球性网络技术,建立一个合作、协调的开放系统环境,实现网络的综合服务与应用。

任务3 计算机网络的分类

计算机网络的分类方法多种多样,如按网络拓扑结构分类、按网络的覆盖范围分类、按数据传输的方式分类、按通信传输介质分类、按传输速率分类等。其中,按数据传输方式和按网络的覆盖范围进行分类是主要的分类方法。

一、按数据传输方式分类

网络采用的传输方式决定了网络的重要技术特点。在通信技术中，通信通道有广播通信通道和点对点通信通道两种。因此，将采用广播通信通道完成数据传输任务的网络称为广播式网络(broadcast networks)，将采用点对点通信通道完成数据传输任务的网络称为点对点式(point-to-point networks)网络。

1. 广播式网络

在广播式网络中，所有联网的计算机都共享一个公共通信信道，网络中的所有结点都能收到任何结点发出的数据信息。当一台计算机利用共享通信信道发送报文分组时，所有其他的计算机都会收听到这个分组。由于发送的分组中带有目的地址与源地址，接收到该分组的计算机将检查目的地址是否是与本结点的地址相同，如果被接收报文分组的目的地址与本结点地址相同，则接收该分组，否则丢弃该分组。总线型网络、环型网络、微波卫星网络等都属于广播式网络。

2. 点对点式网络

与广播式网络相反，在点对点式网络中，每条物理线路连接一对计算机。假如两台计算机之间没有直接连接的线路，那么它们之间的分组传输就要通过中间的结点来接收、存储、转发，直至目的结点，两台计算机之间可能有多条单独的链路。星型网络、树型网络、网型网络等都属于点对点式网络。

二、按网络的覆盖范围分类

按照计算机网络所覆盖的地理范围进行分类，可以明显地反映不同类型网络的技术特征。按网络的覆盖范围分类，计算机网络可以分为局域网(local area network，LAN)、城域网(metropolitan area network，MAN)和广域网(wide area network，WAN)三种。

1. 局域网

局域网也称局部网，是指将有限的地理区域内的计算机或数据终端设备互联在一起的计算机网络。它具有很高的传输速率(10 Mb/s～10 Gb/s)。这种类型的网络工作范围为几米到几十公里。局域网技术发展非常迅速，并且应用日益广泛，是计算机网络中活跃的领域之一。

2. 城域网

城域网有时又称为城市网、区域网、都市网。城域网是介于 LAN 和 WAN 之间的一种高速网络。城域网的覆盖范围通常为一个城市或地区，距离为几公里至几十公里。随着局域网的广泛使用，人们逐渐要求扩大局域网的使用范围，或者要求将已经使用的局域网互相连接起来，使其成为一个规模较大的城市范围内的网络。城域网中可包含若干个彼此互联的局域网，可由不同的系统硬件、软件和通信传输介质构成，从而使不同类型的局域网能有效地共享信息资源。城域网通常采用光纤或微波作为网络的主干通道。

3. 广域网

广域网指的是实现计算机远距离连接的计算机网络，可以把众多的城域网、局域网连接起来，也可以把全球的城域网、局域网连接起来。广域网涉及的范围较大，其工作范围为几十公里到几千公里，它可以在一个国家内，或者遍布全世界。广域网用于通信的传输装置和介质一般由电信部门提供，能实现大范围内的资源共享。

任务4 计算机网络的性能指标

影响网络性能的因素有很多，如传输的距离、使用的线路、传输技术和带宽等。对用户而言，则网络性能主要体现在所获得的网络速度不一样。计算机网络的主要性能指标是指带宽、吞吐量和时延。

1. 带宽

在局域网和广域网中，都使用带宽(bandwidth)来描述它们的传输容量。带宽本来是指某个信号具有的频带宽度。常用的带宽的单位为赫兹(Hz)、千赫、兆赫等。

在通信线路上传输模拟信号时，将通信线路允许通过的信号频带范围称为线路的带宽(或通频带)。

在通信线路上传输数字信号时，带宽就等同于数字信道所能传输的“最高数据率”。数字信道传输数字信号的速率称为数据率或比特率，即单位时间内所传送的二进制代码的有效位(bit)数。带宽的单位是每秒比特数(bit/s 或 bps)，即通信线路每秒所能传输的比特数。例如，以太网的带宽为 10 Mbit/s(或 10 Mbps)，意味着每秒能传输 10 兆比特。目前以太网的带宽有 10 Mbps、100 Mbps、1000 Mbps 和 10 Gbps 等几种类型。

2. 吞吐量

吞吐量(throughout)是指一组特定的数据在特定的时间段经过特定的路径所传输的信息量的实际测量值，单位也是 bit/s 或 bps。诸多原因使得吞吐量常常远小于所用介质本身可以提供的最大数字带宽。决定吞吐量的因素主要有网络互联设备、所传输的数据类型、网络的拓扑结构、网络上的并发用户数量、用户的计算机、服务器等。

3. 时延

时延(delay 或 latency)是指一个报文或分组从一个网络(或一条链路)的一端传输到另一端所需的时间。通常来讲，时延是由发送时延、传播时延和处理时延三部分组成的。

发送时延是指结点在发送数据时使数据块从结点进入传输介质所需的时间，也就是从数据块的第一个比特开始发送算起，到最后一个比特发送完毕所需的时间，又称为传输时延。传播时延是指电磁波在信道上需要传播一定的距离而花费的时间。处理时延是指数据在交换结点为存储转发而进行一些必要的处理所花费的时间。

实训1 简单局域网的组建

1. 工作任务

你所在的宿舍住有四位同学，每位同学都配置有一台计算机，其中一位同学还拥有一台打印机。宿舍成员均希望能够把这四台计算机连接起来组建一个局域网，使得计算机之间可以互相通信，以便共享文件和打印机，同时课余时间也可以联网玩游戏。请设计一个组网方案来满足这一要求。

2. 工作载体

一台交换机（或集线器），至少两台安装 Windows XP 操作系统的 PC，一台打印机（若不具备的话，可以在 Windows 系统中安装任一型号的打印机驱动程序以添加一台虚拟打印机来代替），若干制作好的直通双绞线（若没有现成的直通线缆，还需要双绞线、RJ-45 水晶头、压线钳、电缆测试仪等制线工具来现场制作）。

安装或更新网卡驱动程序，使得网卡能够正常工作；使用交换机（或集线器）组建简单的对等局域网；在 Windows 系统中创建用户，并进行文件和打印机的共享。对等网的拓扑结构如图 1-4 所示。

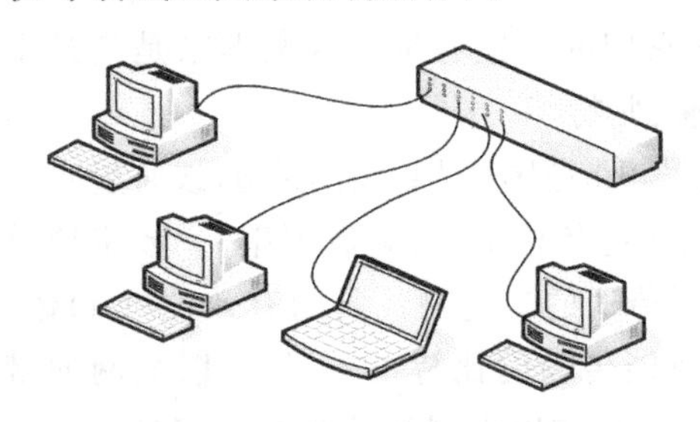

图 1-4　对等网的拓扑结构

3. 任务实施

1）任务说明

（1）PC 与交换机（或集线器）相连必须使用直通双绞线。

（2）对等网通过工作组来组织计算机，位于同一工作组的计算机，其工作组的名称应相同。

（3）组建对等网可以使用交换机，也可以使用集线器。集线器虽然价格较低，但由于其天生存在的诸如共享带宽、半双工操作、广播数据等缺点，使得其正逐步被淘汰，而且现在的交换机价格也越来越低，所以通常建议采用交换机来组建网络。

2）操作步骤

（1）选择网络拓扑结构。网络的拓扑结构对整个网络系统的运行效率、技术性能的发挥、可靠性与费用等方面都有重要的影响，因而确立网络拓扑结构是整个网络系统方案规划设计的基础，选择网络拓扑结构是网络规划设计的第一步。

网络拓扑结构设计主要确定各种设备以什么样的方式相互连接起来，拓扑结构的设计直接影响到网络的性能。中小型企业在选择网络拓扑结构时，应从经济性、可靠性、灵活性、可扩展性及是否易于管理和维护等几个方面综合考虑。

构成局域网的拓扑结构有多种，最常见的有总线型拓扑结构、星型拓扑结构、环型拓扑结构及混合型拓扑结构等。对等网是最简单的局域网，最常用的是总线型拓扑结构和星型拓扑结构。

总线型拓扑结构是指网络中所有计算机通过一条公共通信线路连接到一起，其使用的传输介质是同轴电缆。总线型网络的优点是结构简单、成本低廉，缺点是总线中任意一处发生故障将导致整个网络瘫痪。

星型拓扑结构是指网络中各计算机通过中心设备（通常为集线器或交换机）连成一个整体。星型网络使用双绞线连接，呈放射状连接各台计算机。星型拓扑结构的优点是：增减设备比较容易；单个连接点的故障不会影响全网。星型拓扑结构是当前局域网中最常见的一种结构，它广泛应用在双绞线构成的网络中，因而本实验的网络结构采用星型拓扑结构。

（2）制作线缆。制作若干根直通双绞线，制作好的线缆必须使用电缆测试仪进行测试，以保证连通良好。如果已有现成的直通双绞线，则本步骤可跳过。

（3）连线。使用直通双绞线连接 PC 和交换机（或集线器），双绞线两端的 RJ-45 水晶头分别插入 PC 的网卡和交换机(或集线器)的 RJ-45 接口。连接完成后 PC 网卡的指示灯和交换机(或集线器)对应端口的指示灯均会亮起,如果指示灯不亮则表示没有连通,请分析查找原因。

(4) 安装网卡驱动程序。计算机安装了网卡后,还需要安装相应的网卡驱动程序,网卡才能正常工作。Windows XP 操作系统中内置了许多常见的硬件驱动程序,对于常见的网卡,系统会自动识别并为其安装相应的驱动程序,无须用户手动安装。如果 Windows XP 操作系统中没有内置某种网卡的驱动程序或者安装的驱动程序不正确,则一定要手动安装网卡生产厂家提供的驱动程序。而且,即使系统中内置了网卡的驱动程序,为了实现网卡的最佳性能,建议还是安装网卡生产厂家提供的驱动程序。网卡驱动程序的安装步骤如下(安装网卡驱动程序的方式有多种,下面只介绍其中一种)。

① 右击“我的电脑”图标,选择“属性”→“系统属性”→“硬件”→“设备管理器”命令,打开“设备管理器”窗口,如图 1-5 所示。如果网卡没有安装驱动程序,在设备名称前会出现问号或感叹号,如果安装了错误的网卡驱动程序,在“网络适配器”项下面的设备名称前也会出现感叹号。

② 如果要更新或重新安装网卡驱动程序,可在出现问号或感叹号的设备名称上右击,选择“更新驱动程序”命令,弹出“硬件更新向导”对话框。选择是否连接网络后,单击“下一步(N)”按钮,进入如图 1-6 所示的对话框,选中“从列表或指定位置安装(高级)(S)”选项,单击“下一步(N)”按钮,出现“请选择您的搜索和安装选项。”对话框,如图 1-7 所示。勾选“在搜索中包括这个位置(O):”复选框,并单击“浏览(R)”按钮,选择网卡驱动程序源文件路径。

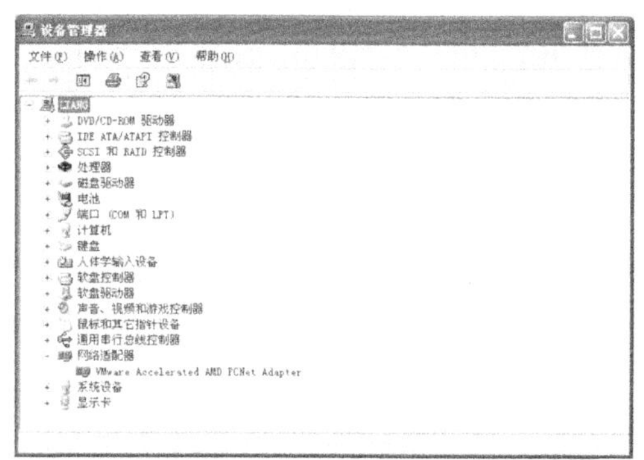

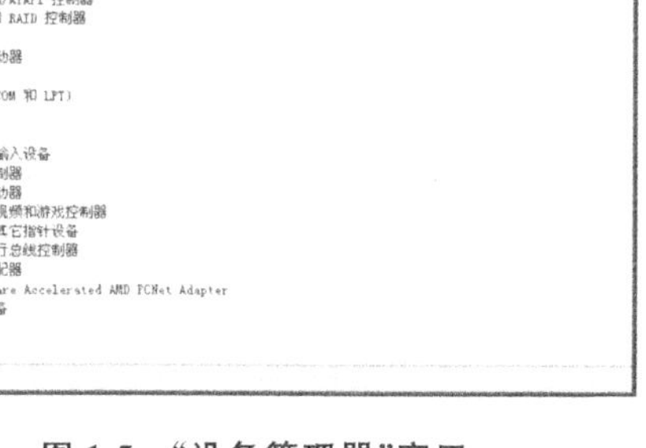

图 1-5　“设备管理器”窗口

图 1-6　“硬件更新向导”对话框

③ 单击“下一步(N)”按钮,显示“向导正在搜索,请稍候…”对话框。稍等几秒钟,便完成了网卡驱动程序的安装,屏幕显示“完成找到新硬件向导”对话框(如果网卡驱动程序源文件选择不正确,会显示“无法继续硬件更新向导”对话框)。单击“完成”按钮,结束操作。

(5) 设置计算机的 IP 地址、主机名称和工作组。

注意

各计算机的 IP 地址必须在同一网段,位于同一工作组内的计算机其工作组名称也应该相同。

(6) 测试连通性。从任意一台 PC 上 ping 其他计算机,看能否顺利 ping 通;或者打开任意一台 PC 的“网上邻居”,查看其他计算机的名称是否显示出来了。

(7) 创建 Windows 用户。通过局域网访问其他 PC 往往需要输入对方 Windows 系统已存在

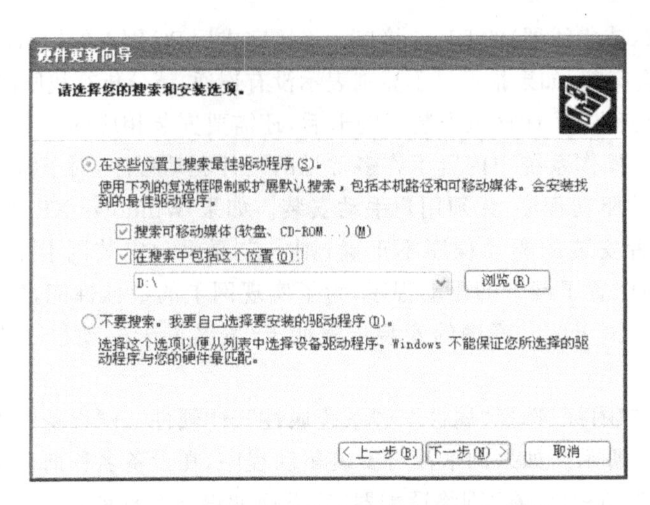

图 1-7 “请选择您的搜索和安装选项。”对话框

的用户账户方可顺利访问资源。下面来看如何在 Windows 中创建用户。

① 右击“我的电脑”图标，选择“管理”命令，打开“计算机管理”窗口，展开“本地用户和组”，点击“用户”，可以在窗口右侧看到系统中已经存在的用户列表，如图 1-8 所示。其中，“Administrator”是系统默认的管理员账户，它具有最高权限，可以完全控制计算机；“Guest”是系统内置的来宾账号，它提供非常有限的访问权限。用户名前面有一个红色的小叉表示该用户已经被禁用。

② 在窗口右侧空白处右击，选择“新用户”命令，弹出“新用户”对话框，如图 1-9 所示。在对话框中输入用户名、密码及确认密码，并同时勾选“用户不能更改密码(S)”“密码永不过期(W)”两项，然后先后单击“创建(E)”“关闭(D)”按钮，返回“计算机管理”窗口，便可以看到新用户已经出现在用户列表中了。

③ 若要修改用户的相关属性，可在相应的用户名上右击，弹出如图 1-10 所示的快捷菜单。修改或取消密码可选择“设置密码”命令，修改用户名可选择“重命名”命令，启用或停用账户可选择“属性”命令。

(8) 设置文件夹共享和打印机共享。PC 之间要共用文件和硬件资源，必须设置共享。文件夹共享在前面已经介绍，在此不再赘述，下面来看如何进行打印机共享。

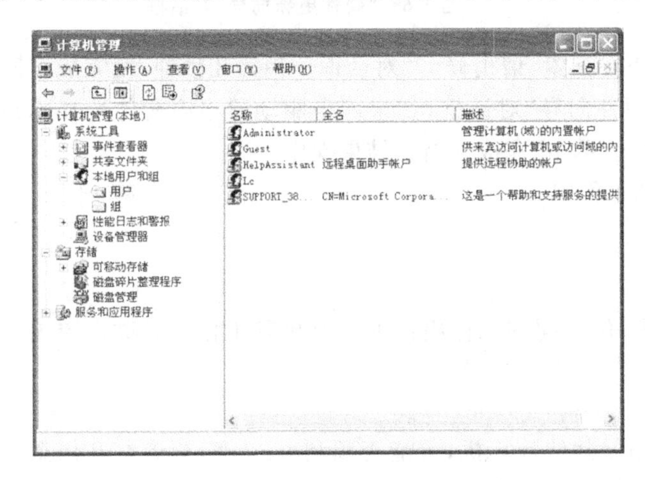

图 1-8 “计算机管理”窗口

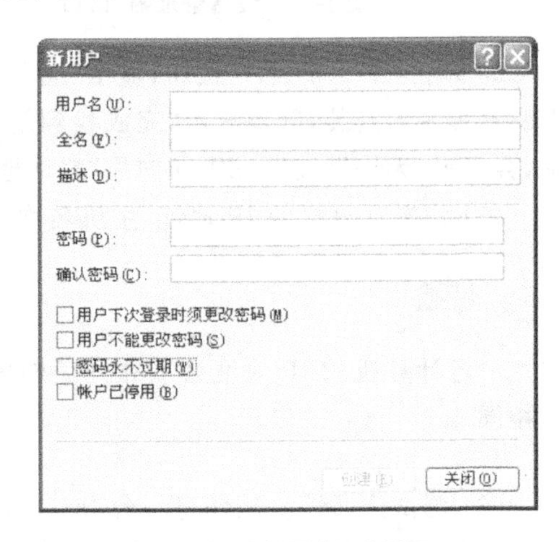

图 1-9 “新用户”对话框

① 在连接打印机的计算机上进行打印机的共享设置。

将打印机连接到计算机，安装打印机驱动程序，确保其在本地能正常工作。打印机驱动程序的安装方法和前面网卡驱动程序的安装方法类似。

选择“开始”→“设置”→“打印机和传真”，打开如图1-11所示的窗口。如果上一步的打印机驱动程序安装正确，此处就会显示已经安装的打印机名称。

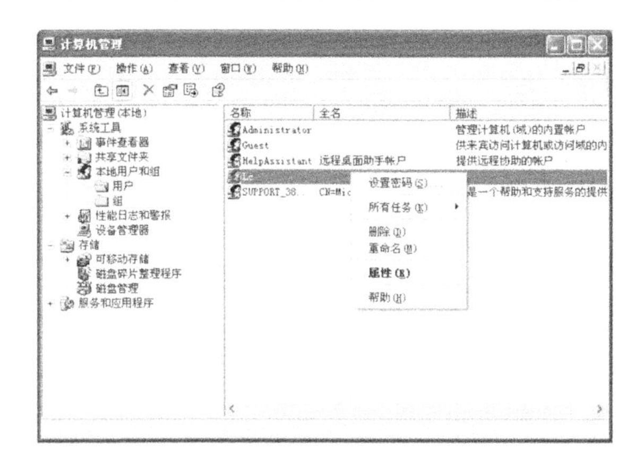

图1-10 右键快捷菜单

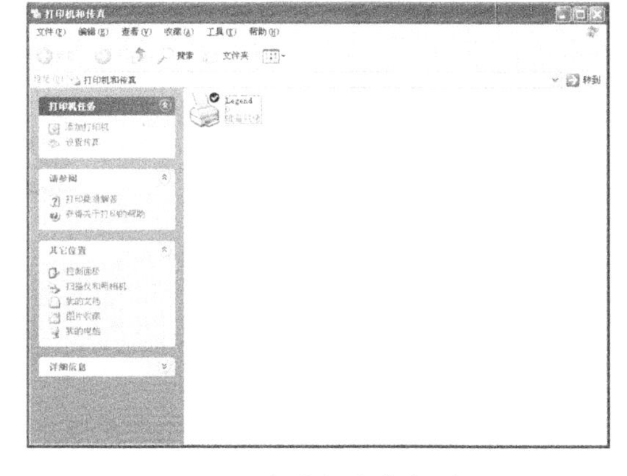

图1-11 “打印机和传真”窗口

在打印机名称上右击，选择“共享”命令，弹出如图1-12所示的打印机共享设置对话框，选中“共享这台打印机”，并在共享名文本框中输入打印机在网络上的共享名称，单击“确定”按钮，此时打印机图标下面有一只小手，表明该打印机已经被设置为共享打印机。

② 在其他计算机上进行打印机的共享设置。

选择“开始”→“设置”→“打印机和传真”，打开“打印机和传真”窗口。单击左侧的“添加打印机(S)”，弹出“添加打印机向导”对话框，单击“下一步(N)”按钮，进入如图1-13所示的对话框，若要添加网络打印机，则勾选“网络打印机或连接到其他计算机的打印机(E)”项。

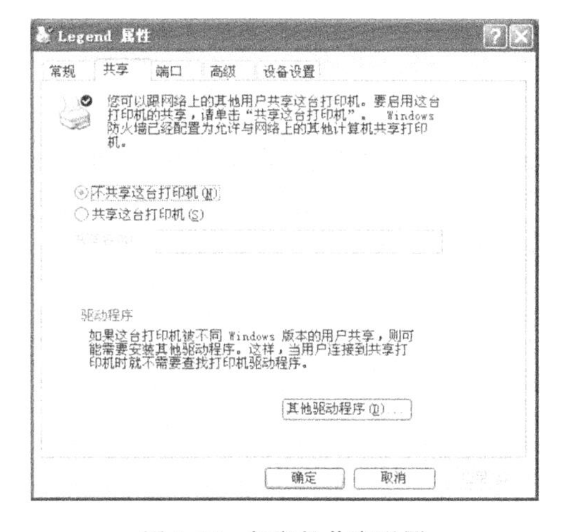

图1-12 打印机共享设置

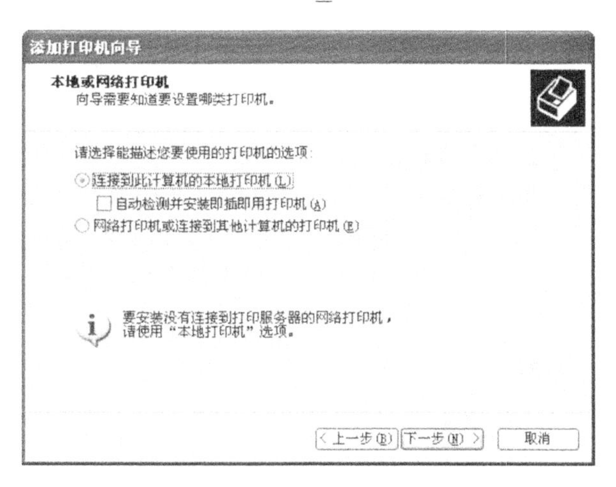

图1-13 “本地或网络打印机”对话框

单击“下一步(N)”按钮，进入“指定打印机”对话框，如图1-14所示。若用户知道打印机的确切位置及名称，则可选择“连接到这台打印机(或者浏览打印机，选择这个选项并单击“下一步(C)”，输入正确位置，其输入格式为“\\计算机名称\共享打印机名称”；若用户要浏览网络中有哪些打印机可用，则可选择“浏览打印机(W)”。此处选择“浏览打印机(W)”选项。

单击“下一步(N)”按钮，进入“浏览打印机”对话框。在“共享打印机(E)”列表中对应的计算机上找到要共享的打印机，此时“打印机(P)”文本框中会自动显示该打印机的位置及名称，如图 1-15 所示。

注意

如果某台计算机上的共享打印机无法在列表中显示出来，用户首先需要通过“网上邻居”或其他方式登录到对方的计算机，登录时可能需要输入用户名和密码。

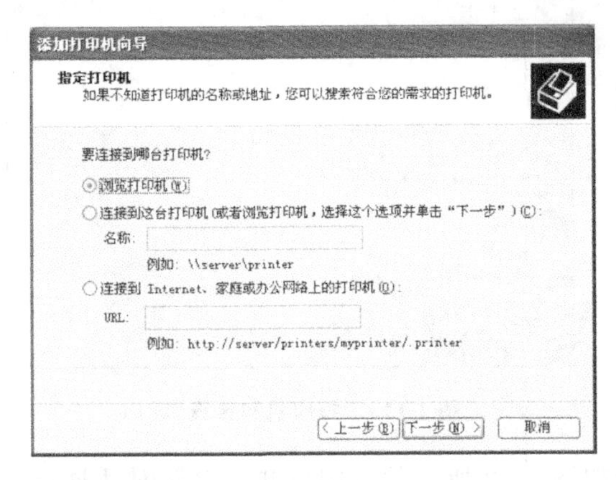

图 1-14 “指定打印机”对话框

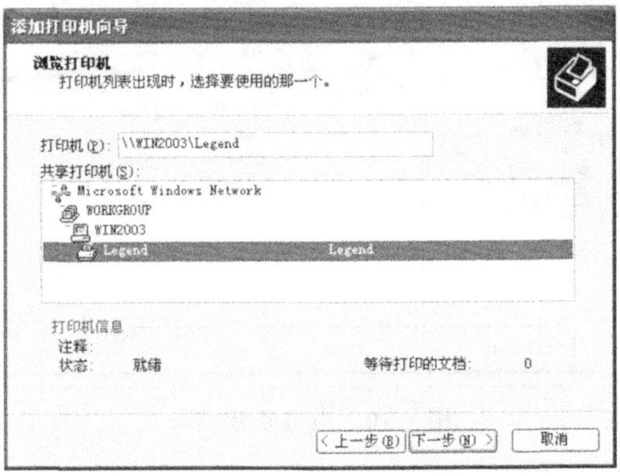

图 1-15 “浏览打印机”对话框

单击“下一步(N)”按钮，系统开始安装打印机驱动程序，弹出“正在完成添加打印机向导”对话框。单击“完成”按钮结束操作，一台网络打印机便被添加到了本地计算机中。

(9) 通过网络互相访问。通过网络访问局域网中的其他 PC 一般有两种方式，这两种方式都可能会要求输入对方的用户名和密码。

① 打开“网上邻居”，找到要访问的计算机名称并双击，这是最常用的一种方式。若要访问的计算机名称没有出现，可单击工具栏上的“搜索”按钮进行查找。

② 选择“开始”→“运行”命令，在文本框内输入“\\计算机名称”或“\\IP 地址”直接进行访问。

4. 教学方法与任务结果

学生分组进行任务实施，可以 3～5 人一组，首先由各小组讨论实施方案，再进行具体的实践操作。学生在操作过程中互相讨论，并由教师给予指导，最后由教师和全体学生参与结果评价。任务实施完成后，任意两台 PC 应能互相 ping 通，并可以输入用户账户，彼此访问对方的文件，而且必须把一台网络打印机成功添加到本地计算机。

习题

一、选择题

1. 一座大楼内的一个计算机网络系统，属于(　　)。

   A. PAN　　B. LAN　　C. MAN　　D. WAN

2. 计算机网络中可以共享的资源包括(　　)。

   A. 硬件、软件、数据、通信信道　　B. 主机、外设、软件、通信信道
   C. 硬件、程序、数据、通信信道　　D. 主机、程序、数据、通信信道

3. 计算机网络是计算机技术和通信技术相结合的产物，这种结合开始于(　　)。

A. 20 世纪 50 年代　　B. 20 世纪 60 年代初期

C. 20 世纪 60 年代中期　　D. 20 世纪 70 年代

4. 世界上第一个计算机网络是(　　)。

A. ARPANET　　B. ChinaNet　　C. Internet　　D. CERNET

5. 计算机互连的主要目的是(　　)。

A. 定网络协议　　B. 将计算机技术与通信技术相结合

C. 集中计算　　D. 资源共享

6. 计算机网络建立的主要目的是实现计算机资源的共享。其中，计算机资源主要指计算机(　　)。

A. 软件与数据库　　B. 服务器、工作站与软件

C. 硬件、软件与数据　　D. 通信子网与资源子网

7. 以下的网络分类方法中，(　　)组分类方法有误。

A. 局域网/广域网　　B. 对等网/城域网

C. 环型网/星型网　　D. 有线网/无线网

8. 局部地区通信网络简称局域网，英文缩写为(　　)。

A. WAN　　B. LAN　　C. SAN　　D. MAN

二、填空题

1. 计算机网络技术是________和________相结合的产物。

2. 建立计算机网络最主要的目的是____。

3. 按照网络覆盖的地理范围的大小，可以把计算机网络分为________、________和________三种类型。

三、问答题

1. 计算机网络的发展可划分为几个阶段？每个阶段各有何特点？

2. 计算机网络可从哪几个方面进行分类？

3. 什么是计算机网络？它由什么网络单元组成？

4. 计算机网络具有哪些功能？

5. 目前计算机网络应用在哪些方面？请举例说明。

项目2　计算机网络的体系结构

项目描述　为了能够使不同地理分布且功能相对独立的计算机之间组成网络实现资源共享，计算机网络系统需要涉及和解决许多复杂的问题，包括信号传输、差错控制、寻址、数据交换和提供用户接口等一系列问题。计算机网络体系结构是为简化这些问题的研究、设计与实现而抽象出来的一种结构模型。

基本要求　了解计算机网络层次体系结构的特点，理解计算机网络各层功能及其特点，熟练掌握计算机网络系统 OSI 参考模型和 TCP/IP 参考模型的组成及功能。

任务1　协议与分层

一、网络协议

通过通信信道和设备互联起来的多个不同地理位置的计算机系统，要使其能有条不紊地协同工作实现信息交换和资源共享，它们之间必须具有共同的语言。交流什么、怎样交流及何时交流，都必须遵循某种互相都能接受的规则。这些为网络数据交换而制定的规定、约束与标准被称为网络协议(protocol)。

协议由语法、语义和语序三大要素构成。协议的语法定义了通信双方的用户数据与控制信息的格式，以及数据出现的顺序的意义，即定义怎么做；协议的语义是为了协调完成某种动作或操作而规定的控制和应答信息，即定义做什么；协议的语序是对事件实现顺序的详细说明，指出事件的顺序及速度匹配，即定义何时做。

计算机网络是一个庞大且复杂的系统，网络的通信规约也不是一个网络协议就可以描述清楚的。目前已经有很多网络协议，它们已经组成一个完整的体系。每一种协议都有它的设计目标和需要解决的问题，同时，每一种协议也有它的优点和使用限制。这样做的主要目的是使协议的设计、分析、实现和测试简单化。

二、网络的层次结构

计算机网络系统是一个十分复杂的系统。将一个复杂系统分解为若干个容易处理的子系统，然后逐个解决这些较小的、简单的问题，这种结构化设计方法是工程设计中常见的手段。分层就是系统分解的方法之一。

层次结构划分的原则是内功能内聚，层间耦合松散，层数适中。其具体含义是指每层的功能应是明确的，并且是相互独立的，当某一层的具体实现方法更新时，只要保持上、下层的接口不变，便不会对相邻层产生影响;层间接口必须清晰,跨越接口的信息量应尽可能少;若层数太少,则造成每一层的协议太复杂,若层数太多,则体系结构过于复杂,使描述和实现各层功能变得困难。其中,接口指的是同一结点内,相邻层之间信息的连接点。

计算机网络中采用层次结构具有如下的特点。

(1) 各层之间相互独立。高层并不需要知道底层任务是如何实现的,而仅需要知道该层通过层间的接口所提供的服务。

(2) 灵活性好。当任意一层发生变化时,如由于技术的进步促进实现技术的变化,只要接口保持不变,则在这层以上或以下各层均不受影响。另外,当某层提供的服务不再需要时,甚至可以将这层取消。

(3) 各层都可以采取最合适的技术来实现其功能,各层实现技术的改变对其他层不产生影响。

(4) 易于实现和维护。因为整个系统已被分解为若干个易于处理的部分,这种结构使得一个庞大而又复杂的系统的实现和维护变得容易控制。

(5) 有利于促进标准化。这主要是因为每一层的功能和所提供的服务都已有了明确的说明。

网络协议对于计算机网络来说是不可缺少的,一个功能完备的计算机网络需要制定一套复杂的协议集,对于复杂的计算机网络协议最好的组织方式就是层次结构模型。我们将计算机网络层次结构模型和各层协议的集合定义为计算机网络体系结构(network architecture)。网络体系结构是对计算机网络应完成的功能的精确定义。

引入分层模型后,即使遵循了网络分层原则,不同的网络组织机构或生产厂商所给出的计算机网络体系结构也不一定是相同的,关于层的数量、各层的名称、内容与功能都可能会有所不同。

任务2 ISO/OSI参考模型

国际标准化组织ISO在1977年成立了一个分委员会来专门研究体系结构,提出了开放系统互联(open system interconnection,OSI)参考模型,这是一个定义连接异种计算机标准的主体结构,OSI解决了已有协议在广域网和高通信负载方面存在的问题。“开放”表示能使任何两个遵守参考模型和有关标准的系统进行连接;“互联”是指将不同的系统互相连接起来,以达到相互交换信息、共享资源、分布应用和分布处理的目的。

一、OSI参考模型

OSI参考模型采用分层的结构化技术,共分为七层,如图2-1所示。其中最低三层(1~3)是依赖网络的,涉及将两台通信计算机连接在一起所使用的数据通信网的相关协议,实现通信子网的功能。高三层(5~7)是面向应用的,涉及允许两个终端用户应用进程交互作用的协议,通常是由本地操作系统提供的一套服务,实现资源子网的功能。中间的传输层为面向应用的上三层遮蔽了与网络有关的下三层的详细操作。从本质上来说,传输层建立在由下三层提供服务的基础上,为面向应用的高三层提供与网络无关的信息交换服务。

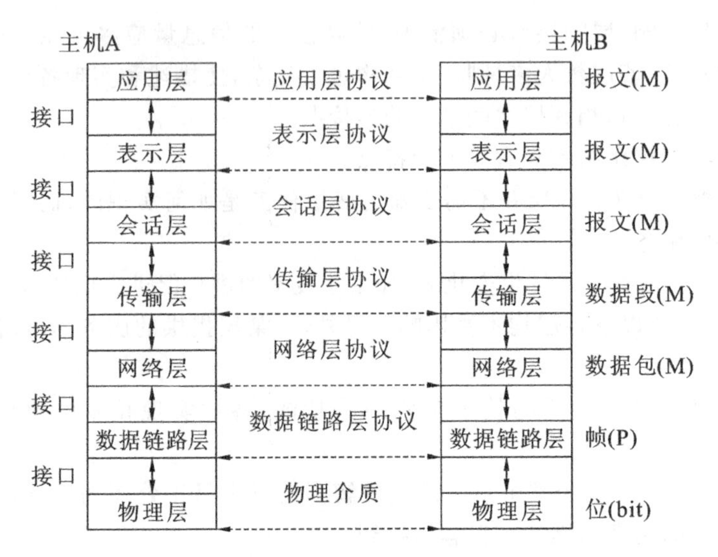

图 2-1　OSI 参考模型

二、OSI 各层的功能

OSI 参考模型的每一层都有它自己必须实现的一系列功能，以保证数据报能从源传输到目的地。下面简单介绍 OSI 参考模型各层的功能。

1. 物理层

物理层(physical layer)位于 OSI 参考模型的最底层，它是在物理传输介质上传输原始的数据比特流。当一方发送二进制比特“1”时，对方应能正确地接收，并识别出来。为了实现在网络上传输数据比特流，物理层必须解决好包括传输介质、信道类型、数据与信号之间的转换、信号传输中的衰减和噪声等在内的一系列问题。另外，物理层标准要给出关于物理接口的机械、电气功能和规程特性，以便于不同的制造厂商既能够根据公认的标准各自独立地制造设备，又能使各个厂商的产品能够相互兼容。

2. 数据链路层

比特流被组织成数据链路协议数据单元(通常称为帧)，并以其为单位进行传输，帧中包含地址、控制、数据及校验码等信息。数据链路层(data link layer)的主要作用是在数据传输过程中提供确认、差错控制和流量控制等机制，将不可靠的物理链路改造成对网络层来说无差错的数据链路。数据链路层还要协调收发双方的数据传输速率，即进行流量控制，以防止接收方因来不及处理发送方传送来的高速数据而导致缓冲器溢出及线路阻塞。

3. 网络层

数据以网络协议数据单元(分组)为单位进行传输。网络中的两台计算机进行通信时，中间可能要经过许多中间结点甚至不同的通信子网。网络层(network layer)的任务就是在通信子网中选择一条合适的路径，使发送端传输层传送来的数据能够通过所选择的路径到达目的端。为了实现路径选择，可在通信子网中进行路由选择，另外，为避免通信子网中出现过多的分组而造成网络阻塞，需要对流入的分组数量进行控制。当分组要跨越多个通信子网才能到达目的地时，还要解决网际互联的问题。

4. 传输层

传输层(transport layer)是第一个端对端,即主机到主机的层次。传输层是OSI参考模型中承上启下的层,它下面的三层主要面向网络通信,以确保信息被准确有效地传输;它上面的三层则面向用户主机,为用户提供各种服务。传输层为会话层屏蔽了传输层以下的数据通信的细节,使高层用户可利用传输层的服务直接进行端到端的数据传输,而不需要关心通信子网的具体细节。传输层为了向会话层提供可靠的端到端传输服务,也使用了差错控制和流量控制等机制。

5. 会话层

传输层是主机到主机的层次,而会话层(session layer)是进程到进程的层次。会话层的主要功能是组织和同步不同的主机上各种进程间的通信(也称会话)。会话层负责在两个会话层实体之间进行对话连接的建立和拆除。它可管理对话允许其双向同时进行或任意时刻只能一个方向进行。在后一种场合下,会话层提供一种数据权标来控制哪一方有权发送数据。会话层还提供在数据流中插入同步点的机制,使得数据传输因网络故障而中断后,可以不必从头开始而仅重传最近一个同步点以后的数据。

6. 表示层

OSI参考模型中,表示层(presentation layer)以下的各层主要负责数据在网络中传输时不要出错。表示层的功能为上层用户提供共同需要的数据或信息语法表示变换。为了让采用不同编码方法的计算机能相互理解通信交换后数据的内容,可以采用抽象的标准方法来定义数据结构,并采用标准的编码表示形式。表示层管理这些抽象的数据结构,并将计算机内部的表示形式转换成网络通信中采用的标准表示形式。数据压缩和加密是表示层可提供的表示变换功能。表示层负责数据的加密,从而在数据的传输过程对其进行保护,数据在发送端被加密,在接收端解密,使用密钥来对数据进行加密和解密;表示层负责文件的压缩,通过算法来压缩文件的大小,降低传输费用。

7. 应用层

应用层(application layer)是开放系统互连环境的最高层,负责为OSI参考模型以外的应用程序提供网络服务,而不为任何其他OSI层提供服务。不同的应用层为特定类型的网络应用提供访问OSI环境的手段。网络环境下不同主机间的文件传送访问和管理(FTAM)、传送标准电子邮件的报文处理系统(MHS)、使不同类型的终端和主机通过网络交互访问的虚拟终端(VT)协议等都属于应用层的范畴。需要注意的是,应用层并不等同于一个应用程序。应用层为用户提供电子邮件、文件传输、远程登录和资源定位等服务。

另外,应用层还包含大量的应用协议,如远程登录(telnet)、简单邮件传输协议(SMTP)、简单网络管理协议(SNMP)和超文本传输协议(HTTP)等。

三、OSI数据传输过程

按照OSI参考模型,网络中各结点都有相同的层次,不同结点的对等层具有相同的功能,同一结点内相邻层之间通过接口通信,每一层可以使用下层提供的服务并向其上层提供服务,不同结点的对等层按照协议实现对等层的通信。每一层的协议与对等层之间交换的信息称为协议数据单元(PDU)。

图2-2所示为对等层之间通信的概念模型。主机A的应用层与主机B的应用层通信。同样,主机A的传输层、会话层和表示层也与主机B的对等层进行通信。OSI参考模型的下三层必须处理数据的传输,路由器C参与此过程。主机A的网络层、数据链路层和物理层与路由器C进行通信。同样,路由器C与主机B的网络层、数据链路层和物理层进行通信。

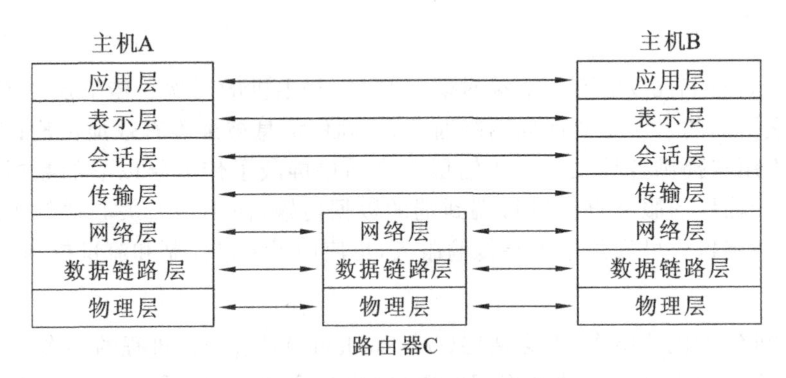

图 2-2 OSI 参考模型对等层通信

事实上，当某一层需要使用下一层提供的服务传送自己的 PDU 时，其当前层的下一层总是将上一层的 PDU 变为自己 PDU 的一部分，然后利用更下一层提供的服务将信息传送出去。在网络中，对等层可以相互理解和认识对方信息的具体意义。如果不是对等层，双方的信息就不可能(也没有必要)相互理解。

为了与其他计算机上的对等层进行通信，数据通过网络从一个结点传送到另一个结点之前，必须在数据的头部或尾部定义特定的协议头或特定的协议尾。这一过程被称为数据打包或数据封装。协议头和协议尾是附加的数据位，由发送方计算机的软件或硬件生成，放在由第 $N+1$ 层传给第 N 层的数据的前面或后面。物理层并不使用封装，因为它不使用协议头和协议尾。同样，在数据到达接收结点的对等层后，接收方将识别、提取和处理发送方对等层增加的数据头部或尾部。这个过程被称为数据拆包或数据解封。

一个完整的 OSI 数据传输过程如图 2-3 所示。

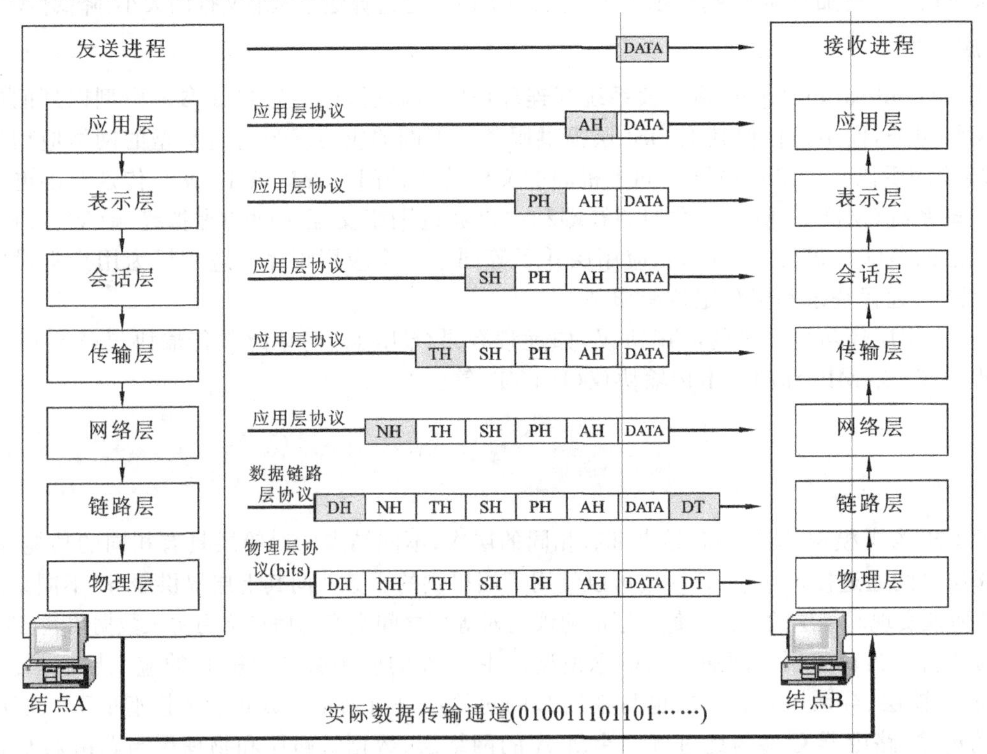

图 2-3 OSI 数据传输过程

(1) 当发送进程需要发送数据(data)至网络中另一结点的接收进程时,应用层为数据加上本层控制报头(AH)后,传递给表示层。

(2) 表示层接收到这个数据单元后,加上本层的控制报头(PH),然后传送到会话层。

(3) 同样,会话层接收表示层传来的数据单元后,加上会话层自己的控制报头(SH),送往传输层。

(4) 传输层接收到这个数据单元后,加上本层的控制报头(TH),形成传输层的协议数据单元PDU,然后传送给网络层。通常,将传输层的PDU称为报文(message)。

(5) 由于网络数据单元长度的限制,从传输层接收到报文(NH)后,形成网络层的PDU,网络层的PDU又称为分组(packet)。这些分组也需要通过数据链路层提供的服务,送往其接收结点的对等层。

(6) 分组被送到数据链路层的报头(DH)和报尾(DT),形成一种称为帧的链路层协议数据单元,帧将被送往物理层处理。

(7) 数据链路层的帧传送到物理层后,物理层将以比特流的方式通过传输介质将数据传输出去。

(8) 比特流到达目的结点后,再从物理层依次上传。每层对其相应层的控制报头(和报尾)进行识别和处理,然后将去掉该层报头(和报尾)后的数据提交给上层处理。最终,发送进程的数据传到了网络中另一结点的接收进程。

任务3　TCP/IP体系结构

尽管OSI参考模型得到了全世界的认同,但是互联网历史上和技术上的开发标准都是TCP/IP(传输控制协议/网际协议)模型。TCP/IP是美国政府资助的高级研究计划署(ARPA)在20世纪70年代的一个研究成果。1975年,TCP/IP协议产生,1983年1月1日它成为Internet的标准协议,现在该标准协议已融入UNIX、Linux、Windows等操作系统中。

一、TCP/IP参考模型

TCP/IP是一种网络通信协议,它规范了网络上的所有通信设备,尤其是一台主机与另一台主机之间的数据往来格式以及传送方式。

TCP/IP参考模型只有四个协议分层,从下至上依次为网络接口层、网络层、传输层、应用层。由图2-4可知,TCP/IP参考模型与OSI参考模型有一定的对应关系。其中,TCP/IP参考模型的应用层与OSI参考模型的应用层、表示层和会话层相对应;TCP/IP参考模型的传输层与OSI参考模型的传输层相对应;TCP/IP参考模型的网际层与OSI参考模型的网络层相对应;TCP/IP参考模型的网络接口层与OSI参考模型的数据链路层和物理层相对应。

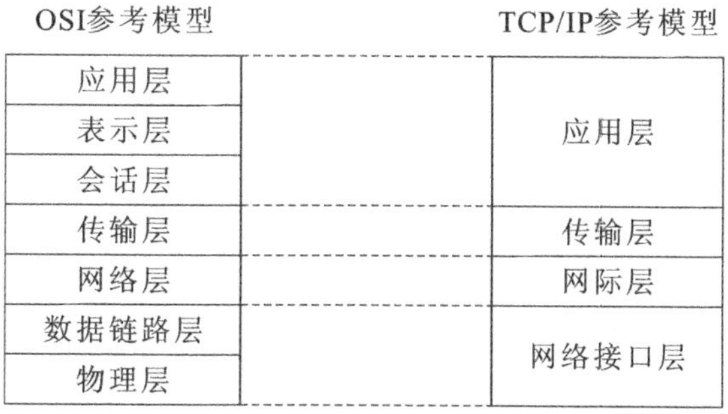

OSI参考模型	TCP/IP参考模型
应用层	应用层
表示层	
会话层	
传输层	传输层
网络层	网际层
数据链路层	网络接口层
物理层	

图2-4　TCP/IP参考模型与OSI参考模型

TCP/IP 实际上是一个协议系列或协议族，目前包含了 100 多个协议。这些协议使任何具有网络设备的用户能访问和共享 Internet 上的信息，其中最重要的协议族是传输控制协议(TCP)和网际协议(IP)。TCP/IP 参考模型各层的一些重要协议如图 2-5 所示。

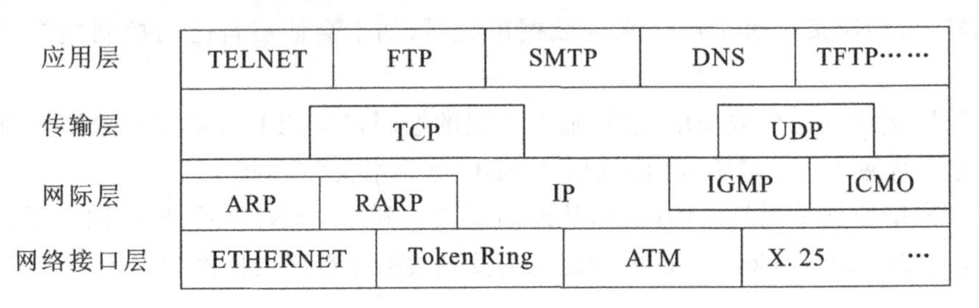

图 2-5 TCP/IP 参考模型各层使用的协议

二、TCP/IP 各层的功能

1. 网络接口层

在 TCP/IP 参考模型中，网络接口层是 TCP/IP 参考模型的最底层，负责接收从网络层传送来的 IP 数据报并将 IP 数据报通过底层物理网络发送出去，或者从底层物理网络上接收物理帧，抽出 IP 数据报，传送给网络层。网络接口层协议定义了主机如何连接到网络，管理着特定的物理介质。在 TCP/IP 模型中可以使用任意网络接口，如以太网、令牌环网、FDDI、X. 25、ATM、帧中继和其他接口。

2. 网际层

网际层的主要功能由互联网络协议 IP 来提供，主要解决计算机到计算机的通信问题；网际层的另一重要功能是进行网络互联，网间报文根据其目的 IP 地址，通过路由器传送到另一网络。

IP 的核心任务是通过互联网络传送数据报。当在不同主机间发送报文时，源主机首先构造一个带有全局网络地址的数据包，并在其前面加上一个报头。若目的主机在本网内，则 IP 可直接通过网络送至主机。若目的主机在其他网中，则先将数据报送到路由器，路由器将分组拆开，恢复为原始数据报，同时分析 IP 的报头以决定该数据报包含的是控制信息还是数据。若是数据，还需将数据分段，每个段成为独立的 IP 数据报，加上报头后排队，进行路由选择并予以转发。目的主机收到 IP 数据报后，将相应的报头除去，恢复成 IP 数据报，并将它们重组为原始数据(报)，传送至高层处理。

IP 协议不保证服务的可靠性，也不检查遗失或丢弃的报文，端到端的流量控制、差错的控制、数据报流排序等工作均由高层协议负责。

3. 传输层

传输层的作用是在源结点和目的结点的两个对等实体间提供可靠的端到端的数据通信。为保证数据传输的可靠性，传输层协议也提供了确认、差错控制和流量控制等机制。

TCP/IP 在传输层提供了两个主要协议：传输控制协议(TCP)和用户数据报协议(UDP)。

TCP 协议是一种可靠的面向连接的协议，它允许将一台主机的字节流无差错地传送到目的主机。TCP 协议将应用层的字节流分成多个字节段，然后将每一个字节段传送到网际层，并利用网际层发送到目的主机。当网际层将接收到的字节段传送给传输层时，传输层再将多个字节段还原成字节流传送到应用层。与此同时，TCP 协议要完成流量控制、协调收发双方的发送与接收速度等功能，以达到正确传输的目的。

UDP 协议是一种不可靠的无连接协议，它主要用于不要求分组顺序达到的传输中，分组传输顺序检查与排序由应用层来完成。

4. 应用层

TCP/IP 协议的高层为应用层，它大致和 OSI 参考模型的会话层、表示层和应用层对应，但没有明确的层次划分。它包括了所有的高层协议，并且随着计算机网络技术的发展，还会有新的协议加入。应用层的主要协议包括下面几种。

(1) 网络终端协议(Telnet)，用于实现互联网中远程登录功能。我们常用的电子公告牌系统 BBS 使用的就是这个协议。

(2) 文件传输协议(file transfer protocol，FTP)，用于实现互联网中交互式文件传输功能。下载软件使用的就是这个协议。

(3) 简单邮件传送协议(simple mail transfer protocol，SMTP)，用于实现互联网中电子邮件传送功能。

(4) 域名服务(domain naming system，DNS)，用于实现网络设备名字到 IP 地址映射的网络服务功能。

(5) 简单网络管理协议(simple network management protocol，SNMP)，用于管理和监视网络设备。

(6) 超文本传输协议(hyper text transfer protocol，HTTP)，用于目前广泛使用的 Web 服务。

(7) 路由信息协议(routing information protocol，RIP)，用于网络设备之间交换路由信息。

(8) 网络文件系统(network file system，NFS)，用于网络中不同主机间的文件共享。

三、ISO/OSI 参考模型与 TCP/IP 参考模型的比较

1. 相似点

ISO/OSI 参考模型和 TCP/IP 参考模型有许多相似之处，具体表现在：二者均采用了层次结构；都包含了能提供可靠的端对端的数据通信的传输层；三者都有应用层，虽然所提供的服务有所不同；二者均是一种基于协议数据单元的包交换网络，而且分别作为概念上的模型和事实上的标准，具有同等的重要性。

2. 不同点

ISO/OSI 参考模型和 TCP/IP 参考模型还有许多不同之处，具体如下。

(1) OSI 参考模型包括七层，而 TCP/IP 参考模型只有四层。虽然它们具有功能相当的网络层、传输层和应用层，但其他层并不相同。TCP/IP 参考模型中没有专门的表示层和会话层，它将与这两层相关的表达、编码和会话控制等功能包含到了应用层中去完成。另外，TCP/IP 参考模型还将 OSI 的数据链路层和物理层包括到了网络接口层中。

(2) OSI 参考模型在网络层支持无连接和面向连接的两种服务，而在传输层仅支持面向连接的服务。TCP/IP 参考模型在网络层则只支持无连接的一种服务，但在传输层支持面向连接和无连接两种服务。

(3) TCP/IP 参考模型由于有较少的层次，因而显得更简单，TCP/IP 参考模型一开始就考虑

到多种异构网的互联问题，并将网际协议(IP)作为TCP/IP参考模型的重要组成部分，并且其作为从Internet上发展起来的协议，已经成了网络互联的事实标准。但是，目前还没有实际网络是建立在OSI参考模型基础上的，OSI参考模型仅仅作为理论的参考模型被广泛使用。

【实践练习】学习了那么多知识，下面我们可以动手操作啦！

实训2　TCP/IP配置及主机互联

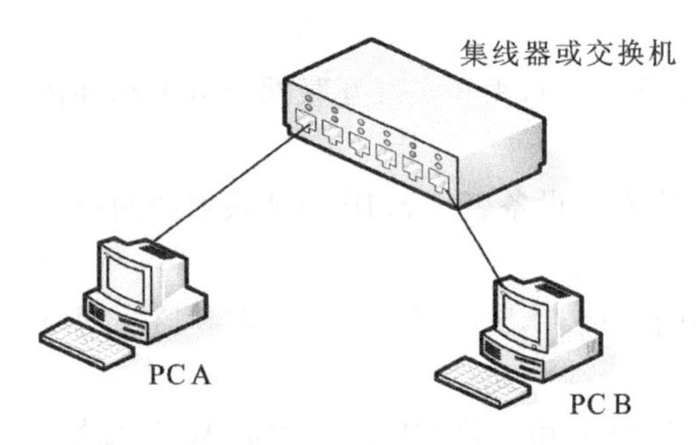

图2-6　简单的以太网示意图

1. 工作任务

利用制作好的直通UTP电缆将计算机与集线器或交换机连接起来，形成一个如图2-6所示的简单以太网，为网络中的每台计算机安装以太网网卡及相应的驱动程序，安装TCP/IP协议，并合理地分配IP地址，保证网络的正常运行。

2. 任务实施

1) TCP/IP协议的安装与基本配置

首先搭建如图2-6所示的拓扑，网络硬件安装完成并通过连通性检测后，就可以安装和配置网络软件了。网络软件通常捆绑在网络操作系统中，既可以在安装网络操作系统时安装，也可以在安装网络操作系统之后安装。Windows XP、Unix和Linux都提供了很强的网络功能。下面以Windows XP为例，介绍网络软件的安装和配置过程。

(1) 网卡驱动程序的安装和配置是网络软件安装的第一步。它的主要功能是实现网络操作系统上层程序与网卡的接口。网卡驱动程序因网卡和操作系统的不同而异，所以，不同的网卡在不同的操作系统中都配有不同的驱动程序。

由于操作系统集成了常用的网卡驱动程序，所以安装这些常见品牌的网卡驱动程序就比较简单，不需要额外的软件。如果选用的网卡较为特殊，那么安装驱动程序时就必须利用随同网卡发售的驱动程序。

Windows XP是一种支持“即插即用”的操作系统。如果使用的网卡也支持“即插即用”，那么，Windows XP会自动安装该网卡的驱动程序，不需要手工安装和配置。在网卡不支持“即插即用”的情况下，需要进行驱动程序的手动安装和配置工作。手动安装网卡驱动程序可以通过点击“开始”→“设置”→“控制面板”→“添加或删除程序”实现。“控制面板”窗口如图2-7所示。

(2) TCP/IP模块的安装和配置。为了实现资源共享，操作系统需要安装一种称为“网络通信协议”的模块。网络通信协议有多种，TCP/IP就是其中之一。下面介绍Windows XP TCP/IP模块的简单安装和配置过程，以便进一步测试组装的以太网。

Windows XP TCP/IP模块的安装过程如下。

① 启动Windows XP，点击“开始”→“设置”→“控制面板”→“网络连接”，右击“本地连接”，执行“属性”命令，进入“本地连接 属性”对话框，如图2-8所示。

图 2-7 “控制面板”窗口

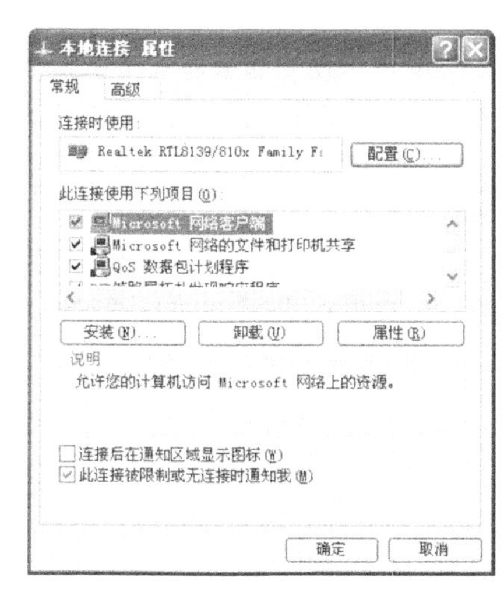

图 2-8 “本地连接 属性”对话框

② 如果“Internet 协议(TCP/IP)”已经显示在“此连接使用下列项目(O)”列表中，说明本机的TCP/IP 模块已经安装，否则就需要通过单击“安装(N)...”按钮添加 TCP/IP 模块。

③ TCP/IP 模块安装完成后，选中“此连接使用下列项目(O)”列表中的“Internet 协议(TCP/IP)”，单击“属性(R)”按钮，进行 TCP/IP 配置，如图 2-9 所示。

④ 在“Internet 协议(TCP/IP)属性”界面中，选中“使用下面的 IP 地址(S)”。在 192.168.13.1 至 192.168.13.254 之间任选一个 IP 地址填入“IP 地址(I)”文本框(注意网络中每台计算机的 IP 地址必须不同)，同时在“子网掩码(U)”文本框中输入“255.255.255.0”，如图 2-10 所示。单击“确定”按钮，返回“本地连接 属性”对话框。

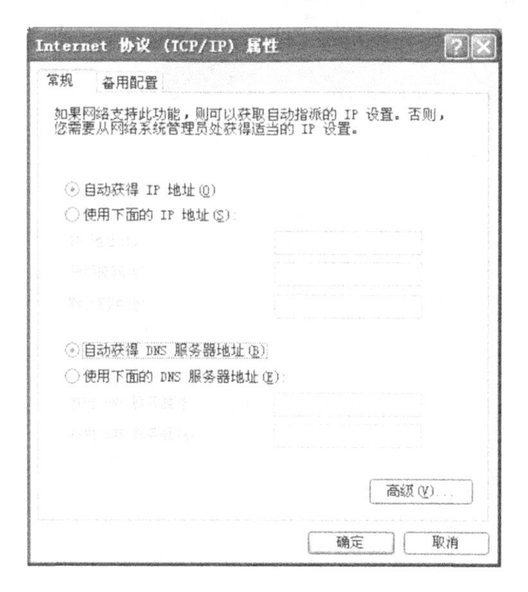

图 2-9 “Internet 协议(TCP/IP)属性”对话框

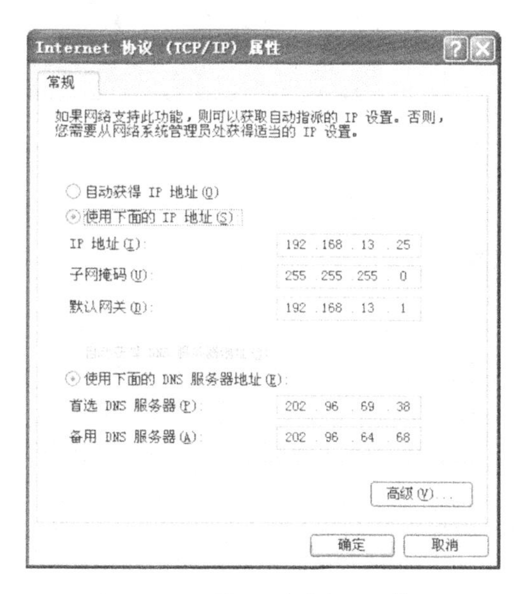

图 2-10 配置 IP 地址和子网掩码

⑤ 通过单击“本地连接 属性”界面中的“确定”按钮，完成 TCP/IP 模块的安装和配置。

(3) 用 ping 命令测试网络的连通性。ping 命令是测试网络连通性常见的命令之一。它通过发送数据包到对方主机，再由对方主机将该数据包返回来测试网络的连通性。ping 命令的测试成功不仅表示网络的硬件连接是有效的，而且也表示操作系统中网络通信模块的运行是正确的。

ping 命令使用起来非常简单，只要在 ping 之后加上对方主机的 IP 地址即可，如图 2-11 所示。如果测试成功，则命令将给出测试包从发出到回收所用的时间。在以太网中，这个时间通常小于 10 ms。如果网络不通，则 ping 命令将给出超时提示。这时，需要重新检查网络的硬件和软件，直到网络连通为止。

网络的硬件和软件安装配置完成后，就可以使用网络的相关功能了，如可以将 Windows XP 中的一个文件夹共享，也可以通过网络使用其他的打印机等。

3. 教学方法与任务结果

学生分组进行任务实施，可以 3～5 人一组进行小组讨论，确定方案后进行讲解，教师给予指导，全体学生参与评价。方案实施完成后，要检测计算机与计算机的连通性，确保局域网中的每台计算机都可以进行资源共享。

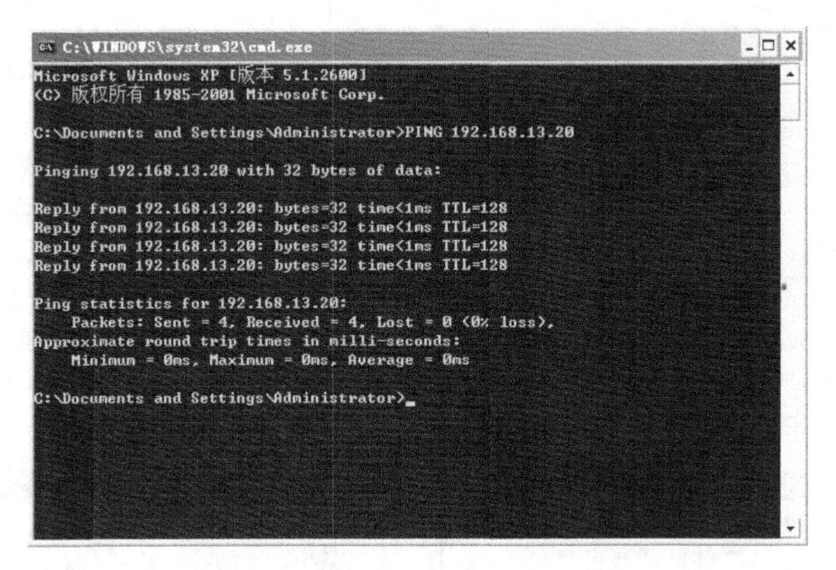

图 2-11　利用 ping 命令测试网络的连通性

习题

一、选择题

1. 在 OSI 七层结构模型中，处于数据链路层与传输层之间的是(　　)。
   A. 物理层　　B. 网络层　　C. 会话层　　D. 表示层
2. 完成路径选择功能是在 OSI 参考模型的(　　)。
   A. 物理层　　B. 数据链路层　　C. 网络层　　D. 传输层
3. 网络协议主要要素为(　　)。
   A. 数据格式、编码、信号电平　　B. 数据格式、控制信息、速度匹配
   C. 语法、语义、语序　　D. 编码、控制信息、同步

4. TCP/IP 协议族的层次中，解决计算机之间的通信问题是在(　　)。
A. 网络接口层　　B. 网际层　　C. 传输层　　D. 应用层
5. TCP/IP 体系结构中的 TCP 和 IP 所提供的服务分别为(　　)。
A. 链路层服务和网络层服务　　B. 网络层服务和传输层服务
C. 传输层服务和应用层服务　　D. 传输层服务和网络层服务
6. 在 TCP/IP 协议簇中，UDP 协议工作在(　　)。
A. 应用层　　B. 传输层　　C. 网际层　　D. 网络接口层
7. ISO 提出 OSI 参考模型是为了(　　)。
A. 建立一个设计任何网络结构都必须遵从的绝对标准
B. 克服多厂商网络固有的通信问题
C. 证明没有分层的网络结构是不可行的
D. 上列叙述都不是
8. TCP/IP 参考模型中的网络接口层对应于 OSI 参考模型中的(　　)。
A. 网络层　　B. 物理层
C. 数据链路层　　D. 物理层与数据链路层
9. (　　)描述了网络体系结构中的分层概念。
A. 保持网络灵活且易于修改
B. 所有的网络体系结构都用相同的层次名称，都有相同的功能
C. 把相关的网络功能组合在一层中
D. A 和 C

二、填空题

1. 协议有三个要素，即__________、__________和__________。
2. 网络参考模型是为了规范和设计网络体系结构提出的抽象模型，具有代表性的参考模型有两个，即__________和__________。
3. TCP/IP 包括__________和__________两个协议。

三、问答题

1. 举出生活中的例子来说明“协议”的基本含义。
2. ISO/OSI 参考模型包括哪几层，每层各有什么作用？
3. 解释数据打包和数据拆包的概念。
4. 在 OSI 参考模型中数据是如何流动的？
5. TCP/IP 参考模型与 OSI 参考模型有怎样的对应关系？
6. TCP/IP 参考模型与协议有怎样的对应关系？

项目3　数据通信系统

项目描述　通信(communication)已经成为现代生活中必不可少的一部分。正是因为通信技术的发展,才使得计算机连接成网络成为可能。数据通信是指两点或多点之间以二进制形式进行信息传输与交换的过程。由于现在大多数信息传输与交换是在计算机之间或计算机与打印机等外围设备之间进行的,数据通信有时也称为计算机通信。

基本要求　了解模拟传输与数字传输的基本原理,掌握常用数据编码与多路复用技术,掌握信息交换技术。

任务1　数据通信的基本概念

一、信息、数据和信号

通信是为了交换信息(information)。信息是客观事物属性和相互联系特性的表征,它反映了客观事物的存在形式和运动状态。事物的运动状态、结构、颜色、温度等都是信息的不同表现形式。而人造通信系统中传送的文字、语音、图像、符号和数据等也是包含一定信息内容的不同信息形式。信息可以分为文字信息、语音信息、图像信息和数据信息等。

数据(data)是信息的载体,可以理解为"信息的数字化形式",可以是数字、文字、语音、图形和图像。"数据"通常是指具有一定数字特性的信息,如统计数据、气象数据、测量数据及计算机存储、处理和传输的二进制数字编码。

数据分为模拟数据和数字数据。模拟数据取连续值,数字数据取离散值。在数据被传送之前,要将其转换成适合于传输的电磁信号(如模拟信号,或数字信号)。

信号(signal)是数据的电磁波表示形式。模拟数据和数字数据都可用这两种信号来表示。模拟信号是随时间连续变化的信号,这种信号的某种参量,如幅度、频率或相位等可以表示要传送的信息。传统的电话机送话器输出的语音信号,摄像机产生的图像信号以及广播电视信号等都是模拟信号。数字信号是离散信号,如计算机通信所用的二进制代码"0"和"1"组成的信号。模拟信号和数字信号的波形图,如图3-1所示。

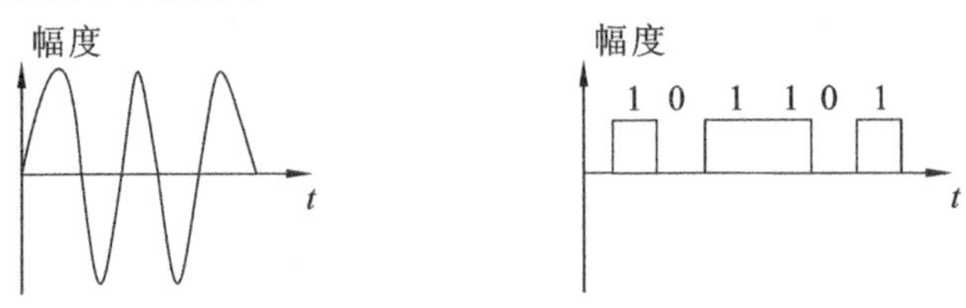

图3-1　模拟信号和数字信号的波形图

信道一般是用来表示向某一个方向传送信息的媒体。信道与电路并不相同。一条通信电路往往包含一条发送信道与一条接收信道。与信号的分类相似，信道也可以分成传送模拟信号的模拟信道和传送数字信号的数字信道两大类。

模拟数据和数字数据都可以转换为模拟信号或数字信号，有以下四种情况。

(1) 模拟数据、模拟信号　模拟数据可以用模拟信号来表示，最早的电话通信系统就是其应用模型。

(2) 模拟数据、数字信号　模拟数据也可以用数字信号来表示。将模拟数据转换成数字形式后，就可以使用先进的数字传输和交换设备。数字电话通信是其应用模型。

(3) 数字数据、模拟信号　数字数据可以用模拟信号来表示。例如，调制解调器(modem)可以把数字数据调制成模拟信号，也可以把模拟信号解调成数字数据。用 modem 拨号上网是它的一个应用模型。

(4) 数字数据、数字信号　数字数据可以用数字信号来表示。数字数据可直接用二进制数字脉冲信号来表示，但为了改善其传播特性，一般先要对二进制数据进行编码。数字数据专线网 DDN 网络通信是它的一个应用模型。

图 3-2 给出了模拟数据、数字数据和模拟信号、数字信号转换示意图。

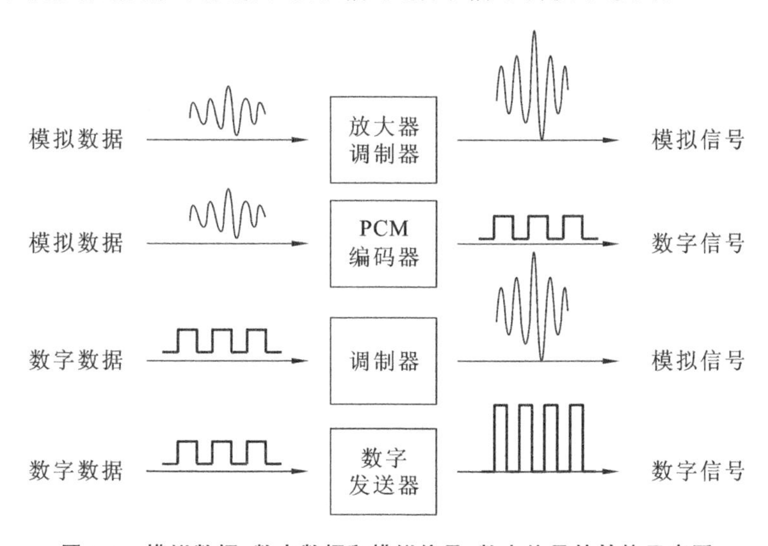

图 3-2　模拟数据、数字数据和模拟信号、数字信号的转换示意图

二、数据通信系统的模型

了解了信息、数据、信号和信道的概念后，下面我们通过一个简单的例子来说明数据通信系统的模型。这个例子就是两台 PC 通过普通电话线的连线，再经过公用电话网进行通信。一个数据通信系统可划分为以下三大部分。

- 源系统：也可以称为信源或发送端。
- 中间系统：传输网络。
- 目的系统：也可以称为信宿或接收端。

源系统一般包含以下两部分。

- 源点：源点设备产生要传输的数据，如正文输入到 PC，产生输出的数字比特流。

● 发送器:通常源点生成的数据要通过发送器编码后才能够在传输系统中进行传输。例如,调制解调器将 PC 输出的数字比特流转换成能够在用户的电话线上传输的模拟信号。现在很多 PC 使用内置的调制解调器,用户在 PC 外面看不到这个设备。

目的系统也包含以下两部分。

● 接收器:接收传输系统传送过来的信号,并将其转换成能够被目的设备处理的信号。例如,调制解调器接收来自传输线路上的模拟信号,并将其转换成数字比特流。

● 终点:终点设备从接收器获取传送过来的信息。

在源系统和目的系统之间的传输系统可能是简单的传输线,也可能是一个复杂的网络系统。通信系统的模型如图 3-3 所示。

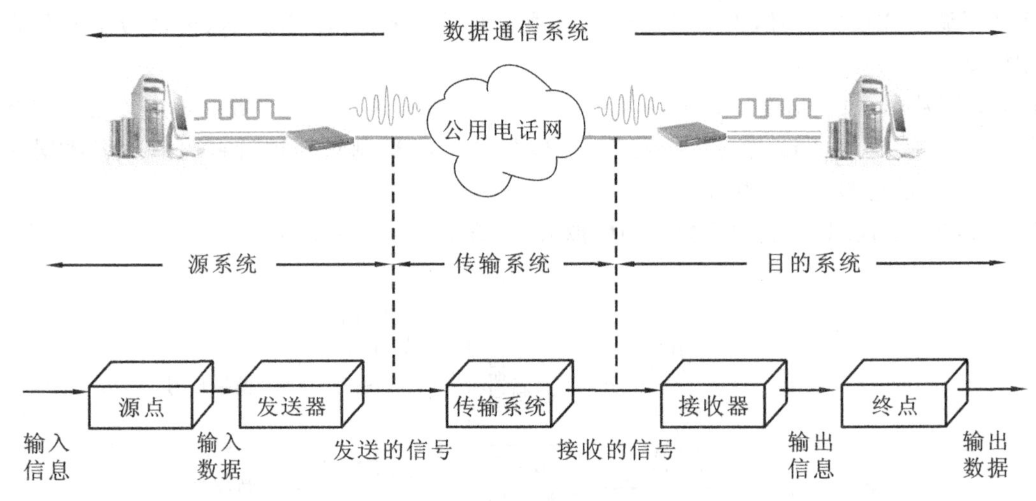

图 3-3 通信系统的模型

为了更好地理解数据通信系统,应注意下面三个问题。

(1) 发送器和接收器均是进行信号变换的设备,在实际的通信系统中有各种具体的设备名称。例如,信源发出的是数字信号,当要采用模拟信号传输时,则要将数字信号变成模拟信号,这个过程称为调制,使用调制器来实现,而接收端将模拟信号转换为数字信号的过程称为解调,使用解调器来实现。在通信中常常要进行两个方向的通信,故将调制器与解调器做成一个设备,称为调制解调器,其具有将数字信号变换为模拟信号以及将模拟信号恢复为数字信号的两种功能。

当信源发出的信号为模拟信号,而要以数字信号的形式传输时,则要将模拟信号变换为数字信号,通常是通过所谓的编码器来实现,到达接收端后再通过解码器将数字信号恢复为原来的模拟信号。实际上,也是考虑到一般通信为双向通信,故将编码器与解码器做成一个设备,称为编码解码器。

(2) 虽然数字化已成为当今的趋势,但这并不等于说使用数字数据和数字信号就一定是"先进的",使用模拟数据和模拟信号就一定是"落后的"。数据究竟应该是数字的还是模拟的,是由所产生数据的性质决定的。例如,当我们说话时,声音大小是连续变化的,因此传送话音的声波就是模拟数据。但数据必须转换成信号才能够在网络上传输。又如,现在互联网中广泛使用的传输媒体光纤只适合传输连续的光信号,也就是模拟信号,因此,计算机端输出的数字数据必须转换成模拟信号后才能够进行传输。

(3) 在图 3-3 所示的通信系统模型中,如果网络的传输信道都适合于传送数字信号,那么 PC 输出的数字比特流就没有必要再转换为模拟信号了。现在因为要使用一段电话用户线,所以必须使用调制解调器中的调制器将 PC 中输出的数字信号转换为模拟信号。在公用电话网中,在交换机之间的中继线路大多已经数字化了，因此模拟信号还必须转换为数字信号才能在数字信道上传输。为了简单起见，这部分信号的变化在图中没有画出。等到信号要进入接收端的用户线时，数字信号再转换为模拟信号，最后再经过调制解调器中的解调器转换为数字信号进入接收端的计算机，经计算机的处理，再恢复成正文。

三、数据通信中的主要性能指标

1. 数据传输速率

在数据通信系统中，为了描述数据传输速率的大小和传输质量的好坏，需要运用波特率和比特率等技术指标。波特率和比特率是用不同的方式描述系统传输质量的参量。

(1) 比特率 S　比特率又称为信息速率，它反映一个数据通信系统每秒所传输的二进制数据位数(bit)，单位是比特/秒(bit/s 或 bps)。

(2) 波特率 B　波特率是一种调制速率，又称波形速率。它是指数字信号经过调制后的速率，即经过调制后的模拟信号每秒钟变化的次数，也就是数据通信系统中线路每秒传送的波形个数，其单位为波特。

设一个波形的持续周期为 T，则波特率可以表示为：

$$B=1/T \tag{3-1}$$

比特率和波特率是两个不同的概念，它们之间的关系是：

$$S=B\log_2 N \tag{3-2}$$

其中，N 为一个脉冲信号所表示的有效状态数。在二进制中，一个脉冲的“有”和“无”表示 1 和 0 两种状态。对于多相调制来说，N 表示相的数目。在二相调制中，$N=2$，所以比特率和波特率相等，但在多相调制中，波特率与比特率就不相同了，具体如表 3-1 所示。

表 3-1　比特率和波特率之间的关系

波特率	1200	1200	1200	1200
多相调制的相数	二相调制($N=2$)	四相调制($N=4$)	八相调制($N=8$)	十六相调制($N=16$)
比特率	1200	2400	3600	4800

(3) 误码率　误码率是衡量通信系统线路质量的一个重要参数，其定义为，二进制符号在传输系统中被传错的概率，近似等于被传错的二进制符号数与所传二进制符号总数的比值，即

$$P_e \approx N_e/N \tag{3-3}$$

其中，N_e表示接收的错误比特数，N 表示传输的总比特数。

根据测试，目前电话线路传输速率为 300～2400 b/s 时的平均误码率为 10^{-6}～10^{-4}，传输速率为 2400～9600 b/s 时的平均误码率为 10^{-4}～10^{-2}，而在计算机网络通信中误码率要求低于 10^{-6}。因此，在计算机网络中使用普通通信信道时，必须采用差错控制技术才能满足计算机通信系统对可靠性指标的要求。

(4) 带宽　带宽(bandwidth)本来是指某个信号具有的频带宽度。我们知道，一个特定的信号往往是由许多不同的频率组成的，因此，带宽为信道允许传送信号的最高频率和最低频率之差，其单位为赫(Hz)、千赫(kHz)、兆赫(MHz)等。例如，在传统的通信线路上传送的电话信号的标准带宽是 3.1 kHz。

(5) 信道容量　信道容量是衡量系统有效性的指标，它与系统的通信效率和可靠性都有直接的关系。实际上，衡量系统可靠性指标的误码率和衡量通信效率的传输速率两者之间是相互制约的，即在一定条件下，提高通信效率会使可靠性降低，提高可靠性就会使通信效率降低。

信道容量是一个极限参数，它一般是指物理信道上能够传输数据的最大能力。当信道上传输的数据速率大于信道所允许的数据速率时，信道就不能用来传输数据了。1948 年，香农经过研究得出了著名的香农定理。该定理指出，信道的带宽和信噪比(信噪比是信号功率和噪声功能之比)越高，则信道的容量就越高。因此，在网络设计中，应当注意所用的数据传输速率一定要低于信道容量所规定的数值。

四、数据通信过程中涉及的主要技术问题

计算机之间的通信结构图如图 3-4 所示。

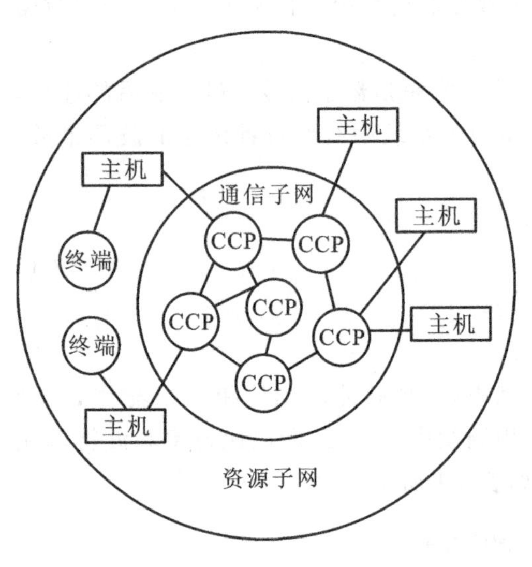

图 3-4　计算机之间的通信结构图

资源子网由若干主机和终端组成，通信子网由若干通信控制处理机(CCP)组成。现在假设资源子网中的两台主机要进行通信，首先发送数据的主机将数据发送给与自己直接相连的 CCP，CCP 以存储转发的方式接收数据，决定数据通过通信子网中的哪些 CCP，最终到达接收数据的主机。

在这个通信过程中，需要解决以下几个问题。

(1) 数据传输与通信方式：在数据通信过程中，是采用串行通信方式还是采用并行通信方式，是采用单工通信方式还是采用全双工通信方式。

(2) 数据传输类型：是指在数据通信过程中，信号的表示方式，即确定是使用数字信号表示还是使用模拟信号表示。

(3) 数据传输的同步技术：是指采用同步通信方式还是异步通信方式。

(4) 多路复用技术：是指为了提高物理信道的利用率而采取的技术(是频分复用、时分复用还是波分复用)。

(5) 广域网交换技术：是指当设计一个远程网络时，所采用的技术。用于确定是选择电路交换还是选择分组交换，是采用数据报方式还是采用虚电路方式。

(6) 差错控制技术：实际的物理通信信道是有差错的，为了达到网络规定的可靠性技术指标，必须采用差错控制技术。例如，差错的自动检测和差错纠正采用什么技术。

通过数据通信系统的学习，我们要逐步掌握数据通信方式、数据传输类型、多路复用技术和差错控制技术等知识，从而更好地理解计算机之间的通信。

任务 2　数据通信方式

在进行数据传输时，有两种通信方式，一种是并行通信，一种是串行通信。

一、并行通信

并行通信通常用于计算机系统内部及计算机与外设之间大量频繁的数据传输。在这种方式中，每个数据编码的各个比特都是同时发送的。从发送端到接收端的信道需要用相应的若干根传输线。常用的并行方式是将构成一个字符的代码的若干位通过同样多的并行信道同时传输。例如，计算机的并行口常用于连接打印机，一个字符分为 8 位，因此每次并行传输 8 位信号，如图 3-5 所示。

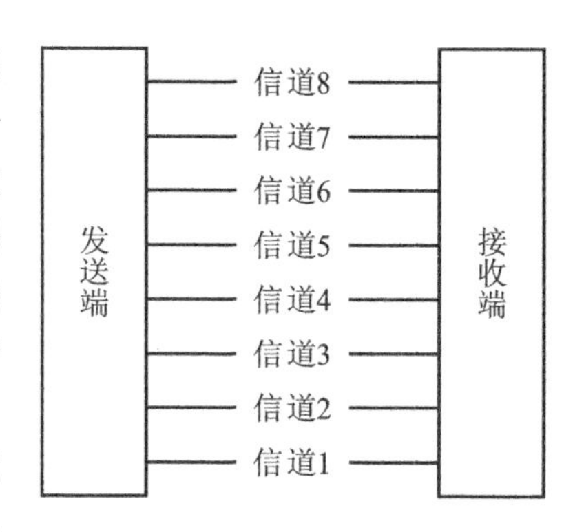

图 3-5　并行数据传输

并行通信的优点是传输速度快，处理简单。但在远距离通信时，由于这种通信需要的线路太多，因而通信成本太高，另外，并行线路间电平的相互干扰也会影响传输质量。因此，一般不采用并行通信。

二、串行通信

串行通信时，数据是一位一位地在通信线路上传输的。因为计算机内部操作多采用并行通信方式，因此在实际采用串行通信时，要使用转换设备进行并/串和串/并转换。首先由具有几位总线的计算机内的发送设备，将几位并行数据经并/串转换硬件转换成串行方式，再逐位经传输线到达接收端的设备中，并在接收端将数据从串行方式重新转换成并行方式，以供接收方使用，如图 3-6 所示。

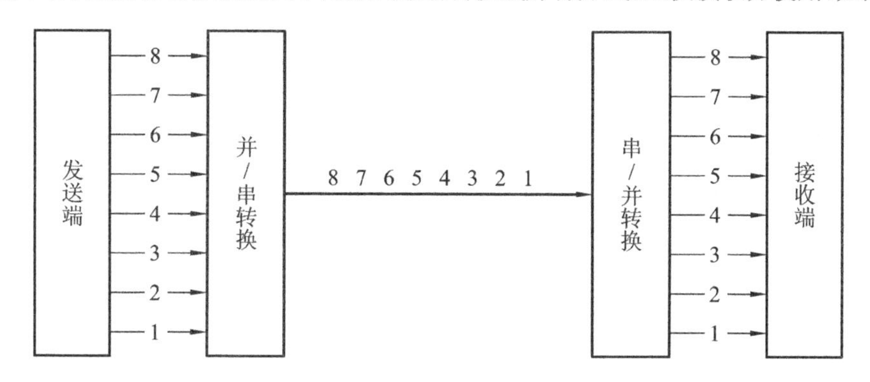

图 3-6　串行数据传输

串行数据传输的速度要比并行数据传输慢得多，但这种方式节省线路成本，因此它是远距离数据通信较好的选择。对于覆盖面极其广阔的公用电话系统来说具有更大的现实意义。

串行通信有三种工作方式，分别是单工通信、半双工通信和全双工通信。

1. 单工通信

凡是利用一条物理信道只能进行单向信息传输的通信，称为单工通信。信号在信道中只能从发送端传送到接收端。理论上来说，单工通信的线路只需要一根线，但在实际中，一般采用两个通信信道，一个用来传送数据，一个传送控制信号，简称为二线制，如图 3-7 所示。例如，BP 机只能接收寻呼台发送的信息，而不能发送信息给寻呼台，有线电视和广播也属于单工通信。

2. 半双工通信

半双工通信是指可以进行双向传输,但由于只有一条物理信道(二线制),因此,同一时刻只限于一个方向传输,如图 3-8 所示。这种方式要求 A、B 双方都有发送装置和接收装置。若想改变信息的传输方向,需要利用开关进行转换。这种方式广泛应用于交互式会话通信的情况下。例如,对讲机只能单向传输信息,当一方讲话时,另一方就无法讲话,只能等一方讲完后另一方才能讲话。

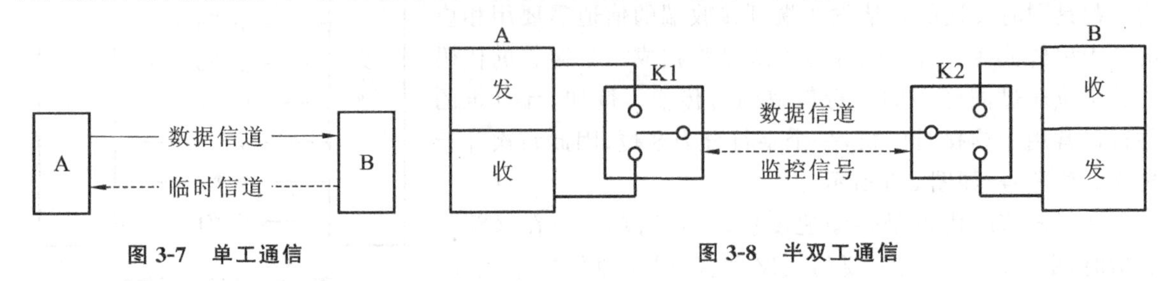

图 3-7　单工通信　　图 3-8　半双工通信

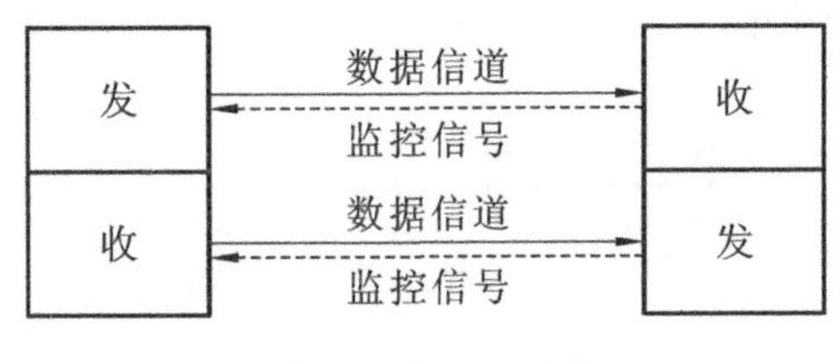

图 3-9　全双工通信

3. 全双工通信

全双工通信是指通信双方在任何时刻,均可进行双向通信,无任何限制,这种方式往往用于实时数据交换,它需要两条以上的物理信道(三线制或四线制),如图 3-9 所示。

为了提高传输速度,现在越来越多的高速数据通信系统或计算机网络系统开始采用全双工通信方式。例如,日常生活中使用的电话或手机,双方在讲话的同时,还可以收听到语音。全双工通信效率高,控制简单,但造价高,适用于计算机之间的通信。

任务 3　数据交换技术

在计算机广域网中,计算机通常使用公用通信信道进行数据交换。在通信子网中,从一台主机向另一台主机传送数据时,可能会经过由多个结点组成的路径。通常将数据在通信子网中结点间的数据传输过程统称为数据交换,其对应的技术称为数据交换技术。在传统的广域网的通信子网中,使用的数据交换技术可分为两类:电路交换技术和存储转发技术。存储转发技术又可分为报文交换技术和分组交换技术。

随着网络应用技术的迅速发展,大量的高速数据、声音、图像、影像等多媒体数据需要在网络上传输。因此,对网络的带宽和传输的实时性的要求越来越高。传统的电路交换与分组交换方式已经不能适应新型的宽带综合业务的需要。因此,一种崭新的交换技术应运而生,这就是异步传输模式(ATM)。ATM 一出现就引起了人们的高度关注,并且迅速成为宽带综合业务数据网的技术核心。从本质上看,ATM 技术也是一种高速的分组交换技术。

一、电路交换

1. 电路交换的工作原理

电路交换最典型的例子就是电话通信系统。电话通信系统经过了多次改革和更新,已经从电话交换机的人工转接，发展到了现代程控交换机的自动转接。然而，它们使用的交换方式却始终未变，这就是通过交换机实现线路的转接。电路交换的示意图如图 3-10 所示。

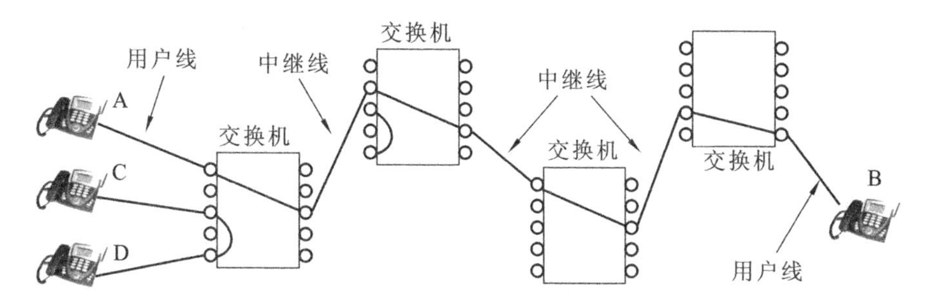

图 3-10 电路交换示意图

在电路交换和转接过程中，通信的双方首先必须通过结点交换机建立起专用的通信信道，也就是在通信双方之间建立起实际的物理线路连接，然后使用这条端到端的线路进行通信。

电路交换的通信过程分为三个过程。

(1) 电路建立。在传输任何数据之前，要先经过呼叫过程建立一条端到端的电路。如图 3-10 所示，若用户 A 要与用户 B 通信，典型的做法是，A 先向与其相连的交换机提出请求，然后该交换机负责连接到通往用户 B 的下一个交换机，依此类推，最终在 A 与 B 之间形成一条专用电路，用于用户之间的数据传输。

(2) 数据传输。电路建立以后，双方就可以进行通信。在整个数据传输过程中，所建立的电路必须始终保持连接状态。

(3) 电路拆除。数据传输结束后，由某一方(A 或 B)发出拆除请求，然后逐节拆除到对方结点。

2. 电路交换技术的特点

1) 电路交换技术的特点

在数据传送开始之前必须先设置一条专用的通路。在线路释放之前，该通路由一对用户完全占用。对于猝发式的通信，电路交换效率不高。

2) 电路交换技术的优点

数据传输可靠、迅速，数据不会丢失且保持原来的序列。

3) 电路交换技术的缺点

在某些情况下，电路空闲时的信道容易被浪费，在短时间数据传输时电路建立和拆除所用的时间显得过长。因此，它适用于系统间要求高质量的大量数据传输的情况。

二、报文交换

当端点间交换的数据具有随机性和突发性时，采用电路交换方法将会造成信道容量和有效时间的浪费，而采用报文交换方法则不存在这种问题。

1. 报文交换的原理

报文交换方式的数据传输单位是报文，报文就是站点一次性要发送的数据块，其长度不限且可变。当一个站要发送报文时，它将一个目的地址附加到报文上，网络结点根据报文上的目的地址信息，把报文发送到下一个结点，然后逐个结点地转送到目的结点。

每个结点在收到整个报文并检查无误后，就暂存这个报文，然后利用路由信息找出下一个结点的地址，再把整个报文传送给下一个结点。因此，端与端之间无须先通过呼叫建立连接。

报文在每个结点的延迟时间，等于接收报文所需的时间加上向下一个结点转发所需的排队延迟时间之和。

2. 报文交换的特点

1）报文交换的特点

（1）报文从源点传送到目的地采用"存储-转发"方式，传送报文时，一个时刻仅占用一段通道。

（2）在交换结点中需要缓冲存储，报文需要排队，故报文交换不能满足实时通信的要求。

2）报文交换的优点

（1）电路利用率高。因为许多报文可以分时共享两个结点之间的通道，所以对于同样的通信量来说，报文交换对电路的传输能力要求较低。

（2）在电路交换网络中，当通信量变得很大时，就不能接受新的呼叫，而在报文交换网络中，通信量大时仍然可以接收报文，不过传送延迟会增加。

（3）报文交换系统可以把一条报文发送到多个目的地，而电路交换网络很难做到这一点。

（4）报文交换网络可以进行速度和代码的转换。

3）报文交换的缺点

（1）不能满足实时或交互式的通信要求，报文经过网络的延迟时间长且不定。

（2）有时结点收到过多的数据而无空间存储或不能及时转发时，就不得不丢弃报文，而且发出的报文不按顺序到达目的地。

三、分组交换

报文交换对传输的数据块的大小并不进行限制，对某些大报文的传输，结点交换机必须进行缓存，往往单条报文可能占用线路长达几分钟，这样显然不适合交互式通信。

1. 分组交换的原理

分组交换是报文交换的一种改进，它将报文分成若干个分组，每个分组的长度有一个上限，有限长度的分组使得每个结点所需的存储能力降低了，分组可以存储到内存中，从而提高了交换速度。分组交换适用于交互式通信，如终端与主机的通信。它是计算机网络中使用最广泛的一种交换技术。分组交换的示意图如图 3-11 所示。

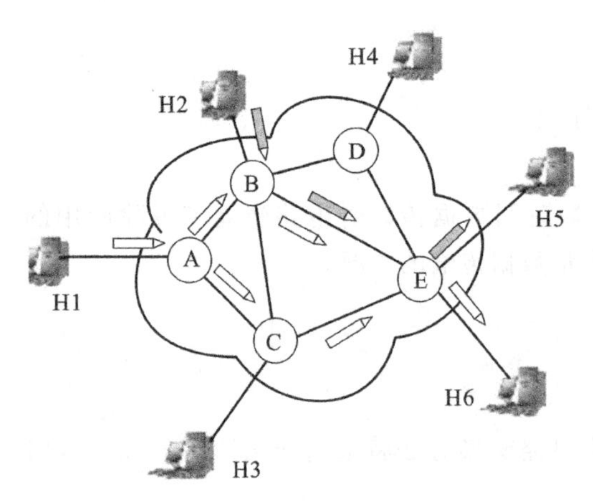

图 3-11　分组交换的示意图

分组交换网由若干个结点交换机（node switch）和连接这些交换机的链路组成。使用圆圈表示的结点交换机是整个网络的核心设备，现在一般都使用路由器作为核心设备。图 3-11 中的 H1 至 H6 是可以进行通信的计算机，即主机。

结点交换机处理分组的过程是：将收到的分组先放入缓存，再查找路由表（路由表中写有到达目的网络应该如何转发的信息)，然后确定将分组转发给哪个结点交换机。

现在假定主机 H1 向主机 H6 发送数据，主机 H1 先将分组一个个地发往与它直接相连的结点交换机 A，此时，除链路 H1—A 外，其他通信链路并不被目前通信的双方所占用。

结点交换机 A 将主机 H1 发来的分组放入缓存。查找路由表，假定从路由表中查出应该将该分组转发给结点交换机 C，于是分组就经过链路 A—C 到达结点交换机 C。C 继续按照上述方式查找路由表，将分组转发给结点交换机 E，最后将分组传送给主机 H6。

假定在某一分组的传送过程中，链路 A—C 的通信量太大并产生了拥塞，那么结点交换机 A 可以将分组转发给与之相连的另外一个结点交换机 B，B 再将分组转发给 E，最后将分组送给主机 H6。图 3-11 中还画出了主机 H2 和 H5，它们也同时在进行通信。

2. 分组交换的特点

1) 分组交换的优点

(1) 高效：在分组传输的过程中动态分配传输带宽，对通信链路是逐段占用的。

(2) 灵活：每个结点均能智能转发，为每一个分组独立地选择转发的路由。

(3) 迅速：以分组作为传送单位，通信之前可以不必先建立连接就能发送分组。

(4) 完善的网络协议：分布式多路由的通信子网。

2) 分组交换的缺点

(1) 时延长：分组在结点交换机存储转发时由于要排队造成时延。当网络通信量大时，这种时延可能会很长。

(2) 开销大：每个分组携带的控制信息造成了系统额外的开销。

分组交换在实际应用中有两种类型：虚电路方式(virtual circuit，VC)和数据报方式(data gram，DG)，前者是面向连接的，后者是面向无连接的。

3. 虚电路分组交换原理与特点

在虚电路分组交换中，为了进行数据传输，网络的源结点和目的结点之间要先建立一条逻辑通路。每个分组除了包含数据之外还包含一个虚电路标识符。在预先建好的路径上的每个结点都知道把这些分组引导到哪里去，不再需要路由来选择判定。最后，由某一个站用清除请求分组来结束这次连接。它之所以是“虚”的，是因为这条电路不是专用的。

虚电路分组交换的主要特点是：在数据传送之前必须通过虚呼叫设置一条虚电路，但并不像电路交换那样有一条专用通路，分组在每个结点上仍然需要缓冲，并在线路上进行排队等待输出。

4. 数据报分组交换的原理与特点

在数据报分组交换中，每个分组的传送是被单独处理的。每个分组称为一个数据报，每个数据报自身携带足够的地址信息。一个结点收到一个数据报后，根据数据报中的地址信息和结点所储存的路由信息，找出合适的出路，把数据报原样地发送到下一结点。由于各数据报所经过的路径不一定相同，因此不能保证各个数据报按顺序到达目的地，有的数据报甚至会中途丢失。整个过程中，没有虚电路建立，但要为每个数据报进行路由选择。

分组交换技术是我国邮政公用数据网(PDN)、中国分组交换网(CHINAPAC)及美国的 TELNET、YMNET 等网络中广泛采用的主要技术之一。

四、各种数据交换技术的性能比较

(1) 电路交换　在数据传输之前必须先设置一条完全的通路，在线路拆除之前，该通路由一对用户完全占用。电路交换效率不高。

(2) 报文交换　报文从源点传送到目的地采用存储转发的方式，报文需要排队。因此报文交换不适合于交互式通信，不能满足实时通信的要求。

(3) 分组交换　与报文交换方式类似，但报文被分组传送，并规定了最大长度。分组交换技术是在数据网中广泛使用的一种交换技术，适用于交换中等或大量数据的情况。

任务4　多路复用技术

为了节省线路，充分利用信道的容量，提高信道的利用率，一种有效的方法就是采用多路复用(multiplex)技术，把单条物理信道划分成多条逻辑信道，用一条物理信道同时传输多路数据。多路复用的技术实现方式有时分多路复用、频分多路复用、波分多路复用和码分多路复用等技术。

一、时分多路复用技术(TDM)

时分多路复用是以信道传输时间作为分割对象，通过为多条信道分配互不重叠的时间片的方法来实现多路复用，因此，时分多路复用更适合于数字数据信号的传输。

时分多路复用技术是将信道用于传输的时间划分为若干个时间片，也称为时隙，每个用户分得一个时间片，在其占有的时间片内，用户使用通信信道的全部带宽。将多个时隙组成的帧称为"时分复用帧"，如图3-12所示。

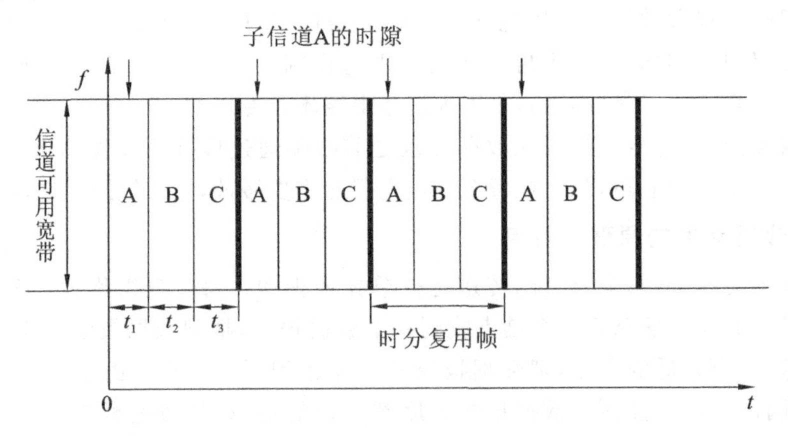

图3-12　时分多路复用原理示意图

图3-12表示了三个复用信号，A、B、C分别在t_1、t_2和t_3三个时间片内占用信道。即在t_1时间内传送信号A；在t_2时间内传送信号B；在t_3时间内，传送信号C。假定每个输入信号要求9.6 Kb/s的传输速率，则一条容量为28.8 Kb/s的信道，可以满足传输三路信号的要求。如前所述，各路信号首先必须将各自的传输速率都调整到28.8 Kb/s，然后再传送。此处专门用于某个信号的"时隙"序

列组成该信道的逻辑信道，图 3-12 中共有 A、B、C 三个逻辑信道。

可见，时分多路通信的主要特点是利用不同时隙来传送各路不同的信号。各路信号在频谱上是重叠的，但在时间上是不重叠的。目前，时分多路复用通信方式大都用于数字通信系统。

二、频分多路复用技术(FDM)

频分多路复用以信道频带作为分割对象，按不同的频率范围将一条物理信道划分成多条逻辑信道。这种通过为物理信道分配互不重叠的频率范围的方法实现多路复用的技术就称为多路复用技术。频分多路复用更适合于模拟数据信号的传输。

频分多路复用的基本原理是：由于各条逻辑信道占用的频率范围(即频带)是不同的，即各条信道所占用的频带不相互重叠，因此在进行多路数据传输时，需要将多路信号的每一路信号用不同的载波频率进行调制，并且相邻信道之间用“警戒频带”隔离，那么，每条逻辑信道就能独立地传输一路数据信号。频分多路复用原理示意图如图 3-13 所示。

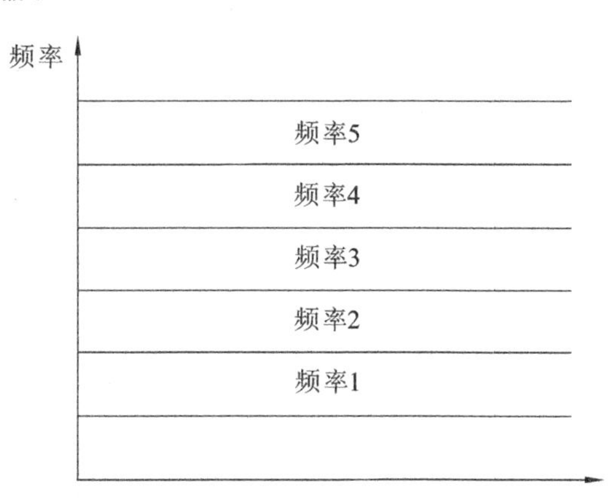

图 3-13　频分多路复用原理示意图

在接收端，利用上述相反的调制过程，把各种信号通过反调制再恢复到原来的频段上，并进一步恢复各路原来的信号。从而实现在一个传输频带上，分割为多个频段，使得多路信号通过多个频段同时进行传输。

频分多路复用技术是公用电话网传输语音信息时常用的电话线复用技术，目前它也常被用在宽带计算机网络中。例如，载波电话通信系统就是频分多路复用技术的典型应用。

三、波分多路复用技术(WDM)

光纤通道技术采用了波长分隔多路复用方法，简称为波分多路复用(wavelength division multiplexing，WDM)，这是目前正在发展的一项新的技术。

实际上，波分多路复用也是频分多路复用的方法的一种。波分多路复用的工作原理，如图 3-14 所示。

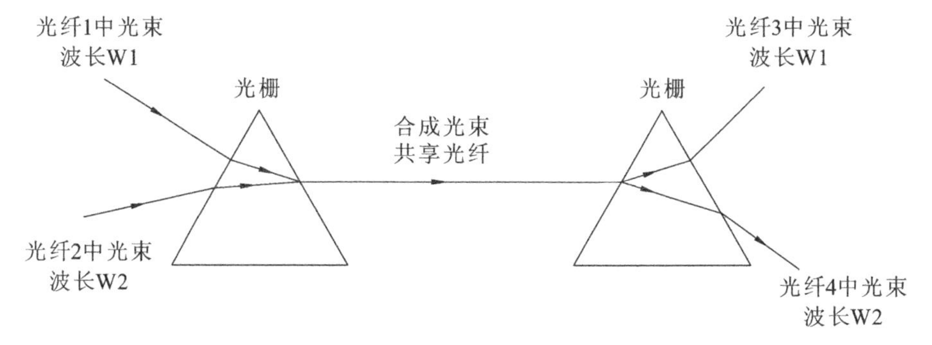

图 3-14　波分多路复用原理示意图

图 3-14 中所示的两束光波的频率是不相同的，它们通过棱镜（或光栅）之后，使用了一条共享的光纤传输，它们到达目的结点后，再经过棱镜（或光栅）重新分成两束光波。因此，波分多路复用并不是什么新的概念。只要每条信道有各自的频率范围且互不重叠，它们就能够以多路复用的方式通过共享光纤进行远距离传输。与电信号的频分多路复用不同，波分多路复用是在光学系统中利用衍射光栅来实现多路不同频率光波信号的合成与分解的。

四、频分多路复用、时分多路复用和波分多路复用的特点

（1）频分多路复用　按频率分割，在同一时刻能存在并传送多路信号，每路信号的频带不同。

（2）时分多路复用　按时间分割，每一时隙内只有一路信号存在，多路信号分时轮换地在信道内传送。

（3）波分多路复用　按波长分割，在同一时刻能存在并传送多路信号，每路信号的波长不同，其实质也是频分多路复用。

五、码分多路复用技术（CDMA）

码分多路复用是利用不同的编码波形实现多目标信息传输的系统。该技术建立在正交编码、相关接收的理论基础上，利用伪随机噪声码相关性解决无线通信的选址问题。各个目标的已数字化被测群信号，经一组速率远高于其群信号速率的正交 PN 码扩频调制，使频谱扩展几百倍至上千倍，然后分别调制到上千兆赫兹的同一频率的载波上发送；接收端利用 PN 码的正交特性进行相关解扩，再经窄带滤波，恢复出与本地 PN 码所对应的目标被测群信号。该系统的主要特点如下。

（1）适用于多目标遥测。

（2）扩频后，信号功率分布在很宽的频带中，接收不易发生“阻塞”现象。

（3）抗干扰能力强，保密性好，误码率低。

（4）使用的载波频率不需要向有关部门申请。

它与目前广泛应用的“码分多址数字蜂窝移动通信系统”的主要区别是：后者传输的一般是单一的话音信号，需由庞大的无线网络支持，而前者传输的大都是编码的群信号，一般不需要庞大的网络支持。

任务 5　差错控制与校验

一、差错产生的原因与差错类型

传输差错是指通过通信信道后接收数据与发送数据不一致的现象。数据从信源出发，由于信道总是有一定的噪声存在，因此在到达信宿时，接收信号是信号与噪声的叠加。在接收端，接收电路在取样时刻判断信号电平，如果噪声对信号叠加的结果在最后电平判决时出现错误，就会引起传输数据的错误。

信道噪声分为热噪声与冲击噪声两类。热噪声由传输介质导体的电子热运动产生，如噪声脉冲、衰减、延迟失真等引起的差错。热噪声时刻存在，幅度较小，强度与频率无关，但频谱很宽，是

一类随机噪声。冲击噪声由外界电磁干扰引起，如电磁干扰、太阳噪声、工业噪声等引起的差错。与热噪声相比，冲击噪声幅度较大，是引起传输差错的主要原因。冲击噪声持续时间与数据传输中每比特的发送时间相比，可能较长，因而冲击噪声引起相邻的多个数据位出错，所引起的传输差错为突发差错。

通信过程中产生的传输差错由随机差错与突发差错共同构成。计算机网络通信系统中对平均误码率的要求是低于 10^{-6}，若要达到此要求，必须解决好差错的自动检测和差错的自动校正问题。

二、差错检验与校正

差错控制技术包含两个方面的内容：差错的检验和差错的校正。

1. 检错法

检错法的工作原理是发送方在发送数据时，增加一些用于检查差错的附加位，从而达到无差错传输的目的。这些用于检查差错的附加位被称为检错码，当接收方收到数据时，就会根据检错码进行检测，如果检测无误，则向发送方发送一个肯定回答；如果通过检测发现发送数据有误，则向发送方发回一个否定的应答，发送方会重发。这就是经典的“肯定应答/否定应答”（ACK/NAK）式的差错控制技术。

检错法通过“检错码”检错，通过“重传机制”达到纠正错误的目的，原理简单，容易实现，编码和解码的速度较快，因此，目前被广泛使用。

常用的检错码有奇偶校验码、方块码和循环冗余码等。

2. 纠错法

纠错法的工作原理是发送方在发送数据时，增加足够多的附加位，从而使得接收方能够准确地检测到差错，并且可以自动地纠正错误。这些足以使接收方发现错误的冗余信息称为纠错码。

使用纠错法，要发送的数据中含有大量的“附加位”，因此，传输效率较低，实现起来复杂，编码和解码的速度慢，造价高，费时，不适合在一般通信场合使用。

常用的纠错码有汉明码。

3. 奇偶校验

奇偶校验也称为垂直冗余校验（VRC），它是以字符为单位的校验方法。一个字符由 8 位组成，低 7 位是信息字符的 ASCII 码，最高位叫奇偶校验位。该位中放“1” 或放“0”是按照这样的原则：使整个编码中“1”的个数成为奇数或偶数，如果整个编码中，“1” 的个数为奇数则叫“奇校验”，“1” 的个数为偶数则叫“偶校验”。

如表 3-2 所示，ASCII 字符“Y”的 7 位代码是 1011001，有四个“1”，因此“偶校验”时，检验位应为“0”，以保证整个字符中“1”的个数为偶数，因此整个被发送的字符为 01011001。而“奇校验”时，为保证整个字符中“1”的个数为奇数，检验位应为“1”，整个被发送的字符为 11011001。

表 3-2 奇偶校验位的设置

检验方式	检验位	ASCII 代码位	字符	ASCII 代码位十进制
	8	7 6 5 4 3 2 1		
偶校验	0	1 0 1 1 0 0 1	Y	89
奇校验	1	1 0 1 1 0 0 1	Y	89

校验的原理是：如果采用奇校验，发送端发送一个字符编码（含校验位共 8 位）中，“1”的个数一定为奇数个，在接收端对八个二进位中“1”的个数进行统计，若统计“1”的个数为偶数个，则意味着传输过程中有 1 位（或奇数位）发生差错。事实上，在传输中偶然 1 位出错的机会最多，故奇偶校验法经常采用，但这种方法只能检查出错误而不能纠正错误。

表 3-3 列举了奇校验的工作方式。奇偶校验原理虽然简单，但并不是一种安全的差错控制方法。奇偶校验适合于差错率低的传输环境。

表 3-3　奇校验的工作方式

方式序号	发送方	接收方	奇校验结果
第一种方式	11011001	11011001	奇数个“1”，校验正确
第二种方式	11011001	10011001	1 位出错，偶数个“1”，校验错误
第三种方式	11011001	10010001	2 位出错，奇数个“1”，校验正确
第四种方式	11011001	10000001	3 位出错，偶数个“1”，校验错误

4. 方块校验（水平垂直冗余校验 LRC）

这种方法是在 VRC 的基础上，在一批字符传送之后，另外增加一个称为“方块校验字符”的检验字符，方块校验字符的编码方式是使所传输字符代码的每一纵向位代码中的“1”的个数成为奇数（或偶数）。例如，欲传送表 3-4 所示六个字符代码及其奇偶校验位和方块校验字符，其中均采用奇校验。

表 3-4　LRC 的工作方式

		奇偶校验位
字符 1	1001100	0
字符 2	1000010	1
字符 3	1010010	0
字符 4	1001000	1
字符 5	1010000	1
字符 6	1000001	1
方块校验字符（LRC）	1111010	0

采用这种校验方法，当有二进位传输出错时，不仅从一行中的 VRC 校验中反映出来，而且也在纵列 LRC 校验中反映出来，有较强的检错能力，不但能发现所有 1 位、2 位或 3 位的错误，而且可以自动纠正差错，使误码率降低 2～4 个数量级。这种校验方法广泛用于通信和某些计算机外部设备中。

5. 循环冗余校验

循环冗余校验（cycle redundancy check，CRC）是一种较为复杂的校验方法，它不产生奇偶校验码，而是将整个数据块当成一个连续的二进制数据，从代数的角度可看成是一个报文码多项式。在发送时将报文码多项式除以另一个多项式，则后一个多项式称为生成多项式，国际电报电话咨询委员会推荐的生成多项式（CRC-CCITT）为：

$$G(X)=X^{16}+X^{12}+X^{5}+1$$

报文发送时，将相除结果的余数作为校验码附在报文之后发送出去（校验位有16位）。接收时，将传送过来的码字除以同一个生成多项式，若能除尽（即余数为0），说明传输正确；若除不尽，说明传输有差错，可要求发送方重新发送一次。采用循环冗余校验，能查出所有的单位错和双位错，以及所有具有奇数位的差错和所有长度小于16位的突发错误，能查出99%以上17位、18位或更长位的突发性错误。其误码率比方块码还可降低1～3个数量级，故循环冗余校验得到了广泛采用。

CRC的工作过程如下。

1）发送方数据的编程

将要发送的二进制数据比特序列当成一个多项式 $F(x)=b_0x^r+b_1x^{r-1}+\cdots+b_{r-1}x^1+b_rx^0$ 的系数。其中，$b_0,b_1,\cdots,b_{r-1},b_r$ 依次与二进制序列的该项取值“0”和“1”相对应，最高指数为 r。

2）选择一个标准的生成多项式

$$G(x)=a_0x^k+a_1x^{k-1}+\cdots+a_{kr-1}x^1+a_kx^0$$

其中，$a_0,a_1,\cdots,a_{k-1},a_k$ 依次与二进制序列的该项取值“0”和“1”相对应，最高指数为 k。

3）最高指数要求

对于 $F(x)$ 和 $G(x)$，最高指数的要求是 $0<k<r$。

4）计算 $x^k\cdot F(x)$

在由 $F(x)$ 系数 $b_0,b_1,\cdots,b_{r-1},b_r$ 组成的二进制序列后边补“k”和“0”。

5）$x^k\cdot F(x)$ 与 $G(x)$ 进行模二除法

在上一步中生成的二进制序列与 $G(x)$ 系数 $a_0,a_1,\cdots,a_{k-1},a_k$ 组成的二进制序列之间进行模二除法，求出余数多项式 $R(x)$。

6）形成发送数据的比特序列

由 $F(x)$ 和 $G(x)$ 的二进制系数组成发送数据的比特序列，并通过通信信道发送至接收方，即将上述余数多项式，加到数据多项式 $F(x)$ 之后发送到接收端。

7）CRC码的验证

接收端使用收发双方预先约定好的协议，同样的生成多项式 $G(x)$，去除接收到的比特序列，若能被其整除则表示传输无误；反之表示传输有误，通知发送端重发数据，直至传输正确为止。

下面使用一个具体的例子来说明CRC码的应用。

【例3-1】 试通过计算求出CRC码，并写出传输的比特序列。

【分析】

① CRC校验的生成多项式为 $G(x)=x^4+x+1$；相应的比特序列为10011，$k=4$。

```
            10101
10011 ) 101100000
        10011
          10100
          10011
            11100
            10011
             1111
```

图 3-15　CRC校验码的计算

② 要发送的二进制信息多项式为：$F(x)=x^4+x^2+x$（比特序列为10110）。

【解】根据上述步骤进行模二除法，如图3-15所示。

$x^k\cdot F(x)$ 的系数为101100000（$k=4$），余数多项式 $R(x)$ 的系数为1111（$k=4$），形成发送数据的比特序列，经通信信道实际传输的比特序列为101101111，它由两部分组成，具体如表3-5所示。

表 3-5　比特序列

要发送的二进制信息	CRC校验码
10110	1111

接收验证：假定收到的数据为101101111，其验证计算如图3-16所示。

```
              10101
10011 ) 101101111
        10011
        -----
          10111
          10011
          -----
            10011
            10011
            -----
                0
```

图3-16　CRC校验码的接收验证计算

验证结果为“0”，表示传输正确；反之，表示传输有误。

注意

如果求出的余数不足k位，应在该值之前补0到k位。例如，当$k=5$时，如果计算出的$R(x)$的系数为“110”，则CRC校验码为“00110”。

CRC选用的生成多项式$G(x)$由协议规定，目前已有多种生成多项式列入了国际标准。在实际网络应用中，CRC码的生成与校验过程可以用硬件或软件的方法实现。

CRC码检错能力强，容易实现，是目前广泛使用的检错码编码方法之一。这种方法的误码率比方块码还要低1～3个数量级，有关实验的资料表明，当使用CRC-16(16位余数)时，如果采用9600 b/s的速率传输，每三千年数据传输才会有一个差错查不出来，因此在当前的计算机网络应用中，它得到了广泛的应用。

习题

一、选择题

1. 通过改变载波信号的相位来表示数字信号1、0的编码方式是(　　)。
   A. ASK　B. FSK　C. PSK　D. NRZ
2. 在多路复用技术中，FDM是(　　)。
   A. 频分多路复用　B. 波分多路复用
   C. 时分多路复用　D. 统计时分复用
3. 调制解调技术主要用于(　　)。
   A. 模拟信道传输数字数据　B. 数字信道传输数字数据
   C. 模拟信道传输模拟数据　D. 数字信道传输模拟数据
4. 二进制码元在数据传输系统中被传错的概率是(　　)。
   A. 纠错率　B. 误码率　C. 最小传输率　D. 最大传输率
5. 下列交换方法中(　　)的传输延迟最小。
   A. 线路交换　B. 报文交换　C. 分组交换　D. 上述所有的
6. 数据在传输过程中所出现差错的类型主要有随机错和(　　)。
   A. 计算错　B. 突发错　C. 热噪声　D. CRC校验错

二、填空题

1. 调制解调器的作用是实现________信号和________信号之间的转变;数字数据在数字信道上传输前需进行________,以便在数据中加入时钟信号。
2. 利用模拟通信信道,传输数字数据信号的方法称为________。
3. 利用数字通信信道,直接传输数字数据信号的方法称为________。
4. 在多路复用技术中,WDM 是________复用技术。
5. 在多路复用技术中,TDM 是________复用技术。
6. 在同一时刻只能有一方发送数据的信道通信方式为________。
7. 在数字通信中,使收发双方在时间基准上保持一致的技术是________。
8. 数据在传输过程中所出现差错类型主要有突发错和________。

三、简答题

1. 什么是比特率?什么是波特率?请举例说明二者的联系和区别。
2. 什么是信号?在数据通信系统中有几种信号形式?
3. 什么是信息、数据和信号?试举例说明它们之间的关系。
4. 数据传输速率为 4800 b/s,采用十六相调制,则调制速率是多少?
5. 什么是基带传输?在基带传输中采用哪几种编码方法?
6. 什么是频带传输?在频带传输中采用哪几种编码方法?
7. 数据在传输过程中所出现的差错有哪几种?
8. 什么是串行传输?什么是并行传输?请举例说明。
9. 什么是单工、半双工和全双工通信?请举例说明它们的应用场合。
10. 在计算机广域网中,数据交换的方式有哪几种?各有什么优缺点?

项目4　局域网技术

项目描述　局域网是应用较广泛的一类网络，它是将较小地理区域内的各种数据通信设备连接在一起的计算机网络，常常位于一个建筑物或一个工业园区内，也可以大至几千米的范围。局域网通常用来将单位办公室中的个人计算机和工作站连接起来，以便共享资源和交换信息，它是专有网络。一个局域网主要由网络硬件和网络软件组成。

基本要求　掌握局域网的基本概念；掌握以太网技术，以及交换型以太网、虚拟局域网、环网的工作过程；了解无线局域网的应用情况。

任务1　局域网概述

一、基本概念

局域网技术是当前计算机网络研究与应用的一个热点问题，也是目前发展较快的领域。近 20 年来，随着计算机硬件技术水平的不断发展，计算机硬件的成本持续下降。这种趋势使许多机构在收集、处理和使用信息的方法上产生了许多变化。微机技术的迅猛发展，使得小型分散的微机系统比集中的分时系统更便于用户使用、维护和访问资源，使用户从中获得更大的收益。

在早期，人们将局域网归类为一种数据通信网络。随着局域网体系结构和协议标准研究的进展、操作系统的发展、光纤通信技术的引入以及高速局域网技术的快速发展，局域网的技术特征与性能参数发生了很大的变化，局域网的定义、分类与应用领域也发生了很大的变化。

目前，传输速率为 10 Mb/s 的以太网(Ethernet)已广泛应用，传输速率为 100 Mb/s、1 Gb/s的高速以太网已进入实际应用阶段。由于速率为 10 Gb/s 以太网的物理层使用的是光纤通道技术，因此它有两种不同的物理层。由于 10 Gb/s 以太网的出现，以太网工作的范围已经从以校园网、企业网为主的局域网，扩大到了城域网和广域网。

大量的微机系统被应用于学校、办公楼、工厂及企业等场合，这些系统互联起来，以实现系统之间交换数据和共享昂贵的资源。

实现互联的一个强有力的理由是为了能交换数据(即实现软件资源的共享)。系统的各个用户不是孤立地工作的，各个用户希望保持由过去集中系统提供的某些服务，其中包括与其他用户交换报文、共同访问公共文件和数据资源。

实现互联的第二个理由是设备共享(即实现硬件资源的共享)，虽然硬件的成本已经下降，但重要的机电设备，如大容量存储器和高性能激光打印机的成本仍然偏高。

总之，局域网就是一种在较小区域范围内为各种数据通信设备提供互联的一种通信网，如图 4-1 所示。

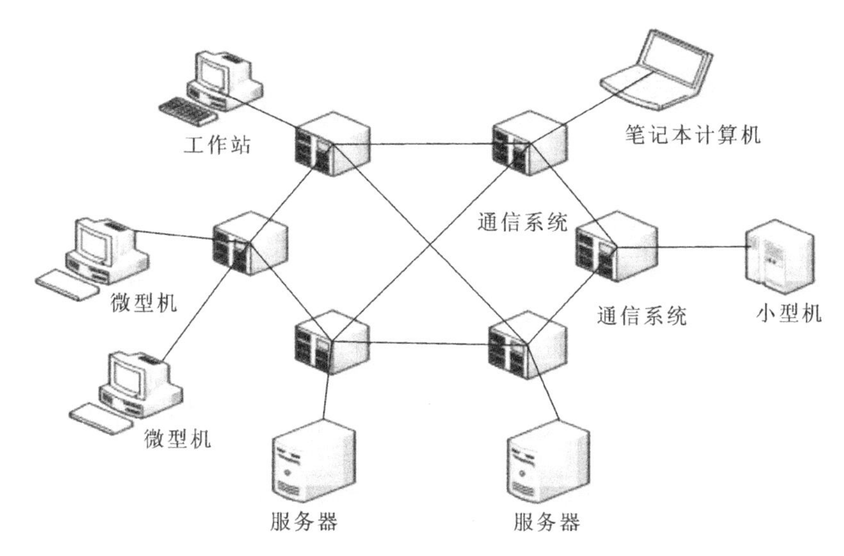

图 4-1　局域网示意图

与广域网(wide area network,WAN)相比,局域网具有以下特点。

(1) 较小的地域范围,仅用于办公室、机关、工厂及学校等内部联网,其范围虽没有严格的定义,但一般认为距离为 0.1～25 km。

(2) 传输速率和低误码率。局域网传输速率一般为 10～1000 Mb/s,万兆位局域网也已推出。而其误码率一般在 0.1^{-8}～10^{-11}之间。

(3) 局域网一般为一个单位所建,在单位或部门内部控制管理和使用,而广域网往往是面向一个行业或全社会服务。局域网一般是采用同轴电缆、双绞线等建立单位内部专用线,而广域网则较多地租用公用线路或专用线路,如公用电话线、光纤及卫星等。

局域网的主要功能与计算机网络的基本功能类似,但是局域网最主要的功能是实现资源共享和相互的通信。局域网通常可以提供以下主要功能。

(1) 资源共享:主要包括软件、硬件和数据等资源的共享。

① 软件资源共享。为了避免软件的重复投资和重复劳动,用户可以共享网络上的系统软件和应用软件,如图 4-2 所示。

图 4-2　多个用户利用 NetMeeting 应用程序的共享白板讨论问题

② 硬件资源共享。在局域网中，为了减少或避免重复投资，通常将激光打印机、绘图仪、大型存储器及扫描仪等贵重的或较少使用的硬件设备共享给其他用户，如图 4-3 所示。

③ 数据资源共享。为了便于处理、分析和共享分布在网络上各计算机用户的数据，一般可以建立分布式数据库；同时网络用户也可以共享网络内的大型数据库，如图 4-4 所示。

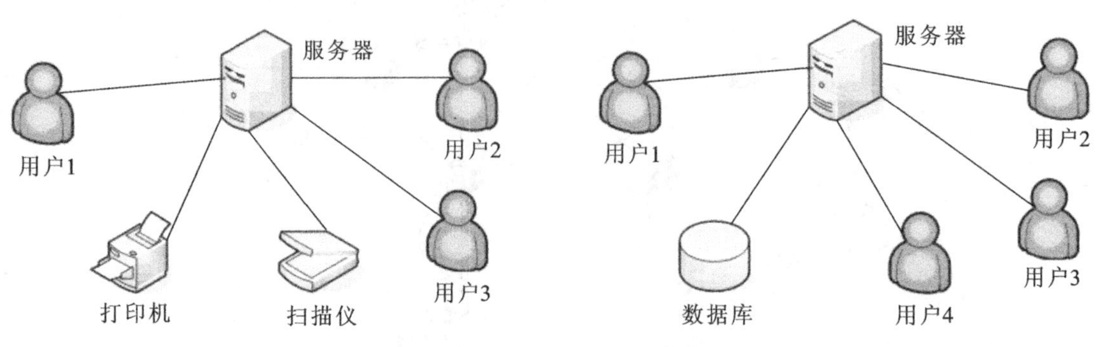

图 4-3　多用户共享打印机等设备的示意图　　图 4-4　多用户共享数据库示意图

(2) 信息传输(即通信)。

① 数据及文件的传输。局域网所具有的主要功能是数据和文件的传输，它是实现办公自动化的主要途径。局域网通常不仅可以传递普通的文件信息，还可以传递语音、图像等多媒体信息。

② 电子邮件。局域网邮局可以提供局域网内的电子邮件服务，它使得无纸办公成为可能。局域网内的各个用户可以接收、转发和处理来自单位内部和广域网中的电子邮件，还可以使用网络邮局收发传真。

③ 视频会议。使用网络可以召开在线视频会议。例如，召开教学工作会议，所有的会议参加者都可以通过网络参加会议，并开展讨论，能节约人力、物力。

二、体系结构与标准

1. 局域网的体系结构

局域网络出现后，其产品的数量和品种迅速增多。为了使不同厂商生产的网络设备之间具有兼容性、互换性和互操作性，以便让用户更灵活地进行设备选型，国际标准化组织开展了局域网的标准化工作。美国电气电子工程师协会(Institute of Electrical and Electronic Engineers，IEEE)于 1980 年 2 月成立了局域网络标准化委员会(简称 IEEE 802 委员会)，专门进行局域网标准的制订。经过多年的努力，IEEE 802 委员会公布了一系列标准，称为 IEEE 802 标准。

这里所讨论的局域网参考模型是以 IEEE 802 标准的工作文件为基础，来说明局域网正常运行需要什么层次，采用了 OSI 参考模型来分析这一问题。在这里指出局域网存在的两个重要的特性。第一，它用带地址的帧来传送数据。第二，不存在中间交换，所以不要求路由选择。这两个特性基本上确定了局域网需要 OSI 中的哪些层。当然，层 1 即物理连接是需要的，层 2 也是需要的，通过局域网传送的数据必须组装成帧，并进行一定的控制。层 3 完成路由选择，但在任何两点直接的链路可用时，就不需要这一功能。其他功能，包括寻址、排序、流量控制、差错控制等等，也可由层 2 来完成。其区别在于层 2 是通过单条链路来完成这些功能的，而层 3 可能需要通过一串链路来完成这些功能，这些链路是跨越网络要求的。但当跨局域网时只需要一条链路时，层 3 的功能也是多余的。

IEEE 802 标准所描述的局域网参考模型与 OSI 参考模型的关系，如图 4-5 所示。局域网参考模型只对应于 OSI 参考模型的数据链路层与物理层，它将数据链路层划分为两个子层：逻辑链路控制(LLC)子层与媒体访问控制(MAC)子层。

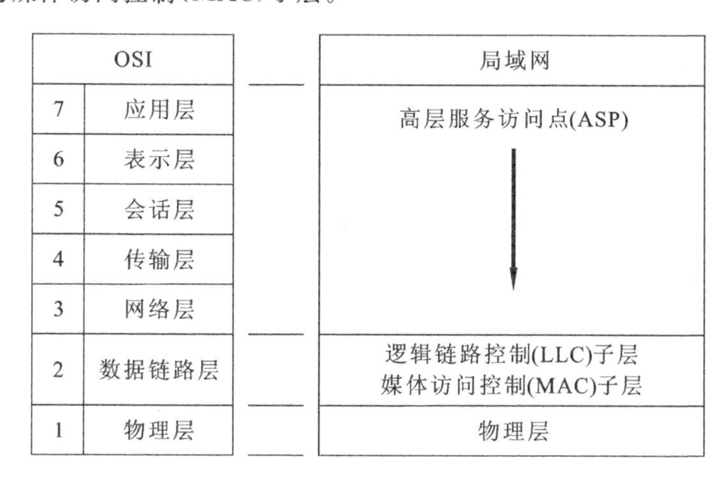

图 4-5　局域网参考模型与 OSI 参考模型的关系

(1) 物理层　物理层涉及通信在信道上传输的原始比特流，其主要作用是确保二进制位信号正确传输，包括二进制比特流的正确传送与正确接收。这就是说物理层必须保证在双方通信时，一方发送二进制“1”，另一方接收的也是“1”，而不是“0”。

(2) MAC 子层　媒体访问控制(MAC)子层是数据链路层的一个功能子层。MAC 子层构成了数据链路层的下半部分，它与物理层相邻。MAC 子层主要制定管理和分配信道的协议规范，换句话说，就是用来决定广播信道分配的协议属于 MAC 子层。其主要功能是在发送数据时进行冲突检测，实现帧的组装与拆卸。它在支持 LLC 子层时，完成媒体访问控制的功能，为竞争的用户分配信道使用权。MAC 子层为不同的物理媒体定义了媒体访问控制标准。目前，IEEE 802 已制定的媒体访问控制方法的标准有著名的带冲突检测的载波监听多路访问(CSMA/CD)、令牌环(token ring)和令牌总线(token bus)等。媒体访问控制方法决定了局域网的主要性能，它对局域网的响应时间、吞吐量和网络利用率等都有十分重要的影响。

(3) LLC 子层　逻辑链路控制(LLC)也是数据链路层的一个功能子层。它构成了数据链路层的上半部分，与网络层和 MAC 子层相邻。LLC 在 MAC 子层的支持下向网络层提供服务。LLC 子层与传输媒体无关，它独立于媒体访问控制方法，隐藏了各种 802 网络之间的差别，向网络层提供一个统一的格式和接口。LLC 子层的作用是在 MAC 子层提供的介质访问控制和物理层提供的比特服务的基础上，将不可靠的信道处理为可靠的信道，以确保数据帧的正确传输。LLC 子层的具体功能包括：向上层用户提供一个或多个服务访问点，管理链路上的通信，同时具备差错控制和流量控制等功能，并为网络层提供两种类型的服务(面向连接服务和无连接服务)。

2. 寻址

为了了解局域网中数据交换的过程，我们须考虑寻址的具体功能。一般来说，通信过程涉及进程、主机和网络三个因素。进程是进行通信的基本实体，如文件传送操作时，一个站内的文件传送进程和另外一个站内的文件传送进程交换数据；又如远程终端访问时，用户终端被连接到某个站，并且受这个站的终端处理进程控制。通过终端处理进程，用户可以远程连接到一分时系统，在终端处理和分时系统之间交换数据。进程在主机(计算机)上执行，一台主机往往可以支持多个同时发生的进程。主机通过网络连接起来,将要交换的数据从一台主机传送到另一台主机。从这点来看,从一个进程到另一个进程的数据传送过程为:先将用户数据传送给驻留该进程的主机,然后再传送到该进程。

由上述概念可知,至少需要两级寻址。为了说明这点,用图 4-6 来表示使用 LLC 和 MAC 协议时发送数据的完整格式。用户数据向下传递给 LLC 子层,该 LLC 附加一个标题(LH)。该标题包含用于本地 LLC 实体和远程 LLC 实体之间的协议管理用的控制信息。用户数据和 LLC 标题的组合称为 LLC 的协议数据单元(PDU)。LLC 准备好 PDU 之后,即将它作为数据向下传递给 MAC 实体。MAC 对它再附加上一个标题(MH)和一个尾标(MT)以管理 MAC 协议,结果得到一个 MAC 子层的 PDU。为了避免与 LLC 子层的 PDU 相混淆,我们将此 MAC 子层的 PDU 称为帧,这也是在标准中使用的术语。

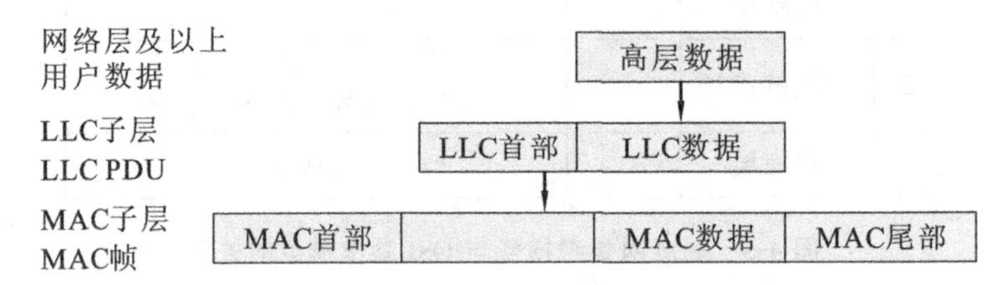

图 4-6 LLC 的 PDU 与 MAC 帧的关系

MAC 子层标题必须包含一个用来唯一标识局域网上某个站的目的地址。之所以需要这样,是因为在局域网上的每个站都要读出目的地址字段,以决定它是否捕获了 MAC 子帧,若是,MAC 实体剥除 MAC 标题和尾标,并且将 LLC 子层的 PDU 向上传递给 LLC 实体。LLC 子层标题必须包含 SAP 地址,以使 LLC 可以决定该数据需要交付给谁。因此,两级寻址是需要的。

① MAC 地址:标识局域网中一个具体的站。

② LLC 地址:标识某个站点中的一个 LLC 用户,如图 4-7 所示。

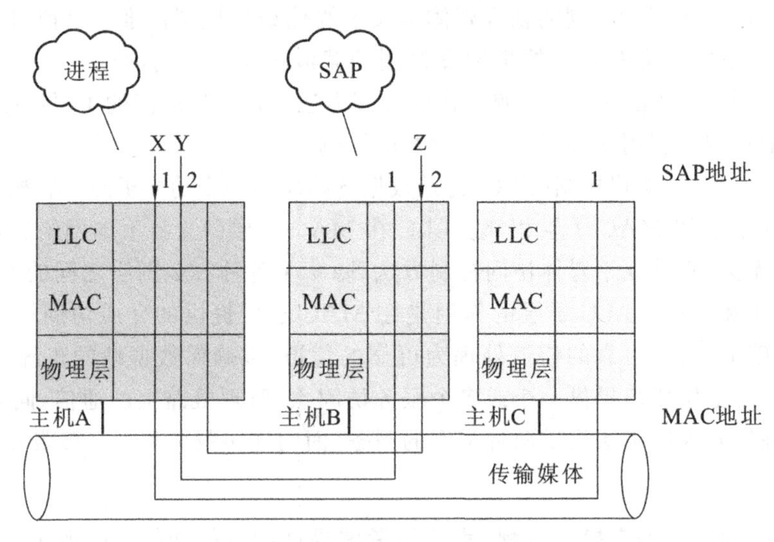

图 4-7 MAC 地址与 LLC 地址的关系

3. 局域网标准

微型计算机的大量应用和局域网应用的日趋普及,促进了网络厂商开发局域网产品的积极性,使局域网的产品越来越多。为了使不同厂商生产的网络设备之间具有兼容性、互换性和互操作性,以便让用户更灵活地进行设备选型,国际标准化组织开展了局域网的标准化工作。1980年2月成立了局域网标准化委员会,即IEEE 802委员会。该委员会制定了一系列局域网标准,称为IEEE 802标准。所谓标准是指被广泛使用的,或者由官方规定的一套规则和程序。标准描述了协议的规定,设定了保障网络通信的最简性能集。

IEEE 802标准化工作进展很快,不但为以太网、令牌网、FDDI等传统局域网技术制定了标准,还开发出一些新的高速局域网标准,如交换以太网、千兆以太网、万兆以太网等局域网标准。局域网的标准化极大地促进了局域网技术的飞速发展,并对局域网的推广应用起到了巨大的推动作用。

国际标准化组织(ISO)经过讨论,建议将IEEE 802标准定为局域网国际标准。IEEE 802标准主要有12种,常用的几种介绍如下。

① IEEE 802.1概述局域网体系结构以及网络互联。

② IEEE 802.2定义了逻辑链路控制(LLC)子层的功能与服务。

③ IEEE 802.3描述CSMA/CD总线式介质访问控制协议及其物理层规范。

④ IEEE 802.4描述令牌总线式介质访问控制协议及相应的物理层规范。

⑤ IEEE 802.5描述令牌环式介质访问控制协议及相应的物理层规范。

⑥ IEEE 802.6描述了城域网介质访问控制协议及相应的物理层规范。

⑦ IEEE 802.7描述宽带技术进展。

⑧ IEEE 802.8描述光纤技术进展。

⑨ IEEE 802.9描述语音和数据综合局域网技术。

⑩ IEEE 802.11描述无线局域网技术。

IEEE 802系列标准之间的关系如图4-8所示。

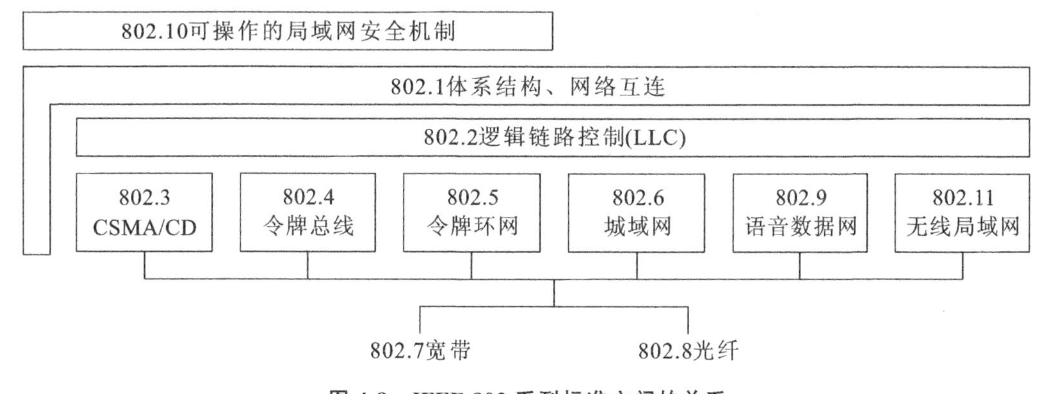

图4-8 IEEE 802系列标准之间的关系

三、传输介质

传输介质是为数据传输提供物理的通路,并通过它把网络中的各种设备互联在一起。在现有的计算机网络中,用于数据传输的物理介质有很多种,每一种介质的带宽、时延、抗干扰能力和费用以及安装与维护难度等特性都不相同。本节将介绍计算机网络中常用的一些传输介质及其相关的通信特性。

1. 有线介质

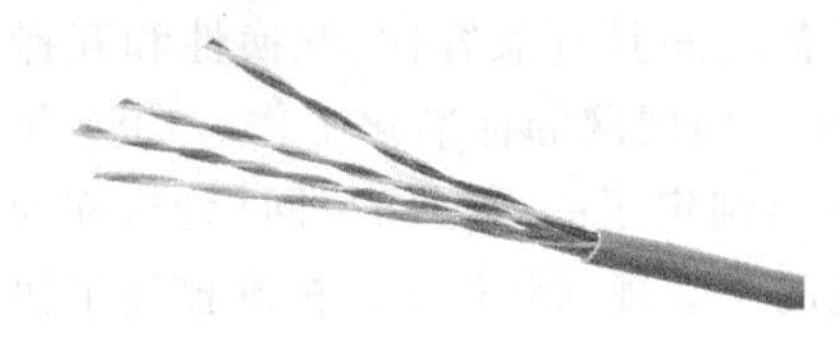
图 4-9　双绞线

(1) 双绞线　双绞线又称为双扭线，它由若干对铜导线(每对由两条绝缘的铜导线按一定规则绞合在一起)组成，如图4-9所示。采用这种绞合起来的结构是为了减少对邻近线对的电磁干扰，为了进一步提高双绞线的抗干扰的能力，还可以在双绞线的外层再加上一个用金属丝编织成的屏蔽层。

根据是否外加屏蔽层，双绞线又可分为屏蔽双绞线 STP(shield twisted pair)和非屏蔽双绞线 UTP(unshielded twisted pair)两类。非屏蔽双绞线的阻抗值为 100 欧，其传输性能适应大多数应用环境要求，应用十分广泛，是建筑内结构化布线系统主要的传输介质。屏蔽式双绞线的阻抗值为 150 欧，具有一个金属外套，对电磁干扰 EMI(electromagnetic interference)具有较强的抵抗能力。因其使用环境要求苛刻，以及产品价格成本等原因，目前应用较少，具体见表 4-1。

表 4-1　EIA/TIA-A 标准

双绞线	适用范围
1 类双绞线	电话传输
2 类双绞线	电话和低速数据传输(最高 4 Mb/s)
3 类双绞线	10 Mb/s 的 10Base-T 以太网数据传输
4 类双绞线	16 Mb/s 的令牌环网
5 类双绞线	100 Mb/s 的 100Base-TX 和 100Base-T4 快速以太网

双绞线既可用于模拟信号传输，也可用于数字信号传输，其通信距离一般为几公里到十几公里。导线越粗，通信距离越远，但导线价格也越贵。由于双绞线的性能价格比相对其他传输介质的要高，所以使用广泛。随着局域网上数据传输速率的不断提高，美国电子工业协会的远程通信工业会(EIA/TIA)在 1995 年颁布了(从 1 类到 5 类线)最常用的 UTP 是 3 类线和 5 类线。5 类线与 3 类线的主要区别是：前者大大增加了每单位长度的绞合次数；其次，在线对间的绞合度和线对内两根导线的绞合度上都经过了精心的设计，并在生产中加以严格控制，使干扰在一定程度上得以抵消，从而提高了线路的传输特性。目前，在结构化布线工程建设中，计算机网络线路普遍采用 100 欧的 5 类或者超 5 类(5e)的非屏蔽双绞线系列产品作为主要的传输介质。EIA/TIA-586 标准会随着技术的发展而不断修正和完善。

在制作网线时，要用到 RJ-45 接头，俗称"水晶头"的连接头，如图 4-10 所示。在将网线插入水晶头前，要对每条线排序。根据 EIA/TIA 接线标准，RJ-45 接口制作有两种排序标准：EIA/TIA 568B 标准和 EIA/TIA 568A 标准，具体线序如图 4-11 所示。

① 568B 标准的线序为白橙、橙、白绿、蓝、白蓝、绿、白棕、棕，如图 4-11(a)所示。

② 568A 标准的线序为白绿、绿、白橙、蓝、白蓝、橙、白棕、棕，如图 4-11(b)所示。

图 4-10　RJ-45 接头与制作好的网线

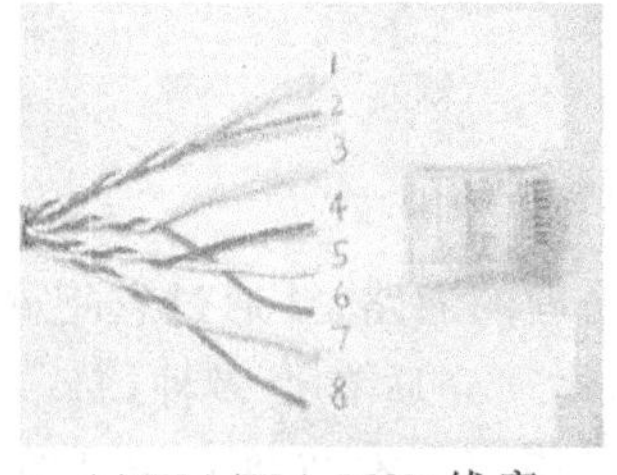

(a) EIA/TIA 568B 线序

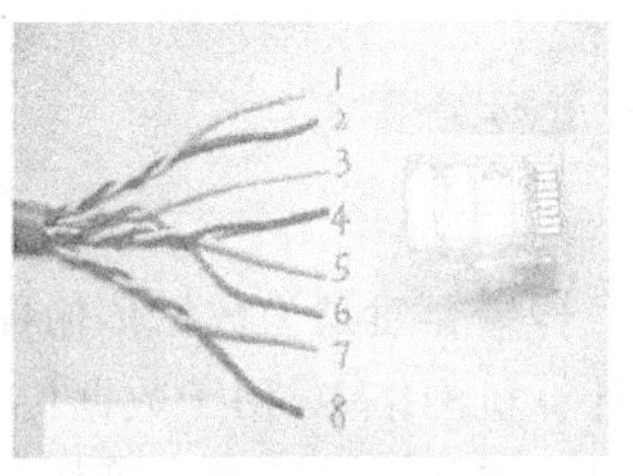

(b) EIA/TIA 568A 线序

图 4-11　EIA/TIA 线序标准

(2) 同轴电缆　如图 4-12 所示，同轴电缆由最内层的中心铜导体、塑料绝缘层、屏蔽金属网和外层保护套组成，同轴电缆的这种结构使其具有高带宽和较好的抗干扰特性，并且可在共享通信线路上支持更多的站点。按特性阻抗数值的不同，同轴电缆又分为两种，一种是 50 欧姆的基带同轴电缆；另一种是 75 欧姆的宽带同轴电缆。

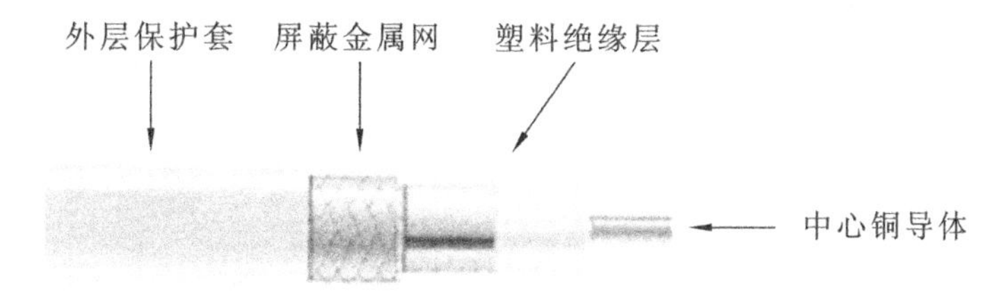

图 4-12　同轴电缆的结构

● 基带同轴电缆　一条电缆只支持一条信道，传输带宽为 1～20 Mb/s。它可以以 10 Mb/s 的速率把基带数字信号传输 1～1.2 km 远。所谓"基带数字信号传输"，是指按数字信号位流形式进行的传输，无须任何调制。它是局域网中广泛使用的一种信号传输技术。

● 宽带同轴电缆　宽带同轴电缆支持的带宽为 300～350 MHz，可用于宽带数据信号的传输，传输距离可达 100 km。所谓"宽带数据信号传输"是指可利用多路复用技术在宽带介质上进行多路数据信号的传输。它既能传输数字信号，也能传输诸如话音、视频等模拟信号，是综合服务宽带网的一种理想介质。同轴电缆的类型见表 4-2。

表 4-2　同轴电缆的类型

电缆类型	网络类型	电缆电阻/端接口器
RG-8	10Base5 以太网	50 Ω
RG-11	10Base5 以太网	50 Ω
RG-58A/U	10Base2 以太网	50 Ω
RG-59/U	ARCnet 网，有线电视网	75 Ω
RG-62A/U	ARCnet 网	93 Ω

在使用同轴电缆组网时，细同轴电缆和粗同轴电缆的连接方法是不同的。细同轴电缆要通过 T 型头和 BNC 接头将细缆与网卡连接起来，同时需要在网线的两端连接终结器。细缆连接如图 4-13 所示。终结器的作用是吸收电缆上的电信号，防止信号发生反弹。而粗同轴电缆在连接时需要通过收发器将网线和计算机连接起来，线缆两端也要连接终结器。由于同轴电缆目前已很少使用了，所以简单了解就可以了。

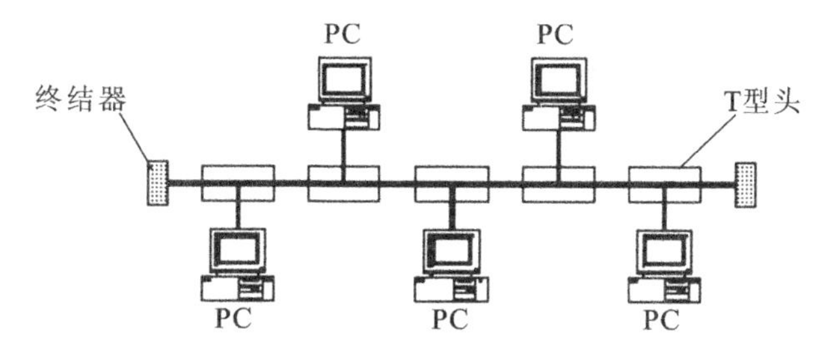

图 4-13　细缆连接图

(3) 光纤　光纤是利用光导纤维(简称光纤)传递光脉冲来进行通信的。有光脉冲出现表示"1"，无光脉冲出现表示"0"。由于可见光的频率非常高，约为 10^8 MHz 的量级，因此，一个光纤通信系统的传输带宽远远大于其他各种传输介质带宽，是目前非常有发展前途的有线传输介质。

光纤呈圆柱形，由纤芯、包层和护套三部分组成，如图 4-14 所示。纤芯是光纤最中心的部分，它由一条或多条非常细的玻璃或塑料纤维线构成，每根纤维线都有它自己的封套。玻璃或塑料封套涂层的折射率比纤芯低，从而使光波保持在纤芯内。环绕一束或多束封套纤维的外套由若干塑料或其他材料层构成，以防止外部的潮湿气体侵入，并可防止磨损或挤压等伤害。

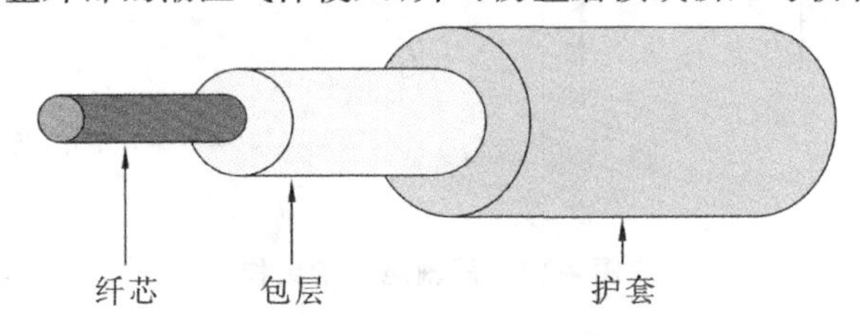

图 4-14　光纤的结构

- 纤芯　其折射率较高，用来传送光。
- 包层　其折射率较低，与纤芯一起形成全反射条件。
- 护套　其强度大，能承受较大冲击，保护光纤。
- 光纤的颜色　包括橘色(MMF)和黄色(SMF)。

数据传输的重大突破之一就是实用光纤通信系统的成功开发。含有光纤的传输系统一般由光源、光纤传输介质和检测器三部分组成。其中，光源是发光二极管或激光二极管，它们在通电时都可发出光脉冲；检测器是光电二极管，遇光时将产生电脉冲。光纤传输系统的基本工作原理是：发送端用电信号对光源进行光强控制，从而将电信号转换为光信号，然后通过光纤介质传输到接收端，在接收端用光检波检测器再把光信号还原成电信号。

实际上，如果不是利用一个有趣的物理原理，光传输系统会由于光纤的漏光而变得没有实际价值。当光线从一种介质到另一种介质时，如从玻璃到空气，光线会发生折射。当光线在玻璃上的入射角为 α_1 时，则在空气中的折射角为 β_1。折射的角度取决于两种介质的折射率。当光线在玻璃上的入射角大于某一临界值时，光纤将完全反射回玻璃，而不会漏入空气，这就是光的全反射现象。这样，光线将被完全限制在光纤中，而几乎无损耗地传播。

根据传输数据的模式，光纤可分为多模光纤和单模光纤两种。多模光纤是指在一条光纤中传播可能有多条不同入射角度的光。这种光纤所含纤芯的直径较粗。单模光纤意指光在光纤中的传播没有反射，沿直线传播。这种光纤的直径非常细，就像一根波导那样，可使光线一直向前传播。这两种光纤的性能比较见表 4-3。

表 4-3　单模光纤与多模光纤的性能比较

项　目	单模光纤	多模光纤
距离	长	短
数据传输速率	高	低
光源	激光	发光二极管
信号衰减	小	大
端结	较难	较易
造价	高	低

光纤不易受电磁干扰和噪声影响，可进行远距离、高速率的数据传输，而且具有很好的保密性

能。但是，光纤的衔接、分岔比较困难，一般只适应于点到点或环形连接。FDDI(光纤分布式数据接口)就是一种采用光纤作为传输介质的局域网标准。

最后介绍一下，在有线介质中，还有一种是架空明线，即在电线杆上架设的一对对互相绝缘的明线。这是在20世纪初就已经大量使用的方法。架空明线安装简单，但通信质量差，受气候环境等影响较大。所以，在发达国家中早已淘汰了架空明线，但目前我国在一些农村和边远地区或受条件限制的地方仍有不少的架空明线还在使用。

2. 无线介质

在一些高山、岛屿或偏远地区，使用有线介质铺设通信线路非常困难，并且很多人需要利用笔记本计算机、袖珍计算机随时随地与其他人保持在线联系，获取信息。对于这些移动用户，有线介质无法满足其要求，而无线介质可以帮助其解决上述问题。

无线介质是指信号通过空气载体传播，而不被约束在一个物理导体内。常用的无线介质有无线电波、微波和卫星通信等。

(1) 无线电波　大气中的电离层是具有离子和自由电子的导电层。无线电波通信就是利用地面发射的无线电波通过电离层的反射，或电离层与地面的多次反射而到达接收端的一种远距离通信方式。由于大气层中的电离层高度在距地面数十公里至百余公里的范围，可分为各种不同的层次，并且其随季节、昼夜以及太阳活动的情况而发生变化。除此之外，无线电波还受到来自水、自然物体和电子设备的各种电磁波等的干扰。因而无线电波通信与其他通信方式相比，在质量上存在不稳定性。

无线电波被广泛地用于室内通信和室外通信，因为无线电波很容易产生，传播距离很远，并且很容易穿过建筑物，同时它可以全方向传播，使得无线电波的发射和接收装置不要求精确对准。

无线电波通信使用的频率一般为3 MHz～1 GHz，它的传播特性与频率有关。在低频段，无线电波能轻易地绕过一般障碍物，但其能量随着传播距离的增大而急剧递减；在高频段，无线电波趋于直线传播且易受障碍物的阻挡。无线电波通信有以下特点。

① 能满足高速网络通信的要求。

② 使用的频率难以控制。如果有其他的频率与无线电通信的频率在相似范围之内，信号就会受到干扰。

③ 受自然环境的影响，如山峰会减弱或干扰信号的传输。

(2) 微波　频率在100 MHz以上且其能量集中于一点并沿直线传播的无线电波即为微波。微波通信就是利用无线电波在对流层的视距范围内进行信息传输的一种通信方式。由于微波只能沿直线传播，所以微波的发射天线和接收天线必须精确地定位对准，这种高度定向性使得成排的多个发射设备与成排的多个接收设备互相并行通信而不发生串扰。最常见的微波天线是抛物线曲面的“圆碟”(形状类似卫星接收天线)，典型的直径大约为3 m。它可将微波的能量集中于一小束，从而可获得极高的信噪比。

微波天线通常设置在地面上较高的位置，以便增大收、发两个天线之间的距离，同时能够排除天线之间障碍的干扰。为了实现微波远程传输，需要建立一系列微波中继站——转发器，以构成微波接力信道。转发器之间的距离大致与天线塔高度的平方成正比，在没有任何干扰障碍物的情况下，两天线之间的最大距离由公式(4-1)确定：

$$d=7.14\sqrt{Kh} \tag{4-1}$$

式中：d 为两天线之间的距离，以千米(km)为单位；h 为天线高度，以米(m)为单位；K 为调整因子。引入 K 主要考虑以下事实：微波会随着地球表面的弯曲而弯曲和折射，因此微波要比光学上的可见直线距离传播得更远，一个常用的经验值是 $K=4/3$。

微波广泛用于远程通信。按所提供的传输信道，微波可分为模拟微波和数字微波两种类型。目前，模拟微波通信主要采用频分多路复用技术和频移键控调制方式。数字微波通信目前大多采用时分多路复用技术和频移键控调制方式，与数字电话一样，数字微波的每个话路的数据传输率为 64 Kb/s。在传输质量上，微波通信比无线电波通信要稳定。

微波通信通常用的工作频率为 2 GHz、4 GHz、8 GHz、12 GHz。所用的频率越高，潜在的带宽就越宽，因而潜在的数据传输速率也就越高。表 4-4 中给出了一些典型数字微波系统的带宽和数据传输速率。

表 4-4　典型工作频率的数字微波性能

工作频率	带宽/MHz	数据传输速率/(Mb/s)
2	7	12
6	30	90
11	40	90
18	220	270

(3) 卫星微波　通信卫星实际上是一个微波中继站，卫星用来连接两个或多个基于地面的微波发射/接收设备。卫星接收某一频段(上行链路)的发射，然后放大并用另一频段(下行链路)转发它。

为了有效地工作，通常要求通信卫星处于相对于地面静止的位置上，否则，它就无法保持在任何时刻都处于它的各个地面站的视域范围之内。为此，要求通信卫星的旋转周期必须等于地球的自转周期，以保持相对的静止状态。卫星满足上述要求的匹配高度是 35 784 km。如果使用相同或十分接近频段的两个卫星，则将会相互产生干扰。为了避免出现干扰问题，一般要求在 4～6 GHz 频段上有 4°(从地球上测量出的角位移)的间隔，在 12～14 GHz 频段上有 3°的间隔，这使得能在地球静止轨道上设置的通信卫星数量十分有限。

卫星最重要的应用领域包括电视转播、企业应用网络等。由于卫星的广播特性，使得它特别适合用于广播服务网。卫星技术在电视转播方面的应用，如直播卫星，它可把卫星视频信号直接发射到家庭用户中。

除了上述的无线介质外，还有无导向的红外线、激光等通信介质，前者广泛地用于短距离通信，如电视、录像机、空调器等家用电器使用的遥控装置就利用了红外线装置，它们有方向性，便宜且易于制造；后者可用于建筑物之间的局域网连接，因为它具有高带宽和定向性好的优势，但是，它易受天气、热气流或热辐射等的影响，使得它的工作质量具有不稳定性。

最后需要说明的是，传输介质与信道是有区别的，前者是指传输数据信号的物理实体；而后者是为传送某种信号提供所需要的带宽，更强调了介质的逻辑功能。也就是说，一条信道既可能由多个传输介质级联而构成，一个传输介质也可能同时提供多条信道，多路复用技术正是利用了这个特性。表 4-5 中列出了常用介质的传输特性。

表 4-5 常用介质的传输特性

传输介质	传输速率	传输距离	抗干扰性	价格	适用范围
双绞线	模拟：300～3400 Hz 数字：10～100 Mb/s	几十千米	一般（对电磁干扰比较敏感）	低	局域网（模拟信号传输，数字信号传输）
50 Ω同轴电缆	10 Mb/s	1 km 内	较好	一般	局域网（基带数字信号传输）
75 Ω同轴电缆	300～900 Hz	100 km	较好	较高	CATV（模拟信号传输，可采用频分多路复用技术划分多个信道）
光纤	100 Mb/s～10 Gb/s	30 km	很好	较高	长话线路，主干网（远距离高速传输）
无线电波	30 MHz～1 GHz	全球	相对较差	较高	广播（远程低速通信）
微波	4～40 GHz	几百千米		低于同容量、同长度的电缆	电视（远程通信）
卫星	1～10 GHz			费用与距离无关	电信、电话、广域网（远程通信）

四、拓扑结构

网络拓扑（network topology）指的是计算机网络的物理布局。简单来说，是指将一组设备以什么结构连接起来。连接的结构有多种，我们通常将其称为拓扑结构。网络拓扑结构主要包括总线型拓扑、环型拓扑、星型拓扑和网状拓扑，有时是如上几种拓扑的混合模型。了解这些拓扑结构是设计网络和解决网络疑难问题的前提。

网络采用不同的拓扑结构会有性能差异。什么是最好的拓扑？这取决于设备的类型和用户的需求。一个组织需要按照工作目的选择网络类型，如有些公司网络用户主要进行简单的文字处理，那么网络信息流通量（network traffic）相对就比较低；如果进行网上视频会议或处理大型数据库的系统，如 Oracle 数据库文件等数据库信息，则由于其数据量非常巨大，所以信息流量很大。同时网络拓扑应该根据组织的需求和所拥有的硬件、技术人员的不同而变化。一种在某种环境中表现很好的拓扑结构照搬到另一环境中，就不一定运行得好。要设计一个优良的计算机网络必须保证多用户间的数据传输没有延迟或是延迟很少并且考虑网络的增长潜力、网络的管理方式等。目前常见的网络拓扑结构主要有以下四大类。

1. 星型拓扑结构

这种结构是目前在局域网中应用得最为广泛的一种，在企业网络中几乎都是采用这一方式。星型网络几乎是 Ethernet（以太网）网络专用，它将网络中的各工作站结点设备通过一个网络中心设备（如集线器或者交换机）连接在一起，各结点呈星状分布而得名。这类网络目前用得最多的传输介质是双绞线，如常见的五类双绞线、超五类双绞线等。

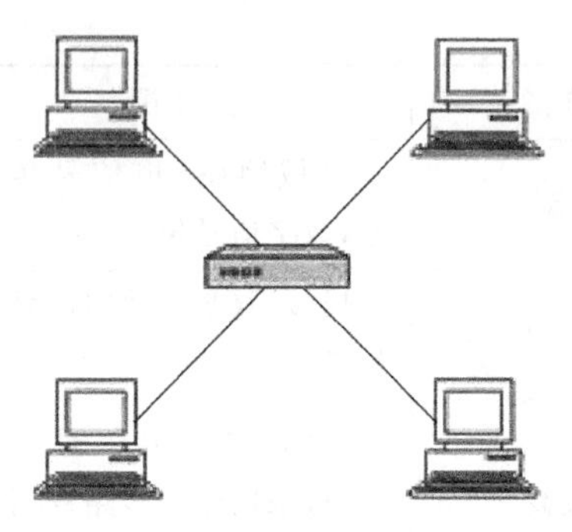
图 4-15 星型拓扑结构网络示意图

星型拓扑结构中各站点通过点到点的链路与中心站相连。其特点是很容易在网络中增加新的站点，数据的安全性和优先级容易控制，易实现网络监控，但中心结点的故障会引起整个网络瘫痪。这种拓扑结构网络的示意图，如图 4-15 所示。

这种拓扑结构网络的基本特点主要有如下几点。

(1) 容易实现：它所采用的传输介质一般都是通用的双绞线，这种传输介质相对来说比较便宜，如目前正品五类双绞线每米仅 1.5 元左右，而同轴电缆最便宜的每米也在2.00元左右，光缆那更不用说了。这种拓扑结构主要应用于 IEEE 802.2、IEEE 802.3 标准的以太局域网中。

(2) 结点扩展、移动方便：结点扩展时只需要从集线器或交换机等集中设备中拉一条线即可，而要移动一个结点只需要把相应结点设备移到新结点即可，而不会像环型网络那样“牵其一而动全局”。

(3) 维护容易：一个结点出现故障不会影响其他结点的连接，可任意拆走故障结点。

(4) 可靠性差：一旦中心结点出现问题，则整个网络就瘫痪了。

其实它的主要特点远不止这些，但因为后面我们还要具体介绍各类网络接入设备，而网络的特点主要是受这些设备的特点来制约的，所以其他一些方面的特点等后面介绍相应的网络设备时再补充。

2. 环型拓扑结构

这种结构的网络形式主要应用于令牌网中，在这种网络结构中各设备是直接通过电缆来串接的，最后形成一个封闭的环型结构，整个网络发送的数据就是在这个环中传递的，但数据只能按一个方向(顺时针或逆时针)沿环运行，通常把这类网络称为“令牌环网”。环网容易安装和监控，但容量有限，网络建成后，难以增加新的站点。这种拓扑结构网络的示意图如图 4-16 所示。

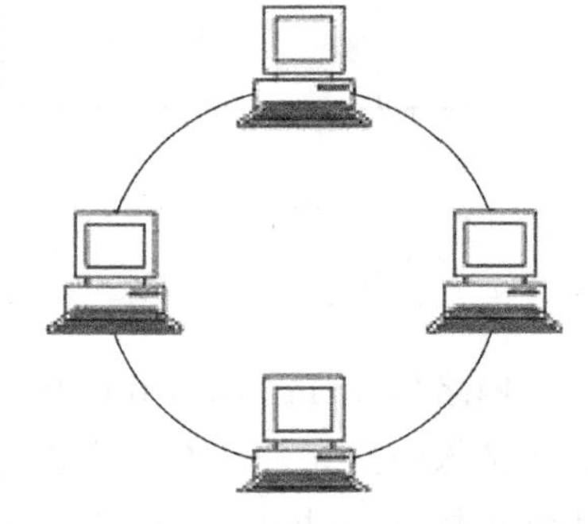
图 4-16 环型拓扑结构网络示意图

图 4-16 所示只是一种示意图，实际上大多数情况下这种拓扑结构的网络并不是所有计算机真的要连接成物理上的环型，一般情况下，环的两端是通过一个阻抗匹配器来实现环的封闭的，因为在实际组网过程中因地理位置的限制，不一定能做到环的两端的物理连接。

这种拓扑结构的网络主要有如下几个特点。

(1) 这种网络结构一般仅适用于 IEEE 802.5 的令牌环网，在这种网络中，“令牌”在环型连接中依次传递。所用的传输介质一般是同轴电缆或双绞线。

(2) 这种网络的实现也非常简单，投资最小。可以从其网络示意图中看出，组成这个网络除了各工作站就是传输介质——同轴电缆，以及一些连接器材，没有价格昂贵的结点集中设备，如集线器和交换机。但也正因为这样，所以这种网络所能实现的功能最为简单，仅能用于一般的文件服务模式。

(3) 传输速度较快：在令牌网中允许 16 Mb/s 的传输速度，它比普通的 10 Mb/s 以太网要快很多。当然随着以太网的广泛应用和以太网技术的发展，以太网的速度也得到了极大提高，目前普遍都能提供 100 Mb/s 的网速。

(4) 维护困难：从其网络结构可以看到，整个网络各结点间直接串联，这样任何一个结点出了故障都会造成整个网络的中断、瘫痪，维护起来非常麻烦。另一方面因为同轴电缆所采用的是插针式的接触方式，所以非常容易造成接触不良，网络中断，而且这样查找起来非常困难，增加了维护人员的工作量。

(5) 扩展性能差:环型结构决定了其扩展性能远不如星型结构,如果要新添加或移动结点,就必须中断整个网络,在环的两端设好连接器才能连接。

3. 总线型拓扑结构

这种网络拓扑结构中所有设备都直接与总线相连,它所采用的介质一般也是同轴电缆(包括粗缆和细缆),不过现在也有采用光缆作为总线型传输介质的,如后面将要介绍的 ATM 网所采用的网络等都属于总线型网络结构。

该型网络中所有的站点共享一条数据通道。总线型网络安装简单方便,需要铺设的电缆最短,成本低,某个站点的故障一般不会影响整个网络。但介质的故障会导致网络瘫痪,总线型网络安全性低,监控比较困难,增加新站点也不如星型网络容易。组建总线型拓扑结构的网络要注意在传输媒体的两端使用终结器,它可以防止线路上因为信号反射而造成干扰。总线型拓扑结构网络示意图如图 4-17 所示。

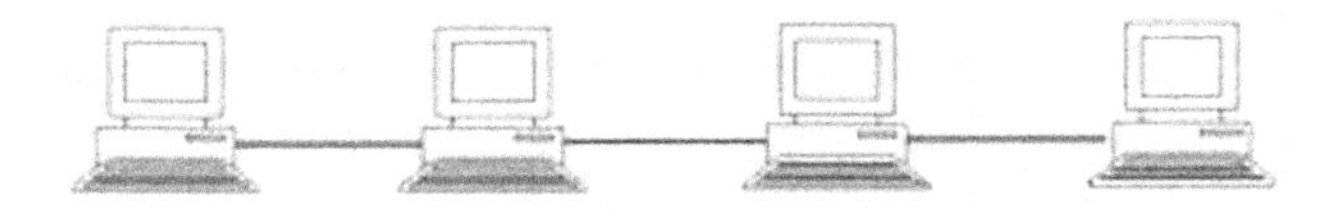

图 4-17 总线型拓扑结构网络示意图

这种结构具有以下几个方面的特点。

(1) 组网费用低:这样的结构根本不需要另外的互联设备,是直接通过一根总线进行连接,所以组网费用较低。

(2) 这种网络因为各结点是共用总线带宽的,所以在传输速度上会随着接入网络的用户数量的增多而下降。

(3) 网络用户扩展较灵活:需要扩展用户时只需要添加一个接线器即可,但所能连接的用户数量有限。

(4) 维护较容易:单个结点失效不影响整个网络的正常通信。但是如果总线断开,则整个网络或者相应的主干网就断开了。

(5) 这种网络拓扑结构的缺点是所有用户需共享一条公共的传输媒体,在同一时刻只能有一个用户发送数据。

4. 树型拓扑结构

树型网络是星型网络的一种变体。与星型网络类似,其网络结点都连接到控制网络的中央结点上,但并不是所有的设备都直接接入中央结点,绝大多数结点是先连接到次级中央结点上,再连到中央结点上,如图 4-18 所示。

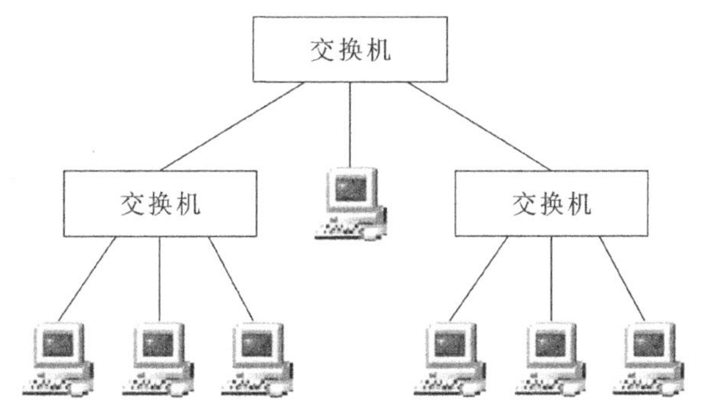

图 4-18 树型拓扑结构网络示意图

任务 2　以太网技术

一、标准以太网

以太网技术由施乐公司(Xerox)于 1973 年提出并实现，当时的传输速率达到 2.94 Mb/s，之后在施乐、Digital、Intel 的共同努力下于 1980 年推出了 10 Mb/s DIX 以太网标准。1983 年，以太网技术(802.3)、令牌总线(802.4)、令牌环(802.5)共同成为局域网领域的三大标准。在此之后，以太网技术的应用获得了长足的发展，全双工以太网、百兆以太网技术相继出现。1995 年，IEEE 正式通过了 802.3u 快速以太网标准，以太网技术实现了第一次飞跃，传输速率的提升反过来极大程度地促进了其应用的发展，用户对网络容量的需求也得到了进一步激发，20 世纪 90 年代以太网得到了广泛的应用，大部分新建和改造的网络都采用了这一技术，百兆到桌面成为局域网的新潮流，进而又带动了以太网的进一步发展。1998 年 802.3z 千兆以太网标准正式发布，2003 年 IEEE 通过了 802.3ae 标准。

为什么以太网技术能够在当初并列的三大标准中脱颖而出，最终成为局域网的主流技术，并在城域网甚至广域网范围获得进一步应用？主要有以下两个方面的原因。

(1) 分析以太网规范可知，其没有添加任何版权限制，Xerox 公司甚至放弃了专利和商标权利，其想法就是让以太网技术能够获得大量应用，进而生产以太网产品，IEEE 组织也成立了专门的研究小组，广泛吸纳科研院所、厂商、个人会员参与研究讨论，这些举动得到了众多服务提供商的支持，使以太网很容易地融入新产品中。以太网结构简单，管理方便，价格低廉，由于没有采用访问优先控制技术，因而简化了访问控制算法，简化了网络的管理难度，并降低了部署的成本，进而获得广泛应用。

(2) 持续进行技术改进，满足用户不断增长的需求。在以太网的发展过程中，其技术不断改进：物理介质从粗同轴电缆、细同轴电缆、双绞线到光纤；网络功能从共享以太网、全双工到交换以太网；传输速率不断提高，极大地满足了用户需求和各种应用场合；网络可平滑升级，保护用户投资。

(1) 以太网的发展历程如下。

- 以太网诞生：2.94 Mb/s，1973 年。
- 传统以太网：10 Mb/s，1983 年 802.3。
- 快速以太网：100 Mb/s，1995 年 802.3u。
- 千兆以太网：1 Gb/s，1998 年，802.3z，802.3ab。
- 万兆以太网：10 Gb/s，2003 年，802.3ae。

(2) 以太网能够不断发展的原因如下。

- 开放标准，获得众多服务提供商的支持。
- 结构简单，管理方便，价格低廉。
- 持续的技术支持，满足用户不断增长的需求。

1. 以太网的标准系列

到目前为止，以太网标准系列已扩展成 10 余个，其中几个主要的标准，见表 4-6。

自从 1992 年 IEEE 802.3 标准确定以后，拓扑结构为公共总线使用粗同轴电缆的传统以太网(DIX)在经过几年的应用后，在其基础上，制订了一种媒体使用细同轴电缆的以太网标准 IEEE

802.3a，其相应的产品也在网络市场出现了。后者因具有组网价格低廉、结构简单和建构方便等特点，在小型 LAN 的市场上逐渐取代了前者，但其电缆分段连接引起的不可靠性是其致命的弱点。并且公共总线使用光纤来代替同轴电缆比较困难的事实导致了 IEEE 802.3i 以及继后的 IEEE 802.3j 两个标准的制订，其相对应的产品分别为 10BASE-T 和 10BASE-F。

表 4-6 几个主要的以太网的标准

年　份	网　络	标　准	传输媒体
1983 年	10Base-5(DIX)	802.3	粗同轴电缆
1985 年	10Base-2	802.3a	细同轴电缆
1990 年	10Base-T	802.3i	双绞线
1993 年	10Base-F	802.3j	光纤
1995 年	100Base-T	802.3u	双绞线
1997 年	全双工以太网	802.3x	双绞线、光纤
1998 年	1000Base-X	802.3z	光纤、短距离屏蔽铜缆
1999 年	1000Base-T	802.3ab	双绞线
2003 年	万兆以太网	802.3ae	光纤

基于星型结构使用双绞线和光纤的 10Base-T、10Base-F 是现代以太网技术发展的基础。从此以后，在短短的几年中，快速以太网、全双工以太网以及千兆位以太网的标准陆续制订，相对应的产品目前已在网络市场上广为流行。

2. 四种常见的 10Base 以太网

下面介绍 10Base-5、10Base-2、10Base-T、10Base-F 等四种常见的以太网。

1）粗缆 Ethernet(10Base-5)

10Base-5 是总线型粗同轴电缆以太网(或称标准以太网)的简略标识符。它是基于粗同轴电缆介质的原始以太网系统。目前由于 10Base-T 技术的广泛应用，在新建的局域网中，10Base-5 已很少被采用，但有时 10Base-5 还会用于连接集线器(hub)的主干网段。

粗缆 Ethernet 又称标准的 Ethernet，因为这是最初实现的一种。如图 4-19 所示为粗缆 Ethernet 布线方案示例。粗缆 Ethernet 干线上的每个站点使用一个收发器与电缆连接。该收发器与那些用于细缆 Ethernet 的 BNC 连接器不同，它是一个提供工作站与粗缆电气隔离的小盒子。在收发器中使用了一种“心跳”(heart-beat)测试的技术以判定该工作站连接是否合适。

10Base-5 网络所使用的硬件有以下几种。

(1) 带有 AUI 插座的以太网卡：插在计算机的扩展槽中，使该计算机成为网络的一个结点，以便连接网络。

(2) 50 Ω 粗同轴电缆：10Base-5 网络定义的传输介质，可靠性好，抗干扰能力强。

(3) 外部收发器：两端连接粗同轴电缆，中间经 AUI 接口由收发器电缆连接，网卡负责数据的发送/接收以及冲突检测。

(4) 收发器电缆：两头带有 AUI 接头，用于外部收发器与网卡之间的连接。

(5) 50 Ω 终端适配器：电缆两端各接一个终端适配器，用于阻止电缆上的信号散射。

10Base-5 这种表示方法的具体含义如下。

- 10 表示信号在电缆上的数据传输速率为 10 Mb/s。
- Base 表示电缆上传输的信号是基带信号。

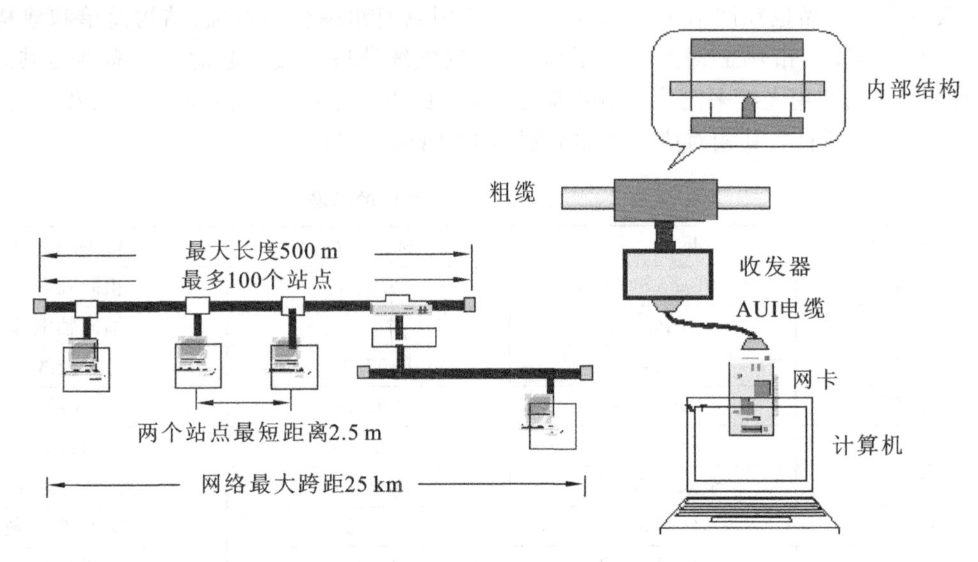

图 4-19 粗缆 Ethernet 布线方案示例

- 5 表示每一段媒体的最大长度为 500 m。

为什么同轴电缆的长度受限制呢？这是因为信号沿总线传播时会有衰减，若总线太长，则信号将会衰减至很弱，以致影响载波监听和冲突检测的正常工作。因此，以太网所用的这种同轴电缆的最大长度被限制为 500 m。若实际网络需要跨越更长的距离，就必须采用中继器(repeater)将信号放大并整形后转发出去。

2) 细缆 Ethernet(10Base-2)

10Base-2 是总线型细缆以太网的简略标识符。细缆指细同轴电缆，是以太网支持的第二类传输介质。10Base-2 使用 50 Ω 细同轴电缆，组成总线型网络。细缆 Ethernet 系统不需要外部收发器和收发器电缆，减少了网络开销，素有“廉价网”的美称，这也是它曾被广泛应用的原因之一。目前由于大部分新建局域网都使用 10Base-T 技术，而安装细同轴电缆的已不多见，但是在一个计算机比较集中的计算机网络实验室，为了便于安装、节省投资，仍可采用这种技术。

细缆 Ethernet 的电缆在物理上比粗缆 Ethernet 电缆更容易处理，它的电缆便宜，但干线段的长度不如粗缆 Ethernet 那么长。如图 4-20 所示为细缆 Ethernet 布线方案示例。

10Base-2 网络所使用的硬件有以下几种。

(1) 带有 BNC 插座的以太网卡(使用网卡内部收发器)：插在计算机的扩展插槽中，使该计算机成为网络的一个结点，以便连接入网。

(2) 50 Ω 细同轴电缆：10Base-2 网络定义的传输介质，可靠性稍差。

(3) BNC 连接器：用于细同轴电缆与 T 型连接器的连接。

(4) 50 Ω 终端适配器：电缆两端各接一个终端区配器，用于阻止电缆上的信号散射。

3) 双绞线 Ethernet(10Base-T)

IEEE 10 Mb/s 基带双绞线的标准称为 10Base-T。该标准提供了 Ethernet 的优越性，而无须使用昂贵的同轴电缆。此外，许多厂商都遵循该标准或将产品与之兼容。

1990 年，IEEE 802 标准化委员会公布了 10 Mb/s 双绞线以太网标准 10Base-T。10Base-T 双绞线以太网系统操作具有技术简单、价格低廉、可靠性高、易实现综合布线、易于管理和维护、易升

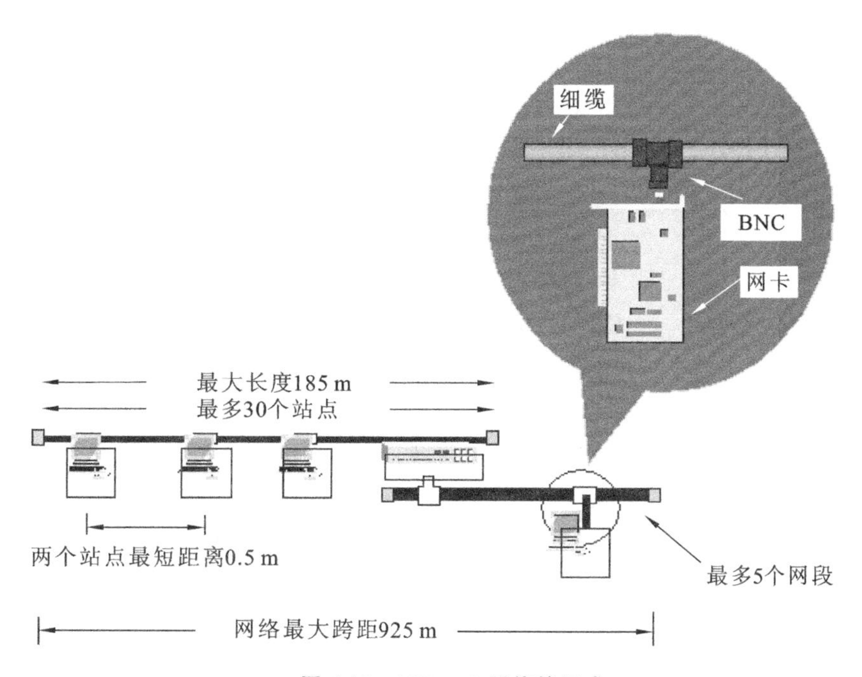

图 4-20　10Base-2 网络的组成

级等优点。正因为它比 10Base-5 和 10Base-2 技术拥有更高的优越性，所以 10Base-T 技术成为连接桌面系统流行且应用广泛的局域网技术。

与采用同轴电缆的以太网相比，10Base-T 网络更适合在已铺设布线系统的办公大楼环境中使用。因为在典型的办公大楼中，95%以上的办公室与配电室的距离不超过 100 m。同时，10Base-T 采用的是与电话交换系统相一致的星型结构，很容易实现网络线与电话线的综合布线。这就使得 10Base-T 网络的安装和维护简单易行，且费用低廉。此外，10Base-T 采用了 RJ-45 连接器，使网络连接比较可靠。

10Base-T 网络所使用的硬件有以下几种，如图 4-21 所示。具体介绍如下。

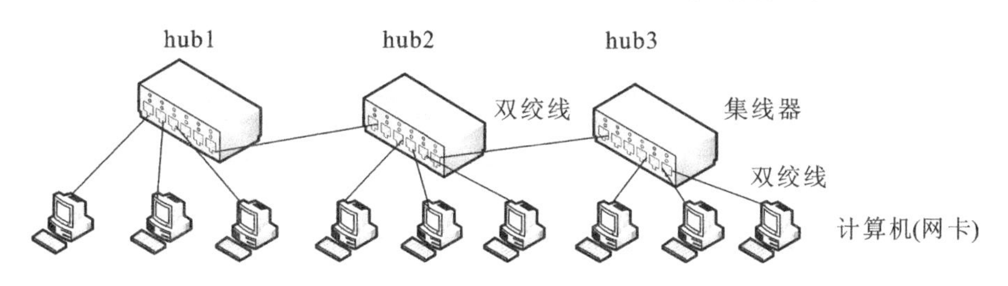

图 4-21　10Base-T 以太网系统结构

(1) 带有 RJ-45 插座的以太网卡：插在计算机的扩展槽中，使该计算机成为网络的一个结点，以便连接入网。

(2) 3 类以上的 UTP 电缆(双绞线)：10Base-T 网络定义的传输介质。

(3) RS-45 连接器：电缆两端各接一个 RJ-45 连接器，一端连接网卡，另一端连接集线器。

(4) 10Base-T 集线器：10Base-T 网络技术的核心。集线器是一个具有中继器特性的有源多口转发器，其功能是接收从某一端口发送来的信号，进行重新整形再转发给其他端口。集线器有 8 口、12 口、16 口和 24 口等多种类型。有些集线器除了提供多个 RJ-45 端口外，还提供 BNC 和

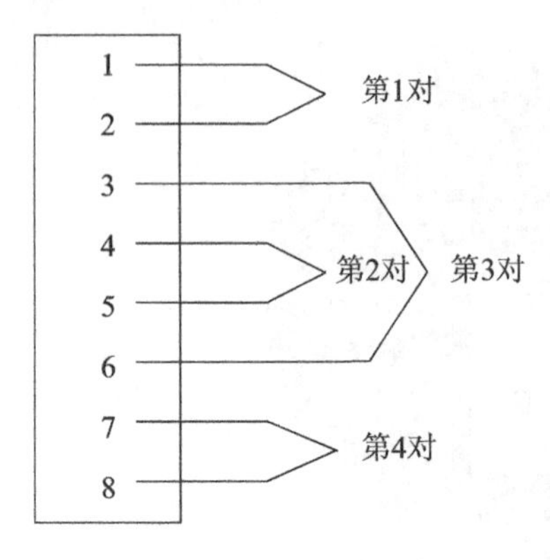

图 4-22 RJ-45 连接示意图

AUI 插座，支持 UTP、细同轴电缆和粗同轴电缆的混合连接。

网卡与集线器、集线器与集线器之间通过 RJ-45 连接器连接双绞线。RJ-45 的连接示意图如图 4-22 所示。

一个 RJ-45 连接器最多可连接四对双绞线。在 10Base-T 上仅用了两根双绞线。网卡与集线器双绞线连接如图 4-23(a)所示，集线器与集线器之间的双绞线连接如图 4-23(b)所示。在网卡上 1、2 双绞线用于发送，而 3、6 双绞线用于接收，而集线器却与之相反。因而集线器之间连接可采用以下两种办法，即双绞线电缆两端 RJ-45 交叉连接或集线器中用开关控制。

对于 10Base-T 整个以太网系统，集线器与网卡之间和集线器之间的最长距离均为100 m，集线器数量最多为四个，即任意两站点之间的距离不会超过 500 m。

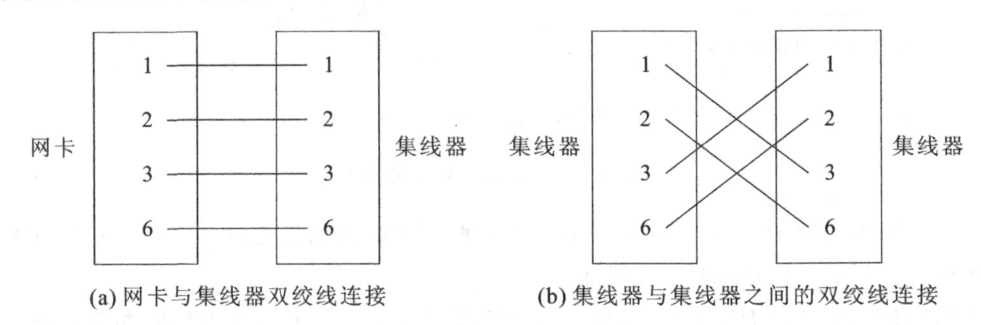

(a) 网卡与集线器双绞线连接　(b) 集线器与集线器之间的双绞线连接

图 4-23 双绞线连接示意图

非屏蔽双绞线的特点：价格低廉，安装方便，具有一定抗外界电磁场干扰的作用，如图 4-24 所示。

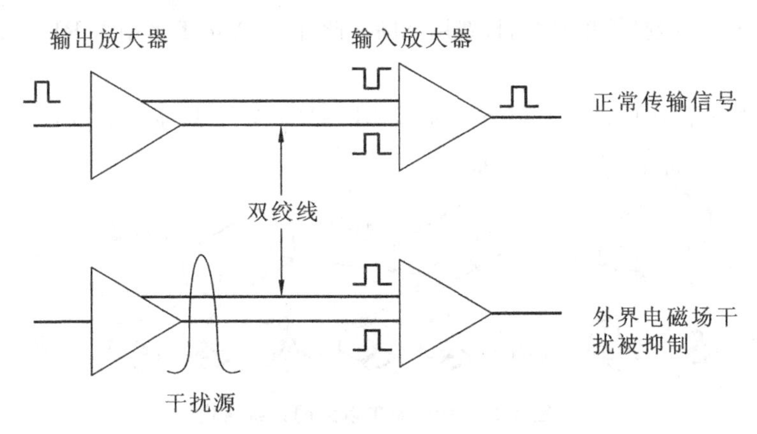

图 4-24 双绞线抗外界电磁场干扰

正常情况下当发送放大器有输入信号时，放大器在输出双绞线对上分别产生极性相反且幅度相等的差分信号。而对于接收放大器，只有差分信号作为输入信号时，放大器才会有输出信号。当外界有电磁场干扰时，在线对上会产生同极性且幅度相等的信号，这种信号作为接收放大器的输入信号时，被接收放大器抑制而不产生输出信号。这就是双绞线具有抗外界电磁场干扰的简单机理，而单股铜线就不具备这种抗干扰的特点，需求助于外皮屏蔽接地形成同轴电缆才有抗外界电磁场干扰的能力。综上所述，10Base-T 以太网系统的特点如下。

(1) 星型(或树型)拓扑结构,采用集线器(中继器)作为星型结构核心。

(2) 介质采用非屏蔽双绞线,发送与接收通道物理上分开,即各占一根双绞线。

(3) 网络站点通过网卡直接连接集线器。

集线器之间的连接方式有两种:一种是干线方式,可以在同一个层次上作为中继器延伸网络跨距,如图 4-25(a)所示,四个集线器组成系统的干线;另一种是层次方式,可以组成一个层次结构的网络,如图 4-25(b)所示,一个主集线器连接若干个分支集线器,每个分支集线器还可往下连接更下层的分支集线器,依此类推。但不论采用哪一种方式,任意两个站点之间的跨距不能超过 500 m。

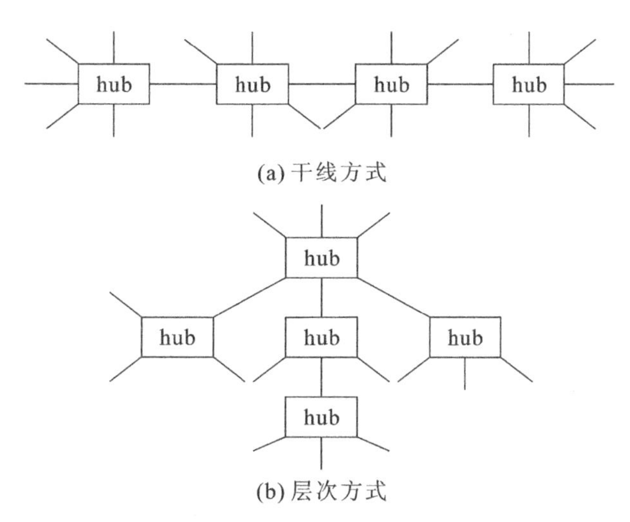

图 4-25　集线器的连接方式

10Base-T 网络在组网过程中要遵守 10Base-T 的 5-4-3 原则。所谓 10Base-T(星型网络)的 5-4-3 规则,是指任意两台计算机间最多不能超过 5 段线(既包括集线器到集线器的连接线缆,也包括集线器到计算机间的连接线缆)、4 台集线器,并且只能有 3 台集线器直接与计算机等网络设备连接。如图 4-26 所示为 10Base-T 网络所允许的最大拓扑结构,以及所能级联的集线器层数。其中,位居中间的集线器是网络中唯一不能与计算机直接连接的集线器。5-4-3 规则的采用与网络所允许的最大延迟有关。

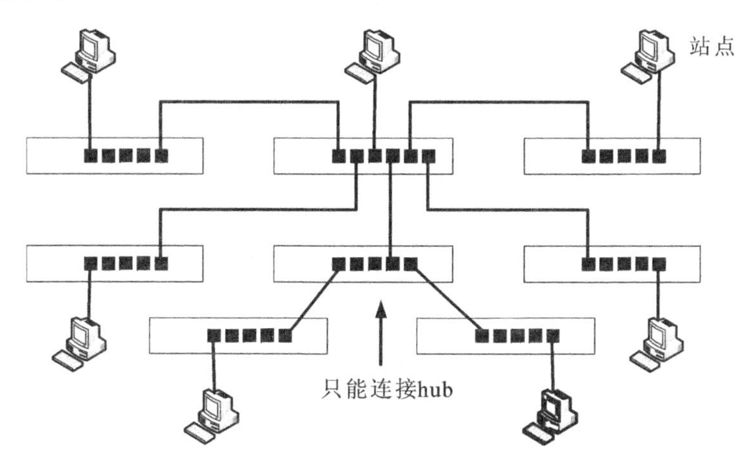

图 4-26　10Base-T 网络所允许的最大拓扑结构

计算机发送数据后，如果在一定的时间内没有得到回应，那么，将认为数据发送失败而不断地重复发送数据，但对方却永远无法收到。数据在网络中的传输延迟，一方面受网线长度的影响，另一方面也受集线设备的影响，因此，双绞线网络不仅对电缆的传输距离有限制，而且也限制了集线器的数量。

4）光纤 Ethernet(10Base-F)

10Base-F 是 10 Mb/s 光纤以太网，它使用多模光纤传输介质，在介质上传输的是光信号，而不是电信号。因此，10Base-F 具有传输距离长、安全可靠、可避免电击的危险等优点。由于光纤适用于连接相距较远的站点，所以 10Base-F 常用于建筑物间的连接，它能够构建园区主干网（如北京大学早期的校园主干网采用的就是 10Base-F），并能实现工作组级局域网与主干网的连接。因为光信号传输的特点是单方向，适合于端到端式的通信，因此 10Base-F 以太网呈星状或放射状结构。

光纤的一端与光收发器（光 hub）连接，另一端与网卡连接。根据网卡的类型，光纤与网卡有两种连接方法：一种是把光纤直接通过 ST 或 SC 接头连接到可处理光信号的网卡（此类网卡是把光纤收发器内置于网卡中）上；另一种是通过外置光收发器连接，即光纤外置收发器一端通过 AUI 接口连接电信号网卡，另一端通过 ST 或 SC 接头与光纤连接。采用光、电转换设备也可将粗、细电缆网段与光缆组合在一个网中。

10Base-F 以太网的系统特点如下。

(1) 使用光纤进行长距离连接，如建筑物间连接。

(2) 为星型拓扑结构。

(3) 常见的布线标准：10Base-FL-异步点到点链路，链路最长 2 km。

3. 四种常见的 10Base 以太网的比较

四种 10Base 以太网物理性能的比较如表 4-7 所示。

表 4-7　四种 10Base 以太网物理性能的比较

网　络	10Base-5	10Base-2	10Base-T	10Base-F
网段最大长度	500 m	185 m	100 m	2000 m
站点间最小距离	2.5 m	0.5 m	无	无
网段的最多结点数	100	30	无	无
拓扑结构	总线型	总线型	星型	星型
传输介质	粗同轴电缆	细同轴电缆	3 类 UTP	多模光纤
连接器	AUI	BNC-T	RJ-45	ST 或 SC
最多网段数	5	5	5	3

二、快速以太网

1. 概述

数据传输速率为 100 Mb/s 的快速以太网能够为桌面用户以及服务器或者服务器集群等提供更高的网络带宽。快速以太网是在 10Base-T 和 10Base-FL 技术的基础发展起来的具有 100 Mb/s 传输速率的以太网，快速以太网家族中使用得最广泛的是 100Base-TX 和 100Base-FX，它们的拓扑结构与 10Base-T 和 10Base-FL 完全一样，快速以太网的介质和介质布局向下兼容 10Base-T 或

10Base-FL。其差别就在于二者的传输速率相差十倍,至于帧结构和介质访问控制方式完全按照IEEE 802.3的基本标准。快速以太网技术与产品推出后,迅速获得广泛应用。它既有共享型集线器组成的共享型快速以太网系统,又有交换器构成的交换型快速以太网系统。在使用光缆作为介质的环境中,又充分发挥了全双工以太网技术的优势。10/100 Mb/s自适应的特点保证了10 Mb/s系统平滑地过渡到100 Mb/s以太网系统。

电子电气工程师协会(IEEE)专门成立了快速以太网研究组评估以太网传输速率提升到100 Mb/s的可行性。该研究组织为快速以太网的发展确立了重要目标,100Base-T是IEEE正式接受的100 Mb/s以太网规范,采用非屏蔽双绞线(UTP)或屏蔽双绞线(STP)作为网络介质,媒体访问控制(MAC)层与IEEE 802.3协议所规定的MAC层兼容,被IEEE作为802.3规范的补充标准802.3u公布。

快速以太网从OSI层次来看,与10 Mb/s以太网一样仍占有数据链路层和物理层,如图4-27所示。从IEEE 802标准来看,它具有MAC子层和物理层(包括物理媒体)的功能。

如图4-28所示,在统一的MAC子层下面,有四种100 Mb/s以太网的物理层,每种物理层连接不同的媒体来满足不同的布线环境。同样,四种不同的物理层中也可以再分成编码/译码和收发器两个功能模块。显然,四种编码/译码功能模块不全相同,收发器的功能也不完全一样。

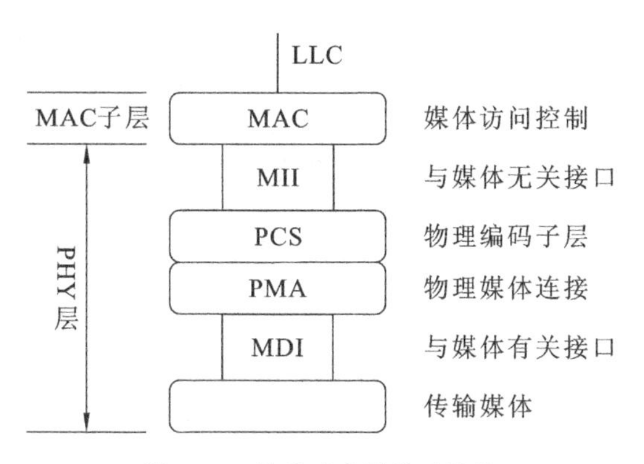

图4-27 快速以太网体系结构

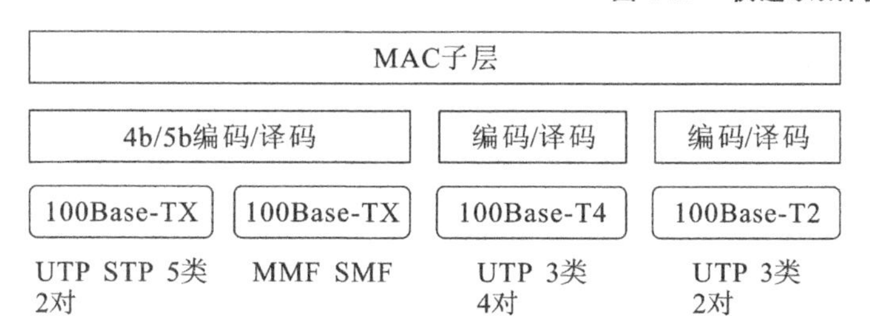

图4-28 四种不同的100 Mb/s以太网物理层

可以理解,100Base-TX是继承了10Base-T的5类非屏蔽双绞线的环境,在布线不变的情况下,把10Base-T设备更换成100Base-TX的设备即可形成一个100 Mb/s以太网系统;同样100Base-TX继承了10Base-FL的多模光纤的布线环境而直接可以升级成100 Mb/s光纤以太网系统;对于较旧的一些只采用3类非屏蔽双绞线的布线环境,则可采用100Base-T4和100Base-T2来适应。目前,100Base-TX与100Base-FX使用广泛,特别对于我国来说,20世纪90年代以来建设的布线系统中,一般传输网络信息不采用3类双绞线,几乎都选用5类双绞线或(和)光纤。

2. 快速以太网发展过程

1993年10月以前,对于要求10 Mb/s以上数据流量的LAN应用,只有光纤分布式数据接口(FDDI)可供选择,它是一种价格非常昂贵的基于100 Mb/s光缆的LAN。

1993年10月,出现了世界上第一台快速以太网集线器Fast Switch10/100和网络接口卡Fast NIC 100,与此同时,IEEE 802工程组对100 Mb/s以太网的各种标准,如100Base-TX、100Base-T4、MII、中继器、全双工等标准进行了研究,于1995年3月公布了IEEE 802.3u规范,开始了快速以太网的时代。

1）100 Mb/s 以太网和其他高速以太网技术的比较

FDDI 技术与 IBM 的 Token Ring 技术相似，并具有 LAN 和 Token Ring 所缺乏的管理、控制和可靠性措施，FDDI 支持长达 2 km 的多模光纤。FDDI/CDDI 的主要缺点是其价格与快速以太网的价格相比过于昂贵、只支持光缆和 5 类电缆。其使用环境受到限制，从Ethernet升级面临大量移植的问题。

2）快速以太网的不足

快速以太网是基于载波侦听多路访问和冲突检测（CSMA/CD）技术的，当网络负载较重时，会造成效率的降低，这可以使用交换技术来弥补。

3）快速以太网的分类

（1）100Base-T2　100Base-T2 可使用两对音频或者数据 3、4、5 类 UTP 电缆，一对用于发送数据，一对用于接收数据，可以实现全双工操作；符合 EIA 586 结构化布线标准；使用与 10Base-T 相同的 RJ-45 连接器；最大网段长度为 100 m。

（2）100Base-T4　100Base-T4 是一种可使用 3、4、5 类非屏蔽双绞线或屏蔽双绞线的快速以太网技术，它使用四对双绞线，其中三对用于传送数据，一对用于检测冲突信号；在传输中使用 8B/6T编码方式，信号频率为 25 MHz，符合 EIA 586 结构化布线标准；使用与 10Base-T 相同的 RJ-45 连接器；最大网段长度为 100 m。

（3）100Base-TX　100Base-TX 是一种用 5 类数据非屏蔽双绞线的快速以太网技术。使用两对双绞线，一对用于发送数据，一对用于接收数据；在传输中使用 4b/5b 编码方式，信号频率为 125 MHz；符合 EIA 586 的 5 类布线标准和 IBM 的 STP 1 类布线标准；使用与 10Base-T 相同的 RJ-45 连接器；最大网段长度为 100 m；支持全双工的数据传输。

（4）100Base-FX　100Base-FX 是一种使用光缆的快速以太网技术，可使用单模光纤和多模光纤；在传输中使用 4b/5b 编号方式，信号频率为 125 MHz；使用 MIC/FDDI 连接器、ST 连接器或 SC 连接器；网段长度可为 150 m、412 m、2000 m 或更长至 10 km，这与所使用的光纤类型和工作模式有关。它支持全双工的数据传输。100Base-FX 特别适合于有电气干扰的环境、较大距离连接或保密环境等情况下使用。

4）100Base-T 硬件的组成

构成 100Base-T 网络物理连接的主要部件包括以下几种。

（1）网络介质　网络介质用于计算机之间的信号传递。100Base-T 主要采用四种不同类型的网络介质，分别是 100Base-TX、100Base-FX、100Base-T2 和 100Base-T4。

（2）媒体相关接口（MDI）　MDI 是一种位于传输媒体、物理层设备之间的机械和电气接口。

（3）媒体独立接口（MII）　使用 100 Mb/s 外部收发器，MII 可以把快速以太网设备与任何一种网络介质连接在一起。MII 是一种 40 针接口，连接电缆的最大长度为 0.5 m。

（4）物理层设备（PHY）　PHY 提供 10 Mb/s 或 100 Mb/s 操作，可以是一组集成电路，也可以作为外部独立设备使用，通过 MII 电缆与网络设备上的 MII 端口连接。

以上各网络部件的连接示意图如图 4-29 所示。

图 4-29　100Base-T 各网络部件的连接

在统一的 IEEE 802.3 MAC 层下面有四种不同的物理媒体，可以分别用来满足不同的布线环境。其中，100Base-TX 继承了 10Base-T 的布线系统，在布线不变的情况下，把 10Base-T 设备更换成 100Base-TX 设备就可以直接升级为快速以太网系统；同样，100Base-FX 继承了 10Base-FL 多模光纤系统，也可以直接升级到 100 Mb/s；对于一些较早的采用 3 类 UTP 的以太网系统，可以采用 100Base-T4 进行升级。

3. 自动协商功能

由于快速以太网技术、产品和应用的急剧发展，在使用 UTP 媒体的环境中，网卡和集线器的端口 RJ-45 上可能支持全双工模式。因此当两个设备端口间进行连接时，为了达到逻辑上的互通，可以人工进行工作模式的配置，但在新一代产品中引入了端口间自动协商的功能（注意，在使用屏蔽双绞线 STP 及光缆作为媒体的设备中不支持自动协商功能），不必人工进行配置。端口间进行自动协商后，就可以获得一致的工作模式。

为此，对设备所支持的工作模式必须进行自动协商的优先级排队，如表 4-8 所示，100Base-T2 为最高优先级，10Base-TX 为最低优先级。若两台支持自动协商功能的设备，其端口间在 UTP 连好并进行加电后，首先就在端口间进行自动协商，协商的结果是获得了两者所拥有的共同最佳工作模式。例如，如果双方都具有 10Base-T 和 100Base-TX 工作模式，则自动协商后，按共同的高优先级工作模式进行自动配置，最后端口间确定按 100Base-TX 工作模式进行工作。

表 4-8 自动协商优先级

优先级	工作模式
最高	100Base-T2
	100Base-T4
	100Base-TX
最低	10Base-TX

在 IEEE 802.3 标准中，详细说明了自动协商的功能。除 100Base-T2 工作模式外，其他工作模式的自动协商功能均作为可选的功能，而 100Base-T2 则必须要求具有自动协商功能。设备加电启动后，就立即进行自动协商。端口间在进行自动协商时，首先在连接的链路上发送快速链路脉冲（fast link pulse，FLP）信号，FLP 信号中包括了设备工作模式的信息，支持自动协商端口的双方设备利用 FLP 所携带的信息实现自动协商并自动配置成共同的最佳工作模式，即按照共同的优先级最高的工作模式来配置。

一旦完成了自动协商，确定了共同的工作模式后，FLP 就不再出现，端口之间链路进入正常工作状态。若设备重新启动或者工作时链路媒体断开后重新连上，则自动协商功能再次启动，FLP 再次出现直至重新正常工作。

4. 快速以太网与 10Base-T/F 组网性能的比较

快速以太网标准 IEEE 802.3u 是从 802.3 标准发展而来的，它继承了 10Base-T 和 10Base-FL 技术，并进一步发展，二者在 MAC 子层和 PHY 层的性能上有相同之处，也有明显的区分，如表4-9 所示。

表 4-9　100 Mb/s 快速以太网与 10Base-T/FL 性能比较

	10Base-T/FL	100Base-TX/FX
IEEE 标准	802.3	802.3u
拓扑结构	星型	星型
传输率	10 Mb/s	100 Mb/s
媒体	3、4、5 类 UTP，MMF	5 类 UTP、STP(150Ω)、SMF、MMF
最长媒体段	UTP:100 m　MMF:2 km	UTP、STP:100 m　MMF:2 km　SMF:40 km
编码	4b/5b 编码	NRZI 编码
帧结构	符合 DIX 802.3 标准	符合 DIX、802.3 标准
CSMA/CD	同上	同上
碰撞槽时间	5～12 ms(512 bit)	5～12 ms(512 bit)
碰撞域范围	UTP:500 m(四个中继器)	● 两个中继器 UTP、STP:205 m　MMF:228 m　UTP+ MMF:216 mm ● 无中继器 UTP:100 m　MMF:412 m

注：UTP 非屏蔽双绞线、STP 屏蔽双绞线、MMF 多模光纤、SMF 单模光纤、NRZI 不归“0”反相。

从二者在 PHY 层上的比较来看，除传输率相差十倍外，传输媒体的选择在快速以太网 10Base-TX 环境中只能是 5 类 UTP，但增加了 150Ω 特性阻抗的 STP；在 100Base-FX 环境中增加单模光缆 SMF 作为媒体。在 PHY 层中，另一明显差别在于编码技术，快速以太网 10Base-TX/FX 采用的代码和编码技术与 ANSI X3T9.5 FDDI 标准相同。即采用了 4b/5b 代码表示和 NRZI 编码技术，在媒体上以时钟为 125 Mb/s 的信号波特率来获得 100 Mb/s 的代码传输率。NRZI 编码技术与曼彻斯特编码完全不同，它以信号跳变表示“1”，不跳变(即高或低电平)表示“0”来编码 4b/5b 代码。

从二者在 MAC 子层上的比较来看，由于帧结构完全相同，其最大帧和最小帧长度也完全相等(分别为 1 516B 和 64B)。二者传输率相差十倍，并且每一位的时间宽度也相差 10 倍，100Base-TX/FX 为 0.01μs 而 100Base-TX/FL 为 0.1μs。二者的 CSMA/CD 的媒体访问控制方式机理完全一样的情况下，碰撞槽时间在快速以太网系统环境中比在 100 Mb/s 传输率以太网系统中小了十倍。碰撞槽时间的明显差别，反映到碰撞域范围上也有明显的差别。

5. 快速以太网的典型组网方案

如图 4-30 所示的是在一栋四层建筑中配置各种 100 Mb/s 以太网设备的解决方案，在 1、4 层上配置了 100 Mb/s 以太网交换器，在 2、3 层上配置了 100 Mb/s 以太网共享型集线器。各楼层中连接各个站点均用 5 类 UTP，各个站点上均安装了 100 Mb/s 以太网网卡或具有 100 Mb/s 以太网接口，层间的连线均用多模光缆，光缆均由各层的配线间连到 1 层设备间中去，设备间通过多模光缆与园区内其他大楼的 100 Mb/s 以太网交换器连接。

第 1、4 两层交换器之间多模光缆的最长距离可达 412 m；第 3 层上使用一个共享型集线器(中继器)，该设备与低层交换器之间的多模光缆最长距离达 209 m，第 2 层上由于站点密集，必须使用两个共享型集线器(中继器)提供足够数量的 100 Mb/s 端口，两个集线器之间的距离为 5 m，则多模光缆的最长距离为 111 m，底层设备中配置的是本系统主交换器，与园区内其他大楼交换器之间

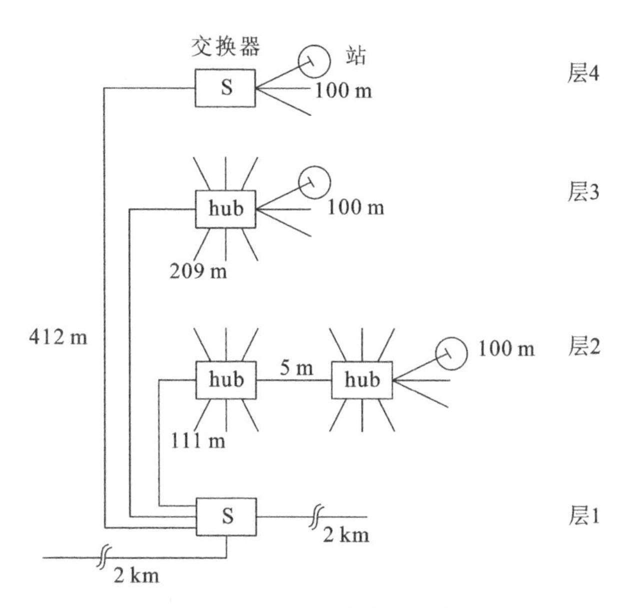

图 4-30 组网典型连接解决方案

进行全双工模式传输的多模光缆最长距离可达 2 km;各楼层连接各站点的 5 类 UTP 最长距离可达 100 m。

本方案中有关 100 Mb/s 以太网的主要设备均有配置,虽然本解决方案是虚构的,但本方案可以说明 100 Mb/s 以太网系统设计的特点,以供组网参考。

三、千兆以太网

千兆以太网是快速以太网技术的自然发展,只是传输率相差十倍。二者的拓扑结构完全一致。帧结构和介质访问控制方式与 IEEE 802.3 基本标准类似,但在其基础上有所发展。千兆以太网系统的介质和介质布局在快速以太网的介质和介质布局的基础上有所发展,一般来说,可以向下兼容快速以太网或 10Base-T/FL。同样,千兆以太网系统包括了共享型和交换型两类。在使用光缆作为介质的环境中,它与快速以太网一样充分发挥了全双工以太网技术的特点。目前,千兆以太网多用于 LAN 系统的主干。

为了实现千兆以太网技术和产品的开发,1996 年 3 月,IEEE 成立了 802.3z 工作组,负责研究千兆以太网技术并制定相应的标准。

千兆以太网是提供 1000 Mb/s(1000 Mb/s=1 Gb/s)数据传输速率的以太网。千兆以太网是对 10 Mb/s 和 100 Mb/s IEEE 802.3 以太网非常成功的扩展,它与传统的以太网使用相同的 IEEE 802.3 CSMA/CD 协议、相同的帧格式和相同的大小。千兆以太网与现有以太网完全兼容,其传输速率达到 1 Gb/s。千兆以太网支持全双工操作,最高速率可以达到 2 Gb/s。这意味着广大的以太网用户现有的以太网能够很容易地升速到 1 Gb/s 或 2 Gb/s。随着千兆以太网技术的应用和发展,有专家预计,千兆以太网不仅广泛应用于园区网,而且也会在城域网甚至广域网中得到应用,它将成为主干网和桌面系统的主流技术。千兆以太网信号系统的基础是光纤信道。

1. 千兆以太网的体系结构与功能模块

如图 4-31 所示为千兆以太网的体系结构和功能模块,整个结构类似于 IEEE 802.3 标准所描述的体系结构，包括了 MAC 子层和 PHY 层两部分内容。MAC 子层中实现了 CSMA/CD 介质访问控制方式和全双工/半双工的处理方式，其帧的格式和长度也与 802.3 标准所规定的一致。

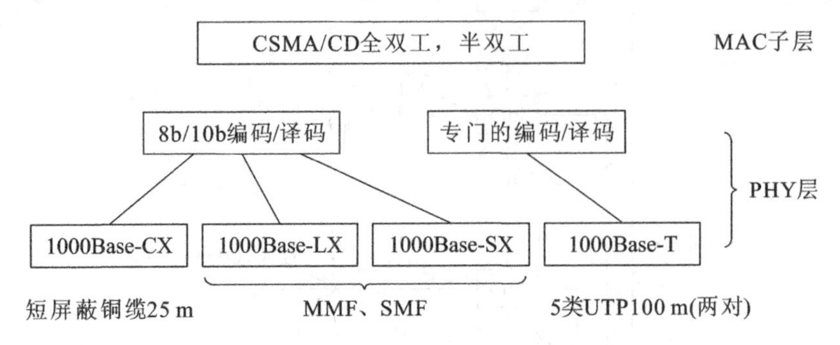

图 4-31　千兆以太网的体系结构和功能模块

千兆以太网的 PHY 层体现了 802.3z 与 802.3 标准最大区别所在，PHY 层中包括了编码/译码、收发器及介质三个主要模块，还包括了 MAC 子层与 PHY 层连接的逻辑“与介质无关的接口”。

收发器模块包括长波光纤激光传输器、短波光纤激光传输器及铜缆收发器三种类型。不同类型的收发器模块分别对应于所驱动的传输介质，传输介质包括单模和多模光缆及屏蔽和非屏蔽铜缆。

对应不同类型的收发器模块，802.3z 标准还规定了两类编码/译码器：8b/9b 和专门用于 5 类 UTP 专门的编码/译码方案。

光缆介质的千兆以太网除了支持半双工链路外，还支持全双工链路；而铜缆介质只支持半双工链路。

2. 千兆以太网按 PHY 层的分类

综合 PHY 层上的各种功能，把它们归纳成两种实现技术，即 1000Base-X 和 1000Base-T。如图 4-32 所示，在同一个 MAC 子层下面的 PHY 层中包括了 1000Base-X 和 1000Base-T 两种技术，而 1000Base-X 中又包括了 1000Base-LX、1000Base-SX 以及 1000Base-CX，它们分别对应着相应的编码/译码技术、收发器和传输媒体。1000Base-T 的物理层功能与 1000Base-X 的物理层功能差别较大，有其相应的编码/译码技术及传输媒体。

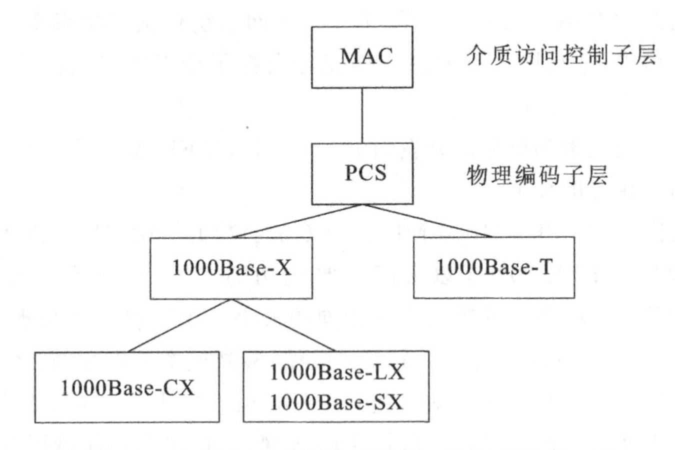

图 4-32　1 Gb/s 以太网的 1000Base-X 和 1000Base-T

1）1000Base-X

1000Base-X 是千兆以太网技术中易实现的方案，也是目前已经使用的解决方案，1000Base-X

包括了1000Base-CX、1000Base-LX和1000Base-SX三种，但它们的PHY层中均采用8b/10b的编码/译码方案。对于收发器部分三者差别较大，原因在于三者所分别对应的传输媒体以及在媒体上所采用的信号源方案不同。

(1) 1000Base-CX　1000Base-CX是使用铜缆的两种千兆以太网技术之一，另一种是1000Base-T。1000Base-CX的媒体是一种短距离屏蔽铜缆，最长距离达25 m，这种屏蔽电缆不是符合ISO 11801标准的STP，而是一种特殊规格高质量平衡双绞线对的TW型带屏蔽的铜缆。连接这种电缆的端口上配置9芯D型连接器。如图4-33所示为9芯D型连接器屏蔽双绞线对的连接方式。在9芯D型连接器中只用1、5、6、9四芯，1与6用于一根双绞线；5与9用于另一根双绞线。双绞线的特性阻抗为150Ω。

1000Base-CX的短距离铜缆适用于交换器间的短距离连接，特别适用于千兆主干交换器与主服务器的短距离连接，这种连接往往就在机房的配线架柜上以跨线的方式连接即可，不必使用长距离的铜缆或使用光缆。

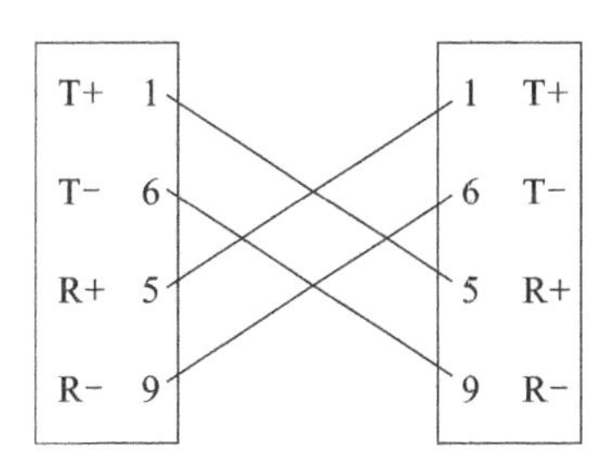

图4-33　9芯D型连接器屏蔽双绞线对的连接方式

(2) 1000Base-LX　1000Base-LX是一种收发器上使用长波激光(LWL)作为信号源的媒体技术，这种收发器上配置了激光波长为1 270～1 355 nm(一般为1 300 nm)的光纤激光传输器，它可以驱动多模光纤，也可驱动单模光纤，使用的光纤规格有：①62.5 μm的多模光纤；②50 μm的多模光纤；③10 μm的单模光纤。

对于多模光缆，在全双工模式下，最长距离可达550 m；对于单模光缆，全双工模式下最长距离达3 km。连接光缆所使用的SC型光纤连接器，与100 Mb/s快速以太网1000Base-FX使用的型号相同。

(3) 1000Base-SX　1000Base-SX是一种在收发器上使用短波激光(SWL)作为信号源的媒体技术，这种收发器上配置了激光波长为770～860 nm(一般为800 nm)的光纤激光传输器，不支持单模光纤，仅支持多模光纤，包括以下两种：①62.5 μm的多模光纤；②50 μm的多模光纤。

对于62.5 μm的多模光纤，全双工模式下最长距离为300 m；对于50 μm多模光缆，全双工模式下工作距离为525 m。连接光缆所使用的连接器与1000Base-LX和1000Base-FX一样，为SC连接器。

2) 1000Base-T

1000Base-T是一种使用5类UTP的千兆以太网技术，其标准为IEEE 802.3ab，不同于1000Base-X的IEEE 802.3z。它的最长媒体距离与100Base-TX的一样，达100 m，这种5类UTP上距离为100 m的技术从100 Mb/s传输率升级到1000 Mb/s，对用户来说在原来使用的5类UTP的布线系统中，传输的带宽可升级十倍，但是要实现这样的技术，不能采用1000Base-X所使用的8b/10b编码/译码方案以及信号驱动电路，代之以专门的更先进的编码/译码方案和特殊的驱动电路方案。

3. 千兆以太网的组网跨距

组网跨距即系统的覆盖范围。在设计系统时，跨距是组网必须要考虑的问题之一。下面分别讨论有、无中继器连接的两种情况。

1) 无中继器连接的情况

千兆以太网组网跨距在采用光缆和铜缆两种传输介质时差别很大，与10 Mb/s和100 Mb/s

以太网相比显得更复杂，即使采用光缆作为传输介质，也要区分多模还是单模光纤，多模光纤还有50μm和62.5μm之分，驱动光源还有长波和短波之分。对于铜缆又要区分采用的是TW型屏蔽双绞线还是5类非屏蔽双绞线。在有如此之多的传输介质选择情况下，还要区分是在半双工模式下还是在全双工模式下联网，半双工模式即处在CSMA/CD约束下的碰撞域范围，全双工模式不必考虑CSMA/CD的约束，仅是有效数字信号在媒体上传输的最长距离。各种情况下的组网跨距如表4-10所示。

表4-10　各种情况下的组网跨距

	传输介质	半双工	全双工
1000Base-LX	多模 62.5 μm	330 m	550 m
	多模 50 μm	330 m	550 m
	单模 10 μm	330 m	3 km
1000Base-SX	多模 62.5 μm	—	300 m
	多模 50 μm	330 m	550 m
1000Base-CX	TW型屏蔽双绞线	25 m	25 m
1000Base-T	5类 UTP	100 m	100 m

注意

上述的半双工和全双工两种模式下的跨距均是标准所规定的目标值，至于具体厂家产品所能达到的指标稍有不同。

2）有中继器连接的情况

千兆以太网标准规定，在媒体段只允许配置一个中继器，实际上在半双工模式下也只可能配置一个中继器，在半双工模式下，使用一个中继器后，跨距会增长还是缩短？在千兆以太网上与100 Mb/s快速以太网的情况类似，当采用铜缆时，使用一个中继器，跨距能增加一倍，而当采用光缆时，跨距反而缩短，原因在于铜缆半双工跨距并非真正反映碰撞域的最大范围，恰恰反映了有效数字信号传输的最长距离，而光缆情况正相反，即半双工的跨距已反映了碰撞域的最大范围。加了一个中继器后，在半双工模式下，采用1000Base-LX/SX时跨距为240 m，采用1000Base-CX时跨距为50 m，采用1000Base-T时跨距为200 m。

同样，加了一个中继器后，跨距的数值是标准所规定的目标值，厂家的产品所能达到的指标与标准中可能稍有区别。

4. 帧扩展技术

在半双工模式下，由于CSMA/CD机理的约束，产生了碰撞槽时间和碰撞域的概念。由于要在发送帧的同时能检测到媒体上发生的碰撞现象，就要求发送帧限定最小长度。在一定的传输率下，最小帧长度与碰撞域的地理范围成正比关系，即最小帧长度越长，半双工模式的网络系统跨距越大。

在10 Mb/s传输速率下，802.3标准中定义最小帧长度为64字节，即512位数字信号长度。在100 Mb/s快速以太网内容讨论中，仍旧使用512位作为最小帧长度的标准，与10 Mb/s以太网不同的是，碰撞域范围大大缩小。快速以太网采用光纤半双工模式在无中继器情况下跨距只有412 m。即在最小帧长度不变的情况下，碰撞域范围随着媒体传输率的增加会缩小。当传输率达到 1 Gb/s 时，同样的最小帧长度标准，半双工模式下的网络系统跨距要缩小到无法实用的地步。为此，在 1 Gb/s 以太网上采用了帧的扩展技术，目的是在半双工模式下扩展碰撞域，以增加跨距。

帧扩展技术是在不改变 802.3 标准所规定的最小帧长度情况下提出的一种解决办法，如图 4-34 所示。把帧一直扩展到 512 字节即4 096位，即若形成的帧小于 512 字节，则在发送时要在帧的后面添加扩展位，达到 512 字节时才发送到媒体上去。扩展位是一种非“0”、非“1”数值的符号，若形成的帧已大于或等于 512 字节，则发送时不必添加扩展位。这种解决办法使得在媒体上传输的帧长度不会小于 512 字节，在半双工模式下大大扩展了碰撞域，传输介质的跨距可延伸得较长，显然，在全双工模式下，由于不受 CSMA/CD 约束，无碰撞域概念，在全双工模式下，在媒体上的帧不需要扩展到 512 字节。

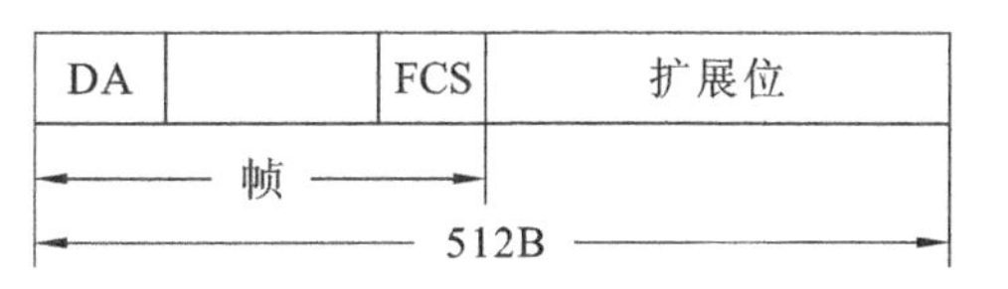

图 4-34　帧的扩展

5. 帧突发技术

上面所讨论的帧扩展技术，在 1 Gb/s 半双工模式下获得了比较大的地理跨距，使1 Gb/s以太网组网得到了较理想的工程可用性。但这种技术，如果处在大量短帧传输的应用环境中，就会造成系统带宽的浪费，大大降低了半双工模式下的传输性能。要解决传输性能下降的问题，802.3z 标准中定义了一种帧突发(frame bursting)技术。

帧突发在千兆以太网上是一种可选功能，它使一个站(特别是服务器)一次能连续发送多个帧，如图 4-35 所示。当一个站点需要发送很多短帧时，该站点先试图发送第一帧，该帧可能是附加了扩展位的帧，一旦第一帧发送成功，则具有帧突发功能的该站点就能够继续发送其他帧，直到帧突发的总长度达到 1 500 字节为止。为了使得在帧突发过程中，传输介质始终处于“忙状态”，必须在帧间隙时间中，发送站发送非“0”、非“1”数值符号，以避免其他站点在帧间隙时间中占据传输介质而中断本站的帧突发过程。

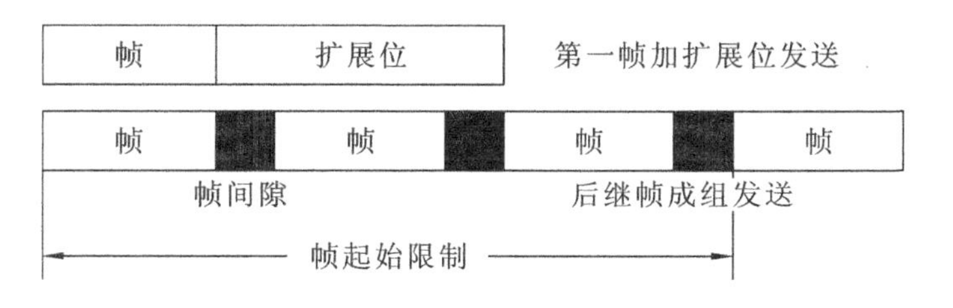

图 4-35　帧突发过程

帧突发过程中只有第一帧在试图发出时可能会遇到媒体忙或产生碰撞，在第一帧以后的成组帧的发送过程中再也不可能产生碰撞。以帧起始限制(frame start limit)参数控制成组帧的发送的长度。该长度必须不超过 1 500 字节。第一帧恰恰是一个最长帧，即 1 518 字节，则标准规定帧突发过程的总长度限制在 3 000 字节范围内。

显然，只有半双工模式才可能选择帧突发过程以弥补大量发送短帧时系统效率急剧降低的问题。当采用全双工模式时，就不存在帧突发的选择问题。

四、万兆以太网

1. 万兆以太网概况

万兆以太网的传输速率可以达到 10 Gb/s。万兆以太网技术的研究始于 1999 年年底，当时成立了 IEEE 802.3ae 工作组，并于 2002 年 6 月 12 日正式发布 802.3ae 10GE 标准，目前 IEEE 802.3ak 任务组工程师仍在为铜缆万兆以太网(10GBase-CX4)制定标准。

在网络 OSI 模型中，以太网的位置处在第二层。万兆以太网使用 IEEE 802.3 以太网介质控制协议(MAC)、IEEE 802.3 以太网帧格式以及 IEEE 802.3 最小和最大帧尺寸。从速度和连接距离上来说，万兆以太网是以太网技术的自然演变的产物，除了不需要带有冲突检测的载波侦听多路访问协议(CSMA/CD)之外，万兆以太网与原来的以太网模型完全相同。

在物理层，802.3ae 可分为两种类型，一种为与传统以太网连接速率为 10 Gb/s 的 LAN PHY，另一种为连接 SDH/SONET 速率为 9.586 4 Gb/s 的 WAN PHY，每种 PHY 分别可使用 10GBase-S(850 nm 短波)、10GBase-L(1 310 nm 长波)、10GBase-E(1 550 nm 长波)三种规格，最大传输距离分别为 300 m、10 km、40 km，其中 LAN PHY 还包括一种可以使用 DWDM 波分复用技术的 10GBase-LX4 规格。WAN PHY 与 SONET OC-192 帧结构的融合，可与 OC-192 电路、SONET/SDH设备一起运行，以保护传统基础投资，使运营商能够在不同地区通过城域网提供端到端以太网。

802.3ae 目前支持 9 μm 单模光纤、50 μm 多模光纤和 62.5 μm 多模光纤，而对电接口的支持规范 10GBase-CX4 目前正讨论之中，尚未形成标准。

在数据链路层，802.3ae 继承了 802.3 以太网的帧格式和最大帧长度、最小帧长度，支持多层星型连接、点到点连接及其组合，充分兼容已有应用，不影响上层应用，进而降低了升级风险。

2. 万兆以太网与传统以太网的不同

(1) 万兆以太网在数据链路层和物理层上包括了专供城域网和广域网使用的新接口。

(2) 万兆以太网只以全双工模式运行，而其他类以太网都允许以半双工模式运行。

(3) 万兆以太网不支持自动协商，自动协商功能的目的是方便用户，但实际中却证明自动协商是造成连接性障碍的主要原因。去除自动协商功能将简化故障的查找。

(4) 万兆以太网的传输媒体必须使用光纤。

3. 万兆以太网的应用场合

随着千兆到桌面的日益普及，万兆以太网技术将会在汇聚层和骨干层广泛应用。从目前的网络现状而言，万兆以太网先应用的场合包括教育行业、数据中心出口和城域网骨干等。

任务 3　交换型以太网

一、共享型以太网

1. 共享型以太网存在的不足之处

在交换型以太网出现以前，以太网系统均为共享型以太网系统，在整个系统中，受到 CSMA/CD 媒体访问控制方式的制约，整个系统中只有网卡(站)、集线器/中继器、媒体三个组成部分，如图 4-36 所示。整个系统的带宽只有 10 Mb/s，整个系统处在一个碰撞域范围的概率就是 $10/n$，n 为站点数。在一个碰撞域中站点数越多，则每个站点得到的带宽越少，也就是说，每秒往媒体上最多能发送的数据量越小，当然以上讨论的每个站点获得的带宽为一个平均值。强调在系统的一个碰撞域中，每个连接的站点在争用媒体。以太网受到CSMA/CD的制约后，所有的站点均在争用媒体而共同分割带宽，称之为共享型以太网。共享型以太网系统中通常存在如下问题。

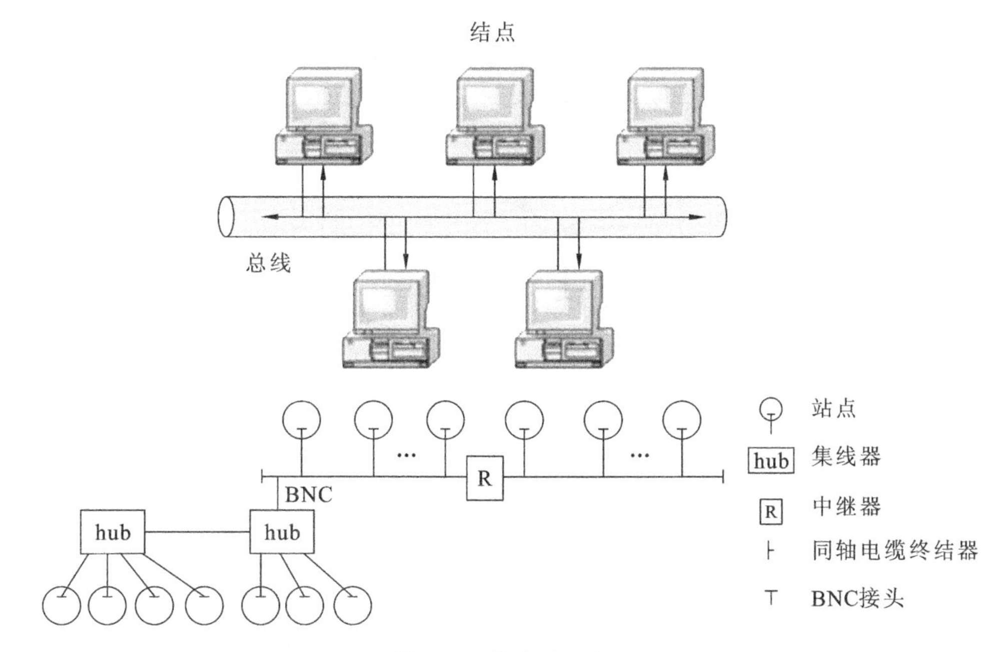

图4-36 共享型以太网

(1) 受到CSMA/CD的约束，一个碰撞域的系统带宽是固定的，10 Mb/s与100 Mb/s以太网环境，其系统的带宽分别为10 Mb/s和100 Mb/s。

(2) 在一个碰撞域的系统中，每个站点其平均带宽为：系统带宽/n。其中，n为站点数，当n越大，即站点数越多时，每个站点得到的平均带宽越小。

(3) 在一个碰撞域的系统中，每个站点运行的数据流都会被广播到系统的所有站点上去，即本网络的其他站点都能感觉到该数据流的存在，因此对要求数据有一定安全性的环境来说共享型以太网是不合适的。

(4) 共享型以太网系统的整个覆盖范围受到碰撞域的限制，一个碰撞域的覆盖范围是固定不变的。

(5) 每个端口提供的速率都是相同的，不能根据用户的需要分配不同的速率。

2. 媒体访问控制技术

在公共总线或树型的拓扑结构的局域网上，任意站点帧的发送和接收过程，通常使用带碰撞检测的载波侦听多路访问(CSMA/CD)技术。CSMA/CD又可称为随机访问或争用媒体技术，讨论网络上多个站点如何共享一个广播型的公共传输媒体，即解决"下一个轮到谁往媒体上发送帧"的问题。对网络上任意站点来说不存在预知的或由调度来安排的发送时间，每个站点的发送都是随机发生的。因为不存在要用任意控制来确定该轮到哪个站点发送，所以网上所有站点都在争用媒体。

一个想要发送帧的站点首先要侦听媒体，以确定是否有其他的帧正在传输，如果有的话，则等待一段时间再试；若媒体空闲，即可发送帧，但仍有可能其他站点判定媒体空闲后也会发送帧(这些站点可能靠得很近，也可能相距甚远)，这样就会发生帧的碰撞现象，造成帧的破坏，无法使网络正常工作。因此在一个站点发送帧的同时,它必须随时检测是否发生碰撞,若帧发送完毕,一直未检测到碰撞,则表示此站点成功地占用媒体,致使帧发送成功;若在发送帧过程中检测到碰撞,则立即停止发送,并进行碰撞处理,说明帧未发送成功,要重新再发。以太网/IEEE 802.3 CSMA/CD 的发送和接收流程如图 4-37 所示。

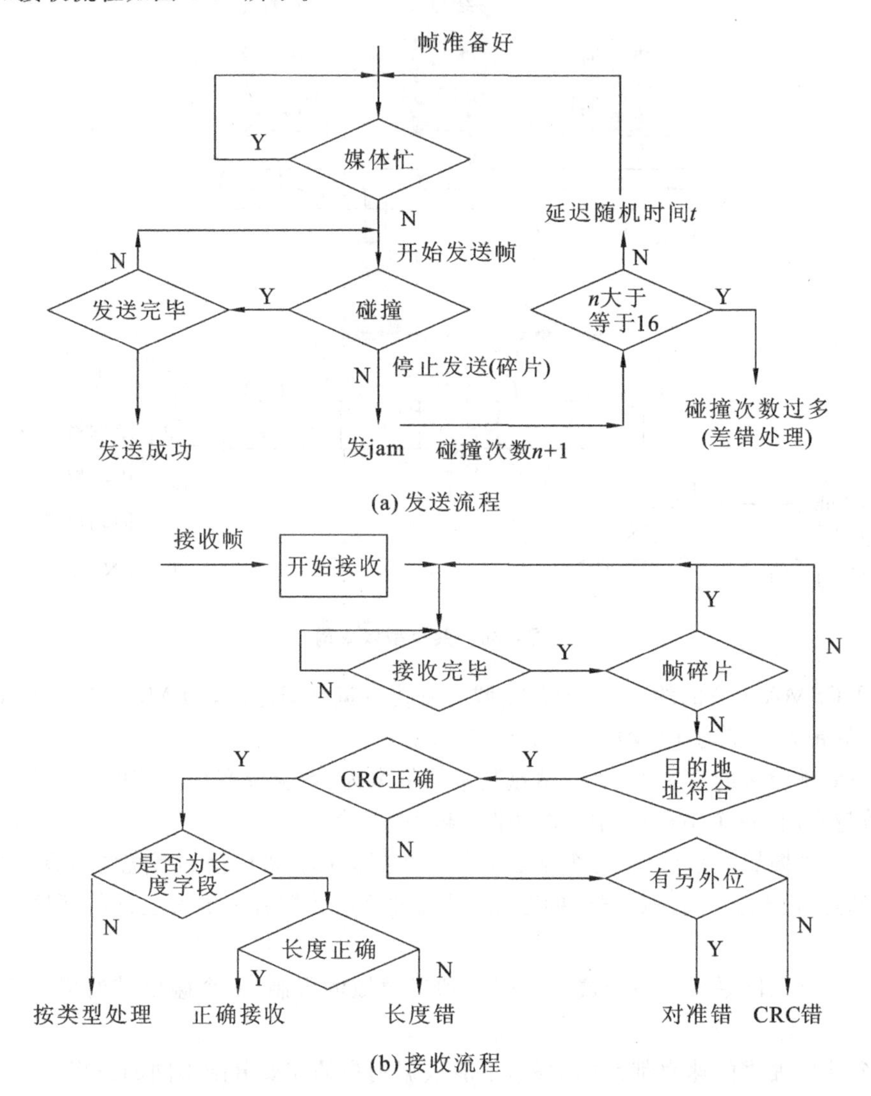

图 4-37　以太网/IEEE 802.3 CSMA/CD 的发送和接收流程

1) 发送规则

(1) 若媒体空闲,则进行发送,否则进行步骤(2)。

(2) 若媒体忙,则继续侦听,一旦发现媒体空闲,就进行发送。

(3) 若在帧发送过程中检测到碰撞,则停止发送帧(形成不完整的帧,称“碎片”在媒体上传输),并随即发送一个 jam(强化碰撞)信号以保证让网络上所有的站点都知道已出现了碰撞。

(4) 发送了 jam 信号后,等待一段随机时间,再重新尝试发送(即返回步骤(1))。

在返回到重新发送帧之前,还要进行以下工作。

- 碰撞次数 n 加“1”递增(一开始 $n=0$)。

● 判断碰撞次数 n 是否达到 16(十进制)。

● 若 $n=16$,则按“碰撞次数过多”差错处理。

● 若 $n<16$,则计算一个随机量 r,$0<r<2^k$,其中 $k=\min(n,10)$,即当 $n\geqslant 10$ 时,$k=10$,当 $n<10$ 时,$k=n$。

● 获得延迟时间 $t=rT$。其中:T 为常数,是网络上固有的一个参数,称碰撞槽时间(slot time);延迟时间 t 又称退避时间,表示检测到碰撞后要重新发送帧需要一段随机延迟时间,以错开发生碰撞各站点的重新发送帧的时间。这种规则又称为截短二进制指数退避(truncated binary exponential backoff)规则。即退避时间是碰撞时间的 r 倍。

2) 碰撞槽时间

碰撞槽时间即在帧发送过程中,发生碰撞时间的上限。即在这段时间中,可能检测到碰撞,而一过这段时间,永远不会发生碰撞,当然也不会检测到碰撞。也就是说,当发送的帧在媒体上传播时,超过了碰撞槽时间后,再也不会发生碰撞,直至发送成功,或者说,一过这段时间,发送站争用媒体成功。

为了理解碰撞槽时间,并进一步了解该参数的重要性。先分析检测一次碰撞需多长时间,如图 4-38 所示,假设公共总线媒体长度为 S,A 与 B 两个站点分别配置在媒体的两个端点上(即 A 站与 B 站相距 S),帧在媒体上传播速度为 $0.7C$(C 为光速),网络的传输率为 R(b/s),帧长为 L(bit)。图 4-38(a)表示 A 站点正开始发送帧 f_A,f_A沿着媒体向 B 站点传播;图 4-38(b)表示 f_A快到 B 站点前一瞬间,B 站点发送帧 f_B;图 4-38(c)表示了在 B 站点处发生了碰撞,B 站点立即检测到碰撞;图 4-38(d)表示碰撞信号返回到 A 站点,此时 A 站点的 f_A尚未发送完毕,因此 A 站点能检测到碰撞。

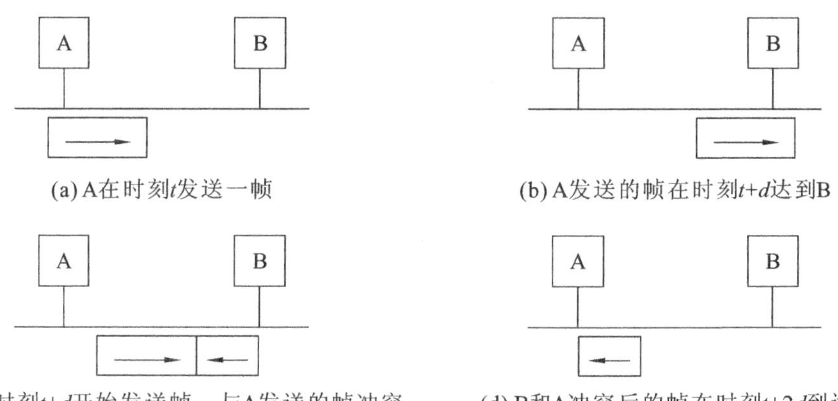

图 4-38 碰撞检测所需时间

从上面 f_A发送后直到 A 站点能检测到碰撞为止,这段时间间隔就是 A 站点能检测到碰撞的最长时间,这段时间一过,网络上不可能发生碰撞,碰撞槽时间的物理意义就是这样描述的,近似地可以用式(4-2)表示:

$$\text{slot time}\approx 2S/0.7C+2t_{\text{PHY}} \tag{4-2}$$

其中,C 为光速,$0.7C$ 是信号在媒体上传输速度;t_{PHY} 为 A 站点物理层的延时,因为发送帧和检测碰撞都在 MAC 层中进行,因此必须要加上 2 倍的物理层延时时间。

A 站点为了在 slot time 检测到碰撞,它至少要发送的帧长 $L_{\min}$用式(4-4)表示如下。

因为

$$L_{\min}/R=\text{slot time} \tag{4-3}$$

所以 $$L_{min}=(2S/0.7C+2t_{PHY})/R \quad (4-4)$$

式中，L_{min}称为最小帧长度，由于碰撞只可能发生在小于或等于L_{min}范围内，因此L_{min}也可理解为媒体上传输的最大帧碎片长度。

综上所述，slot time 是 CSMA/CD 机理中一个极为重要的参数，这一参数描述可在发送帧过程中处理碰撞的四个方面。

(1) 碰撞槽时间是检测一次碰撞所需的最长时间，即超过了该时间，媒体上的帧再也不会遭到碰撞而损坏。

(2) 必须要求发送的帧长度有下限，即所谓最小帧长度。最小帧长度能保证在网络最大跨距范围内，任何站点在发送帧后，若碰撞产生，就能检测到。因为任何站点要检测到碰撞必须在帧发送完毕之前，否则碰撞产生后，可能漏检，造成传输错误。

(3) 碰撞产生后，它决定在媒体上出现的最大帧碎片长度。

(4) 作为碰撞后帧要重新发送所需要的时间延迟计算的基准。

从式(4-3)可以知道，光速 C 和物理层延时 t_{PHY} 是常数，对于一个具有 CSMA/CD 的公共总线(或树型)拓扑结构的局域网来说，公式中其他三个参数 L_{min}、S 及 R 作为变量互为正、反比关系。例如，当传输率 R 固定时，最小帧长度与网络跨距具有正比的关系，即跨距越大，L_{min}越长，在L_{min}不变的情况下，传输率越高，跨距 S 越小。这些分析对以下讨论以太网的性能和发展及高速以太网的特点均有指导性意义。

3) 接收规则

(1) 网络上的站点，若不处在发送帧的状态，则处在接收帧的状态，只要媒体上有帧在传输，处在接收状态的站点均会接收该帧，即使帧碎片也会被接收。

(2) 完成接收后，首先判断是否为帧碎片。若是帧碎片，则将其丢弃；若不是帧碎片，则进行第(3)步。

(3) 识别目的地址。在本步骤中确认接收帧的目的地址与本站的以太网 MAC 地址是否符合，若不符合，则丢弃接收的帧；若符合，则进行第(4)步。

(4) 判断帧检验序列是否有效。若帧检验序列无效，则传输中可能发生错误，错误的性能包括多位或漏位以及真正的 CRC 差错；若帧检验序列有效，则进行第(5)步。

(5) 确定是长度字段还是类型字段。该字段若大于或等于 0600H，则认为是以太网帧的类型字段，识别出网络层分组是哪一种协议，并做相应处理；若小于 0600H，则认为是 IEEE 802.3 帧的长度字段，判别长度是否正确，再进行处理。

(6) 接收成功：不管是以太网帧还是 IEEE 802.3 帧，若类型或长度正确，则解开帧，形成网络层分组或 LLC-PDU 提交给高层协议。

3. 快速以太网系统的跨距

系统的跨距表示系统中站点间的最大距离范围，媒体访问控制方式 CSMA/CD 约束了整个共享型快速以太网系统的跨距。

已知 CSMA/CD 的重要的参数——碰撞槽时间(slot time)如下。

$$\text{slot time}\approx 2S/0.7C+2t_{PHY}$$

如果考虑一段媒体上配置了中继器，且中继器的数量为 N，设一个中继器的延时为 t_r，则：

$$\text{slot time}\approx 2S/0.7C+2t_{PHY}+2Nt_r \quad (4-5)$$

由于 slot time$=L_{min}/R$，L_{min}为最小帧长度，R 为传输率，则系统跨距 S 的表达式为：

$$S \approx 0.35(L_{min}/R - 2t_{PHY} - 2Nt_r) \quad (4\text{-}6)$$

在快速以太网环境中，L_{min}不变，而R是10 Mb/s以太网的十倍，这样快速以太网系统的跨距比10 Mb/s以太网系统的跨距要小得多，在系统中也不需要配置四个中继器，N一般不大于2即可。

下面讨论100Base-TX/FX系统的跨距，由于跨距实际上反映了一个碰撞域，因此图4-39中用两个DTE之间的距离来表示，DTE可以是一个网桥、交换器或路由器，也可以认为是系统中的两个站点。中继器一般是一个共享型集线器，它的功能是延伸媒体和连接另一个媒体段。

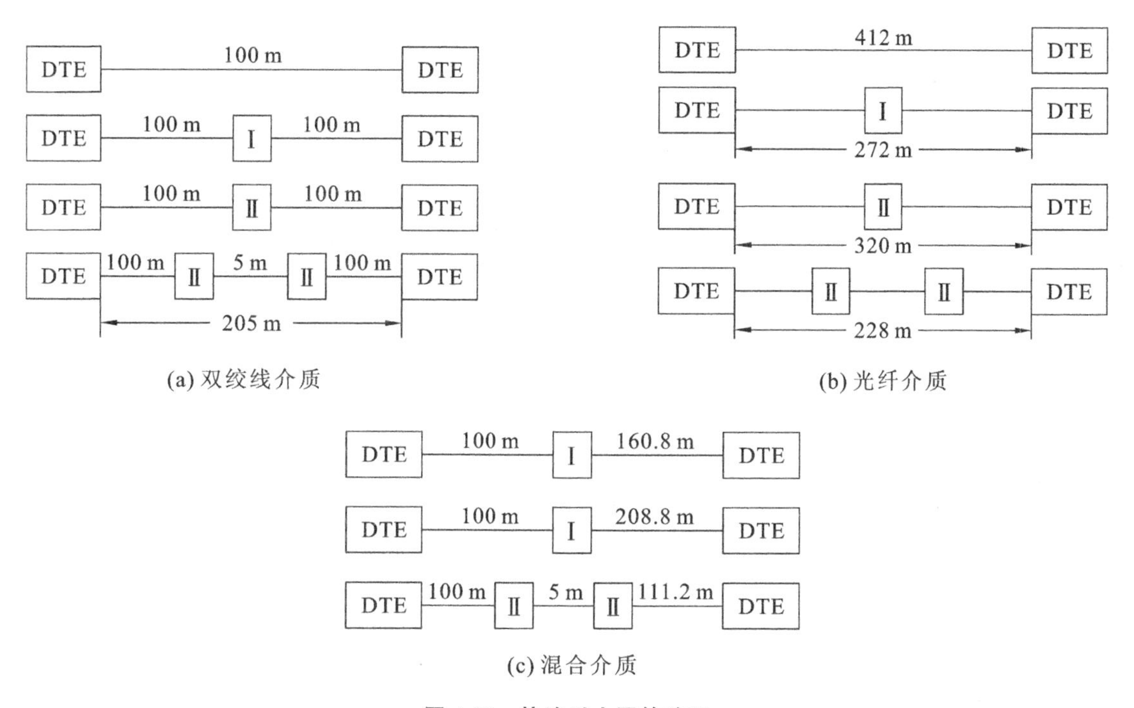

(a) 双绞线介质

(b) 光纤介质

(c) 混合介质

图4-39 快速以太网的跨距

在双绞线媒体情况下，由于最长媒体段距离为100 m，加一个中继器，就延伸一个最长媒体段距离，达到200 m。如果再想延伸距离，增加一个中继器后，只能达到205 m，205 m即为100Base-TX的跨距。

在光缆媒体情况下，不使用中继器，跨距可达到412 m，即一个碰撞域范围，但光缆的最长媒体段要远远大于412 m。加了中继器后，并不能延伸距离，由于中继器的延迟时间，反而跨距变小了。

二、交换型以太网

10 Mb/s以太网自从10Base-T技术和产品出现后，由于其星型结构的特点，以集线器为中心连接各个站点的物理结构，给在以太网系统中同一时刻实现多个数据通道建立了必要的基础。在20世纪80年代后期，即10Base-T出现后不久，就出现了以太网交换型集线器。到了20世纪90年代，随着快速以太网技术和产品的发展，快速以太网的交换技术和产品发展迅速并被广泛应用。如今，交换型千兆以太网很快就被广泛地接受和使用。

1. 交换型以太网系统的特点

交换型以太网系统中以交换型集线器，也称为以太网交换机（器）为核心连接站点或者网段。如图 4-40 所示，交换器的各端口之间的交换器上同时可以形成多个数据通道，端口之间帧的输入和输出已不再受到 CSMA/CD 媒体访问控制协议的约束。在图 4-40 中在交换器上同时存在四个数据通道，它们可以是站与站、网段与网段之间的数据通道。网段即多个站点构成的一个共享媒体的集合，一般是一个共享型集线器连接若干个站点构成一个网段。

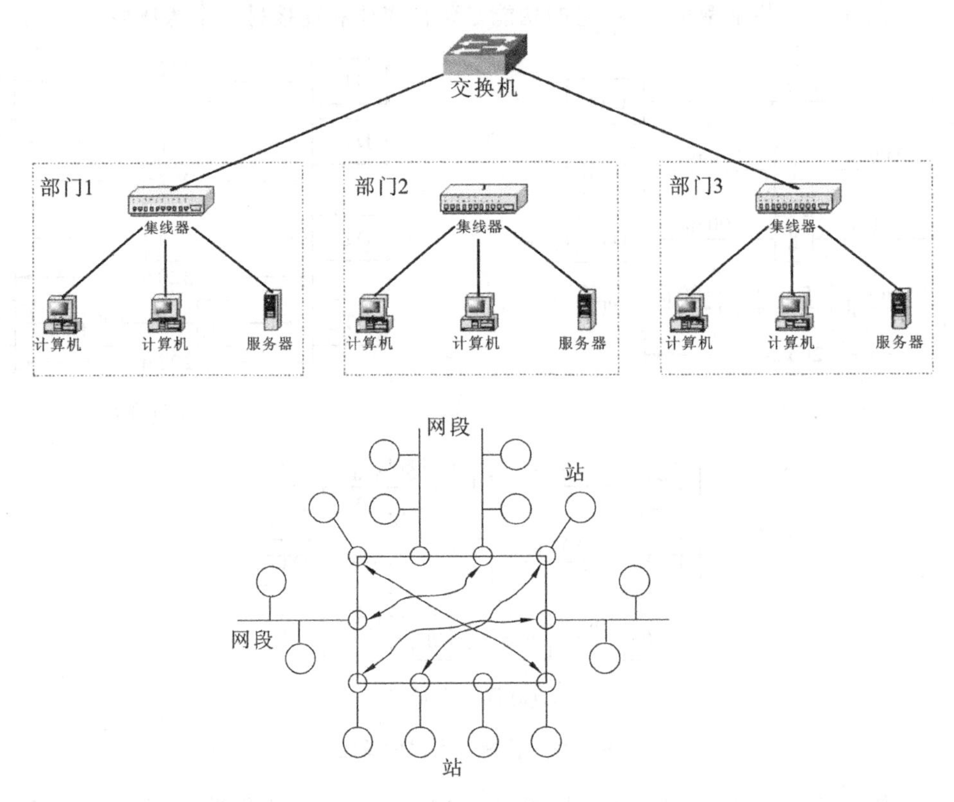

图 4-40　以太网交换端口之间同时存在多个数据通道

既然是不受 CSMA/CD 的约束，在交换器上同时存在多个端口间的通道，那么就系统带宽来说就不再是只有 10 Mb/s（10Base-T 环境）或 100 Mb/s（100Base-TX 环境），而是与交换器所具有的端口数有关。可以认为若每个端口为 10 Mb/s，则整个系统带宽可达 10Mb/s $\times n$，其中 n 为端口数，若 $n=10$，则系统带宽可达 100 Mb/s。因此，拓宽整个系统带宽是交换型以太网系统的最明显的特点。

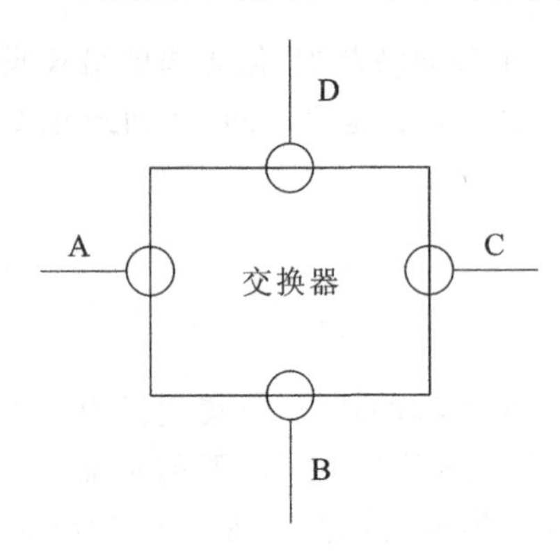

图 4-41　交换器既隔离又连接各个独立网段

在系统中包括了多个工作群组的情况下，可以每个群组单独构成一个网段，然后用一台交换器连接多个网段。如图 4-41 所示，系统包括了 A、B、C、D 共四个网段，每个网段都是独立的，虽然用交换器连接了，但不会像共享型集线器那样，和网段上的信息流在各端口上到处广播，以致大大影响到其他网段上群组的动作。而交换器可以隔离各个独立网段的运行，不使信息流在各个端口上广播。但另一方面,当两个独立群组需要有业务往来时,交换器也能在两个独立群组所在网段端口间建立一条临时的数据通道(例如:B—C 连接),一旦业务往来结束,该通道随即断开。因此,交换器具有既能隔离网段又能连接网段的功能,保证系统拓宽了带宽,又实现了系统的正常运作。

综上所述,与共享型以太网系统相比,交换型以太网系统有如下优点。

(1) 每个端口上可以连接站点,也可以连接一个网段。不论站点和网段均独占该端口的带宽(10 Mb/s 或 100 Mb/s)。

(2) 系统的最大带宽可以达到端口带宽的 n 倍,其中 n 为端口数。n 越大,系统的带宽越高。

(3) 交换器连接了多个网段,网段上的运行都是独立的,被隔离的。但如果需要的话,独立网段之间通过其端口也可以建立暂时的数据通道。

(4) 被交换器隔离的独立网段上数据流信息不会随意广播到其他端口上去,因此具有一定的数据安全性。

2. 以太网交换机的工作原理

1) 交换机的优点

共享型以太网采用的设备是集线器,交换型以太网采用的设备是交换机。

要掌握交换机的工作原理首先应理解"共享"(share)和"交换"(switch)这两个概念。集线器是采用共享方式进行数据传输的,而交换机则是采用"交换"方式进行数据传输的。我们可以把"共享"和"交换"理解成公路,"共享"方式就是往返车辆共用一个车道的单车道公路,而"交换"方式则是往返车辆各用一个车道的双车道公路。

从我们平常生活中就可感觉到这两种方式的不同之处,明显可以感受到交换方式的优越性。因为双车道公路上往返的车辆可以在不同的车道上单独行驶,一般来说如果不出现意外的话是不可能出现大塞车的现象的(当然也有可能,那就是车辆太多,速度太慢情况下),而单车道公路上往返的车辆每次只能允许一个方向的车辆经过,这样就很容易出现塞车现象。

交换机进行数据交换的原理就是在这样的背景下产生的,它解决了集线器那种共享单车道容易出现"塞车"的现象。在交换机技术上把这种"独享"道宽(网络上称之为"带宽")情况称为"交换",这种网络环境称为"交换式网络",交换式网络必须采用交换机来实现。交换式网络可以是全双工(full duplex)状态,即可以同时接收和发送数据,数据流是双向的。而集线器的"共享"方式的网络就称之为"共享式网络",共享式网络采用集线器作为网络连接设备。显然,共享网络的效率非常低,在任一时刻只能有一个方向的数据流,即处于半双工(half duplex)模式,也称为单工模式。

另外一方面,由于单车道共享方式中往返车辆共用一个车道,也就是每次只能过一个方向的车,这样车辆增多时,速度肯定会下降,效率也就随之下降。共享式网络的通信也与共享车道情况类似,在数据流量大的时候其效率也肯定会降低,因为同一时刻只能进行单一数据传输任务。还可能造成数据碰撞现象,就像我们在单车道上经常看到撞车现象一样,因为车流量大时,就很难保证每辆车的司机都那么遵守交通规则,容易出现数据碰撞的现象和争抢车道的现象。而交换型的数据交换方式出现这种情况的概率就小许多,因为各自都有自己的信道,基本上是不太可能发生争抢信道的现象。但也有例外,那就是数据流量增大,而网络速度和带宽没有得到保证时才会在同一信道上出现碰撞现象,就像我们在双车道或多车道也可能发生撞车现象一样。解决这一现象的方法有两种,一种是增加车道,另一种方法就是提高车速,很显然增加车道这一方法是最基本的,但它不是最终的方法,因为车道的数量肯定有限,如果所有车辆的速度上不去,那效率还是较低的，对于一些心急的司机来说还是会撞车的。因此提速是一种比较好的方法，其有助于车辆正常有序地快速流动，这就是为什么高速公路反而出现撞车的现象比普通公路上少许多的原因。计算机网络也一样，虽然我们的交换机能提供全双工方式进行数据传输，但是如果网络带宽不宽、速度不快，每传输一个数据包都要花费大量的时间，则信道再多也无济于事，网络传输的效率还是不能得到提升，况且网络上的信道也是非常有限的。

虽然以太网和 IEEE 802.3 在很多方面都非常相似，但是两种规范之间仍然存在着一定的区别。以太网所提供的服务主要对应于 OSI 参考模型的第一层和第二层，即物理层和逻辑链路层；而 IEEE 802.3 则主要是对物理层和逻辑链路层的通道访问部分进行了规定。此外，IEEE 802.3 没有定义任何逻辑链路控制协议，但是指定了多种不同的物理层，而以太网只提供了一种物理协议。但一般来说，我们可以将以太网和 IEEE 802.3 等同起来。

2）交换机的工作过程

以太网交换机利用"端口-MAC 地址表"进行信息的交换，因此，端口-MAC 地址映射表的建立和维护显得相当重要。一旦地址映射表出现问题，就可能造成信息转发错误。那么，交换机中的地址映射表是怎样建立和维护的呢？

这里有两个问题需要解决，一是交换机怎样知道哪台计算机连接到哪个端口；二是当计算机在交换机的端口之间移动时，交换机如何维护地址映射表。显然，通过人工建立交换机的地址映射表是不切实际的，交换机应该自动建立地址映射表。

通常，以太网交换机利用地址学习法来动态建立和维护端口-MAC 地址表。以太网交换机的地址学习是通过读取帧的源地址并记录帧进入交换机的端口进行的。在得到 MAC 地址与端口的对应关系后，交换机将检查地址映射表中是否已经存在该对应关系，如果不存在，则交换机将该对应关系添加到地址映射表中；如果已经存在，则交换机将更新该表项。因此，在以太网交换机中，地址是动态学习的。只要结点发送信息，交换机就能捕获到它的 MAC 地址与其所在端口的对应关系。

在每次添加或更新地址映射表的表项时，添加或更改的表项被赋予一个计时器，这使得该端口与 MAC 地址的对应关系能够存储一段时间。如果在计时器溢出之前没有再次捕获到该端口与 MAC 地址的对应关系，则该表项将被交换机删除。通过移走过时的或老的表项，交换机维护了一个精确且有用的地址映射表。

交换机建立起端口-MAC 地址表之后，它就可以对通过的信息进行过滤了。以太网交换机在地址学习的同时还检查每个帧，并基于帧中的目的地址做出是否将其转发或将其转发到何处的决定。

如图 4-42 所示为两个以太网和两台计算机通过以太网交换机相互连接的示意图。通过一段时间的地址学习，交换机形成了如图 4-42 所示的端口-MAC 地址表。

假设 PC1 需要向 PC4 发送数据，PC1 连接到交换机的端口 1，所以交换机从端口 1 读入数据，并通过地址映射表决定将该数据转发到哪个端口。在图 4-42 所示的地址映射表中，PC4 与端口 5 相连，于是交换机将信息转发到端口 5，不再向端口 1、端口 2、端口 3、端口 4 和端口 6 转发。

假设 PC6 需要向 PC2 发送数据，交换机在端口 6 接收该数据，通过搜索地址映射表，交换机发现 PC2 与端口 4 相连，交换机将信息转发到端口 4，不再向其他端口转发。

以太网交换机隔离了本地信息，从而避免了网络上不必要的数据流动。这是交换机通信过滤的主要优点，也是它与集线器截然不同的地方。集线器需要在所有端口上重复所有的信号，每个与集线器相连的网段都将侦听到局域网上的所有信息流。而交换机所连的网段只侦听到发给它

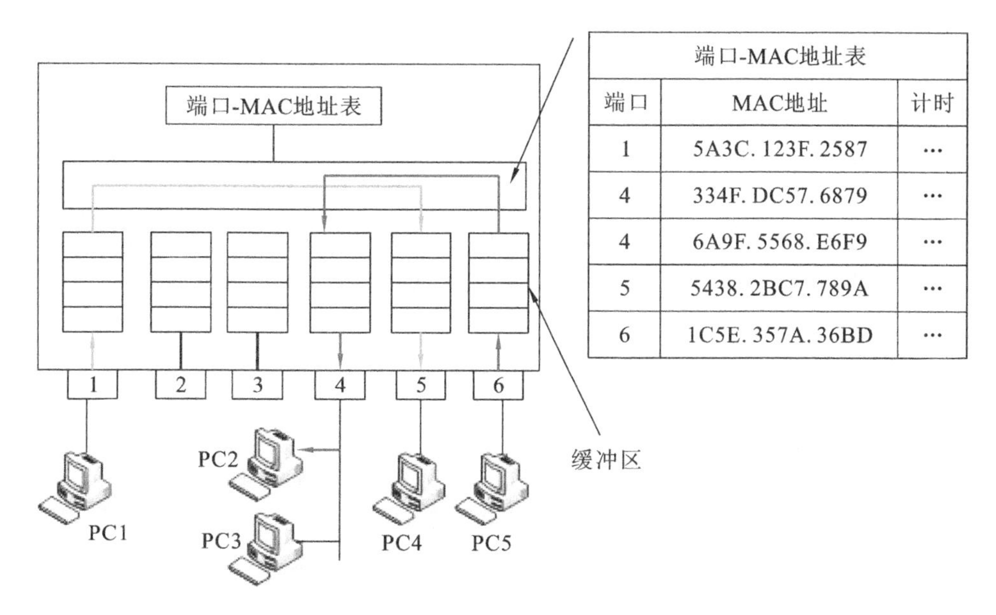

图 4-42 交换机端口-MAC 地址表的形成过程

们的信息流，减少了局域网上总的通信负载，因此提供了更多更好的带宽。

假如交换机端口 2 刚刚接入 PC6，由于 PC6 一直没有发出数据，所以交换机地址映射表中没有 PC6 与其端口的映射关系。此时 PC1 需要向 PC6 发送信息，交换机在端口 1 读取信息后检索地址映射表，结果发现 PC6 在地址映射表中并不存在。在这种情况下，为了保证信息能够到达正确的目的地，交换机将向除端口 1 之外的所有端口转发信息，当然，一旦 PC6 发送信息，交换机就会捕获到它与端口的连接关系，并将得到的结果存储到地址映射表中。

3. 以太网帧的结构

媒体访问控制子层的功能是以太网的核心技术，它决定了以太网的主机网络性能。在讨论该子层的功能时，首先要了解以太网的帧结构（见图 4-43）。

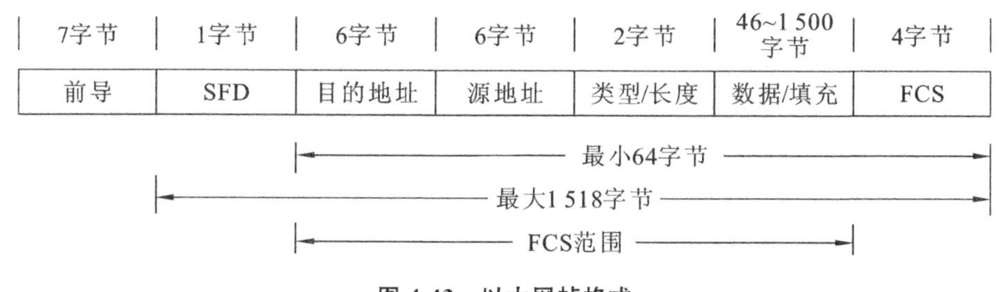

图 4-43 以太网帧格式

(1) 前导码：由二进制“0”“1”间隔的代码组成，10101010…1010 作为位同步信号使用，可以通知目的站做好接收准备。IEEE 802.3 帧的前导码占用 7 字节。

(2) 帧首定界符(SFD)：IEEE 802.3 帧中的定界字节，以两个连续的代码 1 结尾，10101011 表示一帧的实际开始。

(3) 目的地址和源地址：表示发送和接收帧的工作站地址，各占据 6 字节。其中，目标地址可以是单址，也可以是多址或全地址。当目的地址最高位为“0”时表示单址，当最高位为“1”时表示多址或全地址，当目的地址的所有位都为“1”时表示全地址。

(4) 长度:表示紧随其后的以字节为单位的数据的长度。以太网中该字段是“类型”,也占用2字节,指定接收数据的高层协议。

(5) 数据:46～1 500字节,IEEE 802.3帧在数据段中对接收数据的上层协议进行规定。如果数据段长度过小,使帧的总长度无法达到64字节的最小值,那么相应软件将自动填充数据段,以确保整个帧的长度不低于64字节。在以太网中经过物理层和逻辑链路层的处理之后,包含在帧中的数据将被传递给在类型段中指定的高层协议。虽然以太网版本2中并没有明确做出补齐规定,但是以太网帧中数据段的长度应不低于46字节。这就决定了最小帧长度为64字节,最大帧长度为1 518字节。

(6) 帧校验序列(FCS):包含长度为4字节的循环冗余校验值(CRC),由发送设备计算产生,在接收方被重新计算确定帧在传输过程中是否被损坏。循环冗余校验(CRC)是一种较为复杂的校验方法,它将要发送的二进制数据(比特序列)当成一个多项式$G(x)$的系数,在发送端用收发双方预先约定的生成多项式$G(x)$去除,求得一个余数多项式。将此余数多项式加到数据多项式$G(x)$之后发送到接收端。接收端用同样的生成多项式$G(x)$去除收到的数据多项式$G(x)$,得到计算余数多项式。如果此计算余数多项式与传过来的余数多项式相同,则表示传输无误;反之传输有误,由发送端重发数据,直至传输正确为止。

三、以太网交换机的结构及交换方式

1. 以太网交换机结构

自从交换型以太网技术及其产品发展以来,以太网交换机的结构随着应用的需求、技术的发展也在不断发展和改进,总体来说,以太网交换机存在以下四种不同的结构。

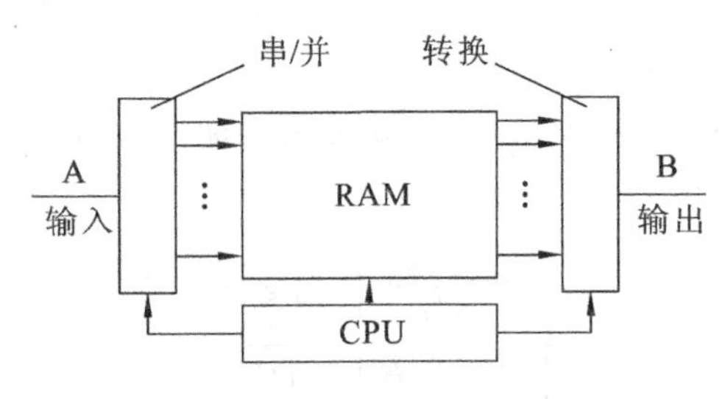

图4-44　软件执行交换结构

1) 软件执行交换结构

这种结构存在于先期的一些交换机产品中,它的结构实际上借助于CPU与RAM的硬件环境,以特定的软件来实现交换机端口之间的帧的交换。如图4-44所示,自A端口输入串行传输的帧,进入交换机后,把帧的串行代码转换成平行代码暂存在快速RAM中,此时CPU检查帧中目的地址,并将帧的目的地址与RAM中已经存在的端口-地址表相比较,获得输出端口号B,这样输入与输出端口间就建立了交换连接,此后,即把RAM中寄存的帧馈向输出端口,并把并行代码再转换成串行代码自输出端口输出。

交换机中所有的功能均由软件来实现,因此软件执行交换结构是一种比较灵活的结构,但是也存在着交换机堆叠困难,无法处理信息的广播,以及随着功能的增加而性能下降等缺点。特别是当交换机的端口数越来越多时,若仅靠一个CPU执行软件来处理端口间的通信,则多组端口通道同时工作,该结构已无法承受,因此该结构逐渐被淘汰。

2) 矩阵交换结构

随着VLSI芯片技术的发展,使得构成一个以太网交换机完全采用硬件的方法来实现,如图4-45所示,一个矩阵交换结构的交换机,其内部主要由输入、输出、交换矩阵以及控制处理四部分组成。

帧自输入端输入后，根据帧的目的地址，在交换机的端口-地址表中找到输出端口号码，根据这个输出端口号码就能在交换矩阵中找到一条路径，到达所希望的输出端口。当输入端口和输出端口数相等，组成两两之间的通道时，输出端口不会产生帧传输拥塞现象。但当输入端口与输出端口数不等时，特别是当输出端口数目少于输入端口时，在输出端口处会产生帧的拥塞，为了避免拥塞而导致帧的丢失，必须在输入和输出部分增加帧的缓冲区，在缓冲区中进行帧的排队。如果局域网的帧具有优先权机制，那么在输入或输出部分中还必须保证高优先权的帧先处理。

交换矩阵的逻辑机理如图 4-46 所示，当帧输入时，接通了合适的交换开关连接至矩阵的输出端上去。图 4-46 表示三个交换通道同时接通进行帧的交换。

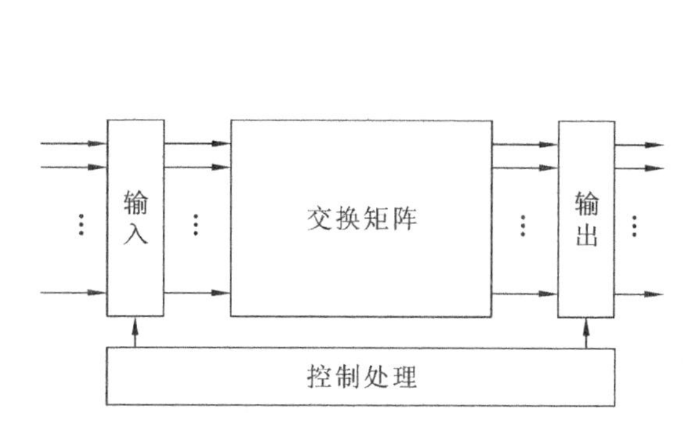

图 4-45 矩阵交换结构

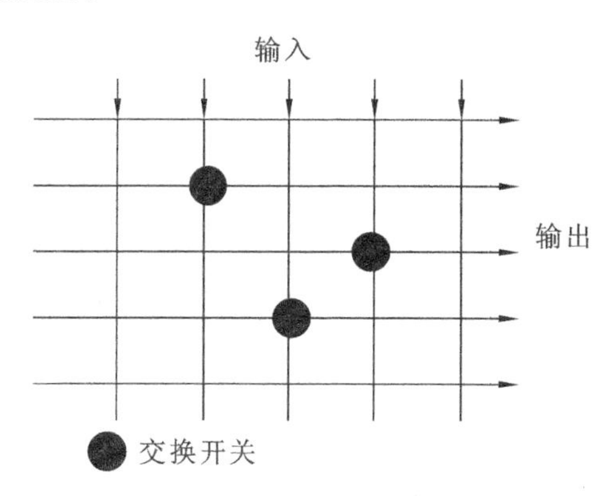

图 4-46 交换矩阵的逻辑机理

矩阵交换的优点是利用硬件交换，结构紧凑、交换速度快、延迟时间短。但这种结构的交换机不易进行简单堆叠和集成而扩展端口数、带宽，交换机端口数的扩展会导致整个内部结构变动较大，不仅交换矩阵要重新设计和配置，且输入和输出部分的缓冲功能、排队功能也要求变得越来越强。矩阵交换由于其多通道独立工作，所以对每个通道的工作情况的监控随着端口数目的增加而变得难以实现，即不利于交换机性能的监控和运行管理。

由交换矩阵工作的特点可知，这种结构要在交换矩阵中实现帧的广播传送是有困难的。矩阵交换结构虽然具有以上的缺点，但由于具有交换速度快、硬件延迟时间短等优点，目前很多厂家生产的交换机中仍采用这种结构。

3）总线交换结构

当前有许多厂家的交换机产品采用总线交换结构，如图 4-47 所示，在交换机的母板上配置了一条总线，采用时分复用技术，各个端口均可以往总线上发送帧，即各个输入端口所发送到图 4-47 总线上的帧均按时隙在总线上传输。对于输出端口，当帧输入时，根据帧的目的地址获得输出端口号，在确定的端口上输出帧。

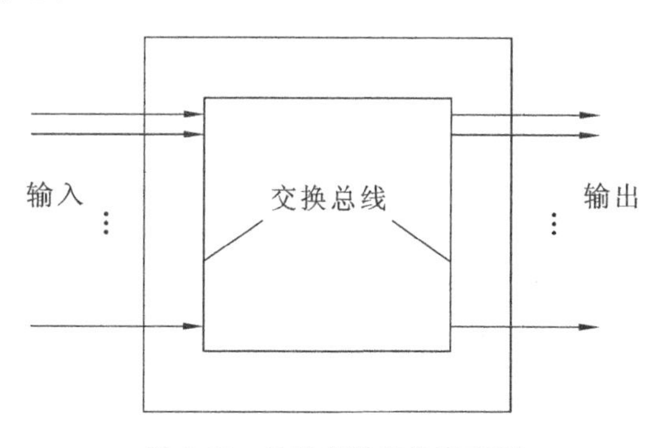

图 4-47 总线交换结构示意图

总线交换结构具有以下优点。

(1) 便于堆叠扩展。与软件执行交换结构和矩阵交换结构两种结构比较，总线交换结构的交换机的堆叠和集成(以扩展端口数和带宽)要比较容易实现。

(2) 容易监控和管理。由于所有输入和输出的信息流量均集中在总线上，不像矩阵交换结构那样信息流量分散在各个端口间的通道上,因此对交换机性能监控运行管理就比较容易。

(3) 容易实现帧的广播。从一个输入端口输入的帧在总线结构上很容易到达所有输出端口并输出。

(4) 容易实现多个输入对一个输出帧的传送。在交换机应用中,常见的是客户/服务器访问模式,要求多个客户站访问一个服务器。在总线交换结构的交换机中,实现这种多对一的帧的传送显然效率是很高的。

总线交换结构的主要缺点是总线的带宽要求很高,它的带宽至少是所有端口带宽的总和,为实现高带宽的总线所构成的交换器,价格就较昂贵,但是可以获得较好的性能。

4) 共享存储器交换结构

共享存储器交换结构的特点是使用大量的高速 RAM 来输入数据,如图 4-48 所示。由于数据通过存储直接从输入传输到输出,因而交换机的结构比较简单,交换机可以不需要背板,比较容易实现。但 RAM 操作会产生延时,且冗余结构比较复杂,所以该结构适用于小型交换机。

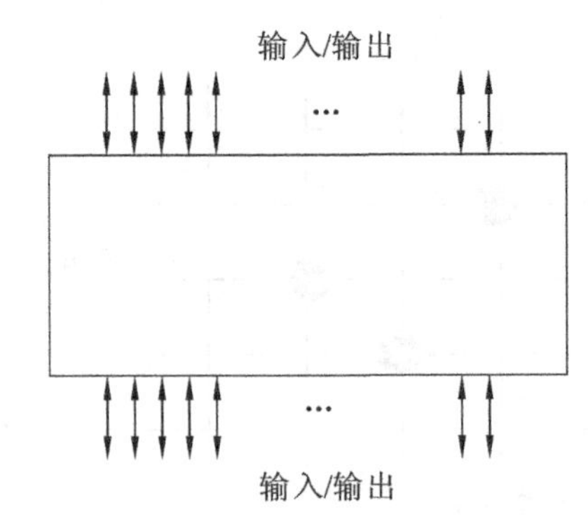

图 4-48　共享存储器交换结构

2. 交换机的数据转发方式

1) 直通式

直通式(cut through)的以太网交换机可以理解为在各端口间纵横交叉的线路矩阵电话交换机。它在输入端口检测到一个数据包时,检查该包的包头,获取包的目的地址,启动内部的动态查找表转换成相应的输出端口,在输入与输出交叉处接通,把数据包直通到相应的端口,实现交换的功能。

优点:不需要存储,延迟非常小,交换非常快。

缺点:因为数据包内容并没有被以太网交换机保存下来,所以无法检查所传送的数据包是否有误,不能提供错误检测能力。由于没有缓存,不能将具有不同速率的输入/输出端口直接接通,而且容易丢包。

2) 存储转发式

存储转发式(store & forward)是计算机网络领域应用最为广泛的方式。它把输入端口的数据包先存储起来,如果进行 CRC(循环冗余校验)检查,在对错误包处理后才取出数据包的目的地址,通过查找表转换成输出端口送出包。正因为如此,存储转发方式在数据处理时延迟大,这是它的不足,但是它可以对进入交换机的数据包进行错误检测,有效地改善网络性能。尤其重要的是它可以支持不同速度的端口间的转换,保持高速端口与低速端口间的协同工作。

3) 碎片隔离

碎片隔离(fragment free)是介于前两者之间的一种解决方案。它检查数据包的长度是否够 64 字节,如果小于 64 字节,说明是假包,则丢弃该包;如果大于 64 字节,则发送该包。这种方式也不提供数据校验。它的数据处理速度比存储转发方式下的数据处理速度快,但比直通式下的数据处理速度慢。

四、交换机的端口技术

随着网络技术的不断发展,需要网络互联处理的事务越来越多,为了适应网络需求,以太网技术也完成了一代又一代的技术更新。为了兼容不同的网络标准，端口技术变得尤为重要，它是解决网络互联互通的重要技术之一。端口技术主要包含了端口自协商、网线智能识别、流量控制、端口聚合及端口镜像等技术，它们很好地解决了各种以太网标准互联互通存在的问题。

1. 端口速率

(1) 标准以太网　标准以太网是最早的一种交换以太网，实现了真正的端口带宽独享，其端口速率为固定 10 Mb/s，它包括电端口和光端口两种。

(2) 快速以太网　快速以太网是标准以太网的升级，为了兼容标准以太网技术，它实现了端口速率的自适应，其支持的端口速率有 10 Mb/s、100 Mb/s 和自适应三种方式。它也包括电端口和光端口两种。

(3) 千兆以太网　千兆以太网为了兼容标准以太网技术和快速以太网技术，也实现了端口速率的自适应，其支持的端口速率有 10 Mb/s、100 Mb/s、1000 Mb/s 和自适应方式。它也包括电端口和光端口两种。

(4) 端口速率自协商　从几种以太网标准可以知道它们都支持多种端口速率，那么在实际使用中，它们究竟使用何种速率与对端进行通信呢？

大多数厂商的以太网交换机都支持端口速率的手工配置和自适应。默认情况下，所有端口都是自适应工作模式，通过相互交换自协商报文进行速率匹配，其匹配结果见表 4-11。

表 4-11　端口速率匹配结果一览表

	标准以太网(auto)	快速以太网(auto)	千兆以太网(auto)
标准以太网(auto)	10 Mb/s	10 Mb/s	10 Mb/s
快速以太网(auto)	10 Mb/s	100 Mb/s	100 Mb/s
千兆以太网(auto)	10 Mb/s	100 Mb/s	1000 Mb/s

当链路两端的一端为自动协商，另一端为固定速率时，应修改两端的端口速率，保持端口速率一致。

2. 端口的工作模式

为了实现网络设备的兼容，目前新的交换机端口既支持全双工工作模式，也支持半双工工作模式，可以手工配置也可以自动协商来决定端口究竟工作在何种模式。

如果链路端口工作在自协商模式，与端口速率协商一样，它们也是通过交换自协商报文来协商端口工作模式的。实际上端口模式和端口速率的自协商报文是同一个协商报文。在协商报文中分别用 5 位二进制位来指示端口速率和端口模式，即分别指示 10Base-T 半双工、10Base-T 全双工、100Base-T 半双工、100Base-T 全双工和 100Base-T4，千兆以太网的自协商依靠其他机制完成。

如果链路对端设备不支持自协商功能，自协商设备默认的假设是链路工作在半双工模式下，则强制 10 Mb/s 全双工工作模式的设备和自协商的设备协商的结果是：自协商设备工作在 10 Mb/s 半双工工作模式，而对端工作在 10 Mb/s 全双工工作模式，这样虽然可以通信，但会产生大量的冲突，降低网络效率。这种情况在网络建设中应尽力避免。

另外，所有自协商功能目前都只在双绞线介质上工作，对于光纤介质，目前还没有自协商机制，所以其端口的速率、工作模式及流量控制都只能手工配置。

3. 端口类型

不同的网络设备根据不同的需求具有不同的网络接口，目前以太网接口有 MDI(medium dependent interface)和 MDI-X 两种类型。MDI 称为介质相关接口,MDI-X 称为介质非相关接口(MII)。我们常见的以太网交换机所提供的端口都属于 MDI-X 接口,而路由器和 PC 提供端口的属于 MDI 接口。上述两种接口具有不同的引脚分布情况,见表 4-12。

表 4-12　MDI 接口和 MDI-X 接口(100Base-TX)引脚对照表

引　脚	信　号	
	MDI	MDI-X(MII)
1	BI_DA+(发)	BI_DB+(收)
2	BI_DA-(发)	BI_DB-(收)
3	BI_DB+(收)	BI_DA+(发)
4	Not used	Not used
5	Not used	Not used
6	BI_DB-(收)	BI_DA-(发)
7	Not used	Not used
8	Not used	Not used

MDI 接口和 MDI-X 接口连接需要采用直通网线(normal cable);而同一类型的接口(如 MDI 和 MDI)连接需要采用交叉网线(cross cable),这给网络设备连接带来了很多的麻烦。例如,两台交换机的普通端口或者两台主机相连都需要采用交叉网线,而交换机与主机相连需要采用直通网线。大部分以太网交换机为了简化用户操作,通过新一代的物理层芯片和变压器技术实现了 MDI 接口、MDI-X 接口智能识别及转换的功能。不论使用直通网线还是交叉网线都可以与同接口类型或不同接口类型的以太网设备互通,有效降低了用户的工作量。

4. 端口聚合

以太网技术经历从 10 Mb/s 标准以太网到 100 Mb/s 快速以太网,到现在的 1000 Mb/s 以太网,提供的带宽越来越宽,但是仍然不能满足某些特定场合的需求,特别是集群服务的发展,对此提出了更高的要求。到目前为止,主机以太网网卡基本都只有 100 Mb/s 带宽,而集群服务器面向的是成百上千的访问用户,如果仍然采用 100 Mb/s 网络接口提供连接,则必然成为用户访问服务器的瓶颈。由此产生了多网络接口卡的连接方式,一台服务器同时能通过多个网络接口提供数据传输,提高用户访问速率。这就涉及用户究竟占用哪一网络接口的问题。同时为了更好地利用网络接口,我们也希望在没有其他网络用户时,唯一用户可以占用尽可能大的网络带宽。这些就是端口聚合技术解决的问题。同样在大型局域网中,为了有效转发和交换所有网络接入层的用户数据流量,核心层设备之间或者是核心层和汇聚层设备之间,都需要提高链路带宽。

在解决上述问题的同时,端口聚合还有其他的优点,如采用聚合远远比采用更高带宽的网络接口卡来得容易,成本更加低廉。

从上述需求可以看出端口聚合主要应用于以下场合。

(1) 交换机与交换机之间的连接　汇聚层交换机到核心层交换机或核心层交换机之间。

(2) 交换机与服务器之间的连接　集群服务器采用多网卡与交换机连接,提供集中访问。

(3) 交换机与路由器之间的连接　交换机、路由器采用端口聚合可以解决广域网和局域网连接的瓶颈。

(4) 服务器与路由器之间的连接　集群服务器采用多网卡与路由器连接,提供集中访问。

特别是服务器采用端口聚合时,需要专有的驱动程序配合完成。

5. 流量控制

当通过一个端口的流量过大,超过了它的处理能力时,就会发生端口阻塞。流量控制的作用是防止在出现阻塞的情况下丢帧。网络拥塞一般是由于线速不匹配(如 100 Mb/s 向 10 Mb/s 端口发送数据)和突发的集中传输等原因造成的,它可能导致这几种情况产生:延时增加、丢包、重传增加,网络资源不能有效利用。

在半双工方式下,流量控制是通过背压技术(backpressure)实现的,模拟产生碰撞,使得信息源降低发送速度。

在全双工方式下流量控制一般遵循 IEEE 802.3x 标准。IEEE 802.3x 规定了一种 64 字节的 Pause 帧,告诉信息源暂停一段时间再发送信息。

在实际的网络中,尤其是一般局域网中,产生网络拥塞的情况极少,所以有的厂家的交换机并不支持流量控制。高级交换机应支持半双工方式下的反向压力和全双工的 IEEE 802.3x。有的交换机的流量控制阻塞整个 LAN 的输入,降低整个 LAN 的性能,高性能的交换机的流量控制仅仅阻塞向交换机拥塞端口输入帧的端口。

6. 端口镜像

将一个源端口的数据流量完全镜像到另一个目的端口进行实时分析,称为端口镜像功能。

在目的端口可以接逻辑分析仪或 RMON 探针等来分析所镜像源端口的数据,以查看网络的性能和数据传输状况。端口镜像完全不影响所镜像端口的工作。

实现端口镜像的条件如下。

(1) 端口镜像中的源和目的端口的速率必须匹配,否则可能会导致数据丢弃。

(2) 在使用端口镜像时,源和目的端口必须位于同一 VLAN 内。

(3) 目的端口可以通过指定一个以太接口来设置。

(4) 可以创建多个镜像会话,它们可以共享同一个目的端口,也可以各自采用各自的目的端口。应该注意避免从多个源端口发送过多的通信量到目的端口。

(5) 默认状态下,端口镜像会镜像所有接收和发送的数据。

7. 端口-MAC 地址绑定

在有些场合,如网络教室或办公室里,大部分网络终端的 IP 地址是内部私有的,通常由网络管理员来分配,以防止有人无意把自己的 IP 地址修改为另外一个正在使用的 IP 地址而产生冲突。最好的解决办法就是将交换机的端口和终端的 MAC 地址或 IP 地址绑定,绑定的好处是显而易见的,网络管理员静态地指定每个交换机的端口所对应的终端,终端的 MAC 地址或 IP 地址在交换机里存储下来,用户改变了 MAC 地址或 IP 地址后,其连接就会被拒绝。这样做的另一个好处是,当一个非授权的终端接入到交换机上时,也同样会被拒绝。

8. 堆叠技术

堆叠技术目前是一种非标准化技术,堆叠模式由各厂商自定,各厂商产品仅支持产品系列中的部分交换机系列堆叠,一般混合产品不可堆叠。

堆叠是用专用的端口把交换机连接起来,当成一台交换机来使用,堆叠的接口具有很高的带宽,一般在 1 Gb/s 以上。而级联通常是用普通网线把几台交换机连接起来,使用普通的网口或 Uplink 口,带宽通常为 10 Mb/s/100 Mb/s,这样下级的所有工作站就只能共享较窄的出口,从而获得较低的性能。

堆叠实际上把每台交换机的母板总线连接在一起，不同交换机任意两端口之间的延时是相等的，就是一台交换机的延时，而级联就会产生比较长的延时，级联是上下级的关系，级联的层次不宜太多，而且每一层的性能都不同，最后一层的性能最差。

交换机堆叠一般分为菊花链式堆叠和主从式堆叠两种。目前的主流技术是菊花链式堆叠。

菊花链式堆叠有两个上行端口和下行端口，将第一台交换机的上行端口连接第二台交换机的下行端口，依此类推，最后一台交换机的上行端口连接第一台交换机的下行端口，形成一个环路，可以起到冗余链路的作用。

堆叠技术的优点如下。

(1) 简化本地管理，一组交换机作为一个对象来管理。

(2) 与级联不同，堆叠交换机处于同一层次。

堆叠技术的缺点如下。

(1) 堆叠数目比较多的时候，堆叠口是系统的瓶颈。

(2) 并没有提升交换机的转发效率，需要硬件提供高速端口。

(3) 不可分布式布置，要求堆叠成员摆放的位置足够近，一般在同一机柜中布置。

9. 生成树协议

在局域网中为了提供可靠的网络连接，就需要网络提供冗余链路。

交换机之间具有冗余链路本来是一件很好的事情，但是它有可能引起的问题比它能够解决的问题还要多。如图 4-49 所示，如果准备两条以上的链路，就必然形成一个环路，而交换机并不知道如何处理环路，只是周而复始地转发帧，形成一个“死循环”，最终这个死循环会造成整个网络处于阻塞状态，导致网络瘫痪。

第 2 层的交换机和网桥作为交换设备，都具有相当重要的功能，它们能够记住在一个接口上所收到的每个数据帧的源设备的硬件地址，也就是源 MAC 地址，而且它们会把这个硬件地址信息写到转发/过滤表的 MAC 数据库中，这个数据库我们一般称之为 MAC 地址表。当在某个接口收到数据帧的时候，交换机就查看其目的硬件地址，并在 MAC 地址表中找到其外出的接口，这个数据帧只会被转发到指定的目的端口。

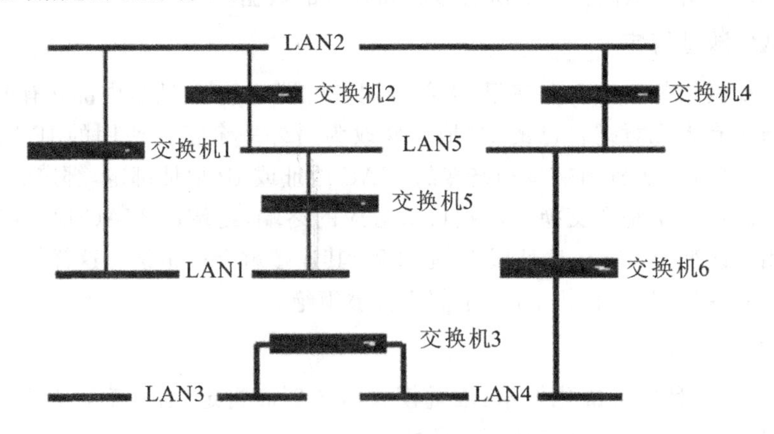

图 4-49　具有环路的交换机级联

整个网络开始启动的时候，交换机初次加电，还没有建立 MAC 地址表。当工作站发送数据帧到网络的时候，交换机会将数据帧的源 MAC 地址写进 MAC 地址表，然后将这个帧扩散到网络中

(因为并不知道目的设备在什么地方)。

为了解决冗余链路引起的问题,IEEE 通过了 IEEE 802.1D 协议,即生成树协议。生成树协议的根本目的是将一个存在物理环路的交换网络变成一个没有环路的逻辑树型网络,如图 4-50 所示。IEEE 802.1D 协议通过在交换机上运行一套复杂算法 STA,将冗余端口设置为阻断状态,使得接入网络的计算机在与其他计算机通信时,只有一条链路,然后将处于阻断状态的端口重新打开,从而既保障了网络正常运转,又保证了冗余能力。

STP 协议中,首先推举一个 Bridge ID(桥 ID)最低的交换机作为生成树的根结点,交换机之间通过交换 BPDU(桥接协议数据单元),得出从根结点到其他所有结点的最佳的路径。

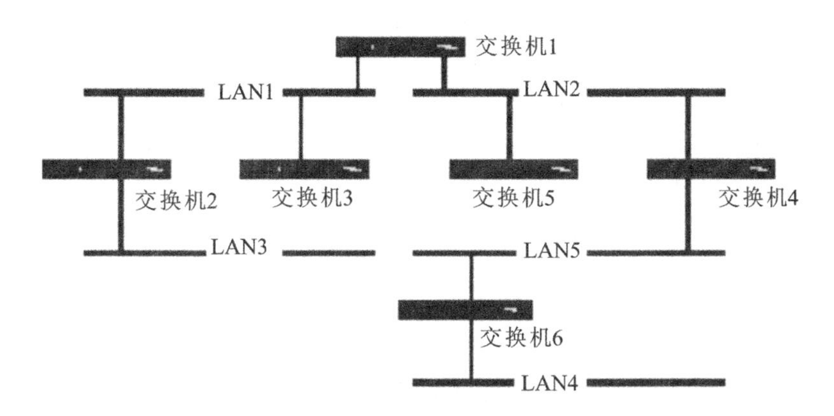

图 4-50 逻辑树型结构

在 IEEE 802.ID 协议之后,IEEE 又推出了 IEEE 802.1W 协议。那么为什么要制定 IEEE 802.1W 协议呢?原来 IEEE 802.1D 协议虽然解决了链路闭合引起的死循环问题,但是生成树的收敛(指重新设定网络交换机端口状态)过程需要 1 分钟左右的时间,对于以前的网络来说,1 分钟的阻断是可以接受的,毕竟人们以前对网络的依赖性不强。但是现在情况不同了,人们对网络的依赖性越来越强,1 分钟的网络故障足以带来巨大的损失,因此 IEEE 802.1D 协议已经不能适应现代网络的需求了。于是 IEEE 802.1W 协议问世了,IEEE 802.1W 协议使收敛过程由原来的 1 分钟减少到现在的 1 至 10 秒,因此 IEEE 802.1W 又称为快速生成树协议。

10. 三层交换技术

1) 三层交换简介

三层交换(也称多层交换,或 IP 交换)是相对于传统交换概念提出的。三层交换解决了局域网中网段划分之后,网段中子网必须依赖路由器进行管理的局面,解决了传统路由器低速、复杂所造成的网络瓶颈问题。

2) 什么是三层交换技术

众所周知,传统的交换技术是在 OSI 网络标准模型中的第二层——数据链路层进行操作的,而三层交换技术是在网络模型中的第三层实现数据包的高速转发。简单来说,三层交换技术就是二层交换技术+三层转发技术。

3) 三层交换的原理

一台具有三层交换功能的设备,是一个带有第三层路由功能的第二层交换机,它是二者的有机结合,并不是简单地把路由器设备的硬件及软件叠加在局域网交换机上。三层交换的原理如下。

假设两个使用IP协议的站点A、B通过第三层交换机进行通信，发送站点A在开始发送时，把自己的IP地址与B站点的IP地址比较，判断B站是否与自己在同一子网内。若目的站B与发送站A在同一子网内，则进行二层的转发。若两个站点不在同一子网内，如发送站A要与目的站B通信，发送站A要向默认网关发出ARP(地址解析)封包，而默认网关的IP地址其实是三层交换机的三层交换模块。当发送站A对默认网关的IP地址广播出一个ARP请求时，如果三层交换模块在以前的通信过程中已经知道B站的MAC地址，则向发送站A回复B的MAC地址，否则三层交换模块根据路由信息向B站广播一个ARP请求，B站得到此ARP请求后向三层交换模块回复其MAC地址，三层交换模块保存此地址并回复给发送站A，同时将B站的MAC地址发送到二层交换引擎的MAC地址表中。从这以后，A向B发送的数据包便全部交给二层交换处理，信息得以高速交换。由于仅仅在路由过程中才需要三层处理，绝大部分数据都通过二层交换转发，因此三层交换机的速度很快，接近二层交换机的速度，同时比相同路由器的价格低很多。

4）三层交换的作用

(1) 网络骨干少不了三层交换。

要说明三层交换机在诸多网络设备中的作用，用中流砥柱来形容并不为过。在校园网、城域教育网中，从骨干网、城域网骨干到汇聚层都有三层交换机的用武之地，尤其是核心骨干网一定要用三层交换机，否则整个网络成千上万台的计算机都在一个子网中，不仅毫无安全可言，也会因为无法分割广播域而无法隔离广播风暴。

采用传统的路由器，虽然可以隔离广播，但是性能又得不到保障。而三层交换机的性能非常高，既有三层路由功能，又具有二层交换的网络速度。二层交换基于MAC寻址，三层交换则转发基于第三层地址的业务流，除了必要的路由决定过程外，大部分数据转发过程由二层交换处理，提高了数据包转发的效率。

三层交换机通过使用硬件交换机构实现了IP的路由功能，其优化的路由软件使得路由过程效率提高，解决了传统路由器软件路由的速度问题。因此可以说，三层交换机具有路由器的功能和交换机的性能。

(2) 连接子网少不了三层交换。

同一网络上的计算机如果超过一定数量(通常在200台左右，视通信协议而定)，就很有可能因为网络上大量的广播而导致网络传输效率低下。为了避免在大型交换机上引起广播风暴，可将其进一步划分为多个虚拟网(VLAN)。但是这样做将导致一个问题，即VLAN之间的通信必须通过路由器来实现。但是传统路由器也难以胜任VLAN之间的通信任务，因为相对于局域网的网络流量来说，传统的普通路由器的路由能力太弱。

而且千兆级路由器价格也是非常高的。如果使用三层交换技术上的千兆端口或百兆端口连接不同的子网或VLAN，就在保持性能的前提下，经济地解决了子网划分之后子网之间必须依赖路由器进行通信的问题，因此三层交换机是连接子网的理想设备。

5）三层交换机的种类

三层交换机可以根据其处理数据的不同而分为纯硬件和纯软件两大类。

(1) 纯硬件的三层交换机相对来说技术复杂，成本低，但是速度快，性能好，带负载能力强。其原理是，采用ASIC芯片，采用硬件的方式进行路由表的查找和刷新。

数据由端口接口芯片接收后，首先在二层交换芯片中查找相应的目的MAC地址，如果查到，就进行二层转发，否则将数据送至三层引擎。在三层引擎中，ASIC芯片查找相应的路由表信息，与数据的目的IP地址相比对，然后发送ARP数据包到目的主机，得到该主机的MAC地址，将

MAC 地址发到二层芯片，由二层芯片转发该数据包。

(2) 基于软件的三层交换机较简单，但速度较慢，不适合作为主干。其原理是，CPU 以软件的方式查找路由表。

数据由接口芯片接收后，首先在二层交换芯片中查找相应的目的 MAC 地址，如果查到，就进行二层转发，否则将数据送至 CPU。CPU 查找相应的路由表信息，与数据的目的 IP 地址相比对，然后发送 ARP 数据包到目的主机得到该主机的 MAC 地址，将 MAC 地址发到二层芯片，由二层芯片转发该数据包。

任务 4 虚拟局域网

在前面我们曾经介绍了局域网的发展历史，从共享以太网到标准以太网，从同轴电缆到双绞线都经历了一个漫长的过程，其中虚拟局域网(VLAN)技术就是其间为了解决广播域过大的一种技术。在学习这项技术之前，让我们先来回顾一下，VLAN 技术产生的背景。

一、虚拟局域网的定义

在标准以太网出现后，同一个交换机下不同的端口已经不再在同一个冲突域中，所以连接在交换机下的主机进行点到点的数据通信时，也不再影响其他主机的正常通信。但是，后来我们发现应用广泛的广播报文仍然不受交换机端口的局限，而是在整个广播域中任意传播，甚至在某些情况下，单播报文也被转发到整个广播域的所有端口。这样一来，大大占用了有限的网络带宽资源，使得网络效率低下。

但是我们知道以太网处于 TCP/IP 协议栈的第二层，第二层上的本地广播报文是不能被路由器转发的，为了降低广播报文的影响，我们只有使用路由器来减少以太网上广播域的范围，从而降低广播报文在网络中的比例，提高带宽利用率。但这不能解决同一交换机下的用户隔离，并且使用路由器来划分广播域，无论是在网络建设成本上，还是在管理上都存在很多不利因素。为此，IEEE 协会专门设计规定了一种 IEEE 802.1Q 的协议标准，这就是虚拟局域网(VLAN)技术的来源。它利用软件实现了二层广播域的划分，完美地解决了路由器划分广播域存在的困难。

总体上来说，虚拟局域网(VLAN)技术在划分广播域方面有着无与伦比的优势。虚拟局域网(VLAN)逻辑上把网络资源和网络用户按照一定的原则进行划分，把一个物理上的网络划分成多个小的逻辑网络。这些小的逻辑网络形成各自的广播域，也就是虚拟局域网(VLAN)。如图 4-51 所示，几个部门都使用同一个中心交换机，但是各个部门属于不同的虚拟局域网(VLAN)，形成各自的广播域，广播报文不能跨越这些广播域传送。

虚拟局域网(VLAN)将一组位于不同物理网段上的用户在逻辑上划分在一个局域网内，在功能和操作上与传统局域网基本相同，可以提供一定范围内终端系统的互联。与传统的局域网相比，虚拟局域网(VLAN)具有以下优势。

(1) 减少移动和改变的代价。即所谓的动态管理网络，也就是当一个用户从一个位置移动到另一个位置时，它的网络属性不需要重新配置，而是动态地完成，这种动态管理网络给网络管理者和使用者都带来了极大的便利。一个用户，无论它移动到哪里，都能不做任何修改地接入网络，其前景是好的。当然，并不是所有的虚拟局域网(VLAN)定义方法都能做到这一点。

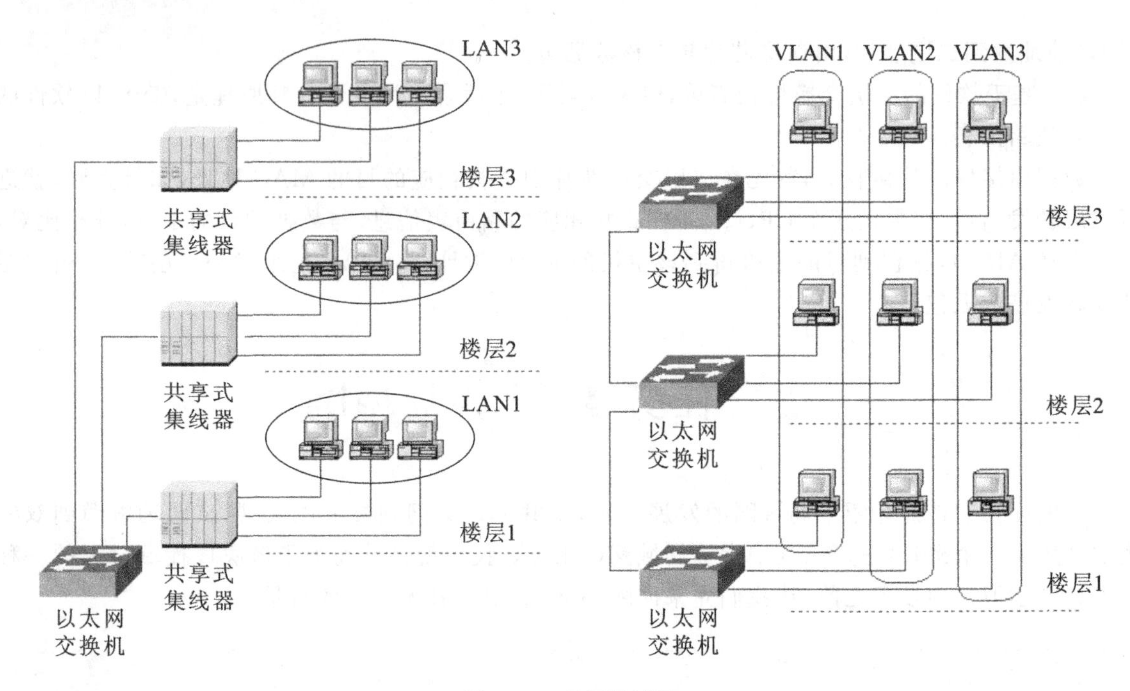

图 4-51　虚拟局域网

（2）虚拟工作组。使用虚拟局域网（VLAN）的最终目标就是建立虚拟工作组模型，如图 4-52 所示。例如，在企业网中，同一个部门就好像在同一个局域网中，很容易互相访问、交流信息，同时，所有的广播包也都限制在该虚拟局域网（VLAN）上，而不影响其他的虚拟局域网（VLAN）用户。一个用户如果从一个办公地点换到另外一个地点，而该用户仍然在该部门，那么，该用户的配置无须改变；同时，如果一个用户虽然办公地点没有变，但该用户更换了部门，那么只需网络管理

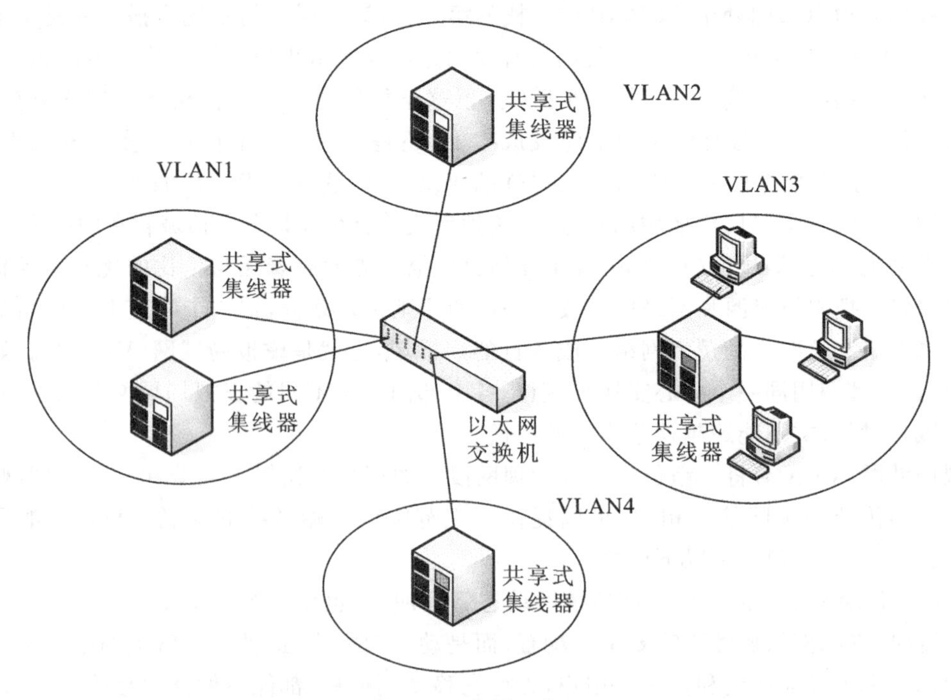

图 4-52　虚拟工作组

员更改一下该用户的配置即可。这个功能的目标是建立一个动态的组织环境，当然，这只是一个理想的目标，要实现它，还需要其他方面的支持。

(3) 用户不受物理设备的限制，虚拟局域网(VLAN)用户可以处于网络中的任何地方。

(4) 虚拟局域网(VLAN)对用户的应用不产生影响，虚拟局域网(VLAN)的应用解决了许多大型二层交换网络产生的问题。

(5) 限制广播包，提高带宽的利用率，如图4-53所示。这样能够有效地解决广播风暴带来的性能下降问题。一个虚拟局域网(VLAN)形成一个小的广播域，同一个虚拟局域网(VLAN)成员都在其所属虚拟局域网(VLAN)确定的广播域内，那么当一个数据包没有路由时，交换机只会将此数据包发送到所有属于该虚拟局域网(VLAN)的其他端口，而不是所有的交换机的端口，这样，数据包就限制到了一个虚拟局域网(VLAN)内，在一定程度上可以节省带宽。

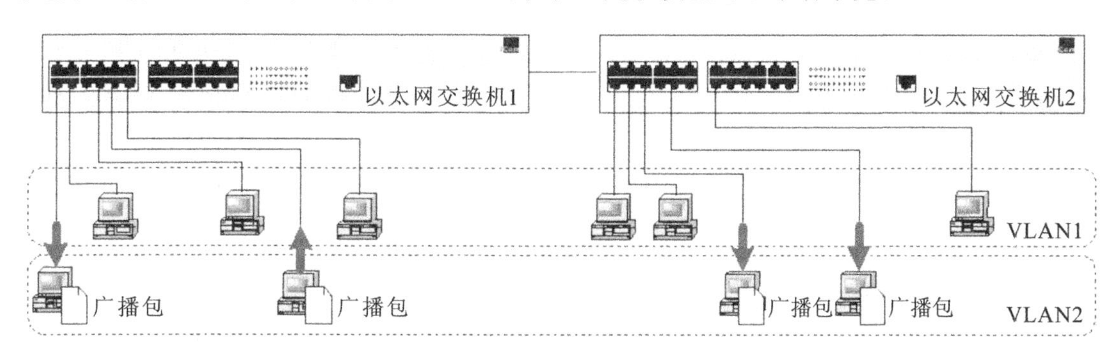

图4-53 VLAN限制广播报文

(6) 增强通信的安全性。一个虚拟局域网(VLAN)的数据包不会发送到另一个虚拟局域网(VLAN)，这样，其他虚拟局域网(VLAN)的用户的网络上也收不到任何该虚拟局域网(VLAN)的数据包，这样就确保了该虚拟局域网(VLAN)的信息不会被其他虚拟局域网(VLAN)的用户窃听，从而实现了信息的保密。

(7) 增强网络的健壮性。当网络规模增大时，部分网络出现问题往往会影响整个网络，引入虚拟局域网(VLAN)之后，可以将一些网络故障限制在一个虚拟局域网(VLAN)之内。

二、虚拟局域网(VLAN)的划分

虚拟局域网(VLAN)从逻辑上对网络进行划分，组网方案灵活，配置管理简单，降低了管理维护的成本。

虚拟局域网(VLAN)的主要目的就是划分广播域，那么我们在建设网络时，如何确定这些广播域呢？下面逐一介绍几种虚拟局域网(VLAN)的划分方法。

1. 基于端口的虚拟局域网(VLAN)的划分

基于端口的虚拟局域网(VLAN)的划分方法是使用以太网交换机的端口来划分广播域，也就是说，交换机某些端口连接的主机在一个广播域内，而另一些端口连接的主机在另一个广播域内，虚拟局域网(VLAN)和端口连接的主机无关。我们假设指定交换机的端口1、2、6和端口7属于VLAN2，端口3、4和端口5属于VLAN3，见表4-13。

表 4-13　基于端口划分 VLAN 的 VLAN 映射简化表

端口	VLAN　ID
Port1	VLAN2
Port2	VLAN2
Port6	VLAN2
Port7	VLAN2
Port3	VLAN3
Port4	VLAN3
Port5	VLAN3

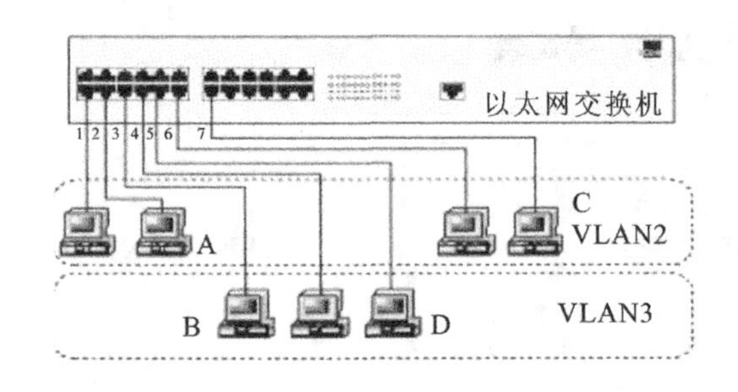

图 4-54　基于端口的 VLAN 的划分

如图 4-54 所示，此时，主机 A 和主机 C 在同一 VLAN，主机 B 和主机 D 在另一个 VLAN，如果将主机 A 和主机 B 交换连接端口，则 VLAN 表仍然不变，而主机 A 变成与主机 D 在同一 VLAN(广播域)，而主机 B 和主机 C 在另一 VLAN，如果网络中存在多个交换机，还可以指定交换机 1 的端口和交换机 2 的端口属于同一 VLAN，这样同样可以实现 VLAN 内部主机的通信，也可以隔离广播报文的泛滥。所以这种 VLAN 划分方法的优点是定义 VLAN 成员非常简单，只要指定交换机的端口即可，但是如果 VLAN 用户离开原来的接入端口，而连接到新的交换机端口，就必须重新指定新连接的端口所属的 VLAN ID。

在最初的实现中，VLAN 是不能跨越交换设备的。后来由于技术的进一步发展，使得 VLAN 可以跨越多个交换设备，如图 4-55 所示。

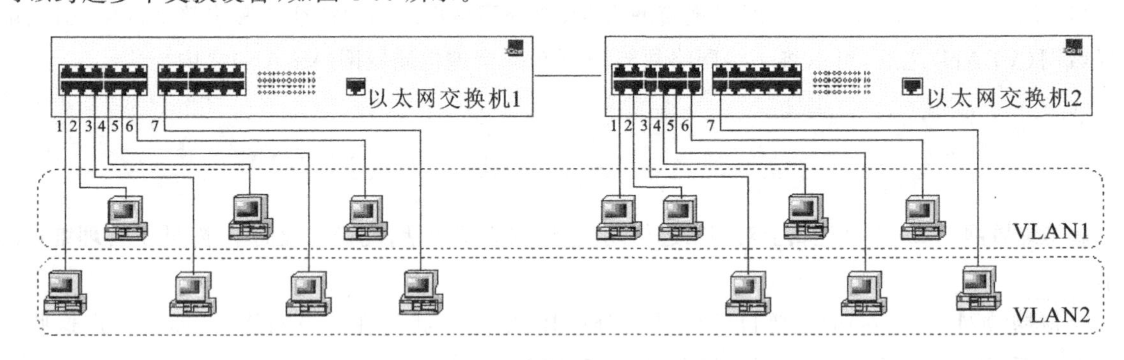

图 4-55　跨交换设备的 VLAN

2. 基于 MAC 地址的 VLAN 划分

基于 MAC 地址的 VLAN 划分方法是根据连接在交换机上主机的 MAC 地址来划分广播域的，也就是说，某台主机属于哪一个 VLAN 只与它的 MAC 地址有关，而与它连接在哪个端口或者其 IP 地址没有关系。在交换机上配置完成后，会生成一张如表 4-14 所示的 VLAN 映射表。

表 4-14 基于 MAC 地址划分 VLAN 的 VLAN 映射简化表

MAC 地址	VLAN ID
MAC A	VLAN2
MAC B	VLAN3
MAC C	VLAN2
MAC D	VLAN3
……	……

这种划分 VLAN 的方法的最大优点在于当用户改变物理位置(改变接入端口)时，不需要重新配置。但是我们明显可以感觉到这种方法的初始配置量很大，要针对每台主机进行 VLAN 设置，并且对于那些容易更换网络接口卡的笔记本电脑用户，会经常使交换机更改配置。

3. 基于协议的 VLAN 划分

基于协议的 VLAN 划分方法是根据网络主机使用的网络协议来划分广播域的。也就是说，主机属于哪一个 VLAN 决定于它所运行的网络协议(如 IP 协议和 IPX 协议)，而与其他因素没有关系。在交换机上完成配置后，会生成一张 VLAN 映射表，如表 4-15 所示。

表 4-15 基于协议划分 VLAN 的 VLAN 映射简化表

协议类型	VLAN ID
IP	VLAN2
IPX	VLAN3
……	……

这种 VLAN 划分在实际当中应用非常少，因为目前实际上绝大多数都是 IP 协议的主机，其他协议的主机组件被 IP 协议主机代替，所以它很难将广播域划分得更小。

4. 基于子网的 VLAN 划分

基于子网的 VLAN 划分方法是根据网络主机使用的 IP 地址所在的网络子网来划分广播域的，也就是说，IP 地址属于同一个子网的主机属于同一个广播域。在交换机上完成配置后，会生成一张 VLAN 映射表，如表 4-16 所示。

表 4-16 基于子网划分 VLAN 的 VLAN 映射简化表

IP 子网	VLAN ID
1.1.10/24	VLAN2
1.1.2.0/24	VLAN3
……	……

这种 VLAN 划分方法管理配置灵活，网络用户自由移动位置而不需重新配置主机或交换机，并且可以按照传输协议进行子网划分，从而针对具体应用服务来组织网络用户。但是，这种方法也有它不足的一面，因为为了判断用户的属性，必须检查每一个数据包的网络层地址，这将耗费交换机不少的资源并且同一个端口可能存在多个 VLAN 用户，这使得广播报文的效率有所下降。

从上述几种 VLAN 划分方法的优缺点来看，基于端口划分 VLAN 是普遍使用的方法之一。有少量交换机支持基于 MAC 地址的 VLAN 划分，大部分以太网交换机目前都支持基于端口的 VLAN 划分。

三、VLAN 的帧格式

前面我们简单提到过，IEEE 802.1Q 协议标准规定了 VLAN 技术，它定义同一个物理链路上承载多个子网的数据流的方法。其主要内容包括以下几点。

(1) VLAN 的架构。

(2) VLAN 技术提供的服务。

(3) VLAN 技术涉及的协议和算法。

为了保证不同厂家生产的设备能够顺利互通，IEEE 802.1Q 标准规定了统一的 VLAN 帧格式以及其他重要参数。在此我们重点介绍标准的 VLAN 帧格式。

IEEE 802.1Q 标准规定在原有的标准以太网帧格式中增加一个特殊的标志域——Tag 域，用于标识数据帧所属的 VLAN ID。

从两种帧格式我们可以知道 VLAN 帧相对标准以太网帧在源 MAC 地址后面增加了 4 个字节的 Tag 域。它包含了 2 个字节的标签协议标识(TPID)和 2 个字节的标签控制信息(TCI)。其中 TPID 是 IEEE 定义的新的类型，表示这是一个加了 IEEE 802.1Q 标签的帧。TPID 包含了一个固定的 16 进制值 0x8100。TCI 又分为 Priority、CFI 和 VLAN ID 三个域。

(1) Priority：占用 3 位，用于标识数据帧的优先级。该优先级决定了数据帧的重要或紧急程度，优先级越高，就越能优先得到交换机的处理。这在 QoS 的应用中非常重要。它一共可以将数据帧分为 8 个等级。

(2) CFI(canonical format indicator)：仅占用 1 位，如果该位为 0，表示该数据帧采用规范帧格式，如果该位为 1，表示该数据帧为非规范帧格式。它主要用于在令牌环/源路由 FDDI 介质访问方法中，指示是否存在 RIF 域，并结合 RIF 域来指示数据帧中地址的比特次序信息。

(3) VLAN ID：占用 12 位，它明确指出该数据帧属于某一个 VLAN，所以 VLAN ID 表示的范围为 0～4 095。

1. VLAN 数据帧的传输

目前任何主机都不支持 Tag 域的以太网数据帧，即主机只能发送和接收标准的以太网数据帧，而认为 VLAN 数据帧为非法数据帧。因此支持 VLAN 的交换机在与主机和交换机进行通信时，需要区别对待。当交换机将数据发送给主机时，必须检查该数据帧，并删除 Tag 域。而发送给交换机时，为了让对端交换机能够知道数据帧的 VLAN ID，它应该将从主机接收到的数据帧增加 Tag 域后再发送。

当交换机接收到某数据帧时，交换机根据数据帧中的 Tag 域或者接收端口的默认 VLAN ID 来判断该数据帧应该转发到哪些端口，如果目标端口连接的是普通主机，则删除 Tag 域(如果数据帧包含 Tag 域)后发送数据帧，如果目的端口连接的是交换机，则添加 Tag 域(如果数据帧不包含 Tag 域)后发送数据帧。

为了保证交换机之间的 Trunk 链路上能够接入普通主机，Quidway S 系列以太网交换机还有特殊处理：检查到数据帧的 VLAN 和 Trunk 端口的默认 VLAN ID 相同时，数据帧不会被增加 Tag 域。而到达对端交换机后，交换机发现数据帧没有 Tag 域时，就确认该数据帧为接收端口的默认 VLAN 数据。

2. VLAN 路由

我们知道 VLAN 技术将同一局域网上的用户在逻辑上分成了多个虚拟局域网(VLAN),只有同一 VLAN 的用户才能相互交换数据。但是,大家都应该清楚我们建设网络的最终目的是要实现网络的互联互通,VLAN 技术是为隔离广播报文、提高网络带宽的有效利用率的而设计的。因此虚拟局域网之间的通信成为我们关注的焦点。究竟怎样妥善解决这个问题呢?其实在此之前我们已经给出了答案。在使用路由器隔离广播域的同时,实际上也解决了 VLAN 之间的通信,但是这与我们讨论的问题有微小的区别:路由器隔离二层广播时,实际上是将大的局域网用三层网络设备分割成独立的小局域网,连接每一个局域网都需要一个实际存在的物理接口。为了解决物理接口需求过大的问题,在 VLAN 技术的发展过程中,出现了另一种路由器——独臂路由器,它用于实现 VLAN 间通信的三层网络设备路由器,它只需要一个以太网接口,通过创建子接口可以承担所有 VLAN 的网关,而在不同的 VLAN 间转发数据。

任务5 环　网

一、令牌环网

目前常用的环网包括令牌环网和光纤分布式数据接口(FDDI)两种。令牌环网是最早使用的一种环网,光纤分布式数据接口是在其基础上发展起来的一种高速环网。

IEEE 802.5 标准及其所描述的令牌环网产品在 20 世纪 80 年代中期问世,IEEE 802.5 标准定义了令牌环网的媒体访问控制(MAC)技术和物理层结构。到了 20 世纪 80 年代后期,使用光纤的高速环网 FDDI 随之出现。可以说,当时环网的出现是为了弥补 10Base-5 及 10Base-2 以太网的不足,来适应网络应用的进一步的需求。环网的特点如下。

(1) 适应重负荷应用环境。在重负荷应用环境中,仍能保持一定的效率。

(2) 具有实时性能和优先权机制。

(3) 环网的媒体可以使用光纤。

(4) 覆盖范围较大。

1. 令牌环操作过程

令牌环技术的基础是使用了一个称之为令牌的特定比特串,当环上所有的站点都空闲时,令牌沿着环旋转。当某一站想发送帧时必须等待直至检测到经过该站的令牌为止。该站抓住令牌并改变令牌中的一比特,然后将令牌转变成一帧的帧首。这时,该站可以在帧首后面加挂上帧的其余字段并进行发送。此时,在环上不再有令牌,因此其他想发送的站必须等待。这个帧将绕环一整周后由发送站将它清除。发送站在下列两个条件都符合时将在环上插进一个新的令牌:①站已完成其帧的发送;②站所发送的帧的前沿已回到了本站(在绕环运行一整圈后)。

这种方式能保证任一时刻只有一个站可以发送。当某站释放一个新的令牌时,它下游的第一个站若有数据要发送,将能够抓住这个令牌并进行发送。

令牌环的几点技术结论如下:①在轻负载的条件下,它的效率较低,这是因为一个站必须等待令牌的到来才能发送；②在重负载的条件下，环的作用是依次循环传递，既有效又公平，从图 4-56 中可看到这一点。注意，A 站发送完毕后，它释放出一令牌，这时第一个有机会发送的站将是 D 站。D 站发送完毕后，则由它释放出一个令牌，而下一个有机会发送的站将是 C，依此类推。

令牌环网的操作原理可用图来说明。当环上的一个工作站希望发送帧时，必须首先等待令牌。所谓令牌是一组特殊的比特，专门用来决定由哪个工作站访问网络。一旦收到令牌，工作站便可启动并发送帧。帧中包括接收站的地址，以标识哪一站应接收此帧。帧在环上传送时，不管帧是否是针对自己工作站的，所有工作站都进行转发，直到帧回到始发站，并由该始发站撤销该帧。帧的接收者除转发帧外，应针对自身站的帧维持一个副本，并通过在帧的尾部设置响应比特来指示已收到此副本。

工作站在发送完一帧后，应该释放令牌，以便将其出让给其他站使用。出让令牌有两种方式，并与所用的传输速率相关。第一种，低速操作(4 Mb/s)时只有收到响应比特才释放令牌，我们称之为常规释放。第二种，工作站发出帧的最后一个比特后释放令牌，我们称之为早期释放。

下面就图 4-56 进行一些说明，开始时，假定工作站 A 想向工作站 C 发送帧。

第一步：工作站 A 等待令牌从上游邻站到达本站，以便有发送机会，如图 4-56(a)所示。

第二步：工作站 A 将帧发送到环上，工作站 C 对发往它的帧进行复制，并继续将该帧转发到环上，如图 4-56(b)所示。

第三步：工作站 A 等待接收它所发的帧，并将帧从环上撤离，不再向环上转发，如图 4-56(c)所示。

第四步：①当工作站接收到帧的最后一比特时，便产生令牌，并将令牌通过环传给下游邻站，随后对帧尾部的响应比特进行处理，如图 4-56(d)所示；②当工作站 A 发送完最后一比特时，便将令牌传递给下游工作站，即早期释放，如图 4-56(e)所示。

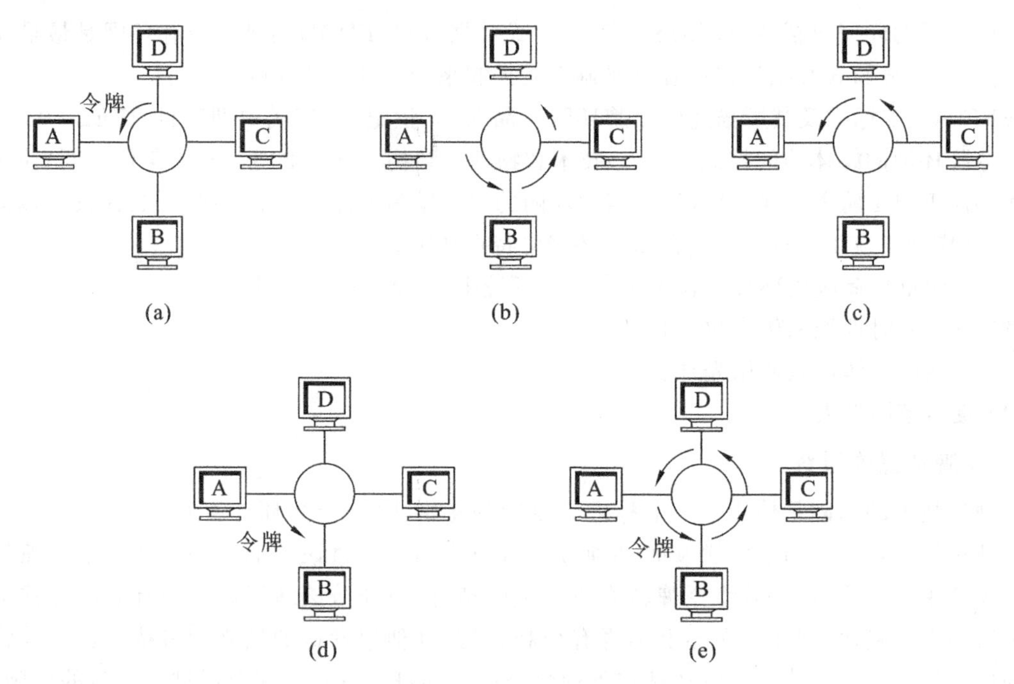

图 4-56　令牌环的操作过程

第四步有两种方式，选择其中之一即可。如前所述，在常规释放时选择第四步第①种方式，在早期释放时选择第四步第②种方式。还应指出，当令牌传到某一工作站，但无数据发送时，只要简单地将令牌向下游转发即可。

2. 令牌环网的组成

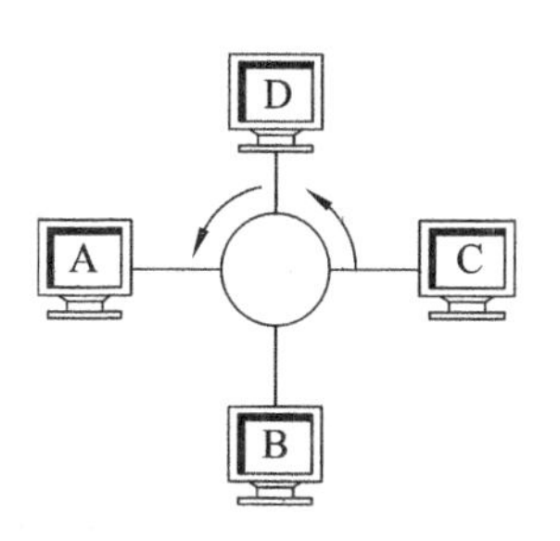

图 4-57 令牌环网的基本组成

20 世纪 80 年代中期，令牌环网产品刚刚问世，要组成一个网络，其基本组成如图 4-57 所示。其结构包括结点上安装的令牌环网网卡、环路插入器、插入器电缆及环路电缆。

当环网正常工作时，环路始终处于闭合回路状态。即使环路中某些结点处于关电状态，环路插入器总能保证环路处于闭合状态。图 4-57 所示的 A、B、C 和 D 四个结点组成一个令牌环网，当四个结点加电后均通过环路插入器接入环网，形成闭合回路。运行了一段时间后，B 和 D 两个结点关电，就自动退出环路，此时环路上仅剩 A 和 C 两个结点。环路插入器具有灵敏的继电开关实现结点对环路的插入和退出。

- 结点插入环路：通过编程或键盘命令实现。
- 结点退出环路：通过编程、键盘命令、关电实现，或因网卡故障退出环路。

网中包括了 MAC 子层和 PHY 层功能，当结点插入环路时，网卡作为环路的一部分连入环路中，实现俘获令牌、发送帧、接收帧和转发帧的功能。

环型拓扑结构比公共总线要复杂。在各个结点（可能分布在数百米范围内）连成环路的工程中环路媒体的铺设往往比公共总线同轴电缆的铺设要复杂得多。为了方便在结点构成环路工程中铺设媒体，在每个环路插入器中包括两个方向上的媒体段，这种组网拓扑结构在物理上看似一种公共总线，而逻辑上仍是一个环型拓扑结构。组网的基本组成仍为令牌环网网卡、环路插入器、插入器电缆和环路电缆段。

二、FDDI 网

光纤分布式数据接口（fiber distributed data interface，简称 FDDI）标准是由 ASC X3T9.5 委员会负责制定的。该标准规定了一个 100Mb/s 光纤环型局域网的媒体访问控制（MAC）协议和物理层规范。它以采用 IEEE 802.2 的逻辑链路控制（LLC）标准为前提。

1. FDDI 标准的范围

与 IEEE 802.3、IEEE 802.4 和 IEEE 802.5 标准一样，FDDI 标准包含了 MAC 子层和物理层。图 4-58 所示为 FDDI 标准的体系结构。应该注意到，该标准是以 IEEE 802.2 LLC 标准作为前提的，其分为如下四个部分。

(1) 媒体访问控制（MAC）。

(2) 物理层协议（PHY）。

(3) 物理媒体相关子层（PMD）。

(4) 层管理（LMT）。

<table>
<tr><td colspan="2">IEEE 802.2 LLC（逻辑链路控制）</td><td></td></tr>
<tr><td>MAC（媒体访问控制）</td><td rowspan="3"></td><td rowspan="3">LMT
（层管理）</td></tr>
<tr><td>PHY（物理层协议）</td></tr>
<tr><td>PMD（物理媒体相关子层）</td></tr>
</table>

图 4-58 FDDI 标体系结构

MAC 子层是使用 MAC 服务与 MAC 协议来规定的。MAC 服务的特点如下。

(1) MAC 服务从功能上定义了 FDDI 向 LLC 或其他较高层用户提供的服务。接口包括发送与接收协议数据单元(PDU)的设备。

(2) 提供每次操作的状态信息,为高层的差错恢复规程所用。

(3) 在任何情况下,对 MAC 用户来说,这一服务规范将 MAC 与物理层的细节遮掩了起来。尤其是采用各种各样的传输媒体,除了影响性能外,对 MAC 用户应为不可见的。

MAC 协议是 FDDI 标准的核心。MAC 服务规范定义了帧的结构和在 MAC 子层所发生的交互作用。

物理层协议(PHY)是物理层中与媒体无关的部分,它包括与 MAC 子层间的服务接口规范。这一接口规范定义了在 MAC 与 PHY 之间传递一对串行比特流所需的设施。PHY 还规定了数字数据传输用的编码。PMD 子层是物理层中与媒体相关的部分,它对用于光纤的激励器和接收器的特性做了规定,同时还对站到环的连接、环所用的光缆和连接器等与媒体相关的特性做了规定。

层管理(LMT)提供了一个站 FDDI 各层中正在进行的进程进行管理所必需的控制功能,从而使站在环上能协调地工作。LMT 是一种更广泛的,称为站管理(SMT)的概念的一部分,后者包括对 LLC 子层及更高层中的进程的管理。FDDI 标准力图支持高速局域网的应用要求,包括那些称为后端(backend)局域网和主干(backbone)局域网的应用在内。

2. 令牌环操作过程

与 IEEE 802.5 一样,FDDI 的 MAC 协议是一个令牌环协议。令牌环的基本操作(不包含优先级和维护机制),对 IEEE 802.5 与 FDDI 来说是十分相似的。这里我们来重温一下这种基本操作,并指出这两种协议在这方面的一些差别。

FDDI 建立在小令牌帧的基础上,当所有站都空闲时,小令牌帧沿环运行。当某一站有数据要发送时,必须等待有令牌通过时才可能。一旦识别出有用的令牌,该站便将其吸收,随后便可发送一帧或多帧。这时环上没有令牌,便在环上插入一新的令牌,不必像 IEEE 802.5 令牌环那样,只有收到自己发送的帧后才能释放令牌。因此,任一时刻环上可能会有来自多个站的帧运行。如图 4-59 所示,其列出了 FDDI 网的令牌环操作过程。

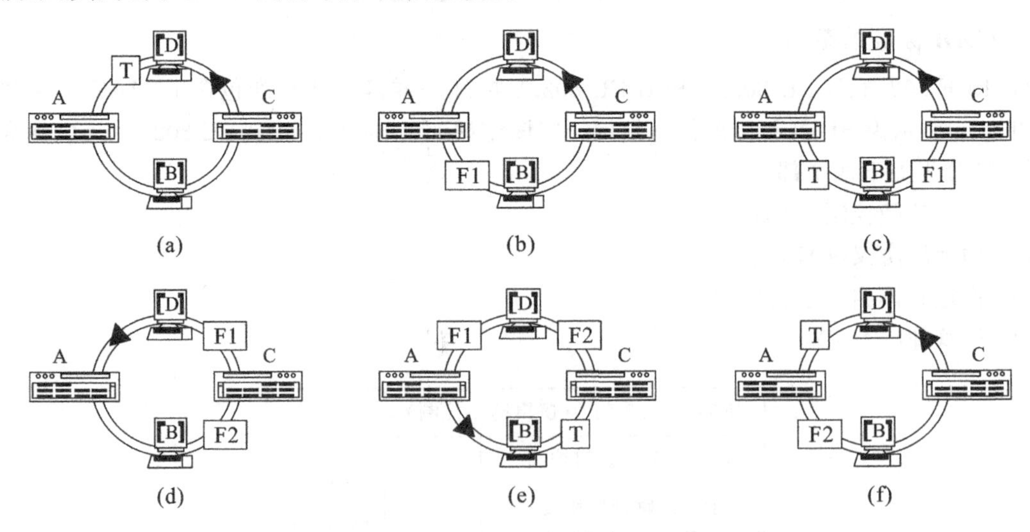

图 4-59 FDDI 网的令牌环操作过程

FDDI双环可以采用同步和异步两种方式操作。在同步操作中，工作站可确保具有一定百分比的可用总带宽。这种情况下的带宽分配是按照目标令牌旋转时间(TTRT)来进行的。TTRT是针对网络上期望的通信量所期望的令牌旋转时间。该时间值是在环初始化期间协商确定的。具有同步带宽分配的工作站，发送数据的时间长度不能超过分配给它的TTRT的百分比。所有站完成同步传输后剩下的时间分配给剩余的结点，并以异步方式操作。异步方式又可进一步分为限制式和非限制式两种方式，这里就不进一步讨论了。

这里可以看出，IEEE 802.5与FDDI存在如下两方面的差别。

(1) 一个FDDI站并不是通过改变一个比特来抓住令牌的。因为FDDI的高数据率要求采取这样一种做法是不实际的。

(2) 在FDDI中，一个站一旦完成其帧的发送后，即使它尚未开始收到它自己发出的帧，也立即送出一新的令牌。同样，这也是FDDI的高数据传输速率所需要的。两种协议间的其他差别将在以后的内容中介绍。

3. 数据编码

为了将数字数据作为一种信号来发送，需要对它进行某种形式的编码。编码的形式取决于传输媒体的性质、数据速率及其他一些限制，如价格等。在几种数字到模拟的编码技术(如ASK、FSK、PSK等)中，FSK与PSK在高数据传输速率下很难实现，而且若采用这种方式，光电设备不但成本很高，而且可靠性也较差。在移幅键控(ASK)中，采用一个恒定频率的信号和两个不同的信号电平来表示二进制数据，其中最简单的一种方式是用有、无截波来表示。这种技术往往被称作强度调制。强度调制提供了一种数字数据编码的简单方法，二进制“1”可用一个光脉冲或光的突发来表示，二进制“0”则可用无光(不存在光的能量)来表示。这种方法的不利之处是缺少同步信息，因为在光纤上传输的信号，其跃变是不可预测的，因而对接收器来说将无法实现与发送器的时钟同步。解决这一问题的办法是首先对二进制数据进行编码，以保证其出现跃变，然后再将经过编码的数据加到光源上进行调制和传输。例如，首先将数据进行曼彻斯特编码，而后用有光和无光来表示编码得到的高、低电平信号以进行传输。采取这种方式的不利之处在于效率较低，仅达50%。这对FDDI所具备的高数据率来说，不必要地增加了成本和技术负担。

为了克服上述采用曼彻斯特编码和强度高调制带来的高波特率问题，FDDI标准规定采用一种称为4b/5b码的编码方案。在这一方案中，一次对4bit进行编码，每4bit的数据编成由五个单元组成的符号，每一单元包含一单独的信号码元(光的有、无)。实质上也就是每一个4bit组的数据被编成一个5bit码组。因此，效率提高为80%，由此节约的设备成本是相当可观的。为了理解4b/5b码流中的每一码元作为一个二进制对待，并采用一种称为不归零反相(NRZI)或不归零-传号(NRZ-M)的编码技术来进行编码。在这种编码中，二进制“1”用1bit间隔起始处的跃变来表示，二进制“0”则以无跃变来表示，除此就不存在别的跃变。NRZI的优点是它采用了差分编码。在差分编码中，信号是通过比较相邻信号码元的极性，而不是根据其绝对值来进行译码的。这样做的优点是在存在噪声和失真的情况下，检测跃变要比检测绝对值是否超过某一门限值更为可靠。这样有助于信号从光信号转换到电信号以后的最终译码。

4. FDDI网物理层中与媒体相关的部分

物理层规范中与媒体相关的部分对物理媒体和某些可靠性方面的特性做出了规定。

FDDI标准规定了一个数据速率为100 Mb/s，采用NRZI-4b/5b编码方案的光纤环型网，它所采用的波长为1 300 nm。事实上，所有光纤发送器都工作在850 nm、1 300 nm或1 550 nm的波长上，系统的性能和价格都随着波长的增大而增加。对于本地的数据通信来说，当前大多数系统都采用 850 nm 的光源。然而，在距离为 1 km 左右和数据率达到 100 Mb/s 的情形下，这一波长已开始变得不合适，而另一方面，1 550 nm 的光源则要求使用昂贵的激光器，将其应用于 FDDI 显得有些浪费了。

物理层规范中指明采用多模光纤传输。虽然在当今的长距离网络中主要使用单模光纤，并要求使用激光器作为光源，而不用比较便宜和功率较小的发光二极管(LED)。多模光缆的尺寸以其纤芯的直径和围绕纤芯包层的外直径来确定。FDDI 标准明确地提出了对可靠性方面的要求。标准中包含了加强可靠性的技术规范，其中包括了以下三项技术。

(1) 站旁路　对一个存在故障或电源中继的站，可利用一个自动的光旁路开关加以旁路。

(2) 布线集中器　布线集中器能用于星型布线方式中。

(3) 双环　采用双环来连接各站，当任何一站或一条链路发生中断时，网络结构可重新组织，以保持连接。

双环的概念如图 4-60(a)所示，加入双环的各站都以两条链路与它们的相邻站连接，每条链路具有相反的传输方向。这样，就产生了两个环：一个主环和一个副环。在正常条件下，副环不是空闲的。如果某个站出现了故障，则位于该站两侧的相邻站就设法重新构成环路，以除去这一故障站和连接至该站的链路，如图 4-60(b)所示。这样，就将链路故障加以隔离，并成一个闭合环。信号逆时针方向运行时，仅仅经过转发，只有沿顺时针方向(主环)运行时，MAC 协议才被包括在内。

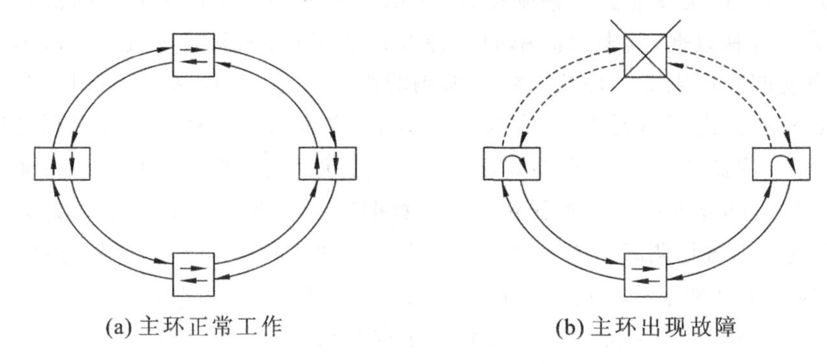

(a) 主环正常工作　　(b) 主环出现故障

图 4-60　FDDI 网双环工作

一个网络也具有构造成单、双环混合的能力，FDDI 标准定义了以下两类站。

(1) A 类站：同时连接主环与副环的站。当出现故障时，在这类站内部可利用主环与副环工作链路的组合，使网络重新构形。

(2) B 类站：只连接主环的站。当出现故障时，可将其隔离。

对于用户来说，可将较重要的站(包括布线集中器在内)装备成 A 类站，以保证有较高的可利用度，而将重要性较低的站装备成 B 类站，以降低成本。

任务 6　无线局域网

前面讨论的都是有线局域网，其传输介质主要为铜缆或光缆。有限网络的特点有：布线、改线工程量大，线路容易损坏，网中的各结点不可移动，故其在某些场合受到布线的限制。特别是当要把相隔较远的结点连接起来时，敷设专用通信线路的布线施工难度大、费用高、耗时长，无法满足正在迅速扩大的联网需求。

一、无线局域网的定义

无线局域网是指以无线信道作为传输介质的计算机局域网络(wireless local area network,简称WLAN),是在有线网的基础上发展起来的,使网上的计算机具有可移动性,能快速、方便地解决有线方式不易实现的网络信道的连通问题。

IEEE 802.11是在1997年由许多局域网以及计算机专家审定通过的标准。IEEE 802.11规定了无线局域网在2.4GHz波段进行操作,这一波段被全球无线电法规定义为扩频使用波段。

1999年8月,802.11标准得到了进一步的完善和修订,包括用一个基于SNMP的MIB来取代原来基于OSI协议的MIB。另外还增加了如下两项内容。

(1) IEEE 802.11a,它扩充了标准的物理层,频带为5 GHz,采用QFSK调制方式,传输速率为6~54 Mb/s。它采用正交频分复用(OFDM)的独特扩频技术,可提供25 Mbps的无线ATM接口和10 Mbps的以太网无线帧结构接口,并支持语音、数据、图像业务。这样的速率完全能达到室内、室外的各种应用场合的要求。

(2) IEEE 802.11 b,采用2.4 GHz频带和补偿编码键控(CCK)调制方式。该标准可提供11 Mb/s的数据速率,大约是原有IEEE标准无线局域网速度的5倍,而且IEEE 802.11b可以根据情况的变化,在11 Mb/s、5.5 Mb/s、2 Mb/s、1 Mb/s的不同速率之间自动切换。它从根本上改变了WLAN设计和应用现状,扩大了WLAN的应用领域。现在,大多数厂商生产的WLAN商品都基于IEEE 802.11b标准。

二、无线局域网的特点

无线局域网被看成传统有线网络的延伸,在某些环境下还可以代替传统的有线网络。与之相比,无线局域网有以下显著特点。

(1) 移动性　在服务区域,无线局域网用户可随时随地访问信息。

(2) 设备安装快速、简单、灵活　建立无线局域网系统不需要进行烦琐的布线工作,其网络可遍及有线不能到达的地方。

(3) 减少投资　无线网络减少了布线的费用,常应用在频繁移动和变化的动态环境中,投资回报高。

(4) 扩展能力　无线局域网可组成多种拓扑结构,容易从少数用户的对等网络模式扩展到上千用户的结构化网络。

三、无线局域网的标准

WLAN技术的成熟和普及是一个不断磨合的过程,原因是多方面的,其中包括技术标准、安全保密和性能。

最早的WLAN产品运行在900 MHz的频段上,速度只有1~2 Mb/s。1992年,工作在2.4 GHz频段上的WLAN产品问世,之后的大多数WLAN产品也都在此频段上运行。运行产品所采用的技术标准主要包括IEEE 802.11、IEEE 802.11 b、HomeRF、IrDA和蓝牙。由于2.3 GHz

的频段是对所有无线电系统都开放的频段，因此使用其中的任何一个频段都有可能遇到不可预测的干扰源，如某些家电、无绳电话、汽车开门器等。

1. IEEE 802.11

1997 年 6 月，IEEE 推出了第一代无线局域网标准——IEEE 802.11。该标准定义了物理层和介质访问控制子层(MAC)的协议规范，允许无线局域网及无线设备制造商在一定范围内设立互操作网络设备。任何局域网、网络操作系统或协议(包括 TCP/IP、Novell NetWare)在遵守 IEEE 802.11 标准的 WLAN 上运行时，就像它们运行在以太网上一样容易。

1) 物理层

IEEE 802.11 在物理层定义了数据传输的信号特征和调制方法，定义了两个无线电射频(RF)传输方法和一个红外线传输方法。RF 传输标准包括直接序列扩频技术(direct sequence spread spectrum，DSSS)和跳频扩频技术(frequency hopping spread spectrum，FHSS)。

直接序列扩频技术(DSSS)采用一个长度为 11bit 的 Barker 序列来对以无线方式发送的数据进行编码。每个 Barker 序列表示一个二进制数据(1 或 0)，它将被转换成可以通过无线方式发送的波形符号。这些波形使用二进制相移键控(BPSK)技术，可以以 1 Mb/s 的速率进行发射，如果使用正交相移键控(QPSK)技术，发射速率可以达到 2 Mb/s。

跳频扩频技术(FHSS)利用 GFSK 二级或四级调制方式，可以达到 2Mb/s 的工作速率。它把频带分成若干个跳频信道，在一次连接中，无线电收发器按一定的码序列(即一定的规律)进行通信，而其他的干扰不可能按同样的规律进行干扰。跳频的瞬时带宽是很窄的，但通过扩展频谱技术可以使这个窄带宽成百倍地扩展成宽频带，使干扰可能产生的影响变得很小。

2) 介质访问控制(MAC)子层

由于在无线网络中进行冲突检测较困难，IEEE 802.11 规定介质访问控制(MAC)子层采用冲突避免(CA)协议，而不是冲突检测(CD)协议。为了尽量减少数据的传输碰撞和重试发送，防止各站点无序地争用信道，WLAN 中采用了与以太网 CSMA/CD 相类似的 CSMA/CA(载波监听多路访问/冲突防止)协议。CSMA/CA 通信方式将时间域的划分与帧格式紧密联系起来，保证某一时刻只有一个站点发送数据，实现了网络系统的集中控制。因传输介质不同，CSMA/CD 与 CSMA/CA 的检测方式也不同。CSMA/CD 通过电缆中电压的变化来检测，当数据发生碰撞时，电缆中的电压就会随之发生变化。而 CSMA/CA 采用能量检测(ED)、载波检测(CS)和能量载波混合检测三种检测信道空闲的方式。

IEEE 802.11 MAC 层负责客户端与无线访问接入点之间的通信。当一个 IEEE 802.11 客户端进入一个或多个无线访问接入点的覆盖范围时，它将根据信号强度和监测到的包错误率，选择其中性能最好的一个无线访问接入点并与之联系。一旦被该无线访问接入点接受，客户端会将无线信道调整到设置无线的访问接入点的无线信道。它定期检测所有的 IEEE 802.11 信道，以便确定是否有其他的无线访问接入点重新建立联系，客户端将调整到设置该无线访问接入点的无线信道。出现这样的重新连接通常是由于无线端站在物理位置上离开了原始无线访问接入点，导致信号变弱。此外，当建筑物中的无线特性发生变化，或者原始无线访问接入点的网络通信量过高时，也会出现重新连接的情况。在后一种情况下，这个功能一般称为“负载平衡”，因为它的主要作用是将总体的 WLAN 负载最有效地分布到可用的无线基础设施中。

IEEE 802.11 中 MAC 提供的服务有安全服务、MSDU 重新排序服务和数据服务。其中，安全服务提供的服务范围局限于站与站之间的数据交换，其内容为加密、验证，以及与层管理实体相联系的访问控制。IEEE 802.11 标准中提供了 WEP(wired equivalent privacy)加密算法，为 WLAN 提供与有线网络相同级别的安全保护。

2. IEEE 802.11b

为了支持更高的数据传输速率，IEEE 于 1999 年 9 月批准了 IEEE 802.11b 标准。IEEE 802.11b 标准对 IEEE 802.11 标准进行了修改和补充，其中最重要的改进就是在 IEEE 802.11 的基础上增加了两种更高的通信速率：5 Mb/s 和 11 Mb/s。

由于以太网技术可以实现 10 Mb/s、100 Mb/s 乃至 1000 Mb/s 等不同速率以太网络之间的兼容，因此 IEEE 802.11b 的基本结构、特性和服务仍然由最初的 IEEE 802.11 标准定义。IEEE 802.11b 规范只影响 IEEE 802.11 标准的物理层，它增加了更高的数据传输速率和更健全的连接性。

IEEE 802.11b 可以支持 5.5 Mb/s 和 11 Mb/s 两种速率。而要做到这一点，就需要选择 DSSS 作为该标准的唯一物理技术，因为目前在不违反 FCC(美国联邦通信委员会)规定的前提下，采用跳频扩频技术无法支持更高的速率。这意味着 IEEE 802.11b 系统可以与速率为 1 Mb/s 和 2 Mb/s的 IEEE 802.11 DSSS 系统兼容，但却无法与速率为 1 Mb/s 和 2 Mb/s 的 IEEE 802.11 FHSS 系统兼容。为了提高数据通信速率，IEEE 802.11b 标准不是使用 11bit 的长 Barker 序列，而是采用补充编码键控(CCK)，CCK 由 64 个 8bit 长的码字组成。作为一个整体，这些码字具有自己独特的数据特性，即使在出现噪声和多路干扰的情况下，接收方也能够正确地予以区别。IEEE 802.11b规定在速率为 5.5 Mb/s 时使用 CCK，对每个载波进行 4b 编码，而当速率为 11 Mb/s 时，对每个载波进行 8b 编码。这两种速率都使用 QPSK 作为调制技术。

3. HomeRF

HomeRF 是专门为家庭用户设计的一种 WLAN 技术标准。HomeRF 利用跳频扩频方式，既可以通过时分复用支持语音通信，又可以通过 CSMA/CA 协议提供数据通信服务。同时，HomeRF 提供了与 TCP/IP 良好的集成，支持广播、多播和 48 位 IP 地址。目前，HomeRF 标准工作在 2.4 GHz 的频段上，跳频带宽为 1 MHz，最大传输速率为 2 Mb/s，传输范围超过 100 m。

HomeRF 无线通信网络传送的最高速率提升到 10 Mb/s 后将使 HomeRF 的带宽与 IEEE 802.11b 标准所能达到的 11 Mb/s 的带宽相差无几，并且将使 HomeRF 更加适合在无线网络上传输音乐和视频信息。

除此之外，FCC 还接受了 HomeRF 工作组的要求，将 HomeRF/SWAP(shared wireless access protocol，共享无线访问协议)使用的 2.4 GHz 频段中的跳频带宽增加到 5 MHz。

4. 蓝牙技术

蓝牙(blue tooth)技术是一种用于各种固定与移动的数字化硬件设备之间的低成本、近距离的无线通信连接技术。这种连接是稳定的、无缝的，其程序写在微型芯片上，可以方便地嵌入设备之中。这项技术非常广泛地应用于我们的日常生活中。

蓝牙技术中也采用了跳频技术，但与其他工作在 2.4 GHz 频段上的系统相比，蓝牙技术的跳频更快，数据包更短，这使得蓝牙比其他系统都更稳定。FEC(forward error correction，前向纠错)的使用抑制了长距离链路的随机噪声。二进制调频(FM)技术的跳频收发器被用来抑制干扰和防止衰落。蓝牙技术理想的连接范围为 0.1～10 m，但是通过增大发射功率可以将距离延长至 100 m。

5. 红外线数据标准协会

IrDA(infrared data association,红外线数据标准协会)成立于1993年,是非营利性组织,致力于建立无线传播连接的国际标准,目前在全球拥有160个会员,参与的厂商包括计算机及通信硬件、软件及电信公司等。IrDA提出一种利用红外线进行点对点通信的技术,其相应的软件和硬件技术都已比较成熟,它的主要优点如下。

(1) 体积小、功率低,适合设备移动的需要。

(2) 传输速率高,可达16 Mb/s。

(3) 成本低。

目前有95%的笔记本电脑上安装上了IrDA接口,最近市场上还推出了可以通过USB接口与PC相连接的USB-IrDA设备。

IrDA技术不断发展,除了传输速率由原来FIR标准的4 Mb/s提高到最新的VFIR标准的16 Mb/s,接收角度也由传统的30°扩展到120°。但是,IrDa也有其不尽如人意的地方。首先,IrDA是一种视距传输技术,也就是说两台具有IrDA端口的设备之间传输数据,中间不能有阻挡物,这在两台设备之间是容易实现的,但在多台设备间就必须彼此调整位置和角度等,这是IrDA的致命弱点。其次,IrDA设备中的核心部件——红外线LED,不是一种十分耐用的器件,对于不经常使用的扫描仪和数码相机等设备还可以,但如果经常用装配IrDA端口的手机上网,可能很快就不堪重负了。

总的来讲,IEEE 802.11系列标准较适用于企业办公室中的无线网络,HomeRF较适用于家庭中移动数据/语音设备之间的通信,而蓝牙技术则可以应用于任何可以用无线方式替代线缆的场合。目前这些技术还处于并存状态,从长远看,随着产品与市场的不断发展,它们将走向融合。

四、无线局域网连接方式

1. 无线局域网设备的种类

要组建无线局域网,必须要有相应的无线网络设备,这些设备主要包括无线网卡、无线访问接入点、无线HUB和无线网桥,几乎所有的无线网络产品中都自含无线发射/接收功能,且通常是一机多用。

无线网卡主要包括NIC(网步)单元、扩频通信机和天线三个功能模块。NIC单元属于数据链路层,由它负责建立主机与物理层之间的连接;扩频通信机与物理层建立了对应关系,它通过天线实现无线电信号的接收与发射。

无线HUB既是无线工作站之间相互通信的桥梁和纽带,又是无线工作站进入有线以太网的访问点。它负责管理其覆盖区域(无线单元)内的信息流量。覆盖彼此交叠区域的一组无线HUB能够支持无线工作站在大范围内的连续漫游功能,同时又能始终保持网络连接,这与蜂窝式移动通信的方式非常相似。另外,在同一地点放置多个无线HUB,可以实现更高的总体吞吐量。

无线网桥主要用于无线或有线局域网之间的互联。当两个局域网无法用有线方式连接或使用有线方式连接存在困难时,可使用无线网桥实现点对点的连接,在这里,无线网桥起到了网络路由选择和协议转换的作用。

除了上面讲到的几种设备之外,无线modem也可以用于无线接入。例如:PDA就可以通过外接无线modem的方式来访问Internet。

2. 无线局域网连接方式

无线网络产品的多种使用方法可以组合出适合各种情况的无线联网设计，可以满足许多以线缆方式难以联网的用户的需求。例如，数十千米远的两个局域网相连，其间或有河流、湖泊相隔，拉线困难且线缆安全难保障，或在城市中敷设专线要涉及审批复杂，周期很长的市政施工问题。无线局域网能以比线缆低几倍的费用并在短时间内建立，也可以不经过大的施工改建而使旧式建筑具有智能大厦的功能。典型的无线网络结构有如下两种。

(1) 独立的 WLAN　这是指整个网络都使用无线通信的情形。在这种方式下可以使用 AP(接入点)，也可以不使用 AP，如图 4-61 所示。在不使用 AP 时，各个用户之间通过无线方式直接互联。但其要求各用户之间的通信距离较近，并且当用户数量较多时，其性能较差。

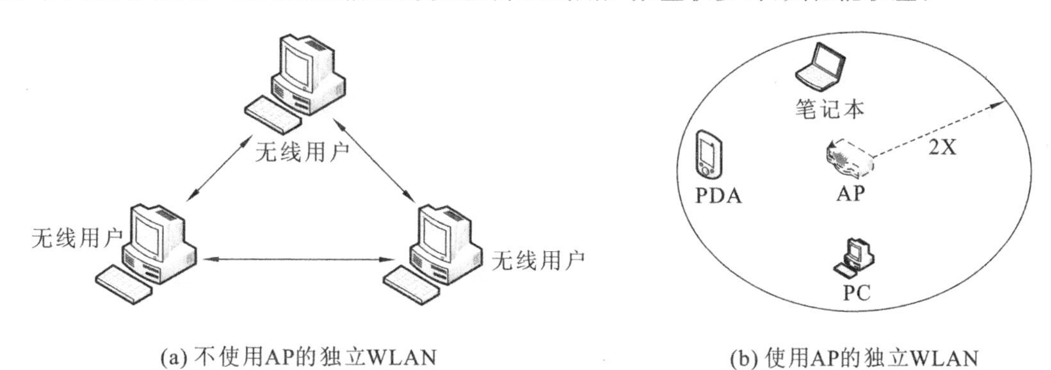

(a) 不使用AP的独立WLAN　　(b) 使用AP的独立WLAN

图 4-61　WLAN 网络结构

(2) 非独立的 WLAN　在大多数情况下，无线通信是作为有线通信的一种补充和扩展。我们把这种情况称为非独立的 WLAN。在这种配置下，多个 AP 通过线缆连接在有线网络上，以使无线用户能够访问网络的各个部分。

对于上述结构，无线网络应用的典型方式有以下几种。

(1) 对等网方式　把一个远程站点连入一个局域网有两种形式：①如果是两个局域网相连，则在两个局域网中分别接入无线路由或无线网桥；②如一边是单机，则在其机内插入无线网卡即可。

根据通信距离来选择相应的天线。如果网络中已有路由器，而且天线与网络有相当远的距离，则应使用无线网桥且使其尽量靠近天线以缩短射频长度，降低射频信号衰减，把无线网桥和路由器用数字线缆相连。这种方式有一种扩展，即当两点间距离过远或有遮挡时，在中间增加一个无线路由器来做中继。

(2) 无线 HUB 方式　在一座建筑物内或在不大的区域内有多个定点或移动点要连入一个局域网时，可用此方式。

(3) 一点多址方式　当要把地理上有相当远距离的多个局域网相连时，可在每个局域网中接入无线网桥。这时主站或转接站使用全向天线，各从站根据距离使用定向或全向天线与之相连。

五、无线局域网的应用

无线局域网具有以下特点。

(1) 可移动性，不受布线接点位置的限制。

(2) 数据传输速率高，大于 1 Mb/s。

(3) 抗干扰性强,能实现很低的误码率。

(4) 保密性较强,可使用户进行有效的数据提取,又不至于泄密。

(5) 高可靠性,数据传输几乎没有丢包现象产生。

(6) 兼容性好,采用载波侦听多路访问/冲突避免(CSMA/CA)介质访问协议,遵从 IEEE 802.3 以太网协议。与标准以太网及目前的主流网络操作系统完全兼容,用户已有的网络软件可以不做任何修改在无线网上运行。

(7) 快速安装。无线局域网的安装工作非常简单,它无须施工许可证,无须布线或开挖沟槽,安装速度快。

无线局域网的应用范围非常广泛,室内应用包括大型办公室、车间、智能仓库、临时办公室、会议室、证券市场等,室外应用包括城市建筑群间通信、学校校园网络、工矿企业厂区自动化控制与管理网络、银行金融证券城区网等。目前,越来越多的无线局域网产品投放市场,价格越来越低、覆盖范围也不断增大,而依据规范开发网络底层到应用层接口中间件厂家也将有更多的应用产品投放市场。无线局域网已作为一种宽带网络解决方案得到了应用,可以预见,随着网上多介质技术的应用及发展,传输速率更高的无线网络设备将会涌现。

总之,在无线局域网用户和运营商的双重推动下,无线网络的应用将会成为网络的技术主流。

【实践练习】学习了那么多知识,下面我们可以动手操作啦!

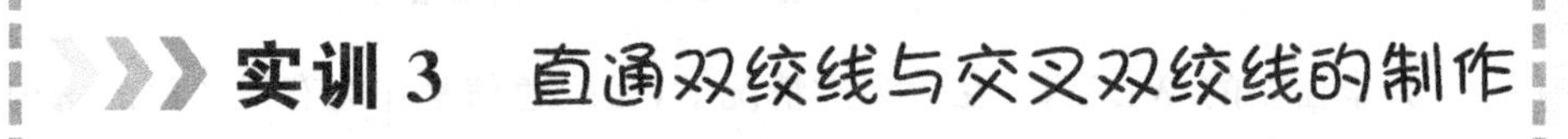

实训 3　直通双绞线与交叉双绞线的制作

1. 工作任务

局域网中连接计算机或网络设备最常用的线缆为非屏蔽双绞线,但双绞线不能直接连接在计算机或网络设备上,必须通过 RJ-45 连接器(水晶头)才能插入计算机的网卡或其他设备中,因而需要将水晶头压制在双绞线的两端。压制水晶头有两种标准,可采用不同的标准把水晶头压制在双绞线上以适应不同的应用场合,并确保制作好的线缆可用。

2. 工作载体

实验设备:五类或超五类 UTP 双绞线、RJ-45 水晶头、压线钳、电缆测试仪。

使用上述实验设备将水晶头压制在双绞线两端,制作直通双绞线和交叉双绞线,并使用电缆测试仪对其进行测试,确保其接线正确并可使用。

3. 任务实施

1) 制作直通双绞线

直通双绞线的制作步骤如下。

(1) 剥线　剪取适当长度的一段 UTP 双绞线,将其一端放到压线钳的剥线口内,刀口距离双绞线端头约 2 cm,如图 4-62 所示。握紧压线钳的手柄,慢慢旋转一圈(注意控制力度,不要用力过猛,否则会剪断芯线或划破其绝缘层),让刀口划开双绞线的保护胶皮,然后将压线钳向外移动,剥下胶皮，露出线缆中的芯线，如图 4-63 所示。

(2) 理线　把绞在一起的芯线分开、理顺，并按照橙白、橙、绿白、蓝、蓝白、绿、棕白、棕(T568B)的顺序，从左至右将芯线整齐地平行排列，如图 4-64 所示。用手捏紧芯线，左右多折几下，将芯线拉直、压平，并紧紧靠在一起，然后小心地放入压线钳的剪线口中，将芯线前端裁剪整齐，不能出现参差不齐的现象，如图 4-65 所示。注意剪线时应保证剩余的芯线长度在 1.2 cm 左右。如果剥线太长，则会使水晶头无法压住双绞线胶皮从而导致松动或脱落，而且裸露的芯线也易增加干扰；若剥线太短，则有可能导致芯线不能完全插到水晶头底部致使线缆无法导通。

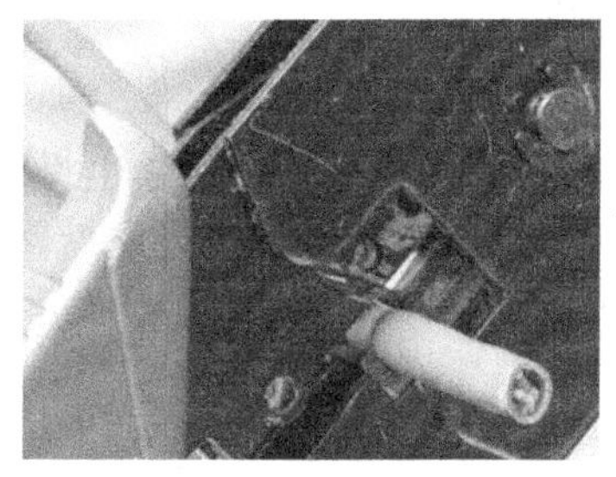

图 4-62　剪断胶皮

图 4-63　剥去胶皮

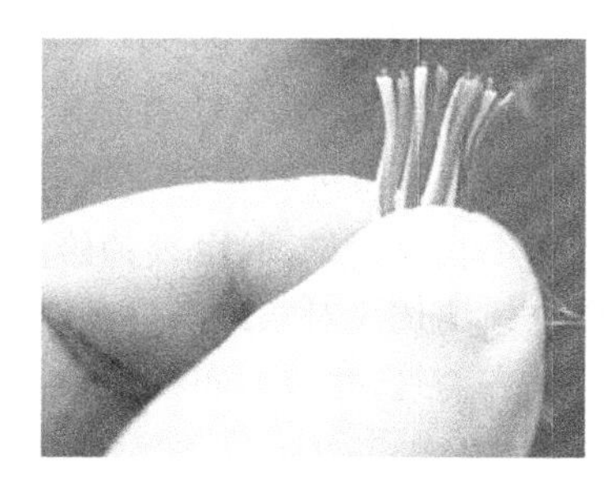

图 4-64　理线

(3) 插线　用一只手水平握住水晶头(正面朝上，即有弹片一侧向下)，另一只手缓缓地用力把芯线对准水晶头开口平行插入线槽内，注意一定要使各条芯线保持颜色顺序不变，并顶到线槽的底部，不能弯曲，如图 4-66 所示。

(4) 压线　确认所有芯线顶到水晶头线槽的顶部并且线序排列无误后，将插入双绞线的水晶头放入压线钳的压线口内，使劲压下压线钳手柄，使水晶头的针脚能穿破芯线的绝缘层，并接触良好，如图 4-67 所示。然后再用手轻轻拉一下双绞线与水晶头，看是否压紧，最好多压一次。至此，双绞线一端的 RJ-45 水晶头制作完毕。

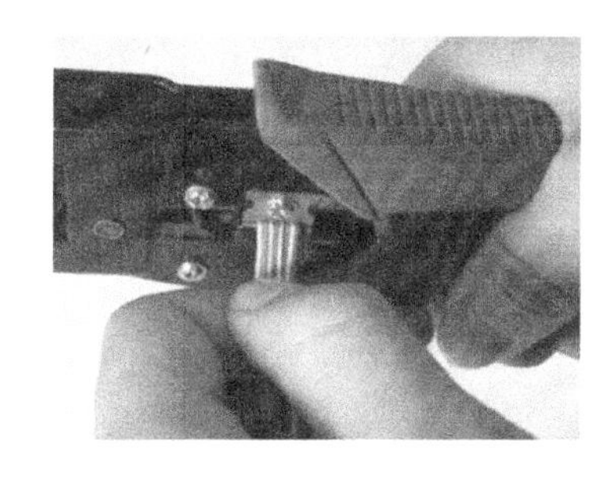

图 4-65　剪线

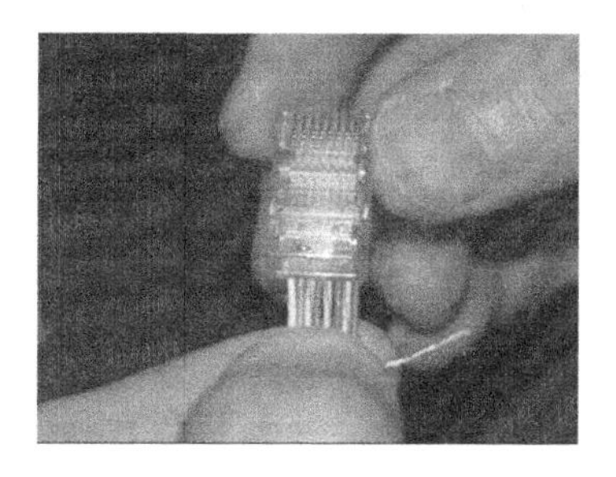

图 4-66　插线

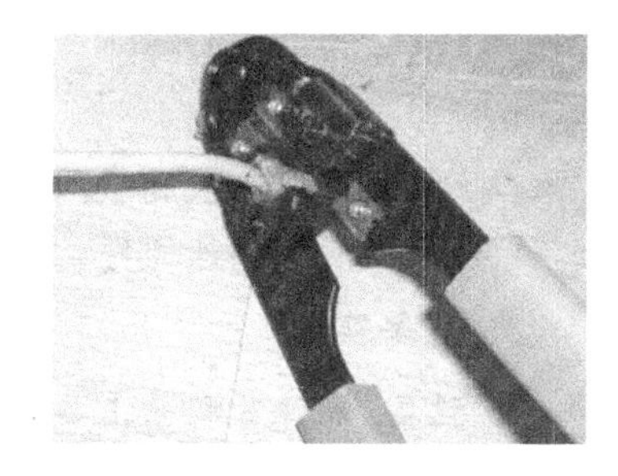

图 4-67　压线

(5) 按照同样的方法和步骤，制作双绞线另一端的 RJ-45 水晶头。

2) 制作交叉双绞线

交叉双绞线的制作方法和直通双绞线的制作方法类似，只是在理线的时候，双绞线一端按照橙白、橙、绿白、蓝、蓝白、绿、棕白、棕(T568B)的顺序进行排列，而另一端应按照绿白、绿、橙白、蓝、蓝白、橙、棕白、棕(T568A)的顺序进行排列。

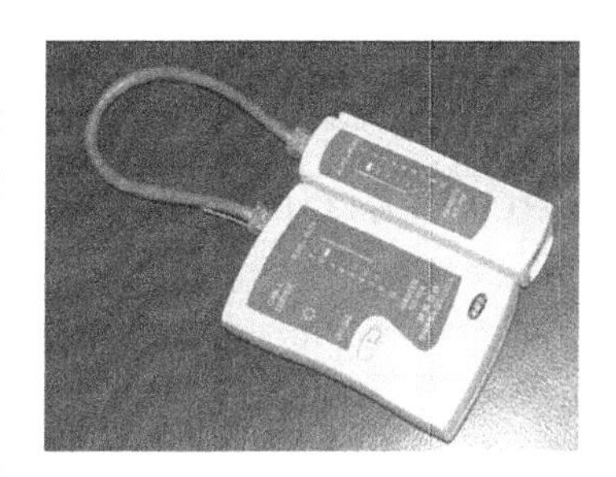

图 4-68　测试线缆

3) 对双绞线进行测试

双绞线两端的 RJ-45 水晶头制作好后，可以使用电缆测试仪来进行测试。如图 4-68 所示，把双绞线两端分别插入电缆测试仪的两个 RJ-45 端口，打开测试仪开关，可以看到测试仪上的两侧指示灯都在闪烁。若测试的线缆是直通双绞线，测试仪上的两侧指示灯应按照 1、2、3、4、5、6、7、8 的顺序从上到下依次闪烁绿灯；若测试的线缆是交叉双绞线，其中一侧指示灯同样是按照 1、2、3、4、5、6、7、8 的顺序闪烁绿灯，而另一侧应按照 3、6、1、4、5、2、7、8 的顺序闪烁。

如果指示灯全部点亮，但不是按照上述次序闪烁，则说明双绞线芯线顺序排列错误，应检查一下两端水晶头内的芯线排列顺序是否正确，然后剪掉错误端的水晶头重新制作；如果只有部分指示灯不亮，说明某些线对没有导通，原因可能是芯线未顶到线槽底部或是芯线与针脚接触不好，此时可以用压线钳再压一下两端的水晶头，如果故障未排除，应剪掉水晶头重新制作。

4. 教学方法与任务结果

学生分组进行任务实施，可以 2～3 人一组，首先由教师示范，再由学生实践操作。学生操作过程中相互讨论，并由教师给予指导，最后由教师和全体学生参与结果评价。任务实施完成后，使用电缆测试仪对双绞线进行测试，确保测试仪指示灯按照正确次序闪烁。然后检查双绞线接头是否整齐美观，并符合布线要求。

二、组建 100Base-T 以太网

1. 工作任务

自己能独立组建一个简单的以太网。通过组建以太网，可以熟悉局域网所使用的基本设备和器件，了解 UTP 电缆的制作过程，了解网卡的配置方法，熟悉网卡驱动程序的安装步骤，掌握以太网的连通性测试方法。

2. 工作载体

(1) 设备、器件及测量工具的准备和安装。

(2) 制作非屏蔽双绞线。

(3) 安装以太网网卡。

(4) 将计算机接入局域网。

(5) 测试网络的连通性。

3. 任务实施

1) 设备、器件及测量工具的准备和安装

(1) 所需设备和器件　在动手组建以太网之前，需要准备计算机、网卡、集线器和其他网络器件。练习时可以将局域网组建成 10 Mb/s 的以太网，也可以组建成 100 Mb/s 的以太网。具体所需的设备和配件见表 4-17 和表 4-18。

表 4-17　组建 10 Mb/s 以太网所需的设备和器件

设备和器件名称	数　量
微机(CPU:PⅢ133 以上　RAM:128 MB　硬盘:1.5 GB)	2 台以上
带有 RJ-45 端口的 10 Mb/s 以太网卡 (或 10/100 Mb/s 自适应网卡)	2 块以上
10 Mb/s 以太网集线器	1 台(如组装级联结构的以太网则需 2 台以上)
RJ-45 水晶头	4 个以上
3 类以上非屏蔽双绞线	若干米

表 4-18　组建 100 Mb/s 以太网所需的设备和器件

设备和器件名称	数　量
微机(CPU:PⅢ133 以上　RAM:128 MB　硬盘:1.5 GB)	2 台以上
带有 RJ-45 端口的 10 Mb/s 以太网卡(或 10/100 Mb/s 自适应网卡)	2 块以上
100 Mb/s 以太网集线器	1 台(如组装级联结构的以太网则需 2 台以上)
RJ-45 水晶头	4 个以上
5 类以上非屏蔽双绞线	若干米

(2) 工具准备　组建以太网,除了需要准备构成以太网所需要的设备和器件外,还需要准备必要的工具,如图 4-69 和图 4-70 所示。

2) 制作非屏蔽双绞线

(1) 取一段长度适中的非屏蔽双绞线,用 RJ-45 电缆专用剥线/夹线钳将电缆两端的外皮剥去约 12 mm,观察电缆内部 8 芯引线的色彩,并按顺序排好,再用剥线/夹线钳将 8 芯引线剪齐,如图 4-71 所示。

图 4-69　双绞线

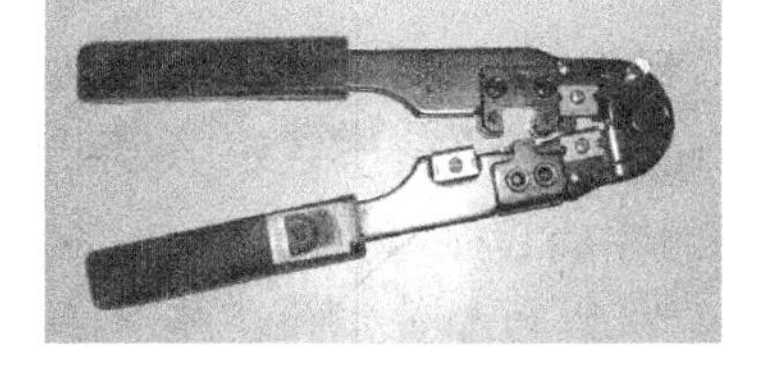
图 4-70　剥线/夹线钳

图 4-71　用剥线/夹线钳将 8 芯引线剪齐

(2) 取出 RJ-45 水晶头,将排好顺序的非屏蔽双绞线按顺序插入 RJ-45 接头内,用 RJ-45 专用剥线/夹线钳将接头压紧,确保无松动。在电缆的另一端,按照同样的方法将 RJ-45 水晶头与非屏蔽双绞线相连,形成一条直通 UTP 电缆,如图 4-72 所示。

(3) 利用电缆检测仪检测制作完成的电缆,保证全部接通,如图 4-73 所示。

3) 安装以太网卡

如图 4-74 所示,网卡是计算机与网络的接口,中断、DMA 通道、I/O 基地址和存储基地址是以太网卡经常需要配置的参数。根据选用的网卡不同,参数的配置方法也不同。有些网卡可以通过拨动开关进行配置,而有些则需要通过软件进行配置。不管采用哪种方式,在配置参数过程中,应保证网卡使用的资源与计算机中其他设备不发生冲突。目前大部分以太网卡都支持即插即用的配置方式,如果计算机使用的操作系统也支持即插即用(如 Windows 系列操作系统),那么系统将对参数进行自动配置而不需要手工配置。

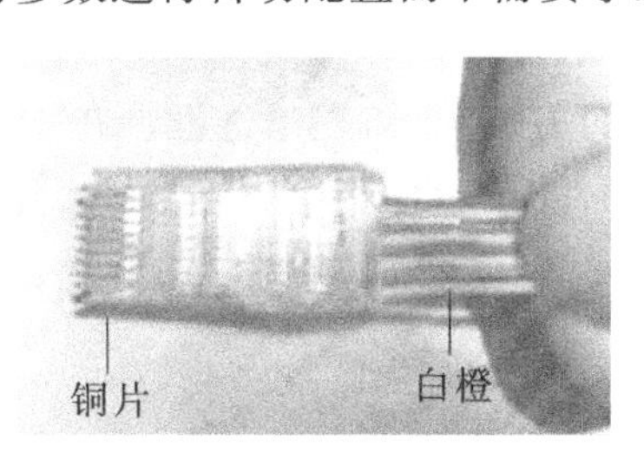

图 4-72　水晶头与非屏蔽双绞线相连

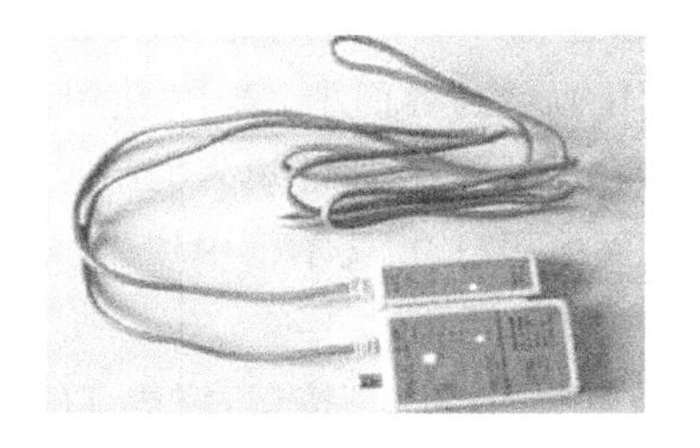
图 4-73　利用电缆检测仪检测电缆是否接通

图 4-74　局域网网卡

安装网卡的过程很简单，但是需要注意，在打开计算机的机箱前，一定要切断计算机的电源。在将设置好的网卡插入计算机扩展槽中后，固定好，再重新装好机箱。

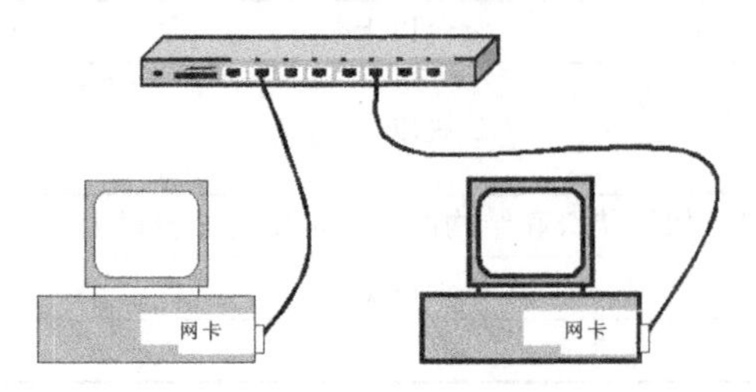

图 4-75 简单的以太网示意图

4）将计算机接入网络

利用制作的直通 UTP 电缆将计算机与集线器连接起来，就形成了一个如图 4-75 所示的简单以太网。

5）网络软件的安装和配置

网络硬件安装完成并通过连通性检测后，就可以安装和配置网络软件了。网络软件通常捆绑在网络操作系统之中，既可以在安装网络操作系统时安装，也可以在安装网络操作系统之后安装。Windows 2000、Unix 和 Linux 都提供了很强的网络功能。下面以 Windows 2000 Server 为例，介绍网络软件的安装和配置过程。

（1）网卡驱动程序的安装和配置是网络软件安装的第一步。网卡驱动程序因网卡和操作系统的不同而异，所以，不同的网卡在不同的操作系统上都配有不同的驱动程序。

由于操作系统集成了常用的网卡驱动程序，所以安装这些常见品牌的网卡驱动程序就比较简单，不需要额外的软件。如果选用的网卡较为特殊，就必须利用随同网卡发售的驱动程序来安装。

Windows 2000 Server 是一种支持即插即用的操作系统。如果使用的网卡也支持即插即用，那么，Windows 2000 会自动安装该网卡的驱动程序，不需要手工安装和配置。在网卡不支持即插即用的情况下，需要进行驱动程序的手工安装和配置工作。手工安装网卡驱动程序可以在 Windows 2000 Server 中选择“开始”→“设置”→“控制面板”→“添加/删除硬件”，如图 4-76 所示，然后按提示进行操作。

（2）TCP/IP 模块的安装和配置。

为了实现资源共享，操作系统需要安装一种称为网络通信协议的模块。网络通信协议有多种，TCP/IP 就是其中之一。下面介绍 Windows 2000 Server TCP/IP 模块的简单安装和配置过程，以便进一步测试组装的以太网。

（1）启动 Windows 2000 Server，选择“开始”→“设置”→“控制面板”→“网络和拨号连接”，在弹出的窗口中右击“本地连接”，在弹出的右键快捷菜单中选择“属性”命令，进入“本地连接 属性”对话框，如图 4-77 所示。

（2）如果“Internet 协议（TCP/IP）”已经显示在“此连接使用下列选定的组件（O）”列表中，则说明本机的 TCP/IP 模块已经安装，否则就需要通过单击“安装（I）...”按钮添加 TCP/IP 模块。

（3）TCP/IP 模块安装完成后，选中“此连接使用下列选定的组件（O）”列表中的“Internet 协议（TCP/IP）”，单击“属性（R）”按钮，进行 TCP/IP 配置，如图 4-78 所示。

（4）在“Internet 协议（TCP/IP）属性”界面中，选中“使用下面的 IP 地址（S）”单选框。在 192.168.3.1 至 192.168.3.254 之间任选一个 IP 地址填入“IP 地址（I）”文本框中（注意网络中每台计算机的 IP 地址必须不同），在“子网掩码（U）”文本框中填入“255.255.255.0”，如图 4-79 所示。单击“确定”按钮，返回“本地连接 属性”对话框。

（5）单击“本地连接 属性”界面中的“确定”按钮，完成 TCP/IP 模块的安装和配置。

图 4-76 控制面板

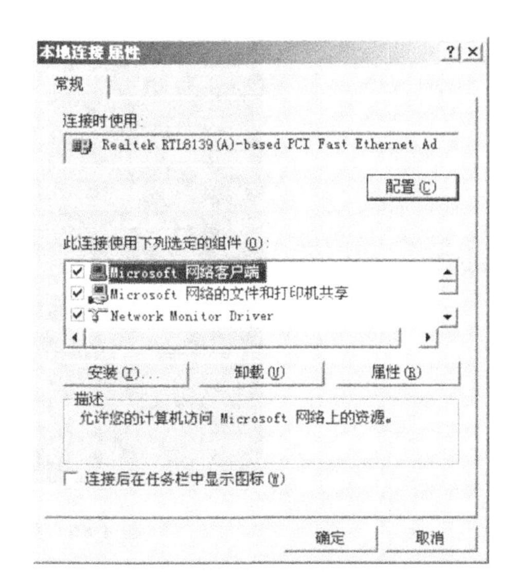

图 4-77 “本地连接 属性”对话框

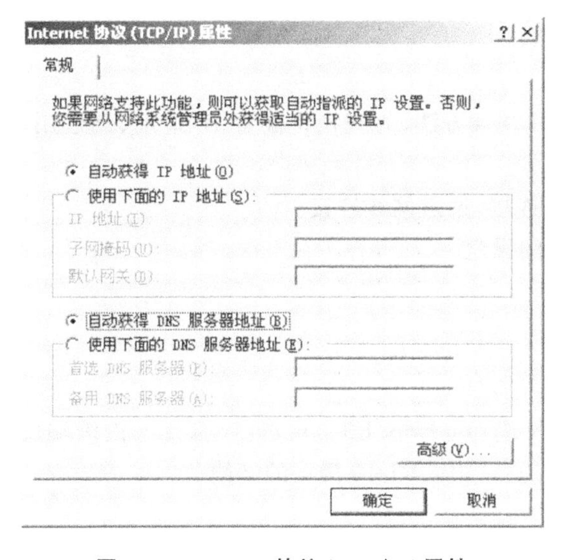

图 4-78 Internet 协议(TCP/IP)属性

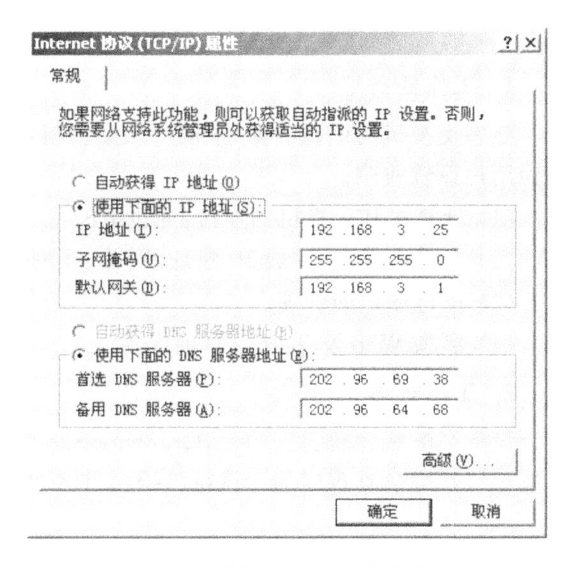

图 4-79 配置 IP 地址和子网掩码

6）用 ping 命令测试网络的连通性

ping 命令是测试网络连通性常见的命令之一。它通过发送数据包到对方主机,再由对方主机将该数据包返回来测试网络的连通性。ping 命令的测试成功不仅表示网络的硬件连接是有效的,而且也表示操作系统中网络通信模块的运行是正确的。

ping 命令非常容易使用,只要在 ping 之后加上对方主机的 IP 地址即可,如图 4-80 所示。如果测试成功,命令将给出测试包从发出到收回所用的时间。在以太网中,这个时间通常小于 10 ms。如果网络不通,ping 命令将给出超时提示。这时,需要重新检查网络的硬件和软件,直到网络连通为止。

网络的硬件和软件安装配置完成后,就可以享用网络带给我们的便利了。可以将 Windows 2000 中的一个文件夹共享出来,也可以通过网络使用网络上的打印机。网络将计算机连接起来,也将使用计算机的用户连接了起来。

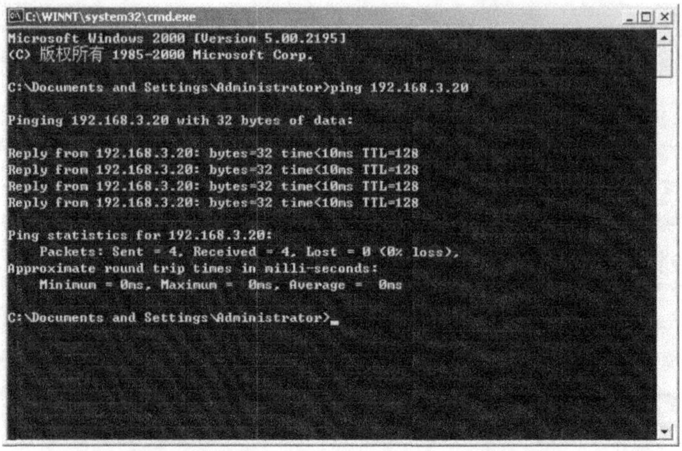

```
C:\WINNT\system32\cmd.exe
Microsoft Windows 2000 [Version 5.00.2195]
(C) 版权所有 1985-2000 Microsoft Corp.

C:\Documents and Settings\Administrator>ping 192.168.3.20

Pinging 192.168.3.20 with 32 bytes of data:

Reply from 192.168.3.20: bytes=32 time<10ms TTL=128
Reply from 192.168.3.20: bytes=32 time<10ms TTL=128
Reply from 192.168.3.20: bytes=32 time<10ms TTL=128
Reply from 192.168.3.20: bytes=32 time<10ms TTL=128

Ping statistics for 192.168.3.20:
    Packets: Sent = 4, Received = 4, Lost = 0 (0% loss),
Approximate round trip times in milli-seconds:
    Minimum = 0ms, Maximum =  0ms, Average =  0ms

C:\Documents and Settings\Administrator>_
```

图 4-80　利用 ping 命令测试网络的连通性

三、交换机的启动与基本配置

1. 工作任务

熟悉交换机的调试界面，掌握二层交换机的各种登录方法，为交换机配置 IP 地址、创建用户，并为用户设置权限。

(1) 计算机和交换机的连接：通过 RS-232 电缆连接、通过网线连接。

(2) 登录交换机，完成 IP 地址、网关、子网掩码的设定。

(3) 进行账户的管理。

(4) 熟悉 Web 及 Telnet 管理模式。

2. 工作载体

设备与配线：交换机（两台，Quidway-S2403H-EI 或 Quidway-E026）、兼容 VT-100 的终端设备或能运行终端仿真程序的计算机（一台）、RS-232 电缆（一根）、RJ-45 接头的网线。

注意

在实验中我们用运行终端仿真的计算机来代替终端设备。

用一台 PC 作为控制终端，通过交换机的串口登录交换机，设置 IP 地址、网关和子网掩码。给交换机配置一个和控制台终端在同一个网段的 IP 地址，开启 HTTP 服务，通过 Web 界面进行管理配置交换机，以 Quidway-S2403H-EI 为例，其拓扑结构图如图 4-81 所示。

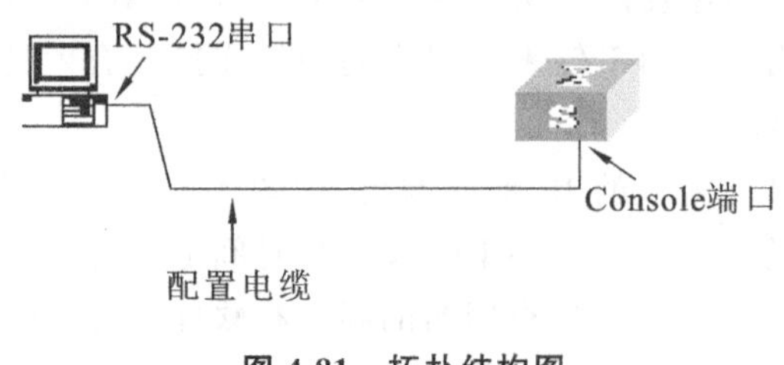

图 4-81　拓扑结构图

3. 任务相关内容

1) 交换机的管理方式

以思科 S2960 交换机为例，介绍交换机的几种管理配置方式。

(1) 命令行界面管理模式:网络管理员能够通过本地终端设备(或仿真终端)或 Telnet(带内管理)进入命令行界面访问、配置和管理交换机。

(2) 嵌入式 HTTP Web 管理模式:Quidway-S2403H-EI 以太网交换机内置有一个嵌入式 HTTP Web 代理,网络管理员可以在任何一台网络计算机上使用标准 Web 浏览器来访问此 Web 管理界面,并且通过此管理模式对交换机进行配置。

(3) SNMP 管理模式:Quidway-S2403H-EI 以太网交换机还提供基于 SNMP(简单的网络管理协议)的管理模块,所以网络上的任意一台计算机都可使用 SNMP 网络管理软件。例如:神州数码的 LinkManager 网络管理软件系统,可以通过 SNMP 管理模式管理交换机。

(4) RMON 管理模式:Quidway-S2403H-EI 也支持 RMON 管理方式。

说明:四种管理方式中,Telnet、HTTP Web、SNMP 管理模式均要求交换机有一个合法 IP 地址。Quidway-S2403H-EI 出厂默认为通过 DHCP 获取 IP 地址,若要设置交换机的 IP 地址,需通过本地终端设备(或仿真终端)来设置。

本实验我们主要采用前两种管理模式,即命令行界面管理模式和嵌入式 HTTP Web 管理模式,下面我们先学习命令行界面管理模式。

2) 命令行界面管理模式

Quidway-S2403H-EI 交换机提供了一个控制台命令行(CLI)管理界面,通过它对交换机进行配置和管理。进入控制台命令行管理界面有两种方式:一种方式是通过终端设备(或仿真终端),另一种方式是通过 TCP/IP 的 Telnet 功能。登录到控制台管理界面,可以进行许多基本的网络管理操作。

(1) 通过本地终端设备接入　用一根 RS-232 电缆将一台兼容 VT-100 的终端或者一台运行终端仿真程序(如 Windows 98/2000 操作系统中的超级终端)的计算机连接到 Quidway-S2403H-EI 交换机前面板上的 Console 端口,然后,在终端上采用如表 4-19 所示的参数,就可以登录到控制台管理界面,见表 4-19。

表 4-19　登录参数

终端仿真	VT-100/ANSI	奇偶校验	无
波特率	9 600b/s	停止位	1 位
数据位	8 位	流量控制	无

(2) 通过 Telnet 会话登录　除了用本地终端设备进入命令行管理界面外,还可以通过 Telnet 来登录控制台界面,要求是交换机必须已经被赋予一个 IP 地址了。通过 Telnet(VT-100 兼容终端模式)来访问和控制交换机,实际上,利用这两种方式登录到控制台界面后,可看到的和所能做的操作是一样的。

为实现 Telnet 登录,交换机必须先通过 Console 端口被赋予 IP 地址、子网掩码、网关等 IP 信息。

说明:通过本地终端设备或Telnet进入控制台命令行管理界面后,交换机会启动用户验证程序,要求输入用户名和密码。为了提高设备安全性和方便用户管理,Quidway-S2403H-EI提供了两种不同用户访问级别:普通用户级别和管理员级别。管理员级别的用户可以使用所有命令,执行所有操作,但普通用户只能查看交换机状态和进行一些基本操作,无法配置交换机和进行系统级操作。所以如果希望配置交换机,则必须以管理员账号登录。

3) 嵌入式HTTP Web管理模式

交换机还提供了一个内置的基于Web方式的网络管理系统,用户可以位于网络的任何地方通过标准的浏览器(如Microsoft Internet Explorer或Netscape Navigator)登录到该Web界面来管理交换机。由于浏览器的版本不同,我们看到的访问界面可能略有差别,但不影响使用。

说明:确定系统有正确的网络浏览器,如IE或Netscape Navigator,也必须通过Console口以管理员身份登录,给交换机配置一个合法的IP地址。

4. 任务实施

1) 通过Console口登录交换机

(1) 第一步:如图4-82所示,建立本地配置环境,只需将计算机(或终端)的串口通过配置电缆与以太网交换机的Console端口连接。

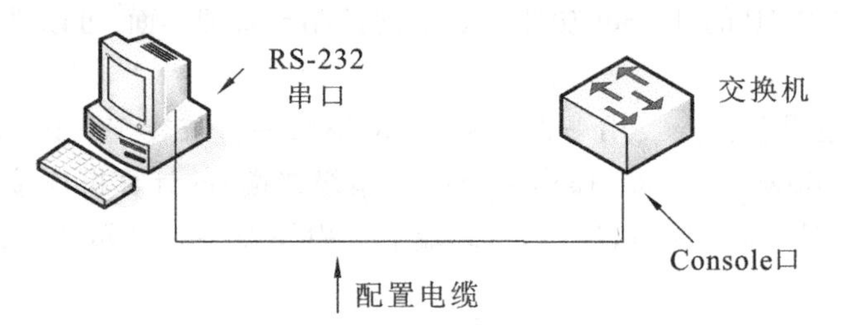

图4-82 通过Console口建立本地配置环境

(2) 第二步:在计算机上运行终端仿真程序(如Windows 3.X的Terminal或Windows 9X的超级终端等),设置终端通信参数,波特率为9 600b/s、8位数据位、1位停止位、无校验、无流量控制,并选择终端类型为VT-100,如图4-83所示。

(3) 第三步:以太网交换机上电,终端上显示以太网交换机自检信息,自检结束后提示用户按回车键,之后将出现命令行提示符(如Switch>)。

(4) 第四步:输入命令,配置以太网交换机或查看以太网交换机运行状态。需要帮助可以随时输入"?"。

2) 通过Telnet登录交换机

如果用户已经通过Console端口正确配置以太网交换机管理VLAN接口的IP地址(在VLAN接口视图下使用ip address命令),并已指定与终端相连的以太网端口属于该管理VLAN(在VLAN视图下使用port命令),这时可以利用Telnet登录到以太网交换机,然后对以太网交换机进行配置。

(1) 第一步:在通过Telnet登录以太网交换机之前,需要通过Console端口在交换机上配置欲

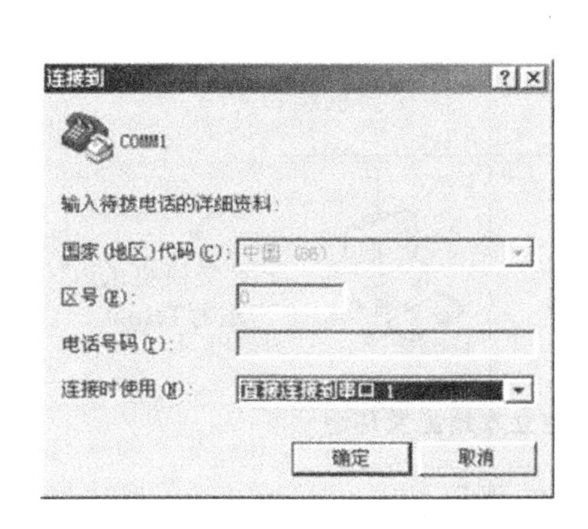

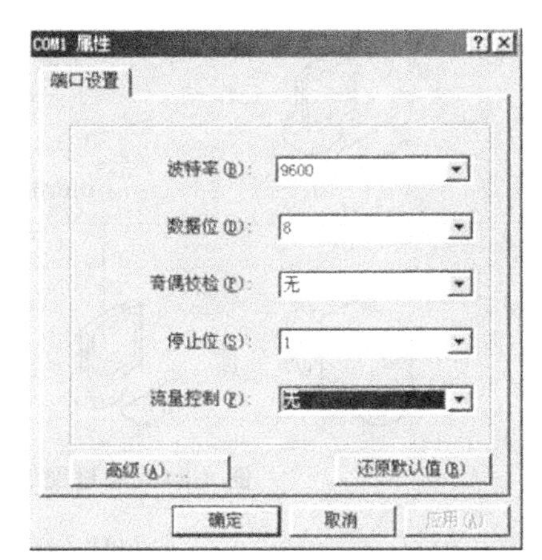

图 4-83 终端仿真程序

登录的 Telnet 用户名和认证口令。

说明:Telnet 用户登录时,默认需要进行口令认证,如果没有配置口令而通过 Telnet 登录,则系统会提示"password required,but none set."。

```
Switch> enable  //从用户模式进入特权模式
Switch# configure terminal  //从特权模式进入全局配置模式
Switch(config)# hostname SW1  //将交换机命名为"SW1"
SW1(config)# interface  vlan1  //进入交换机的管理 VLAN
SW1(config-if)# ip address 192.168.1.1  255.255.255.0  //为交换机配置 IP 地址和子网
                                                         掩码
SW1(config-if)# no shutdown  //激活该 VLAN
SW1(config-if)# exit  //从当前模式退到全局配置模式
SW1(config)# line console 0  //进入控制台模式
SW1(config-line)# password 123  //设置控制台登录密码为"123"
SW1(config-line)# login  //登录时使用此验证方式
SW1(config-if)# exit  //从当前模式退到全局配置模式
SW1(config)# linevty 0 4  //进入 Telnet 模式
SW1(config-line)# password 456  //设置 Telnet 登录密码为"456"
SW1(config-line)# login  //登录时使用此验证方式
SW1(config-if)# exit  //从当前模式退到全局配置模式
SW1(config)# enable secret 789  //设置特权口令密码为"789"
SW1# copy running-config startup-config  //将正在运行的配置文件保存到系统的启动配置
                                          文件
Destination filename [startup-config]?  //系统默认的文件名"startup-config"
Building configuration…
[OK]  //系统显示保存成功
```

(2) 第二步:如图 4-84 所示,建立配置环境,只需将计算机以太网口通过局域网与以太网交换机的以太网口连接。

(3) 第三步:在计算机上运行 Telnet 程序,输入与微机相连的以太网口所属 VLAN 的 IP 地

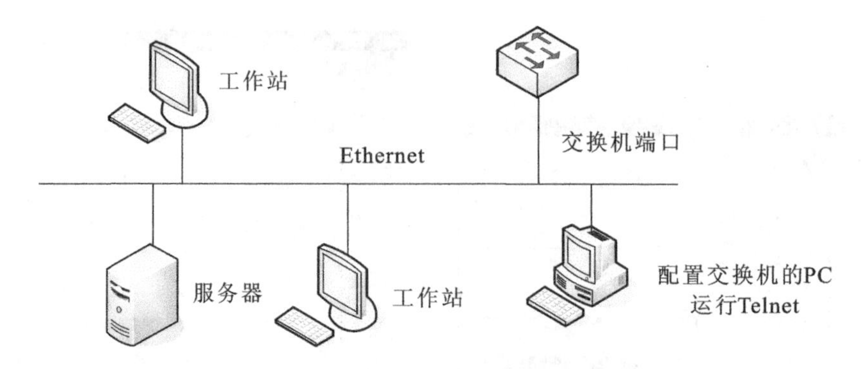

图 4-84 通过局域网建立本地配置环境

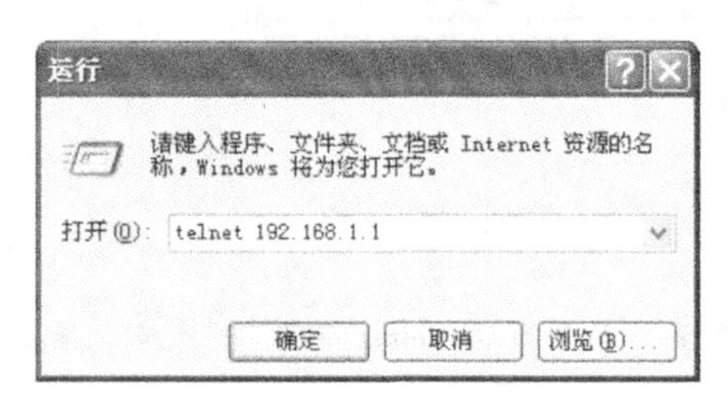

图 4-85 运行 Telnet 程序

址，如图 4-85 所示。

(4) 第四步：终端上显示“User Access Verification”，并提示用户输入已设置的登录口令，口令输入正确后则出现命令行提示符(如 Switch>)。如果出现“Too many users!”的提示，则表示当前 Telnet 到以太网交换机的用户过多，需稍候再登录(通常情况下以太网交换机最多允许五个 Telnet 用户同时登录)。

(5) 第五步：使用相应命令配置以太网交换机或查看以太网交换机运行状态。需要帮助可以随时输入“?”。

说明：(1) 通过 Telnet 配置交换机时，不要删除或修改对应本 Telnet 连接的交换机上的 VLAN 接口的 IP 地址，否则会导致 Telnet 连接断开。

(2) Telnet 用户登录时，默认可以访问命令级别为 0 级的命令。

5. 教学方法与任务结果

学生分组进行任务实施，可以 3～5 人一组，小组讨论，确定方案后进行讲解，教师给予指导，全体学生参与评价。方案实施完成后，首先要检测交换机与计算机的连通性，确保每台计算机都可以远程登录到交换机上进行配置与管理。

四、VLAN 的划分

1. 工作任务

假设你是某公司的一位网络管理员，公司有技术部、销售部、财务部等部门，公司领导要求你组建公司的局域网，公司规模较小，只有一个路由器，且路由器接口有限，所有部门只能使用一台交换机互联。若将所有的部门组建成一个局域网，则网速很慢，最终可能导致网络瘫痪。各部门内部主机有一些业务往来，需要频繁通信，但部门之间为了安全并提高网速，禁止它们互相访问。要求你对交换机进行适当的配置来满足需求。

【方法】在公司的一台交换机中分别划分虚拟局域网，并且使每个虚拟局域网中的成员能够互相访问，两个不同的虚拟局域网成员之间不能互相访问，VLAN 的具体划分见表 4-20。

表 4-20 公司交换机的 VLAN 划分情况

VLAN 号	包含的端口	VLAN 分配情况
2	1～5	技术部
3	6～10	销售部
4	11～24	财务部

2. 工作载体

设备与配线：交换机（一台）、兼容 VT-100 的终端设备或运行终端仿真程序的计算机（两台）、RS-232 电缆、RJ-45 接头的网线。

用一台 PC 作为控制终端，通过交换机的串口登录交换机（也可以给交换机先配置一个和控制台终端在同一个网段的 IP 地址，并开启 HTTP 服务，通过 Web 界面进行管理配置），划分两个以上基于端口的 VLAN，组网环境如图 4-86 所示。

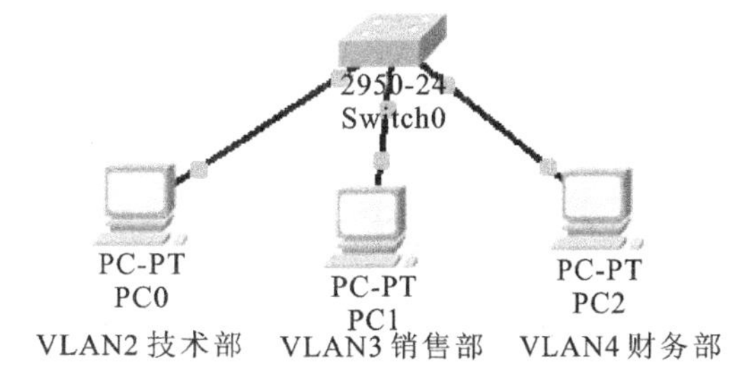

图 4-86 VLAN 划分组网环境

注：在实验中我们用运行终端仿真的计算机来代替终端设备。

3. 任务实施

为了完成工作任务提出的要求，我们将交换机划分成三个 VLAN，使每个部门的主机在相同的 VLAN 中。其中，财务部在 VLAN 2 中，包括 1～5 端口；销售部在 VLAN 3 中，包括6～10 端口；技术部在 VLAN 4 中，包括 11～24 端口。在同一部门的用户可以相互访问，不同部门的用户不能相互访问，即可以达到公司的要求。

1）配置 VLAN

配置 VLAN 大致可以分为以下几个方面。

（1）由用户模式进入特权模式。

（2）创建 VLAN，并为其命名：vlan vlan-id [name vlan-name]media Ethernet [state {active|suspend}]。

（3）进入交换机的以太网端口：interface ethernet unit/port。

（4）指定端口类型：switch mode access/trunk（端口包括两种类型）。

（5）向 VLAN 中添加端口：switch access vlan id。

（6）指定级联端口：switchport mode trunk。

（7）保存当前配置：copy running-config startup-config。

2）具体配置命令

公司各部门 VLAN 的配置情况如下。

```
Switch>enable
Switch#configure terminal
Switch(config)#vlan 2 //创建编号为 2 的 VLAN，通常 VLAN 的编号为 1～ 4 096，其中 VLAN1 为系
                        统默认的管理 VLAN
```

```
Switch(config-vlan)#namejsb  //将该 VLAN 命名为"jsb"
Switch(config-vlan)#exit
Switch(config)#vlan 3
Switch(config-vlan)#namexsb
Switch(config-vlan)#exit
Switch(config)#vlan 4
Switch(config-vlan)#namecwb
Switch(config-vlan)#exit
Switch(config)#interface range fastEthernet 0/1-5  //进入交换机的 1~ 5 口,range 表示
                                                     连续进入多口
Switch(config-if-range)#switch mode access  //将交换机的端口模式改为 access 模式,此端
                                               口用于连接计算机
Switch(config-if-range)#switch access vlan 2  //把交换机的 1~ 5 口加入 VLAN2 中
Switch(config-if-range)#exit
Switch(config)#interface range fastEthernet 0/6-10
Switch(config-if-range)#switch mode access
Switch(config-if-range)#switch access vlan3
Switch(config-if-range)#exit
Switch(config)#interface range fastEthernet 0/11-24
Switch(config-if-range)#switch mode access
Switch(config-if-range)#switch access vlan4
Switch(config-if-range)#end
Switch#copy running-config startup-config  //将正在运行的配置文件保存到系统的启动配置
                                              文件
Destination filename [startup-config]?  //系统默认的文件名 startup-config
Building configuration…
[OK]  //系统显示保存成功
Switch#show vlan  //查看交换机的 VLAN 信息,也可以使用 show vlan brief 命令查看 VLAN 的简
                    要信息
VLAN  Name     Status   Ports
1     default  active
2     jsb      active   Fa0/1,Fa0/2,Fa0/3,Fa0/4,Fa0/5
3     xsb      active   Fa0/6,Fa0/7,Fa0/8,Fa0/9,Fa0/10
4     cwb      active   Fa0/11,Fa0/12,Fa0/13,Fa0/14,Fa0/15,Fa0/16,
                        Fa0/17,Fa0/18,Fa0/19,Fa0/20,Fa0/21,Fa0/22,
                        Fa0/23,Fa0/24
```

4. 教学方法与任务结果

学生分组进行任务实施,可以 3～5 人一组,小组讨论,确定方案后进行讲解,教师给予指导,全体学生参与评价。

方案实施完成后,将各部门的计算机接入局域网分别进行测试,位于同一 VLAN 的用户,在计算机上可以相互 ping 通,达到资源共享的目的;不在同一 VLAN 的用户,则不能相互 ping 通,从而提高安全性和网络速率。

习题

一、选择题

1. MAC 地址通常存储在计算机的(　　)。

   A. 内存中　　B. 网卡上　　C. 硬盘上　　D. 高速缓冲区

2. 在以太网中,冲突(　　)。

   A. 是由于介质访问控制方法的错误使用造成的
   B. 是由于网络管理员的失误造成的
   C. 是一种正常现象
   D. 是一种不正常现象

3. 下面关于以太网的描述,正确的是(　　)。

   A. 数据是以广播方式发送的
   B. 所有结点可以同时发送和接收数据
   C. 两个结点相互通信时,第三个结点不检测总线上的信号
   D. 网络中有一个控制中心,用于控制所有结点的发送和接收

4. 在以太网中,集线器的级联(　　)。

   A. 必须使用直通 UTP 电缆
   B. 必须使用交叉 UTP 电缆
   C. 必须使用同一种速率的集线器
   D. 可以使用不同速率的集线器

5. 下列说法正确的是(　　)。

   A. 集线器可以对接收到的信号进行放大
   B. 集线器具有信息过滤功能
   C. 集线器具有路径检测功能
   D. 集线器具有交换功能

6. 以太网交换机中的端口/MAC 地址映射表(　　)。

   A. 是由交换机的生产厂商建立的
   B. 是交换机在数据转发过程中通过学习动态建立的
   C. 是由网络管理员建立的
   D. 是由网络用户利用特殊的命令建立的

7. 下列说法错误的是(　　)。

   A. 以太网交换机可以对通过的信息进行过滤
   B. 以太网交换机中端口的速率可能不同
   C. 在交换式以太网中可以划分 VLAN
   D. 利用多个以太网交换机组成的局域网不能出现环

8. 虚拟局域网的功能不包括(　　)。

   A. 提高管理效率　　B. 控制广播数据
   C. 增加站点移动和改变的开销　　D. 增强网络安全性

二、填空题

1. 最基本的网络拓扑结构有三种,它们是________、________和________。
2. 以太网使用________介质访问控制方法,而 FDDI 则使用________介质访问控制方法。
3. 在将计算机与 10Base -T 集线器进行连接时,UTP 电缆的长度不能超过________ m。在将计算机与 100Base-TX 集线器进行连接时,UTP 电缆的长度不能超过________ m。
4. 非屏蔽双绞线由________对导线组成,10Base-T 用其中的________对进行数据传输,100Base-TX 用其中的________对进行数据传输。
5. 以太网交换机的数据转发方式可以分为________、________和________三类。

三、问答题

1. 局域网参考模型包括哪几层,各有什么作用?
2. 什么叫虚拟局域网?常见的有哪几种划分方法?
3. 请简述令牌环网和 FDDI 网的工作原理和数据传输过程。

四、实践题

1. 在只有两台计算机的情况下,可以利用以太网卡和 UTP 电缆直接将它们连接起来,构成如图 4-87 所示的小型以太网。想一想组装这样的小型以太网需要什么样的网卡和 UTP 电缆。请读者动手试一试,验证自己的想法是否正确。

图 4-87 小型以太网

2. 在交换式局域网中,既可以按静态方式划分 VLAN,也可以按动态方式划分 VLAN。请读者参考以太网交换机的使用说明书,动手配置一个动态 VLAN,并验证配置的结果是否正确。

项目5　广域网技术

项目描述　广域网是覆盖范围大、以信息传输为主要目的的数据通信网。广域网作用的地理范围可以从几十千米到数万千米，它是一种可以连接若干个城市、地区，甚至遍及全球的计算机通信网络，有时也称为远程网。

基本要求　掌握各种类型广域网的工作原理及相应的网络协议，包括 HDLC、PPP、FR 及 ATM 的工作原理。

任务1　广域网的基本概念

广域网(wide area network，简称 WAN)是一种跨地区的数据通信网络。广域网通常由两个或多个局域网组成。计算机常常使用电信运营商提供的设备作为信息传输平台，如通过公用网(如电话网)连接到广域网，也可以通过专线或卫星连接。国际互联网是目前最大的广域网。对照 OSI(open system interconnect，开放式系统互联)参考模型，广域网技术位于底层的三个层次，分别是物理层、数据链路层和网络层。图 5-1 列出了一些经常使用的广域网技术同 OSI 参考模型之间的对应关系。

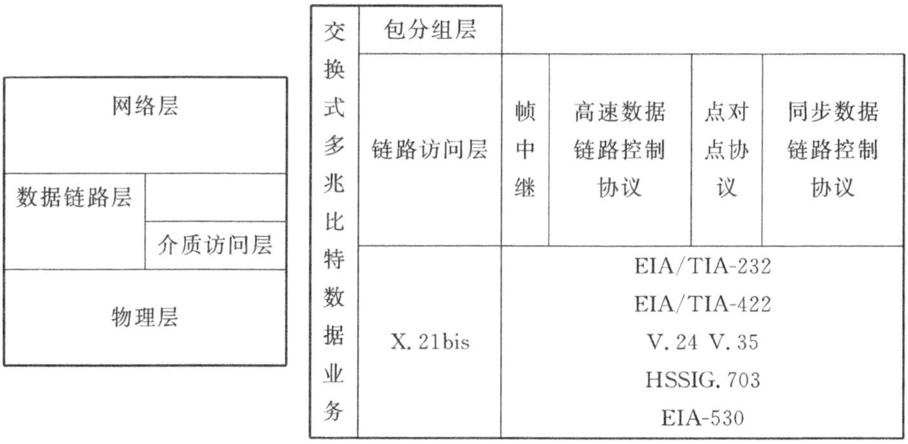

<table>
<tr><td colspan="2">网络层</td></tr>
<tr><td rowspan="2">数据链路层</td><td></td></tr>
<tr><td>介质访问层</td></tr>
<tr><td colspan="2">物理层</td></tr>
</table>

<table>
<tr><td rowspan="3">交换式多兆比特数据业务</td><td>包分组层</td><td colspan="4"></td></tr>
<tr><td>链路访问层</td><td>帧中继</td><td>高速数据链路控制协议</td><td>点对点协议</td><td>同步数据链路控制协议</td></tr>
<tr><td>X. 21bis</td><td colspan="4">EIA/TIA-232
EIA/TIA-422
V. 24 V. 35
HSSIG. 703
EIA-530</td></tr>
</table>

图 5-1　OSI 参考模型与 WAN 技术之间的对应关系

如果通信的双方相隔很远(假设有上千千米)，显然局域网不能完成通信，则需要使用另一种网络，即广域网。所谓广域网指的是作用范围很广的计算机网络。这里的作用范围是针对地理范围而言的，可以是一个城市、一个国家甚至全球。因为广域网是一种跨地区的数据通信网络，所以通常使用电信运营商提供的设备作为信息传输平台。

与覆盖范围较小的局域网相比，广域网具有以下特点。

(1) 覆盖范围广,可达数千公里甚至数万公里。使得其管理、维护困难。

(2) 广域网没有固定的拓扑结构。广域网通常使用高速光纤作为传输媒体。

(3) 局域网可以作为广域网的终端用户与广域网相连。

(4) 广域网主干网带宽大,但提供给终端用户的带宽小。

(5) 数据传输距离远,往往要经过多个广域网设备转发,延时较长。

广域网是由一些结点交换机以及连接这些交换机的链路组成的。并且一个结点交换机通常与多个结点交换机相连,而局域网则通过路由器和广域网相连。

广域网中最高层是网络层,网络层为上层提供的服务分两种,即无连接的网络服务和面向连接的网络服务。广域网的典型代表是 Internet,其他类型的广域网还有 X. 25 网络、帧中继网络和 ATM 网络等。

一、广域网互联

广域网互联时,各个网络可能具有不同的体系结构,所以广域网的互联常常是在网络层及其以上层进行的,使用的互联设备也主要是路由器和网关。广域网互联的方法主要有两种:各个网络之间通过相对应的网关进行互联,以及通过互联网进行互联。前一种互联方法成本高、效率低,显然这种方法已不适宜网络发展的需求。后一种方法的核心是通过一个互联网,该互联网执行标准的互联网协议,所有要进行互联的网络首先与互联网相连,要发送的资料首先转换成互联网的资料格式,当资料由互联网传送给目的主机时,再转换成目的主机的资料格式。至于这些资料在互联网中是怎样传送的,发送资料的源主机则不必知道,这样做的好处是可以在整个网络范围内使用统一的互联网协议,互联网协议主要完成资料(在网络层为分组)的转发和路由的选择。全球最大的互联网就是 Internet。

二、广域网的分类

广域网在超过局域网的地理范围内运行,分布距离远,它通过各种类型的串行连接以便在更大的地理区域内实现接入。通常,企业网往往通过广域网线路接入到当地 ISP。广域网可以提供全部时间和部分时间的连接,允许通过串行接口在不同的速率工作。广域网本身往往不具备规则的拓扑结构。由于速度慢,延时长,入网站点无法参与网络管理,所以它要通过复杂的互联设备(如交换机、路由器)处理其中的管理工作,互联设备通过通信线路连接,构成网状结构(通信子网)。其中,入网站点负责数据的收发工作,广域网中的互联设备负责数据包的路由等重要管理工作。广域网的特点是数据传输慢(典型速度为 56 kb/s～155 Mb/s)、延时比较长、拓扑结构不灵活。广域网拓扑很难进行归类,一般多采用网状结构,网络连接往往要依赖运营商提供的电信数据网络。

目前有多种公共广域网络。按照其所提供业务的带宽的不同,公共广域网可简单地分为窄带广域网和宽带广域网两大类。现有的窄带公共网络包括公共交换电话网(public switched telephone network,PSTN)、综合业务数字网(integrated service data network,ISDN)、DDN、X. 25M 网、帧中继网等。宽带广域网有异步传输模式(asynchronous transfer mode,ATM)、SDH 等。

公共交换电话网是以电路交换技术为基础的用于传输模拟话音的网络,用户可以使用调制解调器拨号电话线或租用一条电话专线进行数据传输。使用 PSTN 实现计算机之间的数据通信是最廉价的,但其带宽有限,目前通过 PSTN 进行数据通信的最高速率不超过 64 Kb/s。

综合业务数字网是自 20 世纪 70 年代发展起来的一种新兴技术,提供从终端用户到终端用户的全数字服务,实现了语音、数据、图形、视频等综合业务的数字化传递方式。简单来说,ISDN 的提出是想通过数字技术将现有的各种专用网络(模拟的、数字的)集成到一起,以统一的接口向用户同时提供各种综合业务。在我国,将 ISDN 服务称为"一线能",就很形象地揭示了 ISDN 的本质含义。

X. 25 网是一种国际通用的广域网标准,基于分组交换技术,内置的差错纠正、流量控制和丢包重传机制,使之具有高度的可靠性,适合于长途噪音线路。其最大速率仅仅为 64 Kb/s。沿途每个结点都要重组包,使得数据的吞吐率很低,包延时较长。X. 25 显然不适于传输质量好的信道。

帧中继是一种应用很广的服务,通常采用 E1 电路,速率为 64 Kb/s~2 Mb/s,它是数据链路层技术,简化了 OSI 第二层中流量控制、纠错等功能要求,充分利用了如今广域网连接中比较简洁的信令,提高了结点间的传输效率,这正是广域网技术所需要的,帧中继的帧长度可变,可以方便地适应局域网中的任何包或帧,提供了对用户的透明性。帧中继容易受到网络拥塞的影响,对时间敏感的实时通信没有特殊的保障措施,当线路受到干扰时,将引起包的丢弃。

ATM(asynchronous transfer mode)技术是面向新型网络业务的数据传输技术。它同时支持多种数据类型(如话音、视频、文本等)。与传统广域网不同,ATM 是一种面向连接的技术,在开始通信前,将建立端到端的连接。ATM 突出的优势之一,就是支持 QoS(quality of service)。

SDH(synchronous digital hierarchy)全称同步数字传输体系,是目前应用广泛的光传输技术,其网络具有带宽大,抗干扰强,可扩展性较强的特点。用户数据经过复用后通过 SDH 网络可实现高速率的传输。

另外一类重要的网络技术是 ATM+IP 技术,这些技术的杰出代表——多协议标签交换(multiple protocol lable switching,MPLS)技术,被认为是未来宽带网的核心技术。

三、广域网设备

1. 调制解调器

调制解调器(modem)作为终端系统和通信系统之间信号转换的设备,是广域网中必不可少的设备之一。它分为同步 modem 和异步 modem 两种,分别用来与路由器的同步和异步串口相连接。同步 modem 可用于连接专线、帧中继网络或 X. 25 网络等,异步 modem 可用于连接电话线路,以及与公用电话交换网络 PSTN 的连接。

2. 路由器

在广域网通信过程中根据地址来寻找数据包到达目的最佳路径,这个过程在广域网中称为路由。路由器(router)负责在各段广域网和局域网间根据地址建立路由,将数据送到最终目的地。路由器放置在互联网络内部,使复杂的互联网运行成为可能。如果没有路由器提供的逻辑能力,Internet 通信将比现在的慢数百倍,而且会更昂贵。我们知道,在集线器和交换机上有连接主机的端口,而路由器通常不直接与主机相连,而是提供连接局域网网段和广域网的接口,从而在局域网之间进行路由选择,传输数据。就好像我们现实生活中的邮局一样,负责将信件从一个地方发送到另外一个地方。

目前常用、常见的局域网基本上就是以太网,而物理上广域网的种类则特别丰富,有 PSTN/ISDN 网络、DDN 专线网络、Frame Realy 网络、X. 25 网络、ATM 网络、SDH 网络等,所以路由器的广域网接口种类比较丰富,如有可以连接 PSDN、DDN、Frame Relay、X.25 网络的同异步串口,有支持连接的 DDN 专线、ISDN 的 CE1/PR1 接口,有连接 ATM 网络的 ATM 接口,有连接 SDH 网络的 POS 接口等。对于中小型网络而言,比较常见的接入广域网的方法是 DDN 专线、PSTN/ISDN、Frame Relay 或者以太网接入。

防火墙是路由器提供的功能之一,它们依照预先设置好的条件对数据包进行过滤,检查每一个数据包,决定是否转发该数据包,来保障一个企业内部互联网络的重要数据处理的安全。

3. 广域网交换机

广域网交换机是在广域网提供数据交换功能的设备,如 X.25 交换机、帧中继交换机、ATM 交换机等。这些设备完成数据从入端口到出端口的交换,提供面向连接的数据服务,从而实现数据寻址和路由的功能。

4. 接入服务器

接入服务器(access server)是一种提供远程拨号用户和互联网络相连接的设备。简单来说,它的一端类似一个调制解调器,而另一端类似一个集线器。大多数接入服务器主要是被 Internet 服务供应商(ISP)用于将家庭用户和小公司连接到 Internet 上。

四、互联网

互联网(Internet)也是一种广域网,从技术的角度讲,它和一般意义上的大型网络是一样的,唯一区别在于 Internet 的开放程度不同。它不是单独属于某个组织的,它所架设的专门的主干网络是在一些中心管理机构的赞助下运行的。

Internet 主干网由于覆盖范围广、距离长、数据传输相应就会慢。数据传输慢,所使用的技术手段不相同,这就是广域网、局域网的传输速率和技术有不同的原因所在。

Internet 不是唯一的一种技术,它是使互联网络成为可能的相关技术的一个集合。Internet集各种计算机网络技术和通信技术之精华,已经成为当前全球性的网络应用的聚集地,而且是全球性的经济增长点。Internet 为计算机网络技术的应用开辟了无限广阔的空间,Internet 的典型应用有国际电子邮件 E-mail、WWW、电子商务、OA 办公自动化等。

任务 2　广域网的数据链路层协议

广域网是一种跨地区的数据通信网络,通常使用电信运营商提供的设备和线路作为信息传输平台。广域网的服务需要其他的网络服务提供商的申请。

广域网技术主要体现在 OSI 参考模型的下层,即物理层、数据链路层和网络层。广域网通常由广域网服务提供商建设,用户租用服务来实现企业内部网络与其他外部网络的连接及与远端用户的连接。广域网上可以承载不同类型的信息,如语音、视频和数据。当用户通过广域网建立连接时,或者说数据在广域网中传输时可选择不同类型的方式传输,这是由广域网的协议和网络类型所决定的。

广域网连接的一种比较简单的形式是点到点的直接连接,这条连接由两台连接设备独占,中间不存在分叉或交叉点。也可以将其看成是一条专用线路被租借给两台连接设备所使用。这种连接的特点是比较稳定，但线路利用率较低，即使在线路空闲时，用户也需要交纳租用的费用。常见的点到点连接主要形式有 DDN 专线等。在这种点到点连接的线路上数据链路层封装的协议主要有 PPP、HDLC 和 FR 等，如图 5-2 所示。

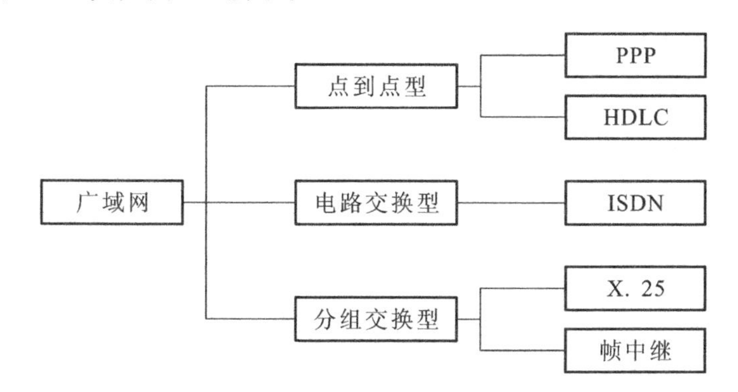

图 5-2 几种不同的点到点型和交换型链路

1. 分组交换型

分组交换是一种广域网数据交换方式，两台相连的网络设备通过若干台广域网交换机（分组交换机）建立数据传输的通道。用户在传送数据时，可以动态地分配传输带宽，换言之，就是网络可以传输长度不同的帧（包）或长度固定的信元。X. 25、帧中继都是分组交换技术的实例。

2. 电路交换型

电路交换也是一种广域网交换方式，它每次通信前要申请（如通过拨号）建立一条从发端到收端的物理线路，只有在物理线路建立后，即用户占有了一定的传输带宽时，双方才能互相通信。在通信的全部时间里，用户总占用这条线路，电路交换被广泛使用于电话网络中。

电路交换的操作方式类似于普通的电话呼叫。ISDN 就是广域网电路交换的一个典型例子。

当从一个地点到另一个地点需要连接时，建立的电路交换一般只需要较小的带宽，而且主要用于把远程用户和移动用户连接到局域网中。电路交换通常为高速线路（如帧中继和专线）提供备份。

数据在广域网中传输时，必须按照传输的类型选择相应的数据链路层协议将数据封装成帧，以保障数据在物理链路上的可靠传送。

一、高级数据链路层控制协议

在 OSI 七层协议产生之前，为了使容易产生差错的物理链路在通信时变得可靠，使用了一些控制协议，包括 ARPANET 推出的 IMP-IMP 协议和 IBM 推出的 BSC 协议，这些数据链路层协议都是面向字符的协议。所谓面向字符是指链路上所传输的数据或控制信息都必须由规定字符集（如 ASCII 码）中的字符所组成。这种面向字符的协议具有对字符的依赖性比较强，不便于扩展等缺点，为此 IBM 推出了面向比特的规程 SDLC（synchronous data link control），后来 ISO 把 SDLC 修改后称为 HDLC（high-level data link control，高级数据链路层控制）。

面向比特的协议不关心字节的边界，它只是将帧看成比特集。这些比特可能来自某个字符集，或者可能是一幅图像中的像素值或一个可执行文件的指令和操作数等。与面向字符的协议相比，HDLC 的最大特点是不需要数据必须是规定字符集，对任何一种比特流均可以实现透明的传输。只要数据流中不存在与标志字段（F）相同的数据，就不至于引起帧边界的错误判断。万一出现与边界标志字段(F)相同的数据,可以用零比特填充法解决。

HDLC 具有以下特点。

(1) 协议不依赖于任何一种字符编码集。

(2) 数据报文可透明传输,用于实现透明传输的零比特填充法易于硬件实现。

(3) 全双工通信,不必等待确认便可连续发送数据,具有较高的数据链路传输效率;所有帧均采用 CRC 校验,对信息帧进行顺序编号,可防止漏收或重收,传输可靠性高;传输控制功能与处理功能分离,具有较大的灵活性。

HDLC 是通用的数据链路控制协议,在开始建立数据链路时,允许选用特定的操作方式。所谓操作方式,是指某个站点是以主站点方式操作还是以从站点方式操作的,或者是二者兼备的。链路上用于控制目的的站点称为主站,其他的受主站控制的站点称为从站。主站对数据流进行组织,并且对链路层的差错实施恢复,由主站发往从站的帧称为命令帧,而由从站返回主站的帧称为响应帧,连接有多个站点的链路通常使用轮询技术。轮询其他站的站点称为主站,而在点到点链路中每个站点均可为主站。主站需要比从站具有更多的逻辑功能,所以当终端与主机相连时,主机一般总是主站。有些站可兼具主站和从站的功能,这种站称为组合站,用于组,称为平衡操作。相对的,操作时有主站、从站之分的,并且各自功能不同的操作,称为非平衡操作。

HDLC 中的操作方式主要有以下三种。

(1) 正常响应方式　正常响应方式(normal responses model,NRM)是一种非平衡数据链路方式,有时也称为非平衡正常响应方式。该操作方式适用于面向终端的点到点或点到多点的链路。在这种操作方式中,传输过程由主站启动,从站只有收到主站某个命令帧后,才能做出响应,向主站传输信息。响应信息可以由一个或多个帧组成,若信息由多个帧组成,则应指出哪一个帧是最后一帧。主站负责整个链路,并且具有轮询、选择从站及向从站发送命令的权利,同时也负责对超时、重传及各类恢复操作的控制。

(2) 异步响应方式　异步响应方式(asynchronous responses mode,ARM)也是一种非平衡数据链路操作方式,与 NRM 不同的是,ARM 下的传输过程由从站启动。从站主动发送给主站的一个或一组帧中可包含有信息,也可以是以控制为目的而发送的帧。该方式对采用轮询方式的多站链路来说是必不可少的。

(3) 异步平衡方式　异步平衡方式(asynchronous balanced mode,ABM)是一种允许任何结点启动传输的操作方式。为了提高链路传输效率,结点之间在两个方向都需要有较高的信息传输量。在这种操作方式下,任何时候、任何站点都能启动传输操作,每个站点既可作为主站又可作为从站,即每个站都是组合站。各站都有相同的一组协议,任何站点都可以发送或接收命令,也可以给出应答,并且各站对差错恢复过程都负有相同的责任。

在 HDLC 中,数据和控制报文均以帧的标准格式传送。HDLC 中的帧类似于 BSC 字符块,但 BSC 协议中的数据报文和控制报文是独立传输的,而 HDLC 中命令和响应以统一的格式按帧传输。完整的 HDLC 帧由标志字段(F)、地址字段(A)、控制字段(C)、信息字段(I)、帧校验序列字段(FCS)等组成。

(1) 标志字段(F)　标志字段为 01111110 的比特模式,用于表示帧的开始与结束。通常,链路空闲时也发送这个序列,以保证发送方和接收方的时钟同步。标志字段也可以作为帧与帧之间的填充字符,在这种状态下,发送方不断地发送标志字段,而接收方则检测每一个收到的标志字段,一旦发现某个标志字段后面不再是一个标志字段,便可认为一个新的帧传送已经开始。

如果两个标志字段之间的比特串中,碰巧出现了和标志字段(01111110)一样的比特串,那么就会将其误认为是帧的边界。为了避免出现这种错误，HDLC 规定采用零比特填充法使一帧中两个标志字段之间不会出现 01111110。

零比特填充法的具体实现方法为：在发送方，检测除标志位以外的所有字段，若发现连续五个“1”出现时，则根据它的下一比特做出决定。如果下一比特为“0”，则该比特串一定是填充的，接收方就把它去掉；如果下一比特是“1”，则有两种情况，即表示该字段是帧结束标记或表示比特流中出现差错。通过再看下个一比特，接收方可区别这两种情形：如果看到一个“0”(即 01111110)，那么它一定是帧结束标记；如果看到一个“1”，则一定是出错了，需要丢弃整个帧。在后一种情形下，接收方必须等到下一个 01111110 出现时才能再一次开始接收数据。

采用零比特填充法就可以传送任意组合的比特流，或者说，就可以实现链路层的透明传输。

(2) 地址字段(A) 地址字段的内容取决于所采用的操作方式。在操作方式中，有主站、从站、组合站之分，每一个从站和组合站都被分配了一个唯一的地址。命令帧中的地址字段携带的地址是对方的地址，而响应帧中的地址字段所携带的地址是本站的地址。某一地址也可分配给不止一个站，这种地址称为组地址，利用一个组地址传输的帧能被组内所有拥有该组地址的站接收，但当一个从站或组合站发送响应时，它仍应当用它唯一的地址。还可以用全“1”地址来表示广播地址，含有广播地址的帧传送给链路上所有的站。另外，还规定全“0”地址为无效地址，这种地址不分配给任何站，仅用于测试。

(3) 控制字段(C) 控制字段共 8 位，它是最复杂的字段。控制字段用于构成各种命令和响应，以便于对链路进行监视和控制。发送方主站或组合站利用控制字段来通知被寻址的从站或组合站执行约定的操作；相反，从站用该字段作为对命令的响应，报告已完成的操作或状态的变化。

(4) 信息字段(I) 信息字段可以是任意的二进制比特串。比特串的长度未做严格限定，其上限由帧校验序列字段或站点的缓冲器容量来确定，目前用得较多的是 1 000～2 000 比特，而下限可以为 0，即无信息字段。但是，监控帧(S 帧)中规定不可有信息字段。

(5) 帧校验序列字段(FCS) 帧校验序列字段可以使用 16 位 CRC，对两个标志字段之间的整个帧的内容进行校验。

二、PPP

PPP(point to point protocol，点到点协议)是一个点到点的数据链路层协议，目前是 TCP/IP 网络中最主要的点到点数据链路层协议。它是在串行线 Internet 协议(serial line internet protocol，SLIP)的基础上发展起来的。SLIP 和 HDLC 协议类似，是一种面向比特的数据链路层协议。由于 SLIP 协议自身的缺陷，如只支持异步传输方式、无协商过程(尤其不能协商加双方 IP 地址等网络层属性)等，在后来的发展过程中，逐步被 PPP 协议所替代。

PPP 作为一种提供在点到点链路上传输、封装网络层数据包的数据链路层协议，处于 TCP/IP 协议栈的第二层，主要被设计用来在支持全双工的同异步链路上进行点到点之间的数据传输。PPP 支持错误检测、选项商定、头部压缩等机制，在当今的网络中得到普遍的应用。

1. PPP 的组成

PPP 的主要特点如下所述。

(1) PPP 协议是数据链路层协议。

(2) 支持点到点的连接(不同于 X.25，Frame Relay 等数据链路层协议)。

(3) 物理层可以是同步电路或异步电路(如 Frame Relay 必须为同步电路)。

(4) 具有各种 NCP 协议(如 IPCP、IPXCP),更好地支持了网络层协议。

(5) 支持简单明了的验证,更好地保证了网络的安全性。

(6) 易扩充。

(7) PPP 是正式的 Internet 标准。

PPP 因为具有这些显著的优点而被广泛地使用于如 PSTN/ISDN、DDN 等物理广域网,甚至 SDH、SONET 等高速线路之上。

从图 5-3 中可以看出,PPP 主要由以下两类协议组成。

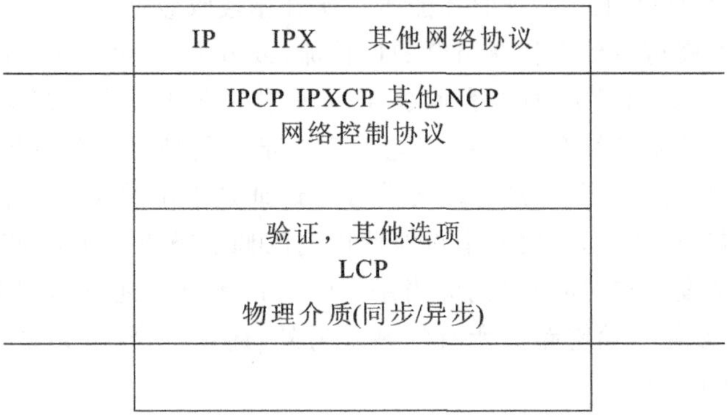

IP　　IPX　　其他网络协议
IPCP IPXCP 其他NCP 网络控制协议
验证,其他选项 LCP 物理介质(同步/异步)

图 5-3　PPP 协议栈

(1) 链路控制协议族(LCP):其主要用于建立、拆除和协商 PPP 数据链路。LCP 主要完成如下参数的协商:MTU(最大传输单元)、质量协议、验证协议、魔术字、协议域压缩、地址和控制域压缩协商。

(2) 网络层控制协议族(NCP):其主要用于协商在该数据链路上所传输的数据包的格式与类型,建立、配置不同网络层协议。

同时,PPP 还提供用于网络安全方面的验证协议族(PAP 和 CHAP)。

目前 NCP 有 IPCP 和 IPXCP 两种。IPCP 用于在 LCP 上运行 IP 协议。IPXCP 用于在 LCP 上运行 IPX 协议。由于 IP 网络使用的广泛性,我们这里只介绍 IPCP。IPCP 主要有两种功能:一是协商 IP 地址;二是协商 IP 压缩协议。IP 地址协商主要用于 PPP 通信的双方中一侧给另一侧分配 IP 地址,这里协商 IP 压缩协议主要是指是否采用 Van Jacobson 压缩协议。

2. PPP 的帧格式

所有的 PPP 帧是以标准的 HDLC 标志字节(01111110)开始的,如果是用在信息字段上,就是所填充的字符。接下来是地址字段(A),总是设成二进制 11111111,表明主从端的状态都为接收状态。地址字段后面紧接着的是控制字段(C),其默认值为 00000011,此值表明其为一个无序号帧。换而言之,默认情况下,PPP 没有采用编码和确认机制来进行可靠的传输。在有噪声的环境中,如无线网络,则使用编码方式进行可靠的传输。

由于在默认配置下,地址字段和控制字段总是常数,因此 LCP 为这两部分提供了必要的机制,商议出一种选项,省略掉这两个字段,从而在每个帧上省出 2 字节。

与 HDLC 不同,PPP 增加了协议字段(P),其工作是告知在信息字段中使用的是哪类分组。

针对 LCP、NCP、IP、IPX、AppleTalk 及其他协议,定义了相应的代码。以 0 位开始的协议是网络层协议,如 IP、IPX、OSI、CLNP、XNS 等。以 1 位开始的协议用于确定其他协议。这些协议包括了 LCP 和针对所支持的每种网络层协议而定的不同 NCP。协议字段默认大小为 2 字节,但在使用 LCP 时，可以变为 1 字节。

信息字段(I)是变长的，最多可达到所商定的最大值。如果在设置线路时，使用 LCP，没有商定此长度，就使用默认长度 1 500 字节。如果需要的话，则在有效内容后面增加填充字节。信息字段后面是帧校验序列字段，通常情况下是 2 字节，但也可以确定为 4 字节的校验和。

三、帧中继

帧中继(Frame Relay)技术是在 X.25 分组交换技术的基础上发展起来的一种快速分组交换技术。帧中继主要工作在 OSI 的物理层和数据链路层，如图 5-4 所示。

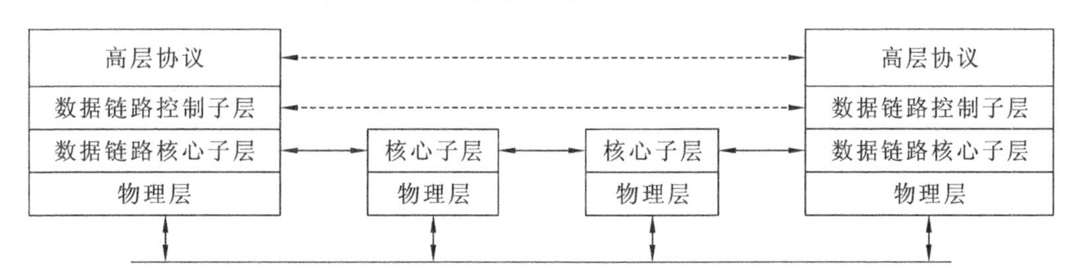

图 5-4 帧中继与 OSI 的对应关系

概括地讲，帧中继技术是在数据链路层用简化的方法和交换数据单元的快速分组交换技术。在通信线路质量不断提高，用户终端智能化也不断提高的基础上，帧中继技术省去了 X.25 分组交换网中的差错控制和流量控制功能，这就意味着帧中继网在传送数据时可以更加简单而高效。同时，帧中继采用虚电路技术(Virtual Circuits，VCs)，能充分利用网络资源，具有吞吐量高、延时短、适合突发性业务等特点。而且帧中继数据单元至少可以达 1 600 字节，所以帧中继协议十分适合在广域网中连接局域网。帧中继网络的组成如图 5-5 所示。

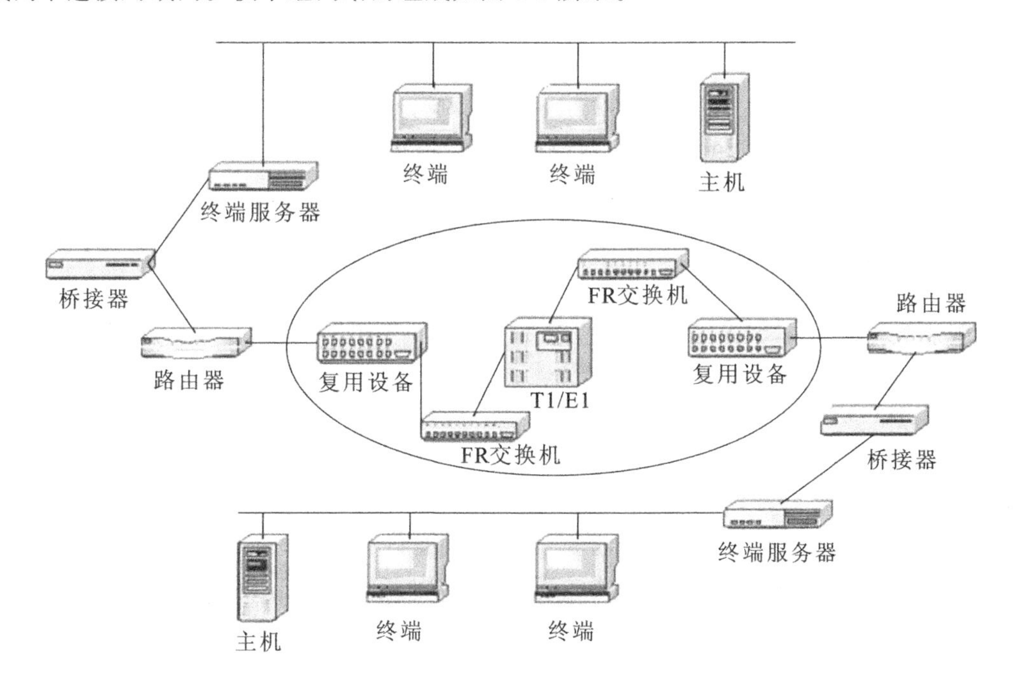

图 5-5 帧中继网络的组成

1. 帧中继的帧格式

帧中继采用可变长度的帧来封装不同局域网(如以太网、令牌环、FDDI 等)的不同长度的数据包,其数据在网络中以帧为单位进行传送,其帧结构中只有标志字段、地址字段、信息字段和帧校验序列字段,而不存在控制字段,如图 5-6 所示。

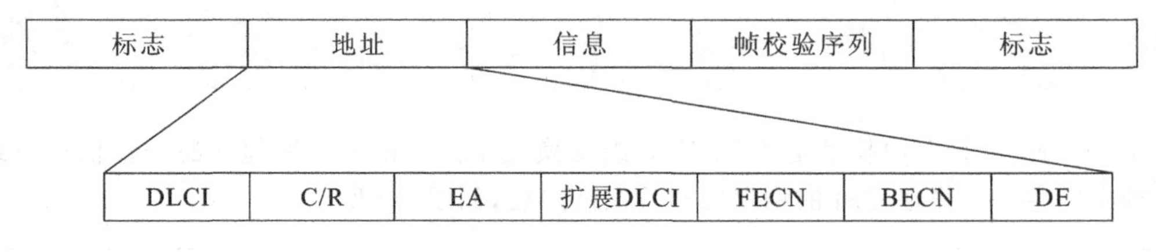

图 5-6 帧中继的帧结构

(1) 标志字段　是一个特殊的八比特组 01111110,它的作用是标志一帧的开始和结束。在地址标志之前的标志为开始标志,在帧校验序列字段之后的标志为结束标志。

(2) 地址字段　主要用于区分同一通路上多个数据链路的连接,以便实现帧的复用/分路。地址字段的长度一般为 2 字节,必要时最多可扩展到 4 字节。地址字段通常包括以下信息。

① 数据链路连接标识符(DLCI)　用于唯一标识一条虚电路的多比特字段,用于区分不同的帧中继连接。在后面我们会详细介绍。

② 命令/响应指示(C/R)　用于指示该帧为命令帧或响应帧。在帧中继协议中,该位没有定义,并且透明地通过网络。

③ 扩展地址比特(EA)　地址字段中的最后一字节设为 1,前面字节设为 0。

④ 扩展的 DLCI(extended DLCI)。

⑤ 前向拥塞指示比特(FECN)　通知用户端网络与发送该帧相同的方向正处于拥塞状态。通知但并不强制用户采取某种行为以减轻拥塞。

⑥ 后向拥塞指示比特(BECN)　通知用户端网络与发送该帧相反的方向正处于拥塞状态。通知但并不强制用户采取某种行为以减轻拥塞。

⑦ 优先丢弃比特(DE)　用于指示在网络拥塞情况下可丢弃该信息帧。

(3) 信息字段　包含的是用户数据,可以是任意的比特序列,它的长度必须是整数个字节,帧中继信息字节最大长度为 262 字节,网络应能支持协商的信息字段的最大字节数至少为 1 600 字节,用来支持如局域网互联之类的应用,以尽量减少用户设备分段和重组用户数据。此字段的内容在网络上传输时不被改变,并且不被帧中继协议接受。

(4) 帧校验序列字段(FCS)　用于检测数据是否被正确地接收。此 FCS 作用于帧中除了标志与 FCS 本身之外的其他比特。在帧中继接入设备的发送端及接收端都要进行 CRC 校验的计算。如果结果不一致,则丢弃该帧。地址字段改变后,FCS 必须重新计算。

2. 帧中继的特性

帧中继技术的主要特性如下。

(1) 帧中继技术主要用于传递数据业务,将数据信息以帧的形式进行传送。

(2) 帧中继传送数据使用的传输链路是逻辑连接,而不是物理连接,在一个物理连接上可以复用多个逻辑连接,可以实现带宽的复用和动态分配。

(3) 帧中继协议简化了 X.25 的第三层功能,使网络结点的处理大大简化,提高了网络对信息的处理效率。采用物理层和链路层的两级结构,在链路层也只保留了核心子集部分。

(4) 在链路层完成统计复用、帧透明传输和错误检测，但不提供发现错误后的重传操作。省去了帧编号、流量控制、应答和监视等机制，大大节省了交换机的开销，提高了网络吞吐量，缩短了通信时延。一般帧中继用户的接入速率为 64 Kb/s～2 Mb/s。

(5) 交换单元一帧的信息长度比分组长度要长，预约的一帧最大长度至少要达到 1 600 字节，适合封装局域网的数据单元。

(6) 提供一套合理的带宽管理和防止拥塞的机制，用户有效地利用预约的带宽，即承诺的信息速率(CIR)，还允许用户的突发数据占用未预定的带宽，以提高网络资源的利用率。

(7) 与分组交换一样，帧中继采用面向连接的交换技术，可以提供交换虚电路(SVC)和永久虚电路(PVC)业务。但目前已应用的帧中继网络中，只采用 PVC 业务。

帧中继技术适用于以下两种情况。

(1) 当用户需要数据通信，其带宽要求为 64 Kb/s～2 Mb/s，而参与通信的各方面多于两个的时候使用帧中继是一种较好的解决方案。

(2) 当数据业务量为突发性时，由于帧中继具有动态分配带宽的功能，选用帧中继可以有效地处理突发性数据。

3. 帧中继的应用

帧中继比较典型的应用有帧中继接入和帧中继交换两种。帧中继接入即作为用户端承载上层报文，接入到帧中继网络中。帧中继交换指在帧中继网络中，直接在链路层通过 PVC 交换转发用户的报文。

帧中继网络提供了用户设备(如路由器、桥、主机等)之间进行数据通信的能力，用户设备被称为数据终端设备(即 DTE)；为用户设备提供接入的设备，属于网络设备，被称为数据通信设备(即 DCE)。DTE 和 DCE 之间的接口被称为用户-网络接口(即 UNI)，网络与网络之间的接口被称为网络-网络接口(即 NNI)。帧中继网络可以是公用网络，或者是某一企业的私有网络，也可以是直接连接。

4. 数据链路连接标识

帧中继协议是一种统计复用的协议，它在单一物理传输线路上能够提供多条虚电路。每条虚电路是用 DLCI(data link connection identifier，数据链路连接标识)来标识的。虚电路是面向连接的，它将用户数据帧按顺序传送至目的地。按建立虚电路方式的不同，帧中继虚电路分为两种类型，即永久虚电路(PVC)和交换虚电路(SVC)。永久虚电路是指给用户提供固定的虚电路。这种虚电路是通过人工设定产生的，如果不人为取消它，它一直是存在的。交换虚电路是指通过协议自动分配的虚电路，当本地设备需要与远端设备建立连接时，它首先向帧中继交换机发出“建立虚电路请求”报文，帧中继交换机如果接受该请求，就为它分配一个虚电路。在通信结束后，该虚电路可以被本地设备或交换机取消。也就是说这种虚电路的创建/删除不需要人工操作。现在帧中继中使用最多的是永久虚电路，即手工配置虚电路方式。由于它的简单、高效和复用的特点，故特别适用于数据通信。

LMI(local management interface，本地管理接口)协议用于建立、维护路由器和交换机之间的连接。LMI 协议还用于维护虚电路，包括虚电路的建立、删除和状态改变。

数据链路连接标识(DLCI)用于标识每一个 PVC。通过帧中继的帧中地址字段的 DLCI，可以区分出该帧属于哪一条虚电路。虚电路的 DLCI 只在本地接口有效，只具有本地意义，不具有全局有效性，即在帧中继网络中，不同的物理接口上相同的 DLCI 并不表示是同一个虚连接。例如，在路由器串口 1 上配置一条 DLCI 为 100 的 PVC，尽管有相同的 DLCI，但并不是同一个虚连接。

帧中继网络用户接口上最多可支持 1 024 条虚电路，其中用户可用的 DLCI 范围是 16～1007，其余为协议保留，供特殊使用。例如，帧中继 LMI 协议占用 DLCI 为 0 和 1023 的 PVC。由于帧中继虚电路是面向连接的，本地不同的 DLCI 连接到不同的对端设备。

5. 帧中继地址映射

帧中继地址映射(MAP)是把对端设备的协议地址与连接对端设备的 DLCI 关联起来，以便高层协议使用对端设备的协议地址能够寻址到对端设备。地址映射表可以由手工配置，也可以由 Inverse ARP 协议动态维护。

路由器管理者通过配置 MAP 把这些可用的 DLCI 号映射到远端的网络层地址。例如，可以映射到对端路由器一个接口的 IP 地址。

在帧中继中支持子接口的概念，在一个物理接口上可以定义多个子接口，子接口和主接口共同对应一个物理接口。子接口只是逻辑上的接口，在逻辑上与主接口的地位是平等的，在子接口上可以配置 IP 地址、DLCI 和 MAP。在同一个物理接口下的主接口和子接口不能指定相同的 DLCI，因为它们对应同一个物理接口，每个物理接口上的 DLCI 必须是唯一的。

四、ATM 技术

1. ATM 的基本概念

ATM 是一种面向连接的快速分组交换技术，它是通过建立虚电路来进行数据传输的。ATM 采用固定长度的数据包，每个 ATM 数据包称为信元。固定长度的 ATM 信元具有以下优点。

(1) 固定长度的信元使得联网和交换的排队延迟时间更容易预测。同时，较小的信元长度降低了交换结点内部缓冲器的容量，限制了信息在缓冲器的排队延迟。

(2) 与可变长度的数据包相比，ATM 信元更便于简单、可靠地进行处理。很高的可预估性使 ATM 硬件可以更有效地实现。

ATM 的信元头只包括 5 字节，其功能要比普通的分组交换精简得多。信元头的功能十分有限，其主要功能是用来根据虚电路标志识别虚连接。这个标志在连接建立时产生，使用它可以很容易地将不同的虚连接复用到同一条链路上。除了虚连接的标志外，信元头还支持一些非常有限的功能，后面会进行介绍。传统分组交换中的大多数功能都被取消，这使得信元头的处理速度加快，有利于缩短时延。

ATM 采用统计时分复用的方式来进行数据传输。统计时分复用就是根据各种业务的统计特性，在保证业务质量要求的情况下，在各个业务之间动态地分配网络带宽，以达到最佳的资源利用率，这种方式可以解决 STM 中出现的浪费的问题。多条数据连接根据它们不同的传输特性复用到一条链路上。与同步时分复用 STM 不同，在 ATM 中，一个数据连接只在有数据要传输时才被分配时隙进行传输，而没有数据需要传输时，则不占用带宽。因此，ATM 在处理实时传输时能达到非常好的性能。在一般的复用机制中，各个输入带宽的总和应小于传输线路的总带宽；利用统计时分复用可能使输入带宽的总和大于总带宽，而仍保证各业务的质量，这是通过几方面的具体技术实现的。

2. ATM 的分层结构

ISO 的 OSI 七层协议模型是众所周知的，它成功地将各种类型的通信系统抽象到一个统一的模型中，为网络的开发、建立和使用提供了参考，促进了网络的发展。CCITT(即现在的ITU-T)的I.321采用了与OSI模型类似的逻辑层次结构并用于ATM B-ISDN网。同时，这个模型还采用平面的概念来分离用户、控制和管理。

B-ISDN的ATM协议模型，如表5-1所示。它包括用户平面、控制平面和管理平面等三个平面。其中，用户平面支持数据传送、流量控制、差错检测及其他的用户功能；控制平面主要用于连接管理，包括对信令信息的管理；管理平面用来维护网络和执行操作功能。在每个平面中，采用了OSI的方法，各层相对独立。ATM分为物理层、ATM层、ATM适配层(AAL)和高层。

表5-1　ATM协议模型

AAL	CS	汇聚
	SAR	分段与重组
ATM层		一般流量控制、信元头产生/提取 信元VPI/VCI翻译、信元复用和分路
物理层	TC	信元速率匹配、HEC产生/验证 信元定界、传输帧适配 传输帧产生/恢复
	PMD	比特定时、物理媒体

物理层主要讨论物理媒体的问题，如电压、比特定时、信元头及信元速率匹配等问题，其功能相当于OSI七层模型中的物理层和数据链路层。

ATM层主要讨论信元及其传输，它定义了信元格式、虚连接的建立和拆除以及路由选择等，信元的拥塞控制也是在这里定义的，它的功能相当于OSI参考模型中的网络层。

CCITT在ATM层之上定义了ATM适配层，即ALL层，用于为高层应用提供信元分割和会聚功能，将业务转变成ATM信元流。

这些层又分为不同子层，每个子层执行特定的功能。ATM协议模型中各层和相应子层的功能及其与OSI七层模型的对应关系，见表5-2。

表5-2　ATM协议模型中各层和相应子层的功能

ATM的层次	ATM中的子层	功　　能	对应的OSI层次
AAL	会聚子层CS，拆装子层SAR	为高层应用提供统一接口(会聚)	3或4
ATM		● 分割和组装信元 ● 虚通路和虚通路管理信元头的生成、去除，信元复用和交换，流量控制	2或3
物理层	传输会聚子层TC	信元速率匹配，信元头验证，传输帧适配	2
	物理媒体子层PMD	比特定时，物理网络接入	1

1) ATM高层及其服务

ATM高层实际上指高层与业务相关的功能。高层是与业务密切相关联的，ITU-T定义了ATM网络业务分类，见表5-3。其中，网络业务分为A、B、C、D四类，每一类分别对应不同的网络业务，其中包括定时、比特率及连接模式。

表 5-3　网络业务的分类

服务类型	A 类	B 类	C 类	D 类
端到端定时	要求		不要求	
比特率	恒定	可变		
连接模式	面向连接			无连接

下面讨论 ATM 高层的各种服务。

根据 ATM 4.0 版，ATM 支持的服务主要包括如下几类。

(1) CBR(恒定比特率)　主要用来模拟电路交换，如 T1 电路等。比特以恒定的速率从一端传到另一端。传输过程中没有错误检测、流量控制或其他操作。

(2) VBR(可变比特率)　这类服务分为两个子类，分别称为 RT-VBR(实时可变比特率)和 NRT-VBR(非实时可变比特率)。RT-VBR 主要用于提供具有严格实时要求的可变比特率服务，如实时视频会议等。在这类服务中，ATM 网络不能在信元的传输中引入波动，因为这会引起显示的抖动。在 NRT-VBR 服务中，及时传送很重要，但应用中可以容忍一定量的抖动。例如，多媒体电子邮件。

(3) ABR(可用比特率)　这类服务主要是为带宽并不确定的突发式的通信设计的。例如，当用户使用 Web 浏览器来查询信息时，便使用这类服务。这时，用户对带宽的需要是不确定的，如果用户在访问数据量断续的主页和用户正在阅读当前主页时，所需带宽很少或几乎为零；而当用户下载图像密集的主页时，所需带宽会猛增。使用 ABR 服务，可以使用户避免长时间申请一个固定带宽。例如，用户可以将自己所用的虚连接指定为：在通常状况下，带宽为 2 Mb/s，但带宽可以提升为 10 Mb/s。在 ABR 服务中，当网络发生阻塞时，会向信息发送者返回消息来请求减缓发送。ABR 服务是唯一的一种具有这种反馈机制的服务类型。

(4) UBR(不定比特率)　这类服务不对用户做出任何承诺，同时，也不对网络阻塞做出任何反馈，故用它来传送 IP 包是非常合适的。当网络发生拥塞时，UBR 信元将被丢弃，网络不会向发送者返回任何反馈信息。文件传递、电子邮件及公告牌等服务使用 UBR 是完全可以的。上述服务类型的性能，见表 5-4。

表 5-4　各类服务的性能

	CBR	RT-VBR	NRT-VBR	ABR	UBR
带宽保证	√	√	√	可选择	×
实时数据流	√	√	×	×	×
突发数据流	×	×	√	√	√
拥挤反馈	×	×	×	√	×

2) ATM 适配层

ATM 适配层(AAL)负责处理从高层应用传送来的信息。在发送方，负责将从用户应用传来的数据包分割成为固定长度的 ATM 有效负载(48 字节)；在接收方，将 ATM 信元的有效负载重组成为用户数据包，传递给高层应用。

虽然 ALL 层的功能与 OSI 模型中的传输层的功能是有差别的，由于 AAL 层位于具有网络功能的 ATM 层之上，并具有一些类似传输层的功能，我们可以将其与传输层对应起来。

为了适应不同业务类型的需要，ITU-T 定义了四类 AAL，分别为 AAL1、AAL2、AAL3/4、AAL5。下面分别进行介绍。

(1) AAL1 规程用于支持 A 类业务。

(2) AAL2 规程用于支持 B 类业务，适用于时延敏感的低速、可变长度的短分组的传送。

(3) AAL3 与 AAL4 原来是分开的，后来合并为一类，即 AAL3/4，其用于支持 C、D 两类业务，即包括面向连接与无连接的数据业务。

(4) AAL5 可以看成是简化的 AAL3/4，用于支持面向连接的 C 类业务(如帧中继)，传送大的数据分组时效率较高，ATM 网络信令也采用 AAL5。

表 5-5 中给出了 AAL 各层所支持的业务类型。

表 5-5 AAL 各层所支持的业务类型

业务特性	A 类	B 类	C 类	D 类
源与终点之间的定时关系	需要		不需要	
比特率	固定	可变		
连接方式	面向连接			无连接
ATM 适配层	AAL1	AAL2	AAL5、AAL3/4	AAL3/4

从功能上，AAL 分为两个子层，即会聚子层(CS)和拆装子层(SAR)。会聚子层是与业务相关的，它负责为来自用户平面的信息(如 IP 包)做分割准备，以使 CS 层能将这些信息再拼成原样。CS 层将一些控制信息(如子网头或尾)附加到从上层传来的用户信息上，一起放在信元的有效负载中。拆装子层的主要功能是将来自 CS 的数据包(CS-PDU)分割成 44～48 字节的信元有效负载，并将 SAR 层的少量控制信息(如果有)作为头、尾附加其上，将其重组为 SAR-PDU。此外，在某些服务类型中，SAR 或 CS 子层可以为空。

3) ATM 层

ATM 层是 ATM 网络的核心。它为 ATM 网络中的用户和用户应用提供一套公共的传输服务。ATM 层提供的基本服务是完成 ATM 网上用户和设备之间的信息传输。其功能可以通过 ATM 信元头中的字段来体现，主要包括：信元头的生成和去除，一般流量控制，连接的分配和取消，信元复用和交换，网络阻塞控制，汇集信元到物理接口以及从物理接口分检信元等。

ATM 层接收到 AAL 层提供的信元载体后，必须为其加上信元头以生成信元，这样信元才可以成功地在 ATM 网络上进行传输。相反，当 ATM 层将信元载体向高层 AAL 层传输时，必须去除信元头。信元载体提交给 AAL 层后，ATM 层也将信元头信息提交给 AAL 层。所提交的信息包括用户信元类型、接收优先级以及阻塞指示。

ATM 网络用户网络接口 UNI 上的信元头结构如图 5-7(a)所示，在网络接口 NNI 上的信元头结构如图 5-7(b)所示。

信元头中的 GFC 字段的功能被定义成用来提供 UNI 接口上的流量控制，以减轻网络中可能出现的瞬间业务量过载的情况。从信元头结构中我们可以看出，该字段只有在 UNI 接口的信元头中出现，即在主机和网络之间起作用，而在 NNI 接口的信元头中，则没有 GFC 字段。

ATM 层提供 CLP 字段进行阻塞控制，以保证一定的业务质量。CLP 标识信元的两种优先

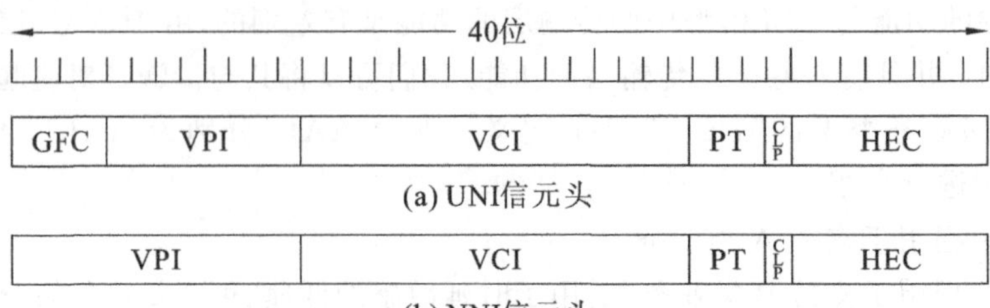

GFC：通用流量控制　　PTI：有效载荷类型
VPI：虚通路标识符　　CLP：信元丢弃优先权
VCI：虚通路标识符　　HEC：信元错误校验

图 5-7　ATM 信元头的结构

级，CLP＝1 为低优先级，CLP＝0 为高优先级。当网络阻塞时，首先丢弃低优先级的信元，这样可以在一定的情况下保证业务质量。

信元的复用和交换主要通过信元头中 VPI 和 VCI 来实现。通过复用在一条传输链路上的不同虚连接进行传输的信息是通过 VPI/VCI 来区分的。信元交换、路径选择是 ATM 交换机和交叉连接设备根据连接映像表对 VPI、VCI 进行交换实现的。连接映像表在虚连接被建立时，由信令过程创建。

由 3b 组成的 PTI 用于区分信元类型，以确定信元是用户数据信元，还是系统内作为维护和控制的信元。

4）ATM 物理层

ATM 物理层分为与媒体有关的物理媒体子层（PMD 子层）和传输聚合子层（TC 子层）。PMD 子层的作用是在适当的物理媒体上正确地发送和接收比特，以及提供比特在物理媒体上的传输。它的作用类似于 OSI 七层模型中的物理层。

ATM 并没有对传递比特的形式进行标准化。在 ATM 中，除了可以以信元的方式传送比特外，还可以将信元包含在 T1、T3、SONET 或 FDDI 的帧中进行传送，在最初的 ATM 标准中，传输的基本速率是 155～52 Mb/s，还可以达到 622.08 Mb/s、2 488.32 Mb/s 等。这个速率是与美国通信公司开发的同步光纤网 SONET 的速率相一致的。当信元在 T3 媒体上传输时，速率为 44～736 Mb/s，在 FDDI 上速率为 100 Mb/s。

ATM 物理层的传输媒体可以是光纤，当在 100 m 以内运转时，5 类双绞线也是可用的。使用光纤可以覆盖数千米。光纤或双绞线连接都是在主机和交换机之间以及交换机与交换机之间进行的。

TC 子层的作用是为其上层的 ATM 层提供一个统一的接口。在发送方，它从 ATM 层接收信元，并将其组装成特定的形式（如信元、SONET 数据帧、FDDI 数据帧等）以使其在物理媒体子层上传输。在接收方，TC 从来自 PM 子层的比特或字节流中提取信元，验证信元头，并将有效信元传递给 ATM 层，TC 子层具有 OSI 模型中数据链路层的功能。

3. ATM 的局域网仿真技术

1）传统局域网与 ATM 网络

为了使现有的大量局域网（包括以太网 IEEE 802.3 和令牌环网 IEEE 802.5）上的应用能够在 ATM 上继续使用，以实现现有局域网和 ATM 之间的互操作性，关键的问题是在现有局域网和 ATM 网上使用相同的协议，如 IP 和 IPX。

在ATM上实现网络层协议有两种方法。一种方法称为传统方式，就是在ATM上直接支持网络层协议，如IP和IPX，使用地址解析机制将网络层地址直接映射成ATM地址，这样网络层的信息包就可以通过ATM网络进行传送了（如IPOA）。另一种方法就是本节要介绍的局域网仿真。

传统局域网与ATM提供的服务有如下区别。

(1) ATM采用面向连接的点对点的通道复用方式来传输数据，而传统局域网是以非连接方式来传输数据的。

(2) 由于传统局域网是共享媒体的，因此比较容易实现广播（broadcast）或组播（multicast）通信，而ATM则要采用较复杂的技术来实现。

(3) 传统局域网以不定长度的帧（frame）为单位来传输数据，而ATM则采用固定长度信元，每个信元只有53字节。

2) *局域网仿真（LANE）*

在局域网仿真方面，ATM论坛已经制定了局域网仿真标准。

从它的名字我们就可以了解到，局域网仿真协议（LANE）的功能是在ATM网络上仿真传统局域网。局域网仿真协议包括了对以太网IEEE 802.3和令牌环网IEEE 802.5的仿真。

(1) ATM局域网仿真的内容如下。

① 无连接服务。传统局域网站点不需要先建立连接就可以传送数据，局域网仿真要为参与仿真的站点提供类似的无连接服务。

② 组播服务。局域网仿真服务要支持组播MAC地址的使用。

③ ATM站点中的MAC驱动器接口。局域网仿真的主要目的是使已有的局域网上的应用能够通过传统协议栈如IP、IPX、NetBIOS、APPN、AppleTalk等访问ATM网络，就像它们在传统局域网上运行一样。由于传统局域网上的这些协议栈都是运行在标准的MAC驱动器接口（如NDIS、ODI等）上的，局域网仿真服务就提供相同的MAC驱动器服务原语，以保证网络层协议不需经过修改就能运行。

④ 仿真局域网（ELAN）。在有些环境中，可能需要在一个网络中配置多个分开的域，从这种需要出发便产生了“仿真局域网”的概念。仿真局域网由一组ATM附属设备组成，这组设备逻辑上与以太网IEEE 802.3和令牌环网IEEE 802.5的局域网网段类似。在一个ATM网络中可以有多个仿真局域网。终端设备属于哪个仿真局域网与它的物理位置无关。一台终端设备可以同时属于多个仿真局域网。同一个ATM网络中的多个仿真局域网在逻辑上是相互独立的。

⑤ 与传统局域网的互联。局域网仿真不仅提供与ATM站点的连接，而且提供与传统局域网站点的连接。因此不仅包括有ATM站点与局域网站点，同时还包括局域网站点通过ATM站点与局域网站点的连接。在这种MAC层的局域网仿真中仍然可以采用传统的桥接方法。

(2) 局域网仿真的协议结构如下。

ATM局域网仿真（LANE）位于AAL层的上面。用于LANE的AAL协议是AAL5。在网络边缘设备ATM到局域网交换器中，LANE为所有协议解决数据联网问题，其办法是把MAC层的局域网地址和ATM地址桥接起来。LANE完全独立于其上层的协议、服务和应用软件。

由于局域网仿真过程发生在边缘设备和终端系统上，因此对于ATM以及以太网和令牌环网的主机来说，它是完全透明的。局域网仿真把基于MAC地址的数据联网协议变成ATM虚连接，这样，ATM网络的作用和表现就像无连接的局域网一样。

局域网仿真协议的最基本的功能就是将MAC地址解析为ATM地址。通过这种地址映射，它才能完成 ATM 上的 MAC 桥接协议，从而使 ATM 交换机更好地完成局域网交换机的功能。LANE 的目的就是完成这种地址映射以确保 LANE 站点之间能够建立连接并传送数据。

习题

一、选择题

1. 属于点到点连接的链路层协议有(　　)。
   A. X. 25　　B. HDLC　　C. ATM　　D. PPP
2. 帧中继使用的链路层协议是(　　)。
   A. LAPB　　B. LAPD　　C. LAPF　　D. HDLC
3. PPP 中，(　　)主要用于协商在该数据链路上所传输的数据包的格式与类型。
   A. 链路控制协议(LCP)　　B. PPP 扩展协议
   C. 网络层控制协议族(NCPS)　　D. PAP、CHAP 协议
4. 帧中继是一种(　　)的协议。
   A. 面向连接　　B. 网络协议　　C. 无连接　　D. 可靠
5. (　　)是 ATM 网络的核心。
   A. 物理层　　B. ATM 层
   C. ATM 适配层　　D. 高层协议

二、简答题

1. 广域网与局域网相比，有什么区别？
2. HDLC 协议有哪几种操作方式？这几种操作方式有什么区别？
3. ATM 有哪几层？每层有什么作用？

项目6 网络互联

项目描述 网络层是OSI参考模型的第3层，主要负责为网络上的不同主机提供通信，其基本任务包括路由选择、拥塞控制与网络互联等。

基本要求 了解网络层的功能，理解IP地址的定义和分类，运用IP地址划分子网，理解路由和路由协议的概念，描述ARP、RARP、ICMP和IGMP协议的功能，配置静态路由与动态路由。

任务1 互联网与因特网

一、虚拟互联网络

将网络互相连接起来要使用一些中间设备，ISO的术语称之为中继(relay)系统。根据中继系统所在的层次，可以分为以下五种中继系统：

(1) 物理层中继系统，即转发器(repeater)。

(2) 数据链路层中继系统，即网桥(bridge)。

(3) 网络层中继系统，即路由器(router)。

(4) 网桥和路由器的混合物桥路器(brouter)。

(5) 网络层以上的中继系统，即网关(gateway)。

因特网在IP层采用了标准化协议。如图6-1所示，有许多计算机网络通过若干路由器进行互联。由于参加互联的计算机都采用相同的网际协议IP(Internet protocol)，因此可以将互联以后的计算机网络看成一个虚拟互联网络。虚拟互联网络也就是逻辑互联网络，它的意思是互联起来的各种物理网络的异构性本来是客观存在的，但是利用IP协议就可以使这些性能各异的网络从用户看起来好像是一个统一的网络。这样，当互联网上的主机进行通信时，就好像在一个网络上通信一样，它们看不见互联的每个具体的网络的异构细节，如不同的寻址方案、不同的最大分组长度、不同的网络接入机制、不同的超时控制、不同的路由选择技术等。

Internet与internet概念的区别如下。

(1) internet(i为小写)：互联网，是一个通用名词，它泛指由多台计算机互联而成的虚拟网络。

(2) Internet(I为大写)：因特网，是一个专用名词，指当前全球最大的、开放的、由众多网络互相连接而成的特定的计算机网络，它采用TCP/IP协议簇，其前身是美国的ARPANET。

二、IP互联网的工作机理

如果说IP数据报是IP互联网中行驶的车辆，那么IP协议就是IP互联网中的交通规则。连

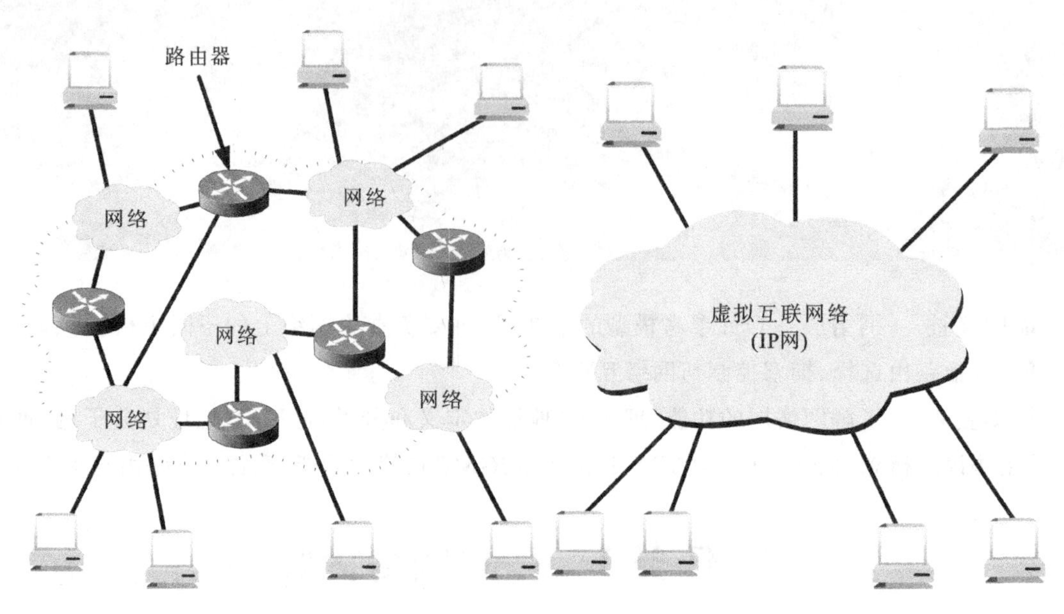

图 6-1　互联网络的概念

入互联网的每台计算机及处于十字路口的路由器都必须熟知和遵守交通规则。发送数据的主机需要按 IP 协议装载数据，路由器需要按 IP 协议指挥交通，接收数据的主机需要按 IP 协议拆卸数据。这样，满载数据的 IP 数据包从源主机出发，在沿途各个路由器的指挥下，就可以顺利到达目的主机。

我们通过一个简单的互联网示意图来说明互联网的工作机理。如图 6-2 所示，该互联网包含了两个以太网和一个广域网，其中主机 A 与以太网 1 相连，主机 B 与以太网 2 相连，两台路由器除了分别连接两个以太网外还与广域网相连。主机 A、B 和路由器 X、Y 都有 IP 层并运行 IP 协议。由于 IP 层具有将数据单元从一个网络转发到另一个网络的功能，因此，互联网上的数据都可以进行跨网传输。

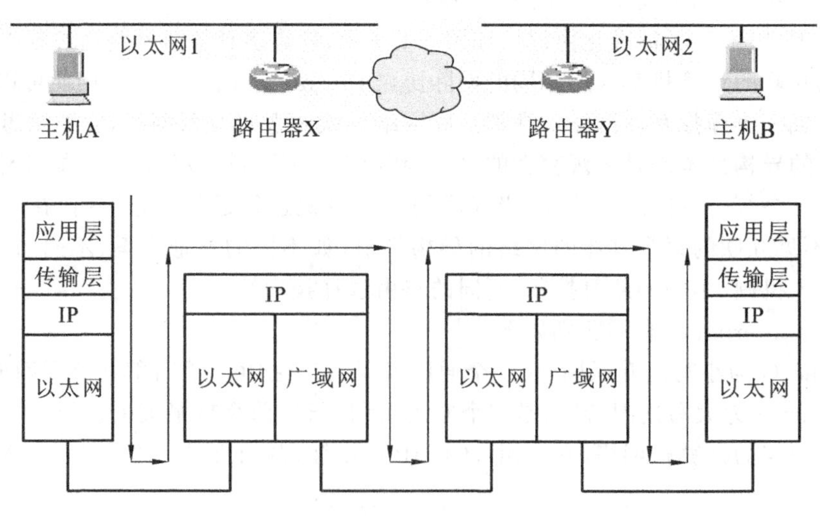

图 6-2　互联网示意图

如果主机 A 给主机 B 发送数据，IP 互联网封装、处理和投递该信息的过程如下。

(1) 主机 A 的应用层形成要发送的数据并将该数据经传输层送到 IP 层处理。

(2) 主机 A 的 IP 层将该数据封装成 IP 数据报,并对该数据报进行路由选择,最终决定将它投递给路由器 X。

(3) 主机 A 把 IP 数据报送交给它的以太网控制程序,以太网控制程序负责将数据报传递到路由器 X。

(4) 路由器 X 的以太网控制程序收到主机 A 发送的信息后,将该信息传送到它的 IP 层处理。

(5) 路由器 X 的 IP 层对该 IP 数据报进行拆封和处理,经过路由选择得知该数据必须穿越广域网才能到达目的地址。

(6) 路由器 X 对数据进行再次封装,并将封装后的数据送交到它的广域网控制程序。

(7) 广域网控制程序负责将 IP 数据报从路由器 X 传递到路由器 Y。

(8) 路由器 Y 的广域网控制程序将收到的数据信息提交给它的 IP 层处理。

(9) 与路由器 X 相同,路由器 Y 对收到的数据进行拆封并进行处理,通过路由选择可知,路由器 Y 与目的主机处于同一以太网,可直接投递到达。

(10) 路由器 Y 再次把数据封装成 IP 数据报,并将其转交给自己的以太网控制程序。

(11) 以太网控制程序负责把 IP 数据报由路由器 Y 传送到主机 B。

(12) 主机 B 的以太网控制程序将收到的数据送交给它的 IP 层处理。

(13) 主机的 IP 层拆封和处理该 IP 数据报,在确定数据目的地为本机后,将数据经传输层提交给应用层。

任务2 IP 地 址

网际协议(IP 协议)是 TCP/IP 体系中两个主要的协议之一。与 IP 协议配套使用的还有以下四个协议。

(1) 地址解析协议 ARP(address resolution protocol)。

(2) 逆地址解析协议 RARP(reverse address resolution protocol)。

(3) 因特网控制报文协议 ICMP(Internet control message protocol)。

(4) 因特网组管理协议 IGMP(Internet group management protocol)。

图 6-3 中画出了这四个协议与 IP 协议的关系。在这一层中,ARP 和 RARP 画在下部,因为 IP 协议要经常使用这两个协议。ICMP 与 IGMP 画在上部,因为它们要使用 IP 协议。这四个协议在后续的内容中会有更多介绍。

一、分类的 IP 地址

Internet 上基于 TCP/IP 的网络中的每台设备既有逻辑地址(即 IP 地址),也有物理地址(即 MAC 地址、硬件地址)。物理地址和逻辑地址都是唯一标识一个结点的。物理地址是设备生产厂商固化在硬件内部或网卡上的。物理地址工作在 OSI 模型的链路层以下,逻辑地址工作在网络层以上。逻辑地址与物理地址的关系如图 6-4 所示。

为什么网络设备已经有了一个物理地址,还需要一个逻辑地址呢?

首先,每台设备支持不同的物理地址,如果这些设备相互连接进行通信就会出现问题,比如我

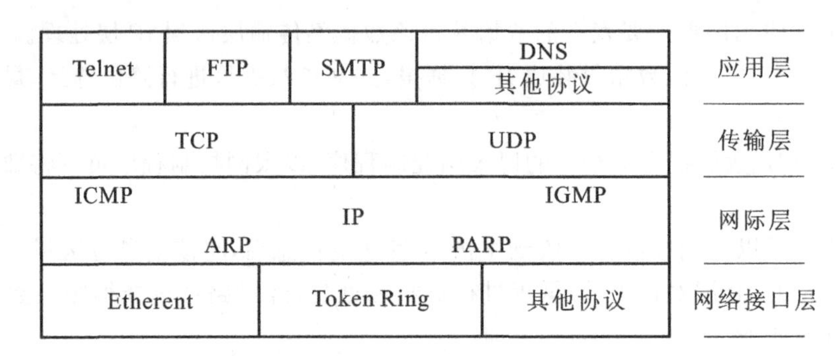

图 6-3　IP 协议及其配套协议关系图

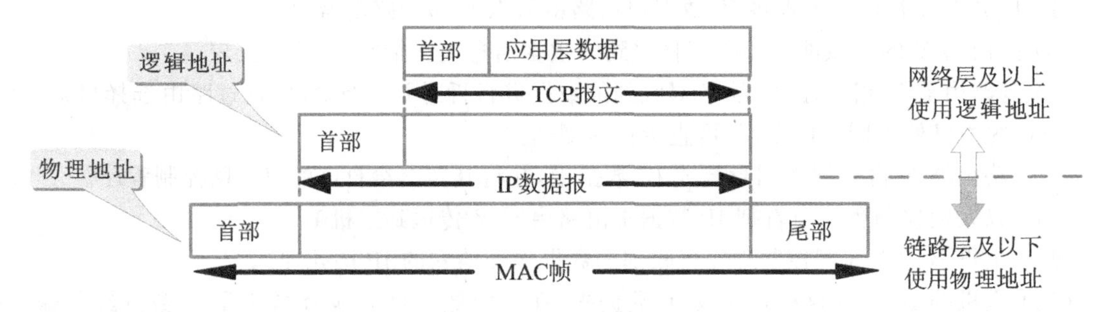

图 6-4　逻辑地址与物理地址的关系

们在交谈时，需要使用同一种语言，否则就会出现问题，IP 地址就是互联设备的语言，它屏蔽了具体的硬件差别，独立于数据链路层。

其次，硬件地址是按照厂商设备来编号而不是按照拥有它的组织来编号的。将高效的路由方案建立在设备制造商基础上，而不是网络所处的位置上，是不可行的。IP 地址的分配基于网络拓扑结构。

最后，当存在一个附加层的地址寻址时，设备更易于移动和维修。如果一个网卡坏了，则可以更换一个新网卡，不需要取得一个新的 IP 地址；如果一个结点从一个网络移动到另一个网络，则可以给它分配一个新的 IP 地址，而无须更换一个新的网卡。IP 地址和 MAC 地址的区别如图 6-5 所示。

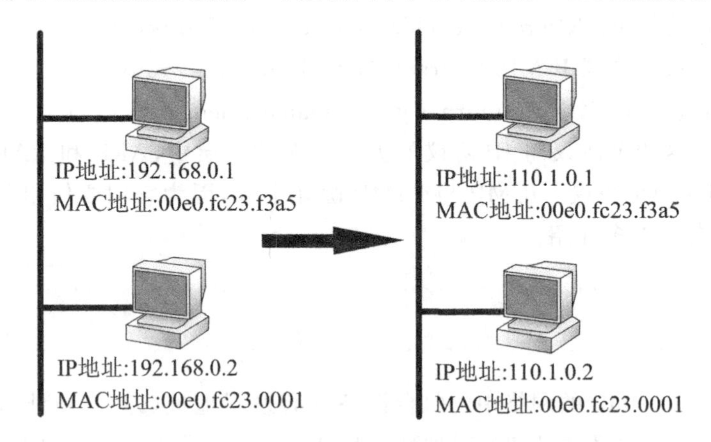

图 6-5　IP 地址和 MAC 地址的区别

1. IP 地址的结构

IP 地址是 32 位的二进制数，每个 IP 地址被分为两部分，即网络号部分(称为网络 ID)和主机号部分(称为主机 ID)，如图 6-6 所示。

IP 地址如同我们日常使用的电话号码。例如，86-0415-3××××××这个号码，86 是国家代码，0415 是城市区号，3××××××则是那个城市中具体的电话号码。IP 地址的原理与此类似。使用这种层次结构，易于实现路由选择，易于管理和维护。

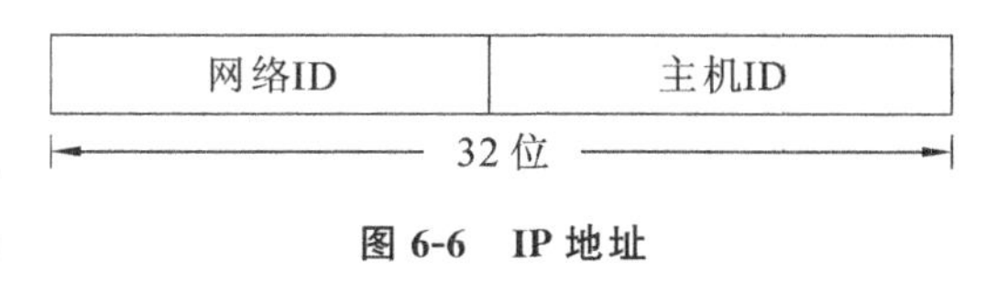

图 6-6　IP 地址

2. IP 地址的表示方法

在计算机内部，IP 地址是用二进制数表示的，共 32 位。

例如：11000000　10101000　00000101　00001000

这种表示方法，对于用户来说，是很不方便记忆的，通常把 32 位的 IP 地址分成 4 组，每 8 位为一组，分别转换成十进制数，使用点隔开，我们称之为点分十进制记法。

上例的 IP 地址(11000000　10101000　00000101　00001000)使用点分十进制记法为 192.168.5.8，如图 6-7 所示。

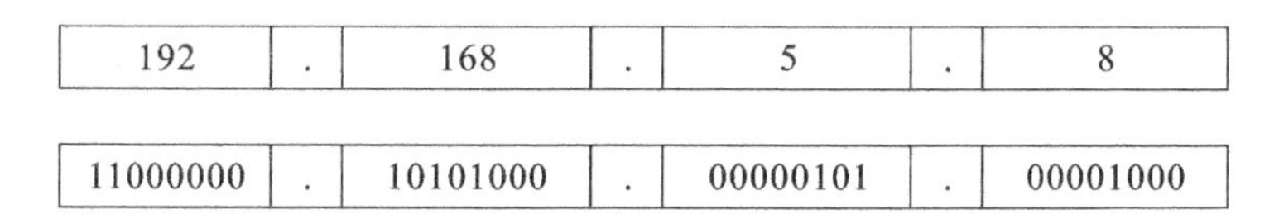

图 6-7　点分十进制表示方法

3. IP 地址的分类

我们知道 IP 地址由 32 位的二进制数组成，分为网络号字段与主机号字段，那么，在这 32 位二进制数中，哪些代表网络号，哪些代表主机号？这个问题很重要，因为网络号字段将决定整个互联网中能包含多少个网络，主机号长度决定网络能容纳多少台主机。

为了适应各种网络规模，IP 协议将 IP 地址分成 A、B、C、D、E 五类，如图 6-8 所示。

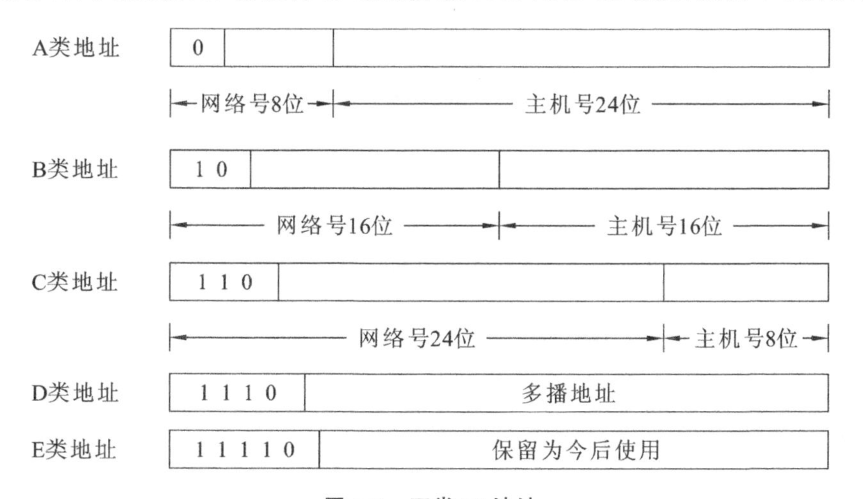

图 6-8　五类 IP 地址

A 类地址的网络号占 1 字节，第 1 位已经固定为 0，所以只有 7 位可供使用。网络地址的范围是 00000001 至 01111110，即十进制的 1～126，全 0 的 IP 地址是一个保留地址，表示“本网络”。全 1 即 127，保留作为本地软件回环测试本主机之用。A 类地址可用的网络数为 126 个。主机号字段占 3 字节，24 位，每一个 A 类网络中的最多主机数是 $2^{24}-2$ 台，即16 777 214台，减 2 台的原因是：全 0 的主机号字段表示该 IP 地址是本主机所连接到的单个网络地址，全 1 的主机号字段表示该网络上的所有主机。A类地址适合大型网络。

B类地址的网络号占两字节，16位，前2位已经固定为10。网络地址的范围是128.0至191.255，B类地址可用的网络数为2^{14}个，即16 384个。因为前2位已经固定为10，所以不存在全0和全1的地址。主机号字段占2字节，16位，每一个B类网络中的最多主机数是$2^{16}-2$台，即65 534台，减2台的原因是：全0的主机号字段表示该IP地址是本主机所连接到的单个网络地址，全1的主机号字段表示该网络上的所有主机。B类地址适合中型网络。

C类地址的网络号占3字节，前3位已经固定为110。网络地址的范围是192.0.0至223.255.255，C类地址可用的网络数为2^{21}个，即2 097 152个。因为前3位已经固定为110，所以也不存在全0和全1的地址。主机号字段占1字节，8位，每一个C类网络中的最多主机数是$2^{8}-2$台，即254台，减2台的原因是：全0的主机号字段表示该IP地址是本主机所连接到的单个网络地址，全1的主机号字段表示该网络上的所有主机。C类地址适合小型网络。

D类地址前4位固定为1110，是一个多播地址。可以通过多播地址将数据发给多台主机。

E类地址前5位固定为11110，保留为今后使用。E类地址并不分配给用户使用。

A、B、C类地址常用，D类与E类地址很少使用，下面给出A、B、C三类地址可以容纳的网络数与主机数，如表6-1所示。

表6-1　A、B、C三类地址可以容纳的网络数与主机数

类别	第一个可用的网络号	最后一个可用的网络号	最多网络数	最多主机数	使用的网络规模
A	1	126	126($=2^{7}-2$)	16 777 214($=2^{24}-2$)	大型网络
B	128.0	191.255	16 384($=2^{14}$)	65 534($=2^{16}-2$)	中型网络
C	192.0.0	223.255.255	2 097 152($=2^{21}$)	254($=2^{8}-2$)	小型网络

表6-2中说明了特殊用途的IP地址。

表6-2　特殊用途的IP地址

网络号字段	主机号字段	源地址使用	目的地使用	地址类型	用　途
net-id	全“0”	不可以	可以	网络地址	代表一个网段
127	任何数	可以	不可以	回环地址	回环测试
net-id	全“1”	不可以	可以	广播地址	特定网段的所有地址
全“0”		可以	不可以	网络地址	在本网络上的本主机
全“1”		不可以	可以	广播地址	本网段所有主机

【实践练习】学习了那么多知识，下面我们可以动手操作啦！

实训4　编址实例

我们已经学习了IP地址的知识，下面利用一个具体网络实例来说明IP地址的具体应用，即在组网过程中如何分配 IP 地址。

要求：一个单位有四个物理网络，其中一个物理网络为中型网络，其他三个物理网络为小型网络，现在通过路由器将这四个网络组成专用的 IP 互联网。

解析：在具体为每台计算机分配 IP 地址之前，首先需要按照每个物理网络的规模为它们选择 IP 地址类别。小型网络选择 C 类地址，中型网络选择 B 类地址，大型网络选择 A 类地址。在实际应用中，由于一般物理网络的主机数不会超过 6 万台，因此，A 类地址很少用到。

根据具体网络物理结构，我们为三个小型网络分配三个 C 类 IP 地址，分别为 202.113.27.0、202.113.28.0 和 202.113.29.0，为一个中型网络分配一个 B 类地址，为 128.211.0.0，使用两台路由器将这四个物理网络进行连接。

在为互联网上的主机和路由器分配具体的 IP 地址时需要注意以下两点。

(1) 连接到同一网络中所有主机的 IP 地址共享同一网络号。如图 6-9 所示，计算机 A 和计算机 B 都接入了 net1，由于 net1 的网络地址是 192.168.1.0，所以，计算机 A 和 B 的网络地址都是 192.168.1.0。

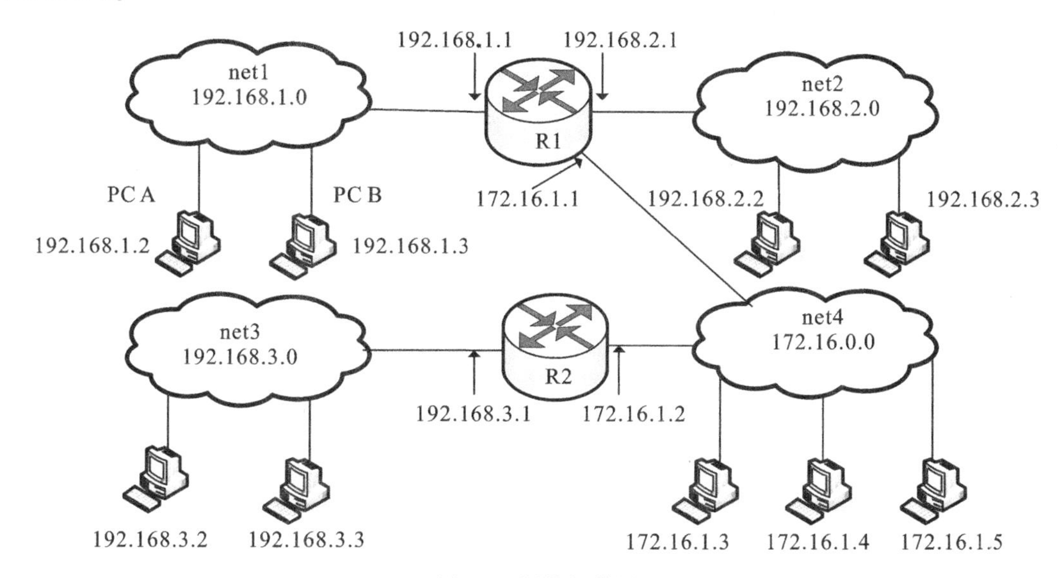

图 6-9　网络拓扑图

(2) 路由器用于连接多个物理网络，所以，应该具有至少两个以上的网络接口。每个接口拥有自己的 IP 地址，而且该 IP 地址的网络号应该与其连接的物理网络的网络号相同。路由器 R1 分别连接 192.168.1.0、192.168.2.0 和 172.16.0.0 三个网络，因此，该路由器被分配为三个不同的 IP 地址，分别是 192.168.1.1、192.168.2.1 和 172.16.1.1，分别属于所连接的三个网络。

二、子网的划分

1. 划分子网的原因

规划 IP 地址时，常常会遇到这样的问题：一个企业或公司由于网络规模扩大、网络冲突增加或吞吐性能下降等多种因素需要对内部网络进行分段。而根据 IP 网络的特点，需要为不同的网段分配不同的网络号，于是当分段数量不断增加时，对 IP 地址资源的需求也随之增加。即使不考虑是否能申请到所需的 IP 资源，要对大量具有不同网络号的网络进行管理也是一件非常复杂的事情，至少要将所有这些网络号对外网公布。更何况随着 Internet 规模的增大,32 位的 IP 地址空间已出现了严重的资源紧缺。

为了解决 IP 地址资源短缺的问题,同时也为了提高 IP 地址资源的利用率,引入了子网划分技术。

2. 子网划分的方法

子网划分是指由网络管理员将一个给定的网络分为若干个更小的部分,这些更小的部分被称为子网(subnet)。当网络中的主机总数未超出所给定的某类网络可容纳的最大主机数,但内部又要划分成若干个分段(segment)进行管理时,就可以采用子网划分的方法。为了创建子网,网络管理员需要从原有 IP 地址的主机位中借出连续的若干高位作为子网络标识,如图 6-10 所示。

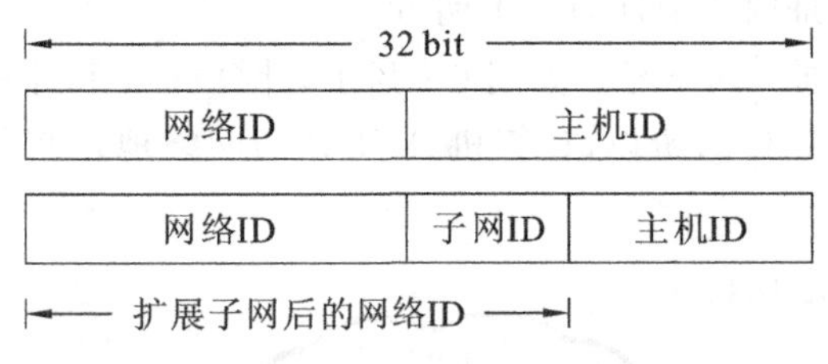

图 6-10　主机 ID 划分为子网 ID 和主机 ID

也就是说,经过划分后的子网因为其主机数量减少,已经不需要原来那么多位作为主机标识了,从而可以将这些多余的主机位用作子网标识。

划分子网是一个单位内部的事情,本单位以外的网络看不见这个网络有多少个子网。当有数据到达该网络时,路由器将 IP 地址与子网掩码进行"与"运算,得到该网络 ID 和子网 ID,看它是发往哪个子网的数据,一旦找到匹配对象,路由器就知道该使用哪一个接口,以向目的主机发送数据,如图 6-11 所示。那么如何定义子网掩码以实现子网划分功能呢?我们将在后面进行讨论。

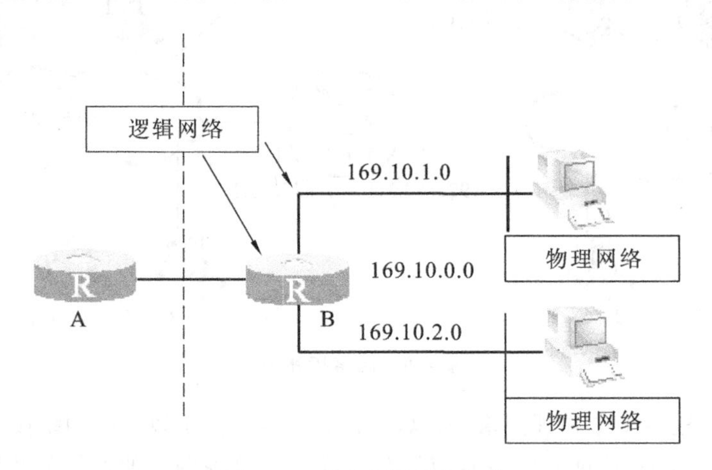

图 6-11　划分子网后的情况

3. 子网掩码

随着子网的出现,不再按照标准地址类(A 类、B 类、C 类等)来决定 IP 地址中的网络 ID,这时就需要一个新的值来定义 IP 地址中哪部分是网络 ID,哪部分是主机 ID。这样就产生了子网掩码。简单来说,子网掩码的作用就是确定 IP 地址中哪一部分是网络 ID,哪一部分是主机 ID。

子网掩码的格式与 IP 地址一样,是 32 位的二进制数。由连续的"1"和连续的"0"组成。为了理解的方便,也采用点分十进制数表示。A 类、B 类、C 类地址都有自己默认的子网掩码,图 6-12 中列出了标准类的默认子网掩码。

子网掩码的定义如下。

(1) 对应于 IP 地址的网络 ID 的所有位都设为"1"。"1"必须是连续的,也就是说,在连续的

A类子网掩码	11111111	00000000	00000000	00000000
	255	0	0	0
B类子网掩码	11111111	11111111	00000000	00000000
	255	255	0	0
C类子网掩码	11111111	11111111	11111111	00000000
	255	255	255	0

图 6-12　缺省子网掩码

“1”之间不允许有“0”出现。

(2) 对应于主机 ID 的所有位都设为“0”。

在这里，我们特别应该注意的是，一定要把 IP 地址的类别与子网掩码的关系分清楚。例如，有这样一个问题，IP 地址为 2.1.1.1，子网掩码为 255.255.255.0，这是一个什么类的 IP 地址？有很多具有工程经验的技术人员会误认为它是一个 C 类的地址，其实它是 A 类地址。为什么呢？我们前面在解释分类的时候，采用的标准只有一个，那就是看第一个八位数组(这里是 2)是在哪一个范围，而不是看子网掩码。在这个例子中，子网掩码为 255.255.255.0 表示为这个 A 类地址借用了主机 ID 中的 16 位来作为子网 ID，如图 6-13 所示。

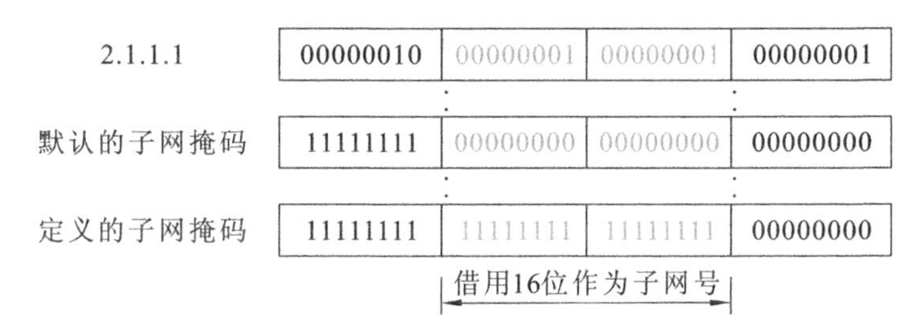

图 6-13　借用主机 ID 中的 16 位作子网 ID

习惯上，我们有两种方式来表示一个子网掩码。一种是用点分十进制表示，如 255.255.255.0。另一种是用子网掩码中“1”的位数来标记。因为在进行网络 ID 和主机 ID 划分时，网络 ID 总是从高位字节以连续方式选取的，所以可以使用一种简便方式来表示子网掩码。例如，用子网掩码的长度表示，即用“/<位数>”表示子网掩码中“1”的位数。

例如，A 类默认子网掩码表示为 255.0.0.0，也可以表示为/8；B 类默认子网掩码可以表示为/16；C 类默认子网掩码可以表示为/24。172.168.0.0/16 就表示它的子网掩码为 255.255.0.0。

前面提到将 IP 地址和子网掩码进行与(AND)运算，从而判断该地址所指示的网络 ID。与(AND)运算是一种布尔代数运算。其具体做法是：IP 地址子网掩码进行布尔与(AND)运算所得出的结果即为网络 ID，如图 6-14 所示。

IP地址 AND 子网掩码=网络ID

运算	结果
1 AND 1	1
1 AND 0	0
0 AND 1	0
0 AND 0	0

图 6-14　划分子网后的网络 ID

在逻辑与操作中，只有在相“与”的两位都为“真”时结果才为“真”，其他情况时结果都为“假”。把这个规则应用于 IP 地址与子网掩码相对应的位，相“与”的两位都是“1”时结果才为“1”，其他情况时结果就是“0”。

事实上，子网掩码就像一条由一段透明和一段不透明的两段组成的纸条，将纸条放在同样长度的 IP 地址上，很显然，可以透过透明的部分看到网络 ID。我们通过子网掩码来划分一个网络中包含多少个子网，当设置好子网掩码后，它可以帮助计算机理解网络规划的意图。

例如，网络 A 中的主机 A0 的 IP 地址为 255.36.25.183，子网掩码为 255.255.255.240。其中网络 A 的网络 ID 是多少？要获得结果，可以把两个数字都转换成二进制等价形式后并列在一起，然后对每一位进行与操作即可得到结果。32 位 IP 地址和子网掩码按位逻辑与的结果为 255.36.25.176，如图 6-15 所示。

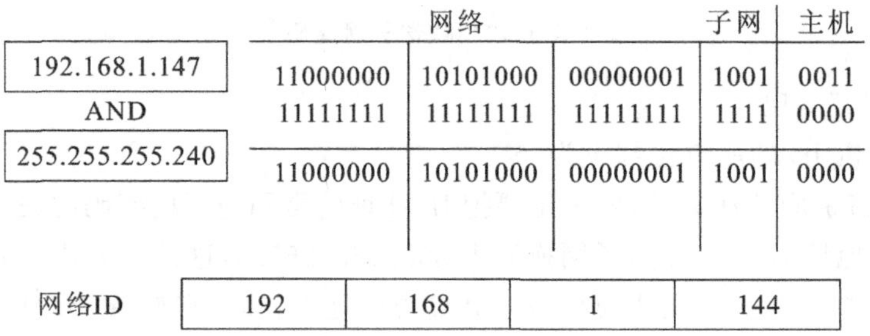

	网络			子网	主机
192.168.1.147	11000000	10101000	00000001	1001	0011
AND	11111111	11111111	11111111	1111	0000
255.255.255.240	11000000	10101000	00000001	1001	0000

网络ID	192	168	1	144

图 6-15　225.36.25.183/28 的网络 ID 的计算过程

4. 子网划分

虽然用主机位进行子网划分是一个很容易理解的概念，但子网划分的实际操作却要更复杂一些。它涉及分析网络上的通信量形式，以确定哪些主机应该分在同一个子网中；共需要有多少个子网，通常考虑发展的因素，而留下一定的空间；同时也要考虑现在每个子网中支持主机的总数等。

在子网划分过程中，主要考虑我们需要支持多少个子网。一个 IP 地址，总共是 32 位，我们选择了子网掩码后，子网的数量和每个子网所具有的最大的主机数量也随之确定下来了。

表 6-3 所示是 C 类地址子网划分表。其中列出了所有划分的可能，查看这张表，可以试着找到合适的掩码。B 类地址子网划分表见表 6-4。A 类地址的划分，这里不再给出，请大家自己推算。

表 6-3　C 类地址子网划分表

子网位数	子网掩码	子网数	主机数
2	255.255.255.192	2	62
3	255.255.255.224	6	30
4	255.255.255.240	14	14
5	255.255.255.248	30	6
6	255.255.255.252	62	2

表 6-4　B 类地址子网划分表

子网位数	子网掩码	子　网　数	主　机　数
2	255.255.192.0	2	16 382
3	255.255.224.0	6	8 190
4	255.255.240.0	14	4 094
5	255.255.248.0	30	2 046
6	255.255.252.0	62	1 022
7	255.255.254.0	126	510
8	255.255.255.0	254	254
9	255.255.255.128	510	126
10	255.255.255.192	1 022	62
11	255.255.255.224	2 046	30
12	255.255.255.240	4 094	14
13	255.255.255.248	8 190	6
14	255.255.255.252	16 382	2

【实践练习】学习了那么多知识，下面我们可以动手操作啦！

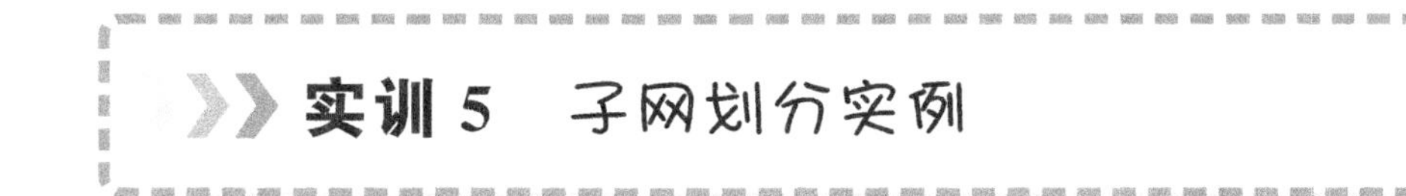

实训 5　子网划分实例

下面我们用一个例子来说明子网划分过程。例如，某公司现申请了一个 C 类地址 200.200.200.0，公司有生产部门需要划分为单独的网络，也就是需要划分为两个子网，每个子网必须至少支持 40 台主机，两个子网用路由器相连。应如何划分子网？

1. 确定子网掩码

有两个子网，2^2-2 等于 2，为了预留可扩展性，所以我们只要从 IP 地址的第四个八位数中借出 2 位作为子网 ID 就可以了，从而可以确定掩码为 255.255.255.192，如图 6-16 所示。

	网络			子网	主机
192.168.1.X	11000000	10101000	00000001	XX	XXXXX
255.255.255.192	11111111	11111111	11111111	11	000000
	11000000	10101000	00000001	XX	000000

网络ID	192	168	1	XX

图 6-16　获得网络 ID

2. 计算新的子网网络 ID

子网 ID 的位数确定后，子网掩码也就相应确定了，如图 6-17 所示，就是 255. 255. 255. 192，可能的子网 ID 有四个，即 00、01、10、11。我们使用其中的 01 和 10，即 200. 200. 200. 64 和 200. 200. 200. 128 两个子网。

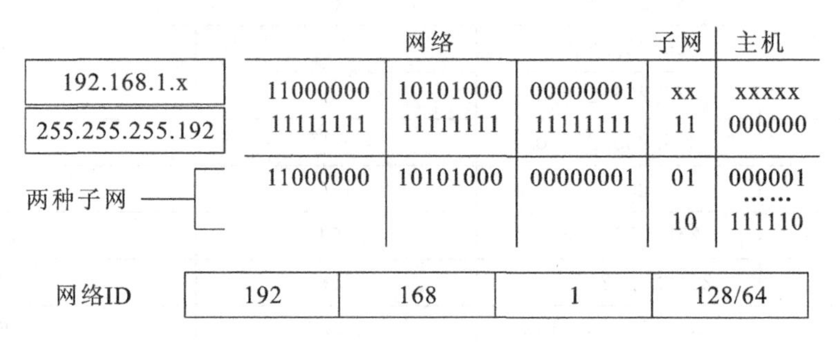

图 6-17　借 2 位产生了两个子网

3. 确定每个子网中的主机地址数量

用原来默认的主机地址减去 2 个子网位，剩下的就是主机位了，共有 6(8－2＝6)位，则每个子网最多可容纳(64－2)台主机，因为在子网内主机 ID 不能为全“0”或全“1”。其中子网 1 的 IP 地址范围为 200. 200. 200. 65 至 200. 200. 200. 126；子网 2 的 IP 地址范围为 200. 200. 200. 129 至 200. 200. 200. 190。子网 1 的广播地址为 200. 200. 200. 127，子网 2 的广播地址为 200. 200. 200. 255。如图 6-18 所示为最终的网络结构图。

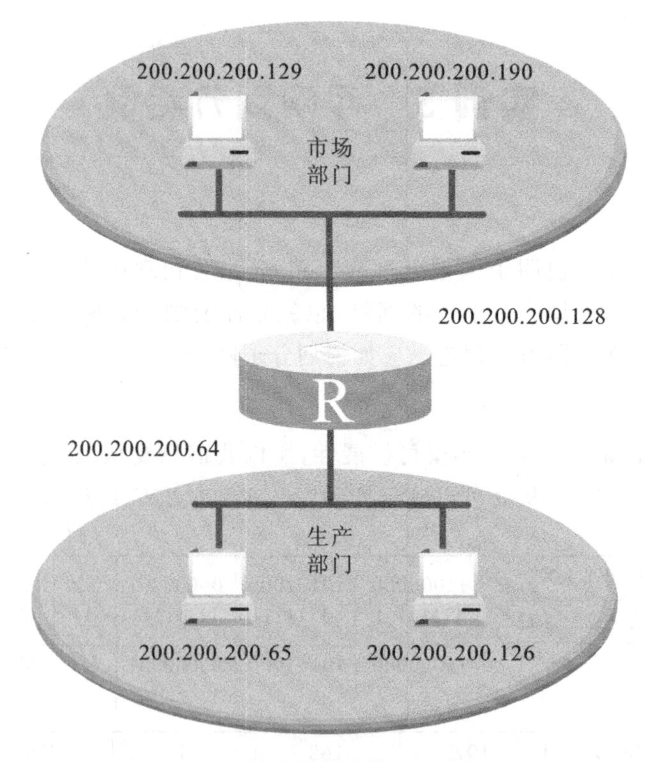

图 6-18　划分子网后的网络结构图

注意

因为同一网络中的所有主机必须使用相同的网络 ID，所以同一网络中所有主机的相同网络 ID 必须使用相同的子网掩码。例如，138.23.0.0/16 与 138.23.0.0/24 就是不同的网络 ID。网络 ID138.23.0.0/16 表明有效主机 IP 地址范围是 138.23.0.1 到 138.23.255.254；网络 ID138.23.0.0/24 表明有效主机 IP 地址范围是 138.23.0.1 到 138.23.0.254。显然，这些网络 ID 代表不同的 IP 地址范围。

三、无类域间路由(CIDR)

按照类划分 IP 地址于 1982 年被大家认可并接受，因为类减少了用 IP 地址发送掩码信息的工作，但是现在我们正逐渐耗尽注册的 IP 地址，类将成为一个严重的致使 IP 地址浪费的问题。对那些有大量地址需求的大型组织，通常可以提供以下两种办法来解决。

(1) 直接提供一个 B 类地址。

(2) 提供多个 C 类地址。

但是，采用第一种方法，将会大量浪费 IP 地址，因为一个 B 类网络地址有能力分配65 535个不同的本地 IP 地址。如果只有 3 000 个用户，62 000 多个 IP 地址被浪费了。采用第二种方法，虽然有助于节约 B 类网络 ID，但它也导致了一个新问题，那就是 Internet 上的路由器在它们的路由表中必须有多个 C 类网络 ID 表项才能把 IP 包路由到这个企业。这样就会导致 Internet 上的路由表迅速扩大，最后的结果可能是路由表将大到使路由机制崩溃。关于路由器的路由表的操作我们在后面会继续为大家介绍。

为了解决这些问题，IETF 制定了短期和长期的两套解决方案。一种彻底的办法就是扩充 IP 地址的长度，开发全新的 IP 协议，该方案被称为 IP 版本 6(IPv6)，但是需要一定的时间来过渡，在下一小节，将会介绍这种协议。另一种则是解决当前燃眉之急，在现有 IPv4 的条件下，改善地址分类带来的低效率，以充分利用剩余不多的地址资源，CIDR 由此而产生。

CIDR 全称为无类别的域间路由。正如它的名称，它不再受地址类别划分的约束，区别网络 ID 仅仅依赖于子网掩码。采用 CIDR 后，可以根据实际需要合理地分配网络地址的空间。这个分配的长度可以是任意长度，而不仅仅是在 A 类的 8 位，B 类的 16 位或 C 类的 24 位等预定义的网络地址空间中进行分割。

例如：202.125.61.8/24，按照类别划分，它属于 C 类地址，网络 ID 为 202.125.61.0，主机 ID 为 0.0.0.80；使用 CIDR 地址，8 位边界的结构限制就不存在了，可以在任意处划分网络 ID，如它可以将前缀设置为 20，即 202.125.61.8/20。前 20 位表示网络 ID，则网络 ID 为 202.125.48.0。

如图 6-19 所示为这个地址被分割的情况。后 12 位用于主机识别，可支持 4 094 个可用的主机地址。

CIDR 确定了三个网络地址范围保留为内部网络使用，即公网上的主机不能使用这三个地址范围内的 IP 地址。这三个范围分别包括在 IPv4 的 A、B、C 类地址内，具体如下。

(1) 10.0.0.0 至 10.255.255.255。

(2) 172.16.0.0 至 172.31.255.255。

(3) 192.168.0.0 至 192.168.255.255。

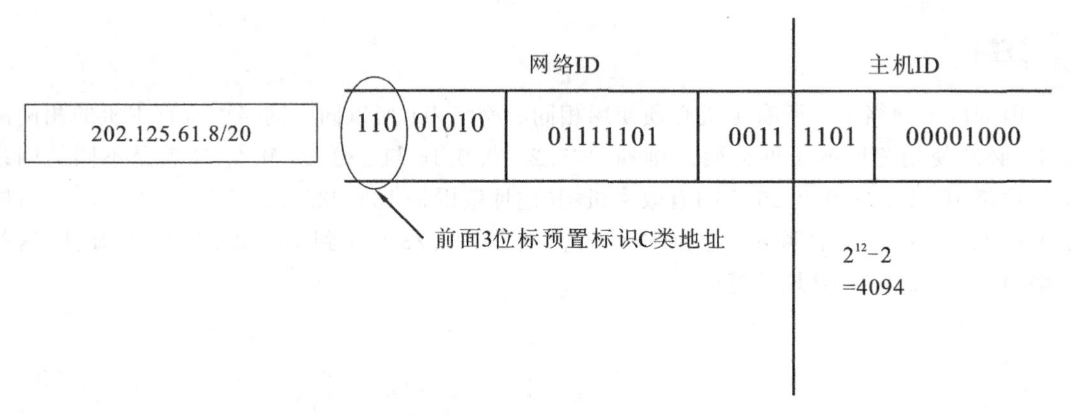

图 6-19 CIDR 地址示例

CIDR 对 IP 地址结构进行直观的划分，具有以下一些特性。

(1) 路由汇聚 CIDR 通过地址汇聚操作，使路由表中一个记录能够表示许多网络地址空间。这就能使网络具有更好的可扩展性。

(2) 消除地址分类 消除类别虽然不能从那些已分配的地址空间中把浪费的地址恢复，但能使未分配的地址被更有效地使用，表面上看来，这种努力会为 IPv6 的开发赢得所需的时间。

(3) 超网 所谓超网就是将多个网络聚合起来，构成一个单一的，具有共同地址前缀的网络。也就是说，把一块连续的 C 类地址空间模拟成一个单一的更大一些的地址空间，模拟成一个 B 类地址。以前基于分类的地址结构带来问题，主要是因为 B 类和 C 类地址大小的巨大差异。

当然，CIDR 并没有类的概念，它只是提供对任意地址的无约束地分配网络 ID 和主机 ID。但因为针对的对象是主机 ID 较少的 C 类地址，所以从表现来看，它的思想和前面讲的子网划分刚好相反，子网是要将一个单一的 IP 地址划分成多个子网，而 CIDR 是要将多个子网(子网是 C 类地址对 B 类地址而言，就是说 C 类地址是 B 类地址的子网)汇聚成一个大的网络。

超网的合并过程为：首先获得一块连续的 C 类地址空间，然后从默认掩码(255.255.255.0)中删除位，从最右边的位开始，并一直向左边处理，直到它们的网络 ID 一致为止。15 个 C 类地址组成了一个地址空间块。假设已经获得了下列 15 个 C 类网络地址。

192.168.1.0

192.168.2.0

192.168.3.0

………

192.168.15.0

这 15 个 C 类网络地址分别是独立的 C 类网络，它们的默认子网掩码为 255.255.255.0，通过从右向左删除位，可得它们相同的网络 ID 为 192.168.0.0，子网掩码则为 255.255.0.0，过程见表 6-5。

表 6-5 汇聚网络后的网络 ID 为 192.168.0.0

192.168.1.0	11000000 10101000 0000	0001 00000000
192.168.2.0	11000000 10101000 0000	0010 00000000
……		
192.168.15.0	11000000 10101000 0000	1111 00000000
网络 ID 为	11000000 10101000 0000	×××× ××××××××

由此可知，这些网络都似乎是网络192.168.0.0的一部分，因为15个网络ID都是192.168.0.0。这样做的好处可以从图6-20看出，在路由器中，并不是把所有的15个C类网络地址分别分配不同的路由表项，而是使用了一个单一的网络ID：192.168.0.0/20来表示的，从而大大缩减了路由表项的数目。这就是我们上面提到的路由汇聚。

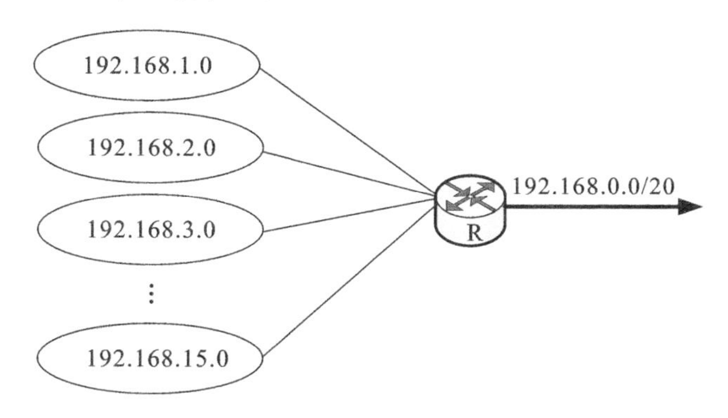

图6-20　将多个C类网络模拟成一个大的B类网络

四、NAT与IPv6

随着Internet用户的迅速增加，IPv4地址空间逐渐耗尽已是无法避免的事实，虽然CIDR的实现能够解决短期的一些问题，但毕竟有限，我们不得不再次商讨对策以解决Internet上IP地址短缺的问题。但在这个过程中，可能会发生一些让用户感到头痛的事情。例如，随着全球经济的发展，用户所在的公司可能同其他公司合并了，一般情况下，两家子公司都希望彼此连接到内部网，以实现信息交流。然而，如果两家子公司坚持使用以前自己Internet上的IP地址，则将产生地址冲突，此时不得不进行地址的重新分配。现在有一种更简便的办法，那就是使用NAT实现两家子公司间的地址转换，以解决冲突。

1. NAT

从最简单的方式来看，NAT（网络地址转换）就是隐藏内部地址，当然这要通过某些设备来转换网络层地址，这些设备包括路由器、防火墙等。理论上来说，其他的第三层协议，如AppleTalk或IPX协议都能使用NAT来转换；实际上，目前NAT一般仅用于第三层的IP地址转换。

在分析各组织的地址需求时，Internet设计者们注意到，对许多组织来说，组织内部网络中的大部分主机不需要直接连接到Internet主机，这些主机只需要特定集合的Internet服务，比如WWW访问和E-mail等，通常通过应用层网关如代理服务器或E-mail服务器等访问这些Internet服务。大部分组织只需要少量的公共地址用于直接连接到Internet的结点（如代理路由器、防火墙和转换器等）。组织内部不需直接访问Internet的主机，需要与已分配公共地址不重复的地址。为了解决这个问题，Internet设计者们预留了一部分IP地址空间并将该空间称作私有地址空间。共有三个私有地址空间，这些空间内的IP地址称为私有地址。因为公共和专用地址空间不重叠，所以，私有地址永远不会与公共地址重复。

NAT的设计思想的一个优点就是：Internet应该能够看到由ISP分配的一个有效的Internet地址（公共地址），而内部机器全部使用私有地址。私有地址空间能被重复使用，有助于防止公共地址的耗尽。因为私有地址空间中的IP地址，从来不会被指定为公共地址，所以Internet路由器中也就不会有到私有地址的路由。私有地址在 Internet 上是不可达的。因而,来自私有地址主机的 Internet 通信必须向拥有有效公共地址的应用层服务器(如代理服务器)发送它专用的请求,或者通过一个网络地址转换(NAT),从而在把通信发送到 Internet 之前将私有地址转换成公共地址。

企业使用 NAT 将多个内部地址映射成一个公共 IP 地址。地址转换技术虽然在一定程度上缓解了公共 IP 地址匮乏的压力,但它不支持某些网络层安全协议,因此难免在地址映射中出现种种错误,造成一些新的问题。而且,靠 NAT 并不可能从根本上解决 IP 地址匮乏问题,随着联网设备数量的迅速增加,IPv4 公共地址总有一天会完全耗尽。所以 IPv6 作为 Internet 协议的下一版本,最终将取代 IPv4。

2. IPv6

IPv6 是下一代的 IP 版本,在它提出的众多改进中,最重要的是它将地址空间扩展到 128 位。扩展 IPv6 的地址空间主要是为了解决 IPv4 地址空间将被耗尽的问题。IPv6 在身份验证和保密方面的改进使得它更加适用于那些要求对敏感信息和资源特别对待的商业应用。包头的简化,减少了路由器上所需的处理过程,从而提高了选路的效率,同时,改进对包头扩展和选项的支持意味着可以在几乎不影响普通数据包、特殊包选路的前提下适应更多的特殊需求。流标记办法为更加高效地处理数据包的流提供了一种机制,这种办法对实时应用尤其有用。下面具体讨论这些新特性。

(1) 扩展地址　IPv6 的地址结构中除了把 32 位地址空间扩展到了 128 位外,还对 IP 主机可能获得的不同类型地址做了一些调整。在 IPv6 的庞大地址空间中,目前全球联网设备已分配掉的地址仅占其中极小一部分,有足够的余量供未来的发展之用。

(2) 简化的包头　IPv6 中包括总长为 40 字节的 8 个字段(其中 2 个是源地址和目的地址)。它与 IPv4 包头的不同在于,IPv4 中包含至少 12 个不同字段,且长度在没有选项时为 20 字节,但在包含选项时可达 60 字节。IPv6 使用了固定格式的包头并减少了需要检查和处理的字段的数量,这将使得选路的效率更高。

IPv6 包头的设计原则是力图将包头开销降到最低,具体做法是将一些非关键性字段和可选字段移出包头,置于 IPv6 包头之后的扩展包头中,因此尽管 IPv6 地址长度是 IPv4 地址长度的四倍,但包头仅为 IPv4 的两倍。包头的简化使得 IP 的某些工作方式发生了变化。一方面,所有包头长度统一,因此不再需要包头长度字段。此外,通过修改包分段的规则可以在包头中去掉一些字段。IPv6 中的分段只能由源结点进行,该包所经过的中间路由器不能再进行任何分段。最后,去掉 IP 头校验和不会影响可靠性,这主要是因为头校验和将由更高层协议(UDP 和 TCP)负责。

(3) 流　在 IPv4 中,对所有包大致同等对待,这意味着每个包都是由中间路由器按照自己的方式来处理的。路由器并不跟踪任意两台主机间发送的包,因此不能“记住”如何对将来的包进行处理。IPv6 实现了流概念。流指的是从一个特定源发向一个特定(单播或者是组播)目的地的包序列,源结点希望中间路由器对这些包进行特殊处理。路由器需要对流进行跟踪并保持一定的信息,这些信息在流中的每个包中都是不变的。这种方法使路由器可以对流中的包进行高效处理。对流中的包的处理可以与其他包的处理不同,但无论如何,对流中的包的处理更快,因为路由器无须对每个包头重新处理。

(4) 身份验证和保密　IPv6 全面支持 IPSec,这要求提供基于标准的网络安全解决方案,以便满足和提高不同的 IPv6 实现之间的协同工作能力。

IPv6 使用了两种安全性扩展:IP 身份验证头(AH)和 IP 封装安全性净荷(ESP)。

AH 通过对包的安全可靠性的检查和计算来提供身份验证功能。发送方计算报文摘要并把结果插入身份验证头中，接收方根据收到的报文摘要重新进行计算，并把计算结果与AH头中的数值进行比较。如果两个数值相等，接收方可以确认数据在传输过程中没有被改变；如果两个数值不相等，接收方可以推测出数据或者在传输过程中遭到了破坏，或者被某些人进行了故意的修改。

ESP可以用来加密IP包的净荷，或者在加密整个IP包后以隧道方式在Internet上传输。其中的区别在于，如果只对包的净荷进行加密的话，包中的其他部分(包头)将公开传输，这意味着破译者可以由此确定发送主机和接收主机及其他与该包相关的信息。使用ESP对IP进行隧道传输意味着对整个IP包进行加密，并由安全网关将其封装在另一IP包中。通过这种方法，被加密的IP包中的所有细节均被隐藏起来。

(5) 其他特性　IPv6采用聚类机制，定义非常灵活的层次寻址及路由结构，同一层次上的多个网络在上层路由器中表示为一个统一的网络前缀，这样可以显著减少路由器必须维护的路由表项。在理想情况下，一个核心主干网路由器只需维护不超过8 192个表项。这大大降低了路由器的寻路和存储开销。

IPv6的邻居发现协议使用一系列IPv6控制信息报文(ICMPv6)来实现相邻结点(同一链路上的结点)的交互管理。邻居发现协议及高效的组播和单播邻居发现报文替代了以往基于广播的地址解析协议ARP、ICMPv4路由器发现和ICMPv4重定向报文。

增强的选路功能。IPv6中有许多特性和功能能够提高网络性能、改善选路控制。IPv6更大的地址空间使我们在建立地址层次的时候具有更大的灵活性。使用选路扩展头可以使源选路更高效。

转换机制(transition mechanism)。在IPv6中定义了一系列机制，使其能够与IPv4的主机和路由器共存和交互。

任务3　IP 协 议

一、IP报文格式

IP数据报的格式能够说明IP协议都具有什么功能。在TCP/IP的标准中，各种数据格式常常以32位(即4字节)为单位来描述。如图6-21所示为IP数据报的格式。

0	4	8	16	18	24	31
版本号(4位)	首部长度(4位)	服务类型(8位)	数据报总长度(16位)			
标识(16位)			标志(3位)	片偏移(13位)		
生存期(8位)		协议(8位)	首部校验和(16位)			
源地址(64位)						
目的地址(64位)						
任务项(长度不定)					填充项	
数据						

图6-21　IP数据报的格式

从图 6-21 中可以看出，一个 IP 数据报由首部和数据两部分组成。首部的前一部分长度固定，共 20 字节，是所有 IP 数据报必须具有的。在首部的固定部分的后面是一些可选字段，其长度是可变的，下面具体介绍各字段的意义。

（1）版本号(version)　有 4 位，用于说明对应 IP 协议的版本号(此处取值为 4)。

（2）首部长度(IP header length)　有 4 位，可表示的最大数值是 15 个单位(一个单位 4 字节)，因此 IP 首部长度的最大值是 60 字节。当 IP 分组的首部长度不是 4 字节的整数倍时，必须利用最后一个填充字段加以补充。因此，数据部分永远在 4 字节的整数倍时开始，这样在实现 IP 协议时较为方便。首部长度限制为 60 字节的缺点是有时(如源站路由选择)不够用。但这样做是希望用户尽量减少开销。最常用的首部长度就是 20 字节，即不使用任何选项。

（3）服务类型(type of service)　有 8 位，用于规定优先级、传送速率、吞吐量和可靠性等参数。其具体内容如图 6-22 所示。其中，各位的意义分别介绍如下。

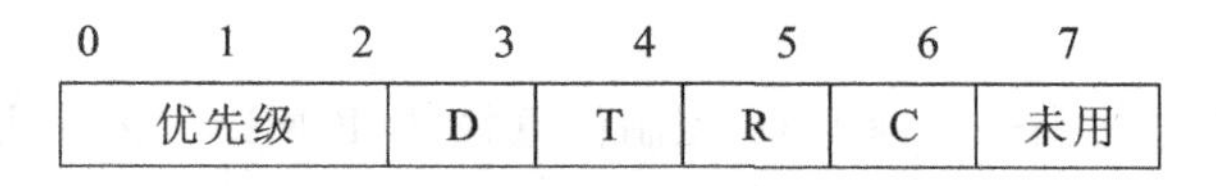

图 6-22　服务类型

- 前 3 位表示优先级，它可使数据报具有 8 个优先级中的一个。
- 第 4 位：表示要求有更低的时延。
- 第 5 位：表示要求有吞吐量。
- 第 6 位：表示要求有更高的可靠性。
- 第 7 位：表示要求选择代价更小的路由。
- 最后一位目前尚未使用。

（4）数据报总长度(total length)　有 16 位，指首部和数据之和的长度。

在 IP 层下面的每一种数据链路层都有自己的帧格式，其中包括帧格式中的数据字段的最大长度，称为最大传送单元(maximun transfer unit，MTU)。当一个 IP 数据报封装成链路层的帧时，数据报的总长度不能超过下面的数据链路层的 MTU 值。不同链路层协议有不同的 MTU 值，如 FDDI 的 MTU 值为 4 352，以太网的 MTU 值为 1 500。

（5）标识(identification)　有 16 位，它是一个计数器，用来产生数据报的标识。但这里的“标识”并没有序号的意思，因为 IP 是无连接服务，数据报不存在按序接收的问题。当 IP 协议发送数据报时，它就将这个计数器的当前值复制到标识字段中。当数据报由于超过网络的 MTU 而必须分片时，这个标识字段的值就被复制到所有的数据报片的标识字段中。相同的标识字段的值使分片后的数据包片最后能正确地重装为原来的数据报。

（6）标志　有 3 位，目前只有 2 个比特有意义。最低位记为 MF。MF＝1，表示后面还有分片；MF＝0，表示这是若干分片中的最后一片。中间位记为 DF。DF＝1，表示不能分片；DF＝0，表示允许分片。

（7）片偏移　有 12 位，表示较长的分组在分片后某片在原分组中的相对位置。也就是说，相对于用户数据字段的起点，该片从何处开始。片偏移以 8 个字节为偏移单位。

下面我们用一个例子来说明标识位、标志位和片偏移的用途。

【例 6-1】　一数据报的数据部分为 3 800 字节长(使用固定首部)，需要分片长度不超过 1 420 字节的数据包片。因固定首部长度为 20 字节，因此每个数据报片的长度不能超过 1 400 字节。于是分为三个数据报片，其数据部分的长度分别为 1 400 字节，1 400 字节和 1 000 字节。原始数据报首部复制为各数据报片的首部,但必须修改有关字段的值,如图 6-23 所示为分片的结果。

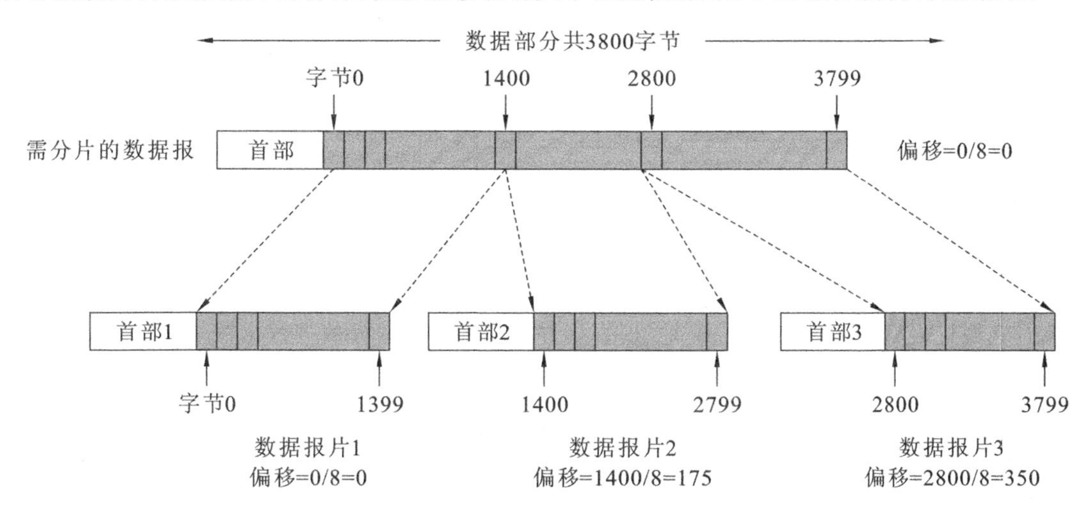

图 6-23　数据报分片的结果

(8) 生存期(time of live)　有 8 位,设置了数据报可以经过的最多路由器数量。它指定了数据报的生存时间。例如,当第一台路由器认为到达某一目的网络的路径要经过第二台路由器,而第二台路由器又认为该路径应该经过第一台路由器,这时会发生什么情况呢?当第一台路由器收到一个发往目的网络的数据包时,它会将数据包转发给第二台路由器,第二台路由器会将数据包重新转发给第一台路由器,如此反复。如果没有 TTL,这个数据包就会在这两台路由器形成的环中循环下去。这样的环,在大型网络中会经常出现。TTL 的初始值由源主机设置(通常是 32 或 64),一旦经过一个处理它的路由器,它的值就减去 1。当该字段的值为 0 时,数据报就被丢弃,并发送 ICMP 报文通知源主机。

(9) 协议(protocol)　有 8 位,用于指出此数据报携带的数据使用何种协议,以便目的主机的 IP 层将数据部分上交给哪个处理过程。如图 6-24 所示为 IP 层需要根据这个协议字段的值将所收到的数据交付到正确的地方。

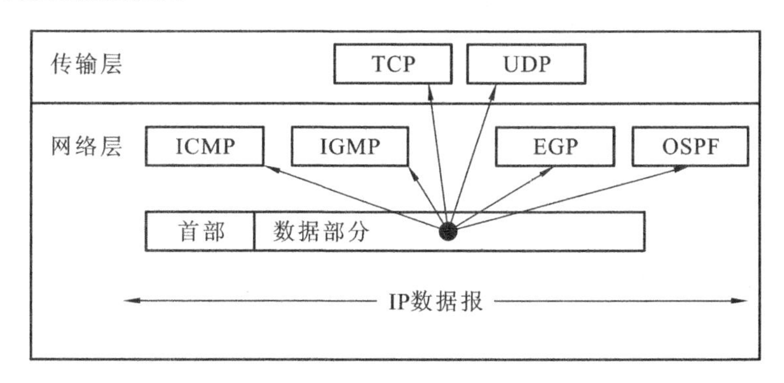

图 6-24　协议字段告诉 IP 层应当如何交付数据

(10) 首部校验和(header checksum)　有 16 位,只检验数据报的首部,不检验数据部分。这里不采用 CRC 检验码而采用简单的计算方法。

(11) 源地址　有 32 位,用于指出发送数据报的源主机 IP 地址。

(12) 目的地址　有 32 位,用于指出接收数据报的目的主机的 IP 地址。

(13) 任务项　可变长度,可提供任选的服务,如错误报告和特殊路由等。

(14) 填充项　可变长度,可保证 IP 报头以 32 位边界对齐。

二、IP 报文转发

1. 路由表概念

把报文从一个网络转发到另一个网络的实际过程,就称为 IP 报文的转发。路由器根据目的 IP 地址确定最优路径,完成报文的转发。每一台路由器都存储着一张关于路由信息的表格,称为路由表。它通过提取报文中的目的 IP 地址信息,并与路由表中的表项进行比较来确定最佳的路由。

路由表通常至少包括目的网络地址、子网掩码、下一跳地址、发送接口四个字段,如表 6-6 所示。

表 6-6　路由表简介

目的网络地址	子网掩码	下一跳地址	发送接口
5.0.0.0	255.0.0.0	1.1.1.1	S0/0
192.168.1.0	255.255.255.0	200.200.200.1	S0/1
172.16.0.0	255.255.0.0	172.1.1.1	F0/0

当路由器需要转发一个 IP 包时,它就在路由表中查找目的网络地址,如果发现确实存在匹配的项,就将数据包从路由表中该项所指示的发送接口转发到下一跳,下一跳就是数据应该被发送到的下一个路由器。如果没有找到相匹配的项,路由器就会丢弃这个数据包。

如果在路由表中存在多个匹配的表项,路由器将根据 IP 规定的特定原则选择一项作为路由,即在所有的匹配表项中选择子网掩码长度最长的那一个表项。例如,路由器要转发一个目的地址为 6.6.6.1 的数据包,路由表的内容如表 6-7 所示。

表 6-7　多个匹配的表项

目的网络地址	子网掩码	下一跳地址	发送接口
5.0.0.0	255.0.0.0	1.1.1.1	S0/0
6.0.0.0	255.0.0.0	2.2.2.2	S0/1
6.6.6.0	255.255.255.0	3.3.3.3	F0/0
0.0.0.0	0.0.0.0	4.4.4.4	F0/1

为了查找路由表中的匹配项,必须将路由表中子网掩码与数据包中目的 IP 地址相“与”,得到目的网络地址,与路由表各项对照。

(1) 第一项目的网络地址与数据包的目的 IP 地址没有关系,所以路由表中的第一项与 IP 包不匹配。

(2) 第二项只要求目的网络地址与数据包的目的 IP 地址的前 8 位相同。由于目的网络地址的前 8 位为 6.0.0.0,数据包的目的 IP 地址的前 8 位也为 6.0.0.0,所以路由表的第二项与 IP 包相匹配。

(3) 第三项只要求目的网络地址与数据包的目的 IP 地址的前 24 位相同。由于目的网络地址的前 24 位为 6.6.6.0,数据包的目的 IP 地址的前 8 位也为 6.6.6.0,所以路由表的第三项也与 IP

包相匹配。

(4) 第四项不要求目的地址的任何比特与数据包的目的 IP 地址相同。

这样，我们有三条合适的路由。由于 IP 规定必须选用子网掩码长度最长的那条匹配路由，所以本例中的路由器采用了路由表中的第三条路由来转发该数据包，因为 24 位的子网掩码显然要大于 8 和 0。这样路由器就将数据包从端口 F0/0 转发给了 3.3.3.3。

2. IP 包的转发原则

IP 包的转发原则可以归纳如下。

(1) 如果存在多条目的网络地址与 IP 包的目的网络地址匹配的路由，那么必须选用子网掩码最长的那条路由，而不选用路由表中的默认路由或子网掩码长度较短的任何网络路由。

(2) 没有相匹配的目的网络地址路由时，如果存在一条默认路由，那么可以采用默认路由来转发数据包。

(3) 如果前面几条都不成立(即根本没有任何匹配路由)，就宣告路由错误，并向数据包的源端发送一条 ICMP Unreachable 消息。

同时，进行 IP 报文转发时，必须强调以下几点。

(1) 路由器转发时依赖的不是整个目的地址，而是这个目的地址的网络部分。

(2) 对于有多条到同一个目标网络的路由，可以用前面介绍的 CIDR 的汇聚功能，只用一条路由来标识，这样可以极大地简化路由表。

3. 报文分片

IP 报文转发时，面临着一个问题，那就是不同的物理网络允许的最大帧长度(也称为最大传输单元，MTU)各不相同。这时需要将 IP 报文分段成两个或更多的报文以满足最大传输单元的要求。当分段发生时，IP 必须能重组报文(不管有多少个报文要到达其目的地)。重要的一点是源和目的主机必须理解，并遵守完全相同的分段数据过程。否则，重组为了报文转发而分成多个段的过程将是不可能的。数据恢复到源机器上的相同格式时，传输数据就被成功重组了。IP 头中的标识、标志和段偏移等字段提供了这些分段信息。

(1) 路由器将标识放入每个段的标识字段(identification field)中。

(2) 标志字段(flag field)包含一个多段比特。路由器在除了最后一个段外的所有段中设置 MF 位。还有一个禁止分段比特 DF，如果设置了，就不允许分段。如果路由器收到这种分组，就将它丢弃，再向发送站点发出一个错误信息。发送站点可以利用此信息来查出分段出现的临界值。也就是说，如果当前分组尺寸太大，发送方可不断地尝试较小的分组尺寸，最终决定如何分段。

(3) 由于一个分段只包含了部分原有分组数据，路由器还要决定分片数据字段的偏移(即分段数据是从分组的哪个位置取出的)，并存入段偏移字段(fragment offset field)中。它以 8 字节为单位测量偏移。这样，偏移量 1 对应字节号 8，偏移量 2 对应字节号 16，依此类推。

任务 4 地址解析协议与逆地址解析协议

一、地址解析协议

IP 地址是不能用来直接通信的，因为 IP 地址只是主机在抽象的网络层中的地址。若要将网络层中传送的数据交给目的主机，还要传到链路层转变成 MAC，才能发送到实际的网络中。因此，不管网络层使用什么协议，在实际网络的链路上传送数据帧时，最终还是使用硬件地址。

由于 IP 地址有 32 位，而局域网的硬件地址是 48 位，因此它们之间不存在简单的映射关系。此外，在一个网络上可能经常有一些新的主机加入进来，或撤走一些主机。更换网卡也会使主机的硬件地址改变。可见，为了实现主机之间的通信，应该在主机中存放一个从 IP 地址到硬件地址的映射表，并且这个映射表还必须能够经常动态更新。地址解析协议 ARP 很好地解决了这个问题。

每一台主机都设有一个 ARP 高速缓存（ARP cache），里面有所在的局域网上的各主机和路由器的 IP 地址到硬件地址的映射表，这些都是目前知道的一些地址，那么主机如何知道这些地址呢？我们通过下面的例子来说明。

ARP 解析分为子网内解析和子网间解析两种情况。

1. 子网内 ARP 解析

当主机 A 欲向本局域网的主机 B 发送 IP 数据报时，就先在其 ARP 缓存中查看有无主机 B 的 IP 地址。如有，就可查出其对应的硬件地址，再将此硬件地址写入 MAC 帧，然后通过局域网将该 MAC 帧发往此硬件地址。

如果查不到主机 B 的 IP 地址的项目，主机 A 就自动运行 ARP，按照以下步骤查找主机 B 的 IP 地址，如图 6-25 所示。

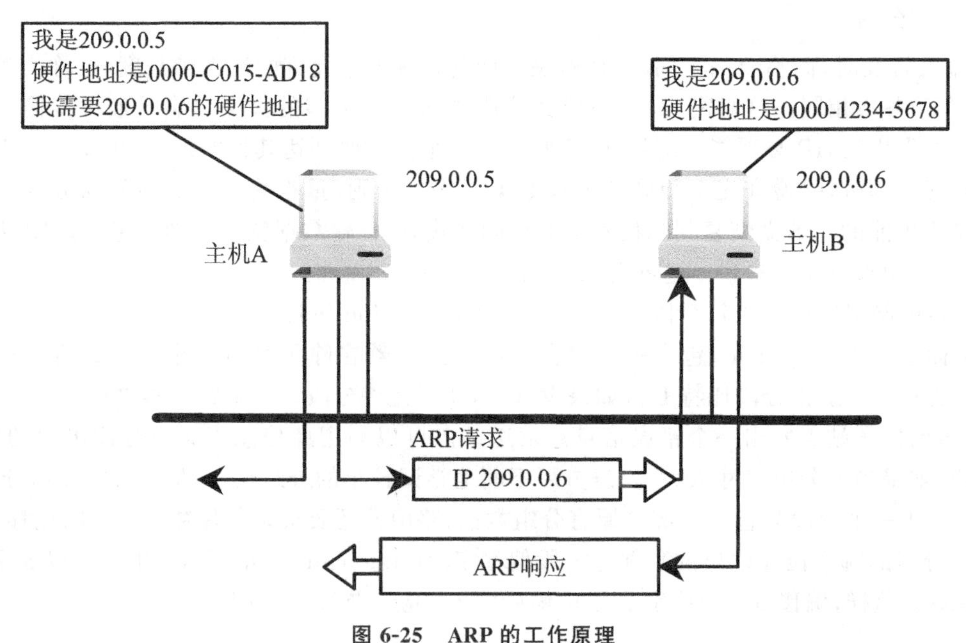

图 6-25　ARP 的工作原理

（1）ARP 进程在本局域网广播发送一个 ARP 请求分组，主要内容表明“我是 209.0.0.5，硬件地址是 0000-C015-AD18，我想知道 IP 地址为 209.0.0.6 的主机的硬件地址。”

（2）在本局域网上的所有主机上运行的 ARP 进程都收到了此 ARP 请求分组。

（3）主机 B 在 ARP 请求分组中见到自己的 IP 地址，就向主机 A 发送 ARP 响应分组，并写入自己的硬件地址。其余的所有主机都不理睬这个 ARP 请求分组。ARP 响应分组的主要内容表明“我是 209.0.0.6，硬件地址是 0000-1234-5678”。

注意

ARP 请求分组是广播发送的，而 ARP 响应分组是普通的单播方式，即从一个源地址发送到一个目的地址。

(4) 主机 A 收到主机 B 的 ARP 响应分组后，就在其 ARP 高速缓存中写入主机 B 的 IP 地址到硬件地址的映射。

为了提高 ARP 解析的效率，使用了以下改进技术。

(1) 高速缓存技术即在上例中已经介绍的技术，每个主机都设有一个 ARP 高速缓存(ARP cache)，里面有所在的局域网上的各主机和路由器的 IP 地址到硬件地址的映射表，这是非常有用的，避免了主机每次通信时，都以广播的方式发送 ARP 请求分组，使通信量大大增大。

(2) ARP 将保存在高速缓存中的每一个映射地址项目都设置生存时间(如 10 至 20 分钟)。凡超过生存时间的项目就删除。这样就保证了映射关系的有效性。例如，网络中一台主机网卡更换了，如果还使用原来的映射关系就找不到目的主机了。

(3) 主机在发送 ARP 请求分组时，信息包中包含了自己的 IP 地址和物理地址的映射关系。这样，目的主机就可以将该映射关系存储在自己的 ARP 表中，以备随后使用。由于主机之间的通信一般是相互的，因此，主机 A 发送信息到主机 B 后，主机 B 通常需要做出响应。利用这种技术，可以防止目的主机紧接着为解析源主机的 IP 地址和物理地址的映射关系而再发送一次 ARP 请求。

(4) 由于 ARP 请求是通过广播发送出去的，因此网络中的所有主机都会收到源主机的 IP 地址和硬件地址的映射关系。于是，它们可以将该 IP 地址与物理地址的映射关系存入各自缓存区中，以备将来使用。

(5) 网络中的主机在启动时，可以主动广播自己的 IP 地址和物理地址的映射关系，以尽量避免其他主机对它进行 ARP 请求。

2. 子网间 ARP 解析

源主机和目的主机不在同一网络中，这时若继续采用 ARP 广播方式请求目的主机的 MAC 地址是不会成功的，因为第 2 层广播(在此为以太网帧的广播)是不可能被第 3 层设备路由器转发的。于是需要采用一种被称为代理 ARP(proxy ARP)的方案，即所有目的主机不与源主机在同一网络中的数据包均会被发给源主机的默认网关，由默认网关来完成下一步的数据传输工作。

注意

所谓默认网关是指与源主机位于同一网段中的某个路由器接口的 IP 地址，由路由器来进一步完成后续的数据传输。

二、反向地址解析协议

反向地址解析协议(RARP)将 MAC 地址绑定到 IP 地址上，这种绑定允许一些网络设备在把数据发送到网络之前对数据进行封装。网络设备或工作站可能知道自己的 MAC 地址，但是不知道自己的IP地址(如无盘工作站)。设备发送RARP请求,网络中的一台RARP服务器出面来应答RARP请求,RARP服务器有一个事先做好的从工作站硬件地址到IP地址的映射表,收到RARP请求分组后,RARP服务器就从这张映射表中查出该工作站的IP地址,然后写入RARP响应分组,发回给工作站。

任务5 因特网路由选择协议

所谓路由是指为到达目的网络所进行的最佳路径选择,路由是网络层最重要的功能。在网络层完成路由功能的设备被称为路由器,路由器是专门设计用于实现网络层功能的网络互联设备。除了路由器外,某些交换机中也可集成带网络层功能的模块即路由模块,带路由模块的交换机又称为三层交换机。路由器是根据路由表进行分组转发传递的,那么路由表是如何生成的呢?

路由表生成的方法有很多,通常可划分为手工静态配置和动态协议生成两类。对应地,路由协议可划分为静态路由协议和动态路由协议两类。其中,动态路由协议包括:TCP/IP协议栈的RIP(routing information protocol,路由信息协议),OSPF(open shortest path first,开放式最短路径优先)协议,OSI参考模型的IS-IS(intermediate system to intermediate system)协议等,如图6-26所示。

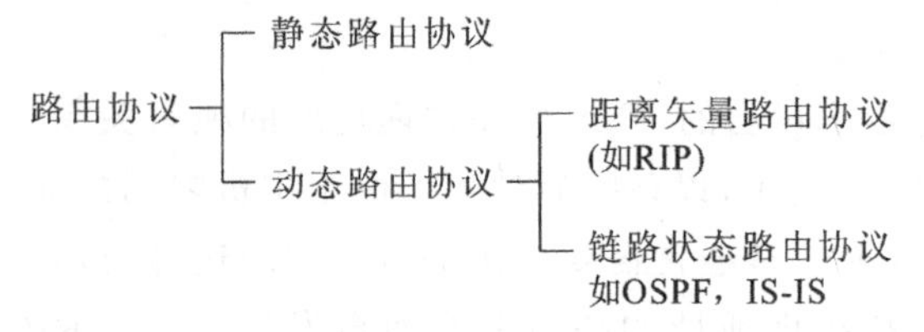

图6-26 路由协议的分类

一、静态路由

1. 静态路由简介

静态路由(static routing)是一种特殊的路由,由网络管理员采用手工方法在路由器中配置而成。在早期的网络中,网络的规模不大,路由器的数量很少,路由表也相对较小,通常采用手工的方法对每台路由器的路由表进行配置,即静态路由。这种方法适用于规模较小、路由表也相对简单的网络。它较简单,容易实现,使用了很长一段时间。

但随着网络规模的增大,在大规模的网络中路由器的数量很多,路由表的表项较多,较为复杂。在这样的网络中对路由表进行手工配置,除了配置繁杂外,还有一个更明显的问题,就是其不能自动适应网络拓扑结构的变化。对于大规模的网络而言,如果网络拓扑结构改变或网络链路发生故障,那么路由器上指导数据转发的路由表就应该发生相应的变化。如果我们还是采用静态路由,用手工的方法配置及修改路由表,对管理员会形成很大的压力。

但在小规模的网络中,静态路由也有它的一些优点,具体如下。

(1) 手工配置,可以精确控制路由选择,改进网络的性能。

(2) 不需要动态路由协议参与,这将会减少路由器的开销,为重要的应用保证带宽。

2. 路由表简介

路由器转发分组的关键是路由表。每个路由器中都保存着一张路由表,表中每条路由项都指明分组到某子网或某主机应通过路由器的哪个物理端口发送,然后就可以到达该路径的下一个路由器,或者不再经过别的路由器而传送到直接相连的网络中的目的主机。

路由表中包含了下列关键项。

(1) 目的地址　用来标识 IP 包的目的地址或目的网络。

(2) 网络掩码　与目的地址一起来标识目的主机或路由器所在的网段的地址。将目的地址和网络掩码“逻辑与”后可得到目的主机或路由器所在网段的地址。例如:目的地址为 129.102.8.10,掩码为 255.255.0.0 的主机或路由器所在网段的地址为 129.102.0.0。掩码由若干个连续“1”构成,既可以用点分十进制表示,也可以用掩码中连续“1”的个数来表示。

(3) 输出接口　说明 IP 包将从该路由器哪个接口转发。

(4) 下一跳地址　说明 IP 包所经由的下一个路由器。

(5) 本条路由加入 IP 路由表的优先级　针对同一目的地,可能存在不同下一跳的若干条路由,这些不同的路由可能是由不同的路由协议发现的,也可能是手工配置的静态路由。优先级高(数值小)将成为当前的最优路由。

(6) 根据目的地不同,路由可以划分为子网路由和主机路由。

① 子网路由　目的地为子网。

② 主机路由　目的地为主机。

另外,根据目的地与该路由器是否直接相连,路由又可分为直接路由和间接路由。

③ 直接路由　目的地所在网络与路由器直接相连。

④ 间接路由　目的地所在网络与路由器不是直接相连的。

为了不使路由表过于庞大,可以设置一条默认路由。凡遇到查找路由表失败后的数据包,都选择默认路由转发。

静态路由还有如下的属性。

(1) 可达路由,正常的路由都属于这种情况,即 IP 报文按照目的地标示的路由被送往下一跳,这是静态路由的一般用法。

(2) 目的地不可达的路由,当到某一目的地的静态路由具有 reject 属性时,任何去往该目的地的 IP 报文都将被丢弃,并且通知源主机目的地不可达。

(3) 目的地为黑洞的路由,当到某一目的地的静态路由具有 blackhole 属性时,任何去往该目的地的 IP 报文都将被丢弃,并且不通知源主机。

3. 路由管理策略

可以使用手工配置到某一特定目的地的静态路由,也可以配置动态路由协议与网络中其他路由器交互,并通过路由算法来发现路由。

到相同的目的地,不同的路由协议(包括静态路由)可能会发现不同的路由,但并非这些路由都是最优的。事实上,在某一时刻,到某一目的地的当前路由仅能由唯一的路由协议来决定。这样,各路由协议(包括静态路由)都被赋予了一个优先级,当存在多个路由信息源时,具有较高优先级的路由协议发现的路由将成为当前路由。各种路由协议的优先级见表 6-8。在表 6-8 中:0 表示直接连接的路由,255 表示任何来自不可信源端的路由。

表 6-8　路由协议及其发现路由的优先级

路由协议或路由种类	相应路由的优先级
DIRECT	0
OSPF	10

续表 6-8

路由协议或路由种类	相应路由的优先级
IS-IS	15
STATIC	60
RIP	100
OSPF ASE	150
OSPF NSSA	150
IBGP	256
EBGP	256
UNKNOWN	255

除了直连路由(DIRECT)、IBGP 及 EBGP 外,各动态路由协议的优先级都可根据用户需求,手工进行配置。另外,每条静态路由的优先级都可以不相同。

二、动态路由

为了使用动态路由,互联网的中的路由器必须运行相同的路由选择协议,执行相同的路由选择算法。

目前,最广泛的路由协议有两种:一种是 RIP(路由信息协议),另一种是 OSPF(开放式最短路径优先)协议。RIP 采用距离-矢量算法,OSPF 则使用链路-状态算法。

不管采用何种路由协议和算法,路由信息应以准确、一致的观点反映新的互联网拓扑结构。当一个互联网中的所有路由器都运行着相同的、精确的、足以反映当前互联网拓扑结构的路由信息时,我们称路由已经收敛(convergence)。快速收敛是路由选择协议最希望具有的特征,因为它可以尽量避免路由器利用过时的路由信息选择可能是不正确或不经济的路由。

1. RIP 协议与距离-矢量算法

RIP 是一种较为简单的内部网关协议(interior gateway protocol,IGP),主要用于规模较小的网络中。由于 RIP 的实现较为简单,协议本身的开销对网络的性能影响比较小,并且在配置和维护管理方面也比 OSPF 或 IS-IS 容易,因此在实际组网中仍有广泛的应用。

1) 距离-矢量路由选择算法

距离-矢量路由选择算法,也称为 Bellman-Ford 算法。其基本思想是路由器周期性地向其相邻路由器广播自己知道的路由信息,用于通知相邻路由器自己可以到达的网络以及到达该网络的距离(通常用"跳数"表示),相邻路由器可以根据收到的路由信息修改和刷新自己的路由表,如图 6-27 所示。

路由器 R1 向相邻的路由器(如 R2)广播自己的路由信息,通知 R2 自己可以到达 net1、net2 和 net4。由于 R1 送来的路由信息包含了两条 R2 不知的路由(到达 net1 和 net4 的路由),于是 R2 将 net1 和 net4 加入自己的路由表,并将下一站指定 R1。也就是说,如果 R2 收到目的网络为 net1 和 net4 的 IP 数据报,它将转发给路由器 R1,由 R1 进行再次投递。由于 R1 到达网络 net1 和 net4 的距离分别为 0、1,因此,R2 通过 R1 到达这两个网络的距离分别是 1 和 2。

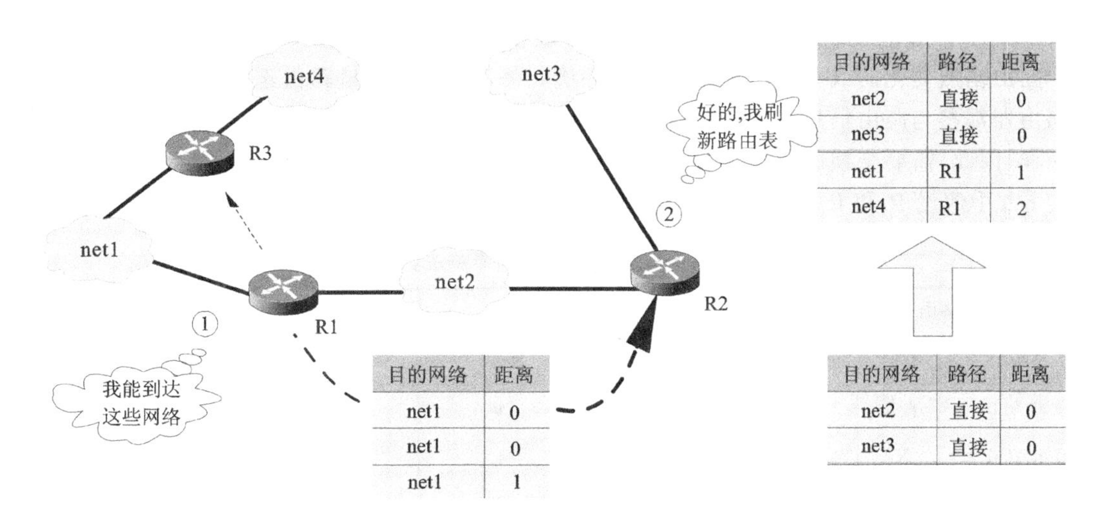

图 6-27　距离-矢量路由选择算法基本思想

下面,对距离-矢量路由选择算法进行具体描述。首先,路由器启动时对路由表进行初始化,该初始路由表包含所有去往与本路由器直接相连的网络路径。因为去往直接相连的网络不经过之间路由器,所以初始化的路由表中各路径的距离均为 0。图 6-28(a)显示了路由器 R1 附近的互联网拓扑结构,图 6-28(b)给出了路由器 R1 的初始路由表。

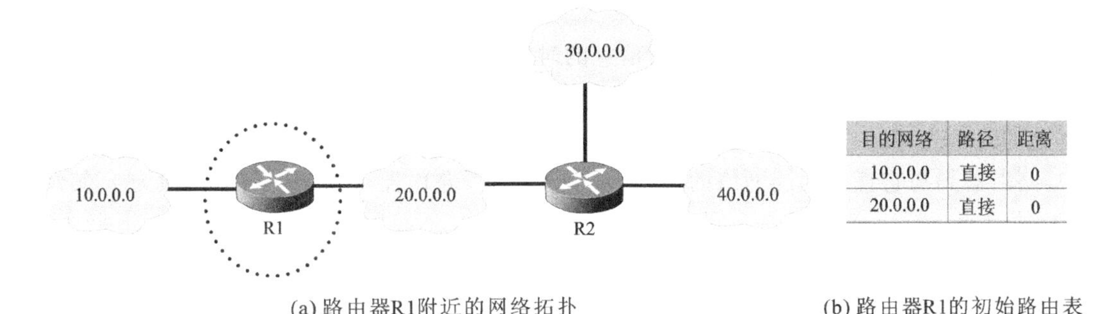

图 6-28　路由器启动时初始化路由表

然后,各路由器周期性地向其相邻路由器广播自己的路由表信息。与该路由器直接相连(位于同一物理网络)的路由器收到该路由表报文后,据此对本地路由表进行刷新,刷新时,路由器逐项检查来自相邻路由器的路由信息报文,遇到下列项目,须修改本地路由表(假设路由器 R_i 收到的路由信息报文)。

(1) R_j 列出的某项目 R_i 路由表中没有,则 R_i 路由表中增加相应项目,其目的网络是 R_j 表中的目的网络,其距离为 R_j 表中的距离加 1,而路径则为 R_j。

(2) R_j 去往某目的地的距离比 R_i 去往该目的地的距离减 1 还小。这种情况说明 R_i 去往某目的网络如果经过 R_j,距离会更短。于是,R_i 需要修改本表中的内容,其目的网络不变,距离为 R_j 表中的距离加 1,路径为 R_j。

(3) R_i 去往某目的地经过 R_j,而 R_j 去往该目的地的路径发生变化。如果 R_j 不再包含去往某目的地的路径,则 R_i 中相应路径需删除;如果 R_j 去往某目的地的距离发生变化,则 R_i 中相应的距离需修改,以 R_j 中的距离加 1 取代之。

距离-矢量路由选择算法的最大优点是算法简单、易于实现。但是,由于路由器的路径变化需要像波浪一样从相邻路由器传播出去，过程非常缓慢，有可能造成慢收敛等问题，因此，它不适合应用于路由剧烈变化的或大型的互联网网络环境。另外，距离-矢量路由选择算法要求互联网中的每个路由器都参与路由信息的交换和计算，而且需要交换的路由信息报文和自己的路由表的大小几乎一样，因此，需要交换的信息量极大。

表 6-9 中假设 R_i 和 R_j 为相邻路由器，对距离-矢量路由选择算法给出了直观说明。

表 6-9　按照距离-矢量路由选择算法更新路由表

R_i原路由表			R_j广播的路由信息		R_i刷新后的路由表		
目的网络	路径	距离	目的网络	距离	目的网络	路径	距离
10.0.0.0	直接	0	10.0.0.0	4	10.0.0.0	直接	0
30.0.0.0	R_n	7	30.0.0.0	4	30.0.0.0	R_j	5
40.0.0.0	R_j	3	40.0.0.0	2	40.0.0.0	R_j	3
45.0.0.0	R_l	4	41.0.0.0	3	41.0.0.0	R_j	4
180.0.0.0	R_j	5	180.0.0.0	5	45.0.0.0	R_l	4
190.0.0.0	R_m	10			180.0.0.0	R_j	6
199.0.0.0	R_j	6			190.0.0.0	R_m	10

2）RIP 协议

RIP 协议规定了路由器之间交换路由信息的时间、交换信息的格式、错误的处理等内容。

在通常情况下，RIP 协议规定路由器每 30 秒与其相邻的路由器交换一次路由信息，该信息来源于本地的路由表，其中，路由器到达目的网络的距离以跳数计算，称为路由权(routing cost)。在 RIP 中，路由器到与它直接相连网络的跳数为 0，通过一个路由器可达的网络的跳数为 1，其余依此类推。

RIP 协议除了严格遵守距离-矢量路由选择算法进行路由广播与刷新外，在具体实现过程中还做了某些改进。

(1) 对相同开销路由的处理。在具体应用中，可能会出现有若干条距离相同的路径可以到达同一网络的情况。对于这种情况，通常按照先入为主的原则解决，如图 6-29 所示。

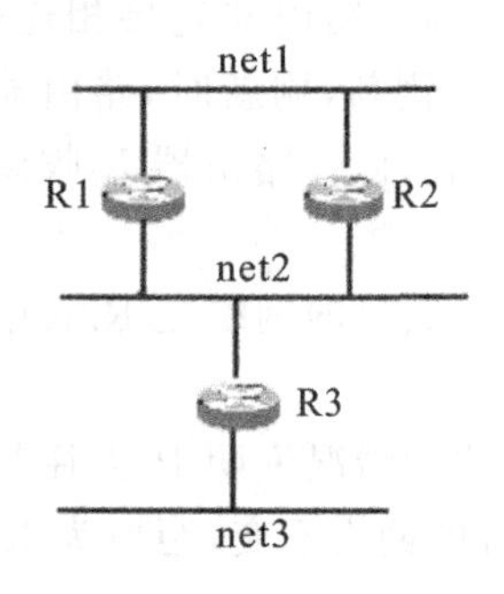

图 6-29　相同开销路由处理

由于路由器 R1 和 R2 都与 net1 直接相连，所以它们都向相邻路由器 R3 发送到达 net1 距离为 0 的路由信息。R3 按照先入为主的原则，先收到哪个路由器的路由信息报文，就将去往 net1 的路径定为哪个路由器，直到该路径失效或被新的更短的路径代替。

(2) 对过时路由的处理。根据距离-矢量路由选择算法，路由表中的一条路径被刷新是因为出现了一条开销更小的路径，否则该路径会在路由表中保持下去。按照这种思想，一旦某条路径发生故障，过时的路由表项会在互联网中长期存在下去。在图 6-29 中，假如 R3 到达 net1 经过 R1，如果 R1 发生故障后不能向 R3 发送路由刷新报文，那么，R3 关于到达 net1 需要经过 R1 的路由信息将永远保持下去，尽管这是一条坏路由。

为了解决这个问题，RIP 协议规定，参与 RIP 选路的所有机器都要为其路由表的每个表目增加一个定时器，在收到相邻路由器发送的路由刷新报文中如果包含此路径的表目，则将定时器清零，重新开始计时。如果在规定时间内一直没有收到关于该路径的刷新信息，定时器时间到，说明该路径已经失效，需要将它从路由表中删除。RIP 协议规定路径的超时时间为 180s，相当于六个刷新周期。

3）慢收敛问题及对策

慢收敛问题是 RIP 协议的一个严重缺陷。那么，慢收敛问题是怎样产生的呢？

如图 6-30 所示是一个正常的互联网拓扑结构，从 R1 可直接到达 net1，从 R2 经 R1(距离为 1)也可到达 net1。这种情况下，R2 收到 R1 广播的刷新报文后，会建立一条距离为 1 经 R1 到达 net1 的路由。

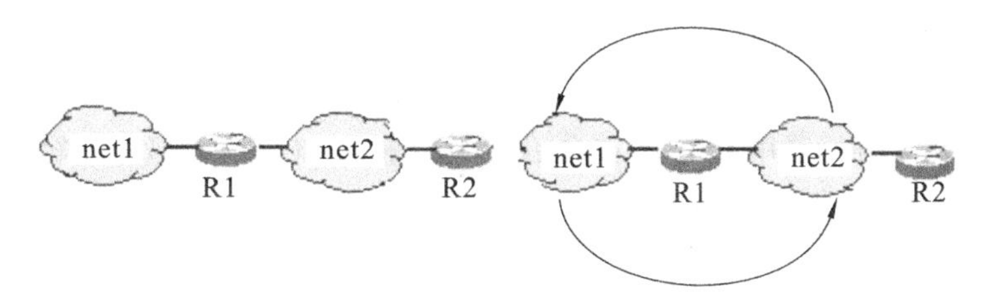

图 6-30　慢收敛问题的产生

现在，假设从 R1 到 net1 的路径因故障而崩溃，但 R1 仍然可以正常工作。当然，R1 一旦检测到 net1 不可到达，会立即将去往 net1 的路由废除，然后会发生下面两种可能的情况。

(1) 在收到来自 R2 的路由刷新报文之前，R1 将修改后的路由信息广播给相邻的路由器 R2，于是 R2 修改自己的路由表，将原来经 R1 去往 net1 的路由删除。这没有什么问题。

(2) R2 赶在 R1 发送新的路由刷新报文之前，广播自己的路由刷新报文。该报文中必然包含一条说明 R2 经过一个路由器可以到达 net1 的路由。由于 R1 已经删除了到达 net1 的路由，按照距离-矢量路由选择算法，R1 会增加通过 R2 到达 net1 的新路径，不过路径的距离变为 2。这样，在路由器 R1 和 R2 之间就形成了环路。R2 认为通过 R1 可以到达 net1，R1 则认为通过 R2 可以到达 net1。尽管路径的“距离”会越来越大，但该路由信息不会从 R1 和 R2 的路由表中消失。这就是慢收敛问题产生的原因。

为了解决慢收敛问题，RIP 协议采用以下解决对策。

(1) 限制路径最大距离对策　产生路由环以后，尽管无效的路由不会从路由表中消失，但是其路径的距离会变得越来越大。为此，可以通过限制路径的最大距离来加速路由表的收敛。距离到达某一最大值，就说明该路由不可达，需要将其从路由表中删除。为限制收敛时间，RIP 规定跳数取值为 0～15 之间的整数，大于或等于 16 的跳数被定义为无穷大，即目的网络或主机不可达。在限制路径最大距离为 16 的同时，也限制了应用 RIP 协议的互联网规模。在使用 RIP 协议的互联网中，每条路径经过的路由器数目不应超过 15 个。

(2) 水平分割对策(split horizon)　当路由器从某个网络接口发送 RIP 路由刷新报文时，其中不能包含从该接口获取的路由信息，这就是水平分割政策的基本原理。在图 6-26 中，如果 R2 不把从 R1 获得的路由信息再广播给 R1，R1 和 R2 之间就不可能出现路由环，这样就可避免慢收敛问题的发生。

(3) 保持对策(hold down)　仔细分析慢收敛的原因，会发现崩溃路由的信息传播比正常路由的信息传播慢了许多。针对这种现象，RIP 协议的保持对策规定：在得知目的网络不可达后的一定时间内(RIP 规定为 60 s)，路由器不接收关于此网络的任何可到达性信息。这样，可以给路由崩溃信息以充分的传播时间，使它尽可能赶在路由环形成之前传出去，防止慢收敛问题的出现。

(4) 带触发刷新的毒性逆转对策(posion reverse)　某路径崩溃后，最早广播此路由的路由器将原路由保留在若干路由刷新报文中，但指明该路由的距离为无限长(距离为 16)。与此同时，还可以使用触发刷新技术，一旦检测到路由崩溃，立即广播刷新报文，而不必等待下一个刷新周期。

4) RIP 协议与子网路由

RIP 协议的最大优点是配置和部署相当简单。早在 RIP 协议的第一个版本被正式颁布之前，它已经被写成各种程序并被广泛使用。但是，RIP 的第一个版本是以标准的 IP 互联网为基础的，它使用标准的 IP 地址，并不支持子网路由。直到第二个版本的出现，才结束了 RIP 协议不能为子网选路的历史。与此同时，RIP 协议的第二个版本还具有身份验证、支持多播等特性。

2. OSPF 协议与链路状态算法

OSPF 是链路状态算法路由协议的代表，能适应中大型规模的网络，在当今的 Internet 中的路由结构就是在自治系统内部采用 OSPF，在自治系统间采用 BGP。本部分内容对有关 OSPF 的知识只做简单的介绍。大家要掌握的是 OSPF 的思想，以及其简单的配置，并能够在中小企业网中简单地采用 OSPF 路由协议。

OSPF 即“开放最短路由优先协议”。它是 IETF 组织开发的一个基于链路状态的自治系统内部路由协议(IGP)，如图 6-31 所示。

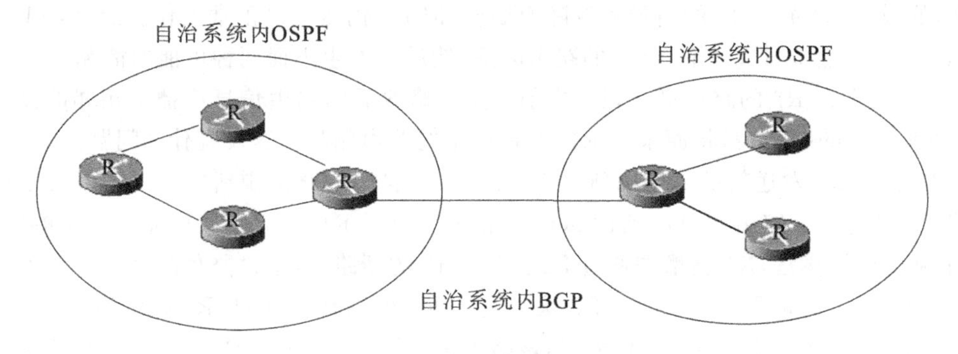

图 6-31　OSPF 在自治系统内工作

在 IP 网络上，它通过收集和传递自治系统的链路状态来动态地发现并传播路由。OSPF 协议支持 IP 子网和外部路由信息的标记引入；OSPF 协议使用 IP multicasting 方式发送和接收报文，地址为 224.0.0.5 和 224.0.0.60。每个支持 OSPF 协议的路由器都维护着一份描述整个自治系统拓扑结构的数据库，这一数据库是通过收集所有路由器的链路状态广播而得到的。每一台路由器总是将描述本地状态的信息(如可用接口信息、可达邻居信息等)广播到整个自治系统中去。根据链路状态数据库，各路由器构建一棵以自己为根的最短路径树，这棵树给出了到自治系统中各结点的路由。具体过程可查阅有关书籍。

OSPF 协议允许自治系统的网络被划分成区域来管理，区域间传送的路由信息被进一步抽象，从而减少了占用网络的带宽。在同一区域内的所有路由器都应该一致同意该区域的参数配置。OSPF 的区域由 backbone(骨干区域)进行连接，该区域以 0.0.0.0 标识。所有的区域都必须在逻辑上连续，为此，骨干区域上特别引入了虚连接的概念以保证即使在物理上分割的区域仍然在逻辑上具有连通性，如图 6-32 所示。

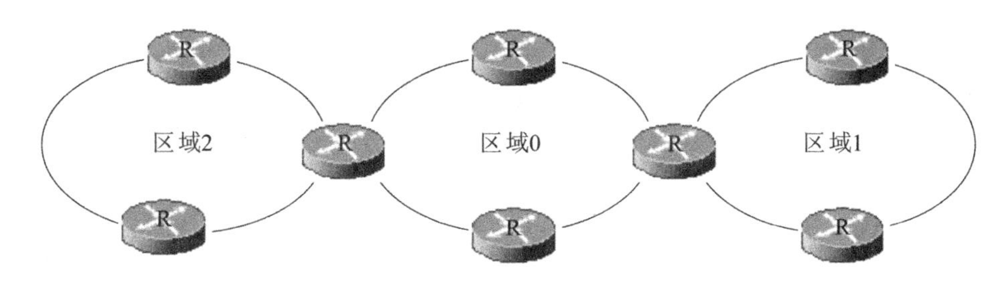

图 6-32　OSPF 区域

【实践练习】学习了那么多知识，下面我们可以动手操作啦！

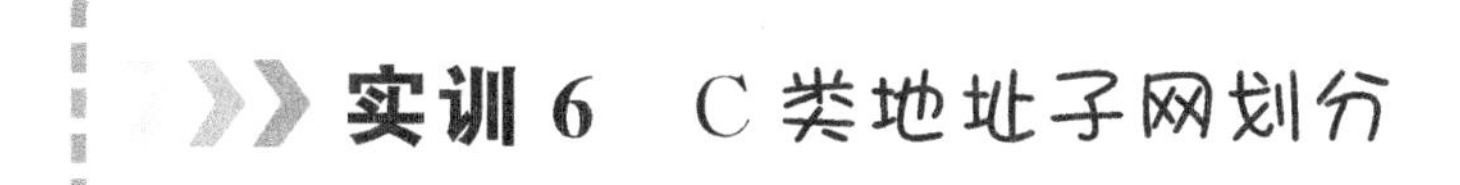

实训 6　C 类地址子网划分

假设一个单位使用了 C 类网络地址 192.168.1.0，该单位有 10 个子网，并且每个子网上主机数最多不超过 13 台。确定需要从地址的主机部分借的位数以及留下来作为主机地址的位数，做出地址分配表，画出网络拓扑图并在实验室实现该子网。

【解析】根据网络要求，从主机号中借出 4 位表示子网号。这样，子网掩码为 255.255.255.240，子网号 14 个，每个子网的主机数最多 14 台，满足要求。

我们给出具体的 IP 地址分配表和网络拓扑结构，然后在实验室中配置这个网络，并且使用命令 ping 进行检验，地址分配表见表 6-10。

表 6-10　192.168.1.0 在掩码为 255.255.255.240 时的地址分配表

子网	子网掩码	IP 地址范围	子网地址	直接广播	有限广播
1	255.255.255.240	192.168.1.17 至 192.168.1.30	192.168.1.16	192.168.1.31	255.255.255.255
2	255.255.255.240	192.168.1.33 至 192.168.1.46	192.168.1.32	192.168.1.47	255.255.255.255
3	255.255.255.240	192.168.1.49 至 192.168.1.62	192.168.1.48	192.168.1.63	255.255.255.255
4	255.255.255.240	192.168.1.65 至 192.168.1.78	192.168.1.64	192.168.1.79	255.255.255.255
5	255.255.255.240	192.168.1.81 至 192.168.1.94	192.168.1.80	192.168.1.95	255.255.255.255
6	255.255.255.240	192.168.1.97 至 192.168.1.110	192.168.1.96	192.168.1.111	255.255.255.255
7	255.255.255.240	192.168.1.113 至 192.168.1.126	192.168.1.112	192.168.1.127	255.255.255.255
8	255.255.255.240	192.168.1.129 至 192.168.1.142	192.168.1.128	192.168.1.143	255.255.255.255
9	255.255.255.240	192.168.1.145 至 192.168.1.158	192.168.1.144	192.168.1.159	255.255.255.255
10	255.255.255.240	192.168.1.161 至 192.168.1.174	192.168.1.160	192.168.1.175	255.255.255.255
11	255.255.255.240	192.168.1.177 至 192.168.1.190	192.168.1.176	192.168.1.191	255.255.255.255
12	255.255.255.240	192.168.1.193 至 192.168.1.206	192.168.1.192	192.168.1.207	255.255.255.255
13	255.255.255.240	192.168.1.209 至 192.168.1.222	192.168.1.208	192.168.1.223	255.255.255.255
14	255.255.255.240	192.168.1.225 至 192.168.1.238	192.168.1.224	192.168.1.239	255.255.255.255

网络拓扑图如图 6-33 所示。

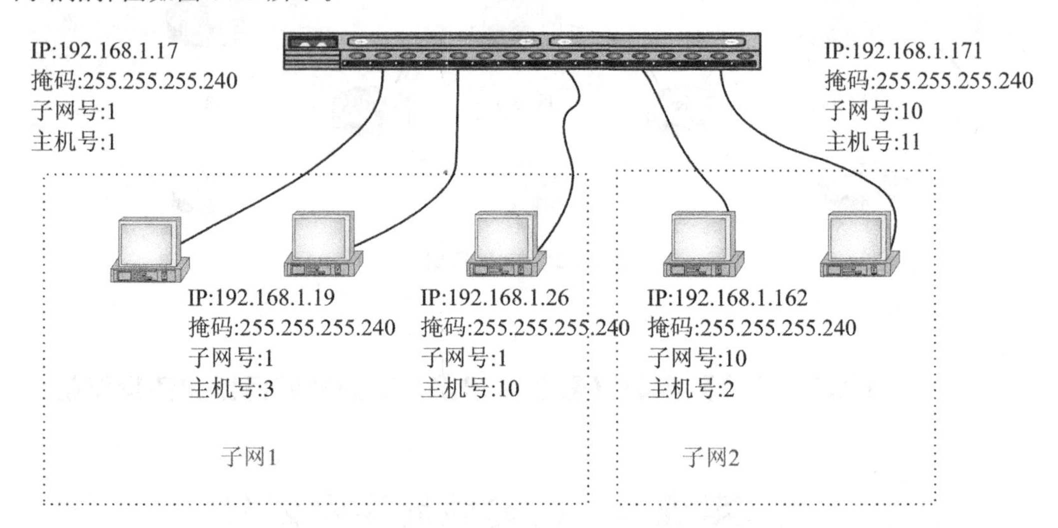

图 6-33　网络拓扑图

图 6-34　设置 IP 地址和子网掩码

在子网方案定好之后，就可以在实际环境中实现该子网了。具体配置过程如下。

在控制面板中点击“网络和拨号连接”(或右击“网上邻居”图标，选择“属性”命令)，双击“本地连接”，在弹出的对话框中单击“属性”按钮，选择“Internet 协议(TCP/IP)属性”，出现如图 6-34 所示对话框，在本子网 IP 地址范围内配置 IP 地址，子网掩码设置为 255.255.255.240。

设置完成以后，使用命令 ping 进行检验。在同一子网的计算机可以 ping 通，如主机 192.168.1.17 和主机 192.168.1.19；不同子网的计算机不能 ping 通，如主机 192.168.1.17 和主机 192.168.1.162。

【实践练习】学习了那么多知识，下面我们可以动手操作啦！

1. ARP

ARP 是 Windows Server 2003 中用于查看和修改本地计算机的 ARP(地址解析协议)所使用的地址转换表的一个诊断程序，其语法格式如下。

- **arp　-s　int_addr　eth_addr[if_addr]**

- **arp　-d　int_addr　[if_addr]**
- **arp　-a　[inet_addr]　[-N if_addr]**

其中,主要参数的功能介绍如下。

- -a:通过查询当前的协议数据来显示当前 arp 项。如果指定 int_addr 参数项,则只显示指定主机的 IP 地址和物理地址。有一个以上的网络接口使用 ARP 协议的,将显示 arp 表项的内容。
- inet_addr:指定一个 Internet 地址。
- -N if_addr:被 if_addr 指定的网络接口显示 arp 的输入项。
- -d:删除被 inet_addr 指定的主机。
- -s:添加 arp 缓冲中的项,以便将 Internet 地址 inet_addr 与物理地址 eth_addr 进行关联。该物理地址为由连字符分隔的一个十六进制字节。输入项是静态的,即超时终止后不从缓冲中自动删除,重新引导计算机后,该输入项丢失。
- eth_addr:指定物理地址。
- if_addr:指定现有接口的 IP 地址,该接口地址转换表需要修改。若现有接口不存在时,则使用第一个可用接口的 IP 地址。

以上有关 arp 诊断程序参数的详细说明可以在 Windows 命令行中输入"arp/?"查得结果。例如,查看 arp 缓存中的数据项,使用命令"arp -a",结果如图 6-35 所示。

从图 6-35 中可以看出,IP 地址 192.168.1.2 的类型(type)为动态的(dynamic),如果将 IP 地址为 192.168.1.2、物理地址为 00-0a-e6-e4-77-38 的数据项添加为静态的,则使用命令格式"arp -s int_addr eth_addr[if_addr]",首先添加该数据项,然后使用命令"arp -a"查看,发现类型已经变为静态(static),如图 6-36 所示。

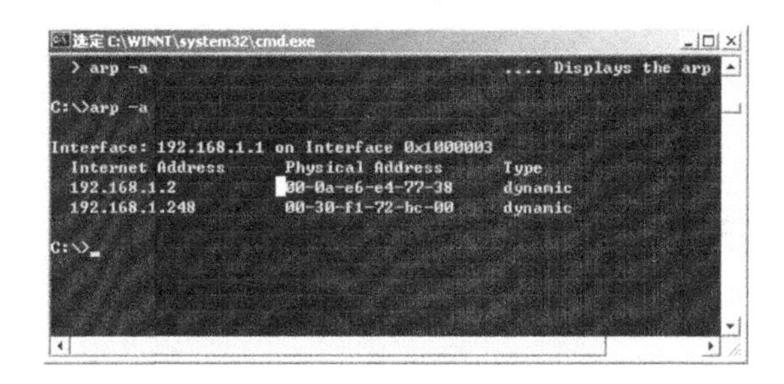

图 6-35　arp 命令使用示例

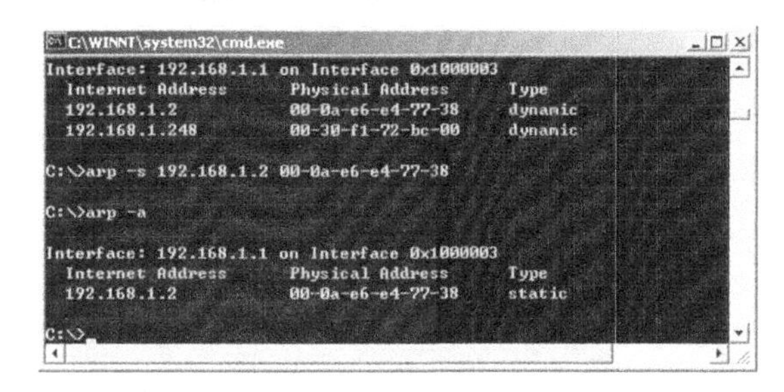

图 6-36　添加静态数据项示例

【实践练习】学习了那么多知识,下面我们可以动手操作啦!

实训 8　ping 命令的使用

ping 是使用 TCP/IP 协议的网络中经常使用且非常重要的一个诊断程序,它可以查看 TCP/IP 协议的配置状态,以及远程计算机之间的连接情况。ping 命令的语法格式如下。

ping [-t][-a][-n count][-l size][-i TTL][-v TOS] [-r ciybt][-s ciybt][-j host-list]|[-k host-

list][-w timeout] destination-list

其中，主要参数的功能如下。

- -t：ping 指定的主机，直到结束。使用 Ctrl+C 组合键结束操作。
- -a：解析主机的地址。
- -n count：发送由用户指定的回应包数据(n 的值为 1～4 294 967 295)。
- -l size：发送缓冲区的大小。
- -v TOS：设置服务字段类型为 TOS 指定的值。
- -w timeout：指定等待每次响应的超时时间间隔，单位为毫秒(ms)。

在网络中使用最多的是在一台计算机上直接 ping 另一台计算机的 IP 地址。

例如，使用参数-1 size 设置发送缓冲区的大小，默认的数据区是 32B，这里设置为 500B，运行结果如图 6-37 所示。

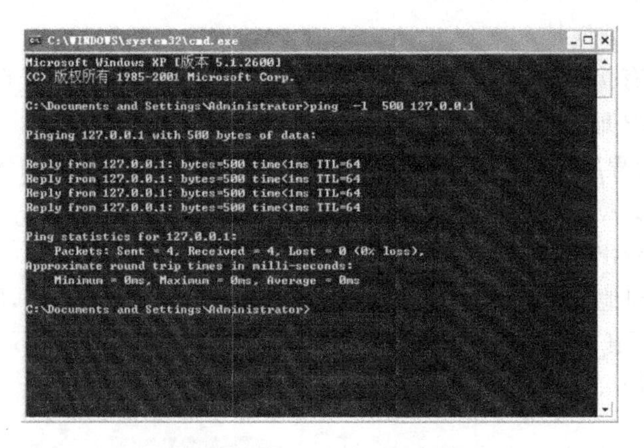

图 6-37　ping 命令使用示例

【实践练习】学习了那么多知识，下面我们可以动手操作啦！

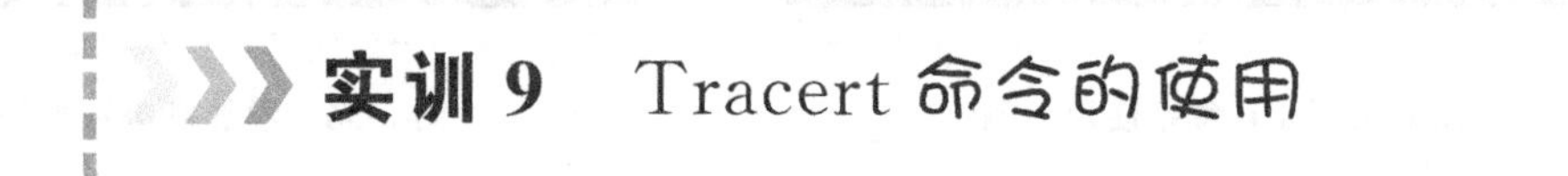

实训 9　Tracert 命令的使用

Tracert(跟踪路由)是路由跟踪实用程序，用于确定 IP 数据报访问目标所采取的路径。Tracert 命令用 IP 生存时间(TTL)字段和 ICMP 错误消息来确定从一个主机到网络上其他主机的路由。Tracert 命令格式为如下。

Tracert [-d] [-h maximum_hops] [-j host-list] [-w timeout] target_name

其中，主要参数的性能如下。

- -d：用于指定不将 IP 地址解析到主机名称。
- -h maximum_hops：用于指定跳数以跟踪到称为 target_name 的主机的路由。
- -j host-list：用于指定 Tracert 实用程序数据报所采用路径中的路由器接口列表。

例如，我们想知道服务器 www.163.com 的路由，使用命令 tracert 163.com，将显示从本机到主机 www.163.com 的路由，如图 6-38 所示。

```
C:\WINNT\system32\cmd.exe

C:\Documents and Settings\Administrator>tracert 163.com

Tracing route to 163.com [220.181.29.154]
over a maximum of 30 hops:

  1   <10 ms   <10 ms   <10 ms  192.168.3.1
  2   <10 ms   <10 ms   <10 ms  192.168.1.253
  3   <10 ms   <10 ms   <10 ms  218.61.235.65
  4   <10 ms   <10 ms   <10 ms  192.168.2.1
  5   <10 ms   <10 ms   <10 ms  218.61.255.9
  6   <10 ms   <10 ms   <10 ms  1p0-r16-c.dlptt.ln.cn [202.107.109.29]
  7   <10 ms   <10 ms   <10 ms  218.61.255.193
  8    15 ms    16 ms    31 ms  219.158.8.241
  9    16 ms    16 ms    31 ms  219.158.13.14
 10   250 ms     *      266 ms  219.158.28.114
 11   250 ms   265 ms   266 ms  202.97.46.41
 12   360 ms   359 ms   359 ms  202.97.36.25
 13   188 ms   187 ms   203 ms  202.97.34.61
 14   203 ms   203 ms   204 ms  218.30.25.45
 15   172 ms   172 ms   172 ms  218.30.25.70
 16   172 ms   171 ms   172 ms  220.181.16.10
 17   172 ms   172 ms   172 ms  220.181.17.54
 18   156 ms   172 ms   172 ms  220.181.29.154

Trace complete.
```

图 6-38　tracert 命令的使用

【实践练习】学习了那么多知识，下面我们可以动手操作啦！

实训 10　路由器的启动与配置

一般情况下配置路由器的基本思路如下。

(1) 第一步：在配置路由器之前，需要将组网需求具体化、详细化，包括组网目的、路由器在网络互连中的角色、子网的划分、广域网类型和传输介质的选择、网络的安全策略和网络可靠性需求等。

(2) 第二步：根据以上要素绘制出一个清晰完整的组网图。

(3) 第三步：配置路由器的广域网接口。首先，根据选择的广域网传输介质，配置接口的物理工作参数（如串口的同/异步、波特率和同步时钟等），对于拨号口，还需要配置 DCC 参数；然后，根据选择的广域网类型，配置接口封装的链路层协议及相应的工作参数。

(4) 第四步：根据子网的划分，配置路由器各接口的 IP 地址或 IPX 网络号。

(5) 第五步：配置路由，如果需要启动动态路由协议，还需配置相关动态路由协议的工作参数。

(6) 第六步：如果有特殊的安全需求，则需进行路由器的安全性配置。

(7) 第七步：如果有特殊的可靠性需求，则需进行路由器的可靠性配置。

1. 通过 Console 口登录路由器

1) 连接路由器到配置终端

搭建本地配置环境，如图 6-39 所示，只需将配置口电缆的 RJ-45 一端与路由器的配置口相连，DB25 或 DB9 一端与微机的串口相连。

2) 设置配置终端的参数

(1) 第一步：打开配置终端，建立新的连接。如果使用微机进行配置，需要在微机上运行终端仿真程序（如 Windows 3.1 的 Terminal，Windows XP/Windows 2000/Windows NT 的超级终

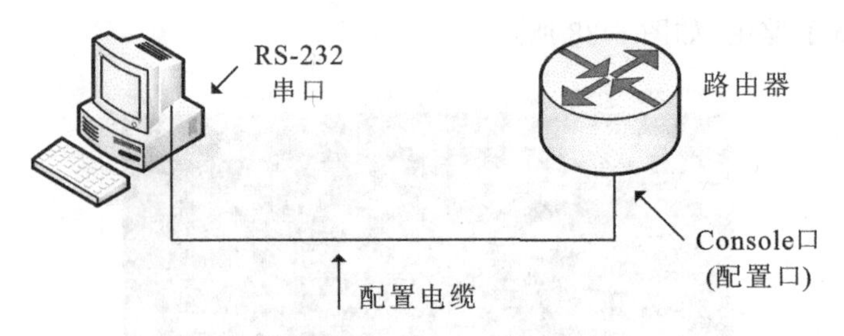

图 6-39　通过 Console 口进行本地配置

端),建立新的连接。如图 6-40 所示,在"名称(N)"文本框中输入名称,单击"确定"按钮。

(2) 第二步:设置终端参数。Windows XP 超级终端参数设置方法如下。

选择连接端口。如图 6-40(b)所示,在"连接时使用(N)"选项栏的下拉菜单中选择连接的串口(注意选择的串口应该与配置电缆实际连接的串口一致)。

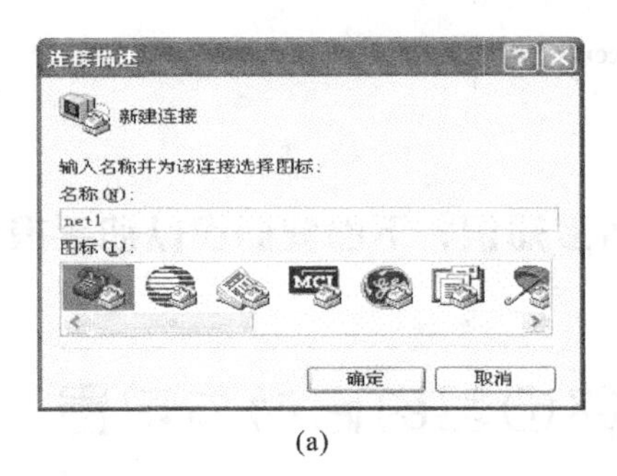

(a)

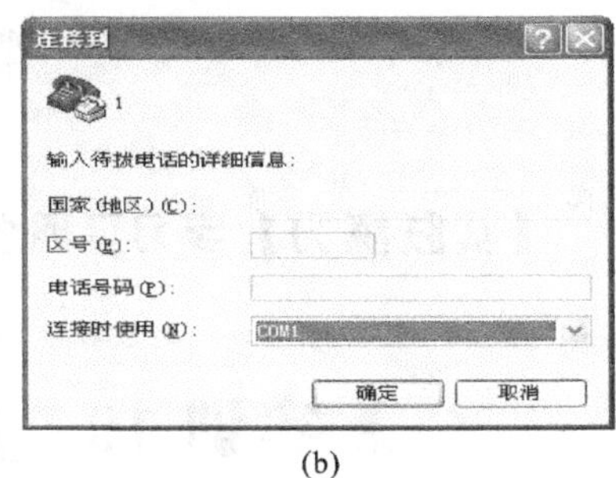

(b)

图 6-40　输入名称和连接端口设置

(3) 第三步:设置串口参数。如图 6-41 所示,在串口的属性对话框中设置波特率为 9600,设置数据位为 8,设置奇偶校验为无,设置停止位为 1,设置数据流控制为无,单击"确定"按钮,返回超级终端窗口。

(4) 第四步:配置超级终端属性。在超级终端中选择"属性/设置"一项,进入如图 6-42 所示的对话框,选择终端仿真类型为 VT100 或自动检测,单击"确定"按钮,返回超级终端窗口。

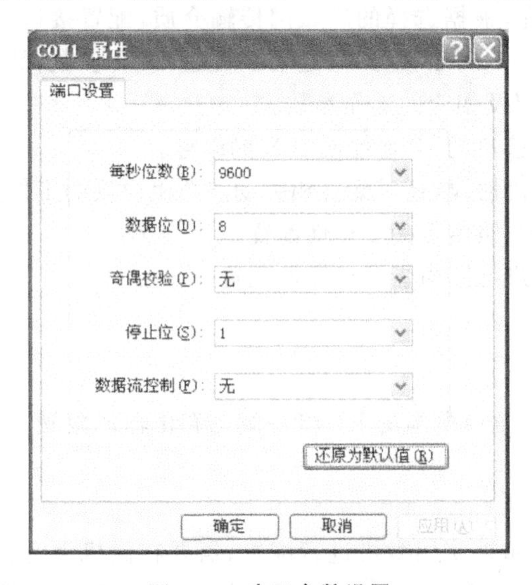

图 6-41　串口参数设置

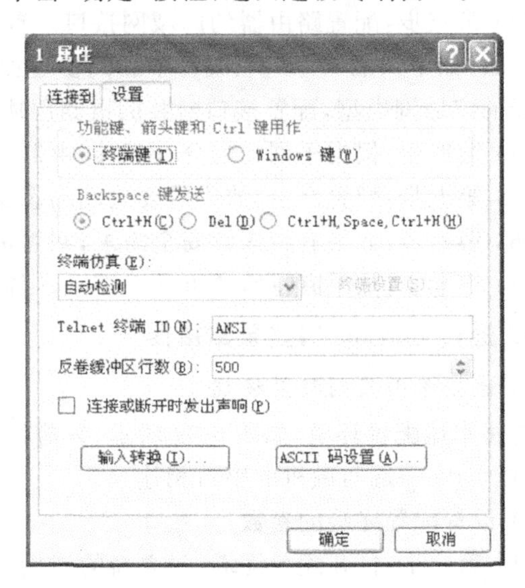

图 6-42　终端类型设置

3）路由器上电前检查

路由器上电之前应进行如下检查：① 电源线和地线连接是否正确；② 供电电压与路由器的要求是否一致；③ 配置电缆连接是否正确，配置用微机或终端是否已经打开，并设置完毕。

警告：上电之前，应确认设备供电电源开关的位置，以便在发生事故时，能够及时切断供电电源。

路由器上电步骤为：① 打开路由器供电电源开关；② 打开路由器电源开关（将路由器电源开关置于 ON 位置）。

路由器上电后，要进行如下检查：① 路由器前面板上的指示灯显示是否正常；② 上电后自检过程中的点亮顺序是：SLOT1 至 SLOT3 点亮，若 SLOT2、SLOT3 点亮表示内存检测通过；若 SLOT1、SLOT2 点亮表示内存检测不通过。

配置终端显示是否正常：对于本地配置，上电后可在配置终端上直接看到启动界面。启动（即自检）结束后将提示用户按回车键，当出现命令行提示符“Router>”时，即可进行配置了。

4）启动过程

路由器上电开机后，将首先运行 Boot ROM 程序，终端屏幕上显示如图 6-43 所示的系统信息。

说明：对于不同版本的 Boot ROM 程序，终端上显示的界面可能会略有差别。

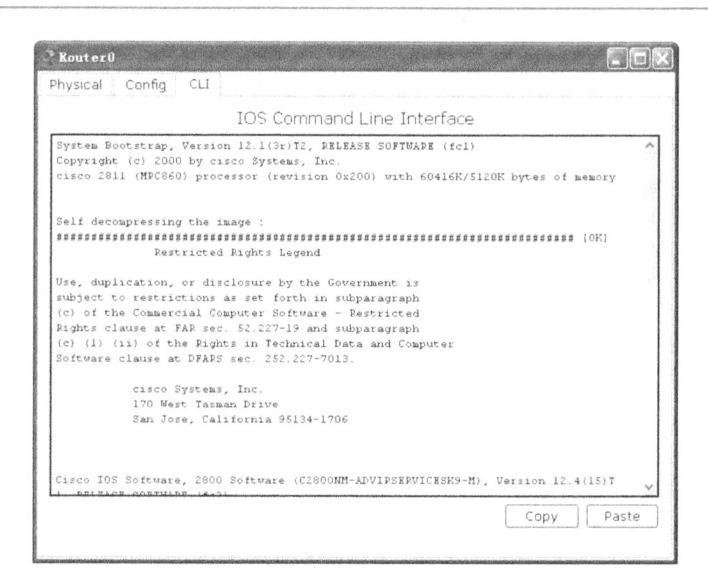

图 6-43 路由器配置终端显示界面

```
cisco 2811(MPC860)processor(revision 0x200)with 60416K/5120K bytes of memory
//内存的大小
Processor board ID JAD05190MTZ(4292891495)
M860 processor:part number 0,mask 49
2 FastEthernet/IEEE 802.3 interface(s)//两个以太网接口
2 Low-speed serial(sync/async)network interface(s)//两个低速串行接口
```

```
239K bytes of non-volatile configuration memory.//NVRAM的大小
62720K bytes of  ATACompactFlash(Read/Write)//FLASH卡的大小
Cisco IOS Software,2800 Software(C2800NM-ADVIPSERVICESK9-M),Version 12.4(15)T1,RE-
LEASE SOFTWARE(fc2)
Technical Support:http://www.cisco.com/techsupport
Copyright(c)1986- 2007 by Cisco Systems,Inc.
Compiled Wed 18-Jul-07 06:21 by pt_rel_team
        ——System Configuration Dialog——
Continue with configuration dialog? [yes/no]://提示是否进入配置对话模式,以"no"结束该模式
```

说明:如果超级终端无法连接到路由器,请按照以下顺序进行检查。

① 检查计算机和路由器之间的连接是否松动,并确保路由器已经开机。

② 确保计算机选择了正确的COM口及默认登录参数。

③ 如果还是无法排除故障,而路由器并不是出厂设置,则可能是路由器的登录速率不是9 600b/s,逐一进行检查。

④ 使用计算机的另一个COM口和路由器的Console口连接,确保连接正常,输入默认参数进行登录。

2. 通过Telnet登录路由器

如果路由器不是第一次上电,而且用户已经正确配置了路由器各接口的IP地址,并配置了正确的登录验证方式和呼入/呼出受限规则,在配置终端与路由器之间有可达路由前提下,可以用Telnet通过局域网或广域网登录到路由器,然后对路由器进行配置。

(1) 第一步:建立本地配置环境,只需将微机以太网口通过局域网与路由器的以太网口连接。

(2) 第二步:配置路由器以太网接口IP地址。

```
Router>enable  //由用户模式转换为特权模式
Router#configure terminal  //由特权模式转换为全局配置模式
Router(config)#interface fastEthernet 0/0  //进入以太网接口模式
Router(config-if)#ip address 192.168.1.1 255.255.255.0  //为此接口配置IP地址,此地址为计算机的默认网关
Router(config-if)#no shutdown  //激活该接口,默认为关闭状态,与交换机有很大区别
%LINK-5-CHANGED:Interface FastEthernet0/0,changed state to up
%LINEPROTO-5-UPDOWN:Line protocol on Interface FastEthernet0/0,changed state to up
  //系统信息显示此接口已激活
```

(3) 第三步:配置路由器密码。

```
Router(config)#linevty 0 4  //进入路由器的VTY虚拟终端,"vty0 4"表示vty0到vty4,共五个虚拟终端
Router(config-line)#password 123  //设置Telnet登录密码为123
Router(config-line)#login  //登录时进行密码验证
Router(config-line)#exit  //由线路模式转换为全局配置模式
Router(config)#enable  password 123  //设置进入路由器特权模式的密码
Router(config)#exit  //由全局配置模式转换为特权模式
Router#copy running-config startup-config  //将正在运行的配置文件保存到系统的启动配置文件
```

```
Destination filename [startup-config]?   //默认文件名为 startup-config
Building configuration…
[OK]  //系统提示保存成功
```

(4) 第四步:在计算机上运行 Telnet 程序,访问路由器。

配置计算机的 IP 地址为 192.168.1.5(只要在 192.168.1.2 至 192.168.1.254 的范围内不冲突就可以),子网掩码为 255.255.255.0,默认网关为 192.168.1.1。首先要测试计算机与路由器的连通性,确保 ping 通,再进行 Telnet 远程登录,如图 6-44 所示。

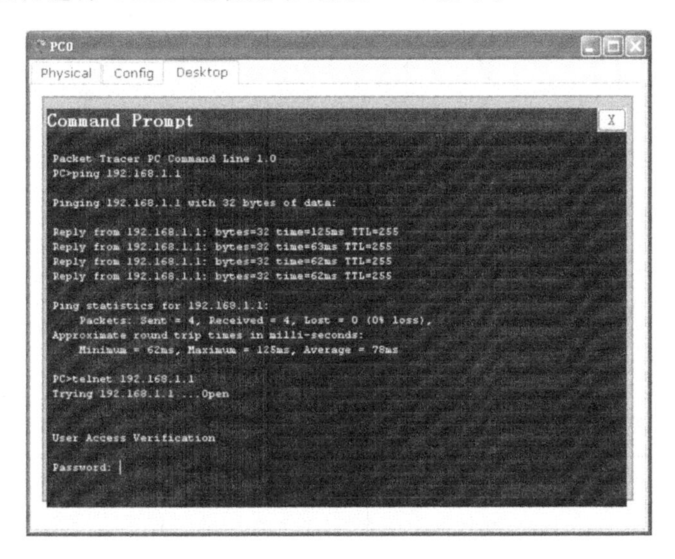

图 6-44　与路由器建立 Telnet 连接

> **说明**:通过 Telnet 配置路由器时,请不要轻易改变路由器的 IP 地址(由于修改 IP 地址可能会导致 Telnet 连接断开)。如有必要修改 IP 地址,应输入路由器的新 IP 地址,重新建立连接。

实训 11　静态路由配置

1. 组网需求

如图 6-45 所示,采用 2 台路由器、4 台交换机,PC 作为控制台终端,通过路由器的 Console 口登录路由器,即用路由器携带的标准配置线缆的水晶头,一端插在路由器的 Console 口上,另一端的 9 针接口插在 PC 的 COM 口上。同时,为了实现 Telnet 配置,用一根网线的一端连接交换机的以太网口,另一端连接 PC 的网口。然后 2 台路由器使用 V35 专用电缆通过同步串口(WAN 口)连接在一起,使用 1 台 PC 进行试验并验证(与控制台使用同一台 PC)。同时配置静态路由使之相互通信。

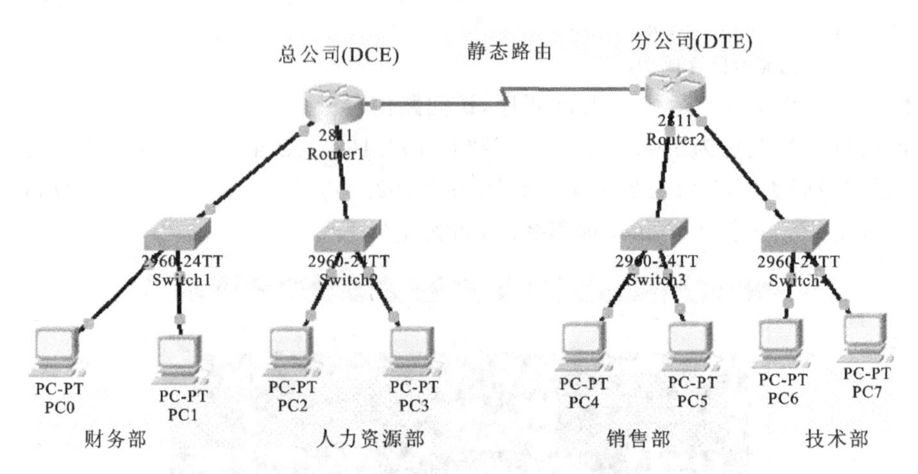

图 6-45 静态路由配置拓扑结构图

2. IP 地址的规划与分配

针对工作任务进行 IP 地址的规划与分配，如表 6-11 所示。

表 6-11 IP 地址的规划与分配

设备名称	接口	IP 地址	子网掩码	默认网关
Router1	F0/0	192.168.1.1	255.255.255.0	无
	F0/1	192.168.2.1	255.255.255.0	
	S0/0/0	1.1.1.1	255.0.0.0	
Router2	F0/0	192.168.3.1	255.255.255.0	无
	F0/1	192.168.4.1	255.255.255.0	
	S0/0/0	1.1.1.2	255.0.0.0	
Switch1	VLAN1	192.168.1.2	255.255.255.0	192.168.1.1
Switch2	VLAN1	192.168.2.2	255.255.255.0	192.168.2.1
Switch3	VLAN1	192.168.3.2	255.255.255.0	192.168.3.1
Switch4	VLAN1	192.168.4.2	255.255.255.0	192.168.4.1
PC0、PC1	NIC	192.168.1.3 192.168.1.4	255.255.255.0	192.168.1.1
PC2、PC3	NIC	192.168.2.3 192.168.2.4	255.255.255.0	192.168.2.1
PC4、PC5	NIC	192.168.3.3 192.168.3.4	255.255.255.0	192.168.3.1
PC6、PC7	NIC	192.168.4.3 192.168.4.4	255.255.255.0	192.168.4.1

3. 完成网络拓扑的搭建

(1) 将广域网电缆的DCE端连接路由器Router1的广域网接口S0/0/0,DTE端连接路由器Router2的广域网接口S0/0/0。

(2) 将PC0、PC1连接交换机Switch1的F0/2接口和F0/3接口;将PC2、PC3连接交换机Switch2的F0/2接口和F0/3接口;将PC4、PC5连接交换机Switch3的F0/2接口和F0/3接口;将PC6、PC7连接交换机Switch4的F0/2接口和F0/3接口。

(3) 将交换机Switch1的F0/1接口连接路由器Router1的局域网F0/0接口;将交换机Switch2的F0/1接口连接路由器Router1的局域网F0/1接口;将交换机Switch3的F0/1接口连接路由器Router2的局域网F0/0接口;将交换机Switch4的F0/1接口连接路由器Router2的局域网F0/1接口。

(4) 确保所有的计算机和网络设备电源已打开。

4. 配置步骤

(1) 路由器Router1的配置如下。

```
Router>enable  //由用户模式转到特权模式
Router#configure terminal  //进入全局配置模式
Router(config)#hostname Router1  //设置系统名为"Router1"
Router1(config)#interface fastEthernet 0/0  //进入F0/0接口
Router1(config-if)#ip address 192.168.1.1 255.255.255.0  //为F0/0接口指定IP地址
Router1(config-if)#no shutdown  //激活该端口
%LINK-5-CHANGED:Interface FastEthernet0/0,changed state to up
%LINEPROTO-5-UPDOWN:Line protocol on Interface FastEthernet0/0,changed state to up
  //系统显示该端口已被激活
Router1(config-if)#exit  //由接口模式退出到全局配置模式
Router1(config)#interface fastEthernet 0/1  //进入F0/1接口
Router1(config-if)#ip  address 192.168.2.1 255.255.255.0  //为F0/1接口指定IP地址
Router1(config-if)#no shutdown  //激活该端口
%LINK-5-CHANGED:Interface FastEthernet0/1,changed state to up
%LINEPROTO-5-UPDOWN:Line protocol on Interface FastEthernet0/1,changed state to up
  //系统显示该端口已被激活
Router1(config-if)#exit
Router1(config)#interface serial 0/0/0  //进入广域网S0/0/0接口
Router1(config-if)#ip address 1.1.1.1 255.0.0.0
Router1(config-if)#clock rate 64000  //DCE端需要在广域网接口配置时钟,时钟通常为
                                     64000,DTE端不需要配置时钟
Router1(config-if)#no shutdown
%LINK-5-CHANGED:Interface Serial0/0/0,changed state to down  //系统显示该接口仍然处
于关闭状态,此时属于正常状态,路由器Router2的广域网接口配置好后,该接口自动转换为UP的状态
Router1(config-if)#exit  //只能在全局配置模式下配置路由
Router1(config)#ip route 192.168.3.0 255.255.255.0 1.1.1.2
//配置到达192.168.3.0网络的路由,下一跳段为1.1.1.2
Router1(config)#ip route 192.168.4.0 255.255.255.0 1.1.1.2
//配置到达192.168.4.0网络的路由,下一跳段为1.1.1.2
```

```
Router1(config)#exit
Router1#  //只能在特权模式下对系统设置进行保存
%SYS-5-CONFIG_I:Configured from console by console
Router1#copy  running-config  startup-config  //将正在配置的运行文件保存到系统的启动
                                              配置文件
Destination filename [startup-config]?  //系统默认文件名为"startup-config"
Building configuration…
[OK]
Router1#show ip route  //只有所有的路由器都配置完成后才能查看完整的路由表
Codes:C -connected,S -static,I -IGRP,R -RIP,M -mobile,B -BGP
D -EIGRP,EX -EIGRP external,O -OSPF,IA -OSPF inter area
N1 -OSPF NSSA external type 1,N2 -OSPF NSSA external type 2
E1 -OSPF external type 1,E2 -OSPF external type 2,E -EGP
i -IS-IS,L1 -IS-IS level-1,L2 -IS-IS level-2,ia -IS-IS inter area
*  -candidate default,U -per-user static route,o -ODR
P -periodic downloaded static route
Gateway of last resort is not set
C1.0.0.0/8 is directly connected,Serial0/0/0  //"C"表示直连路由
C    192.168.1.0/24 is directly connected,FastEthernet0/0
C    192.168.2.0/24 is directly connected,FastEthernet0/1
S    192.168.3.0(目的网络)/24(子网掩码)[1/0] via(下一跳段)1.1.1.2
S    192.168.4.0/24 [1/0] via 1.1.1.2  //"S"表示静态路由
```

(2) 路由器 Router2 的配置如下。

```
Router>enable  //由用户模式转到特权模式
Router#configure terminal  //进入全局配置模式
Router(config)#hostname Router2  //设置系统名为"Router2"
Router2(config)#interface fastEthernet 0/0  //进入 F0/0 接口
Router2(config-if)#ip address 192.168.3.1 255.255.255.0  //为 F0/0 接口指定 IP 地址
Router2(config-if)#no shutdown  //激活该端口
%LINK-5-CHANGED:Interface FastEthernet0/0,changed state to up
%LINEPROTO-5-UPDOWN:Line protocol on Interface FastEthernet0/0,changed state to up
  //系统显示该端口已被激活
Router2(config-if)#exit  //由接口模式退出到全局配置模式
Router2(config)#interface fastEthernet 0/1  //进入 F0/1 接口
Router2(config-if)#ip  address 192.168.4.1 255.255.255.0  //为 F0/1 接口指定 IP 地址
Router2(config-if)#no shutdown  //激活该端口
%LINK-5-CHANGED:Interface FastEthernet0/1,changed state to up
%LINEPROTO-5-UPDOWN:Line protocol on Interface FastEthernet0/1,changed state to up
  //系统显示该端口已被激活
Router2(config-if)#exit
Router2(config)#interface serial 0/0/0  //进入广域网 S0/0/0 接口
Router2(config-if)#ip address 1.1.1.2 255.0.0.0
Router2(config-if)#no shutdown
%LINK-5-CHANGED:Interface Serial0/0/0,changed state toup
```

```
Router2(config-if)#exit  //只能在全局配置模式下配置路由
Router2(config)#ip route 192.168.1.0 255.255.255.0 1.1.1.1
//配置到达 192.168.1.0 网络的路由,下一跳段为 1.1.1.1
Router2(config)#ip route 192.168.2.0 255.255.255.0 1.1.1.1
//配置到达 192.168.2.0 网络的路由,下一跳段为 1.1.1.1
Router2(config)#exit
Router2#  //只能在特权模式下对系统设置进行保存
%SYS-5-CONFIG_I:Configured from console by console
Router1# copy running-config startup-config  //将正在配置的运行文件保存到系统的启动配
                                               置文件
Destination filename [startup-config]?  //系统默认文件名为"startup-config"
Building configuration…
[OK]
Router2# show ip route  //查看路由器 Router2 的路由表
Codes:C -connected,S -static,I -IGRP,R -RIP,M -mobile,B -BGP
      D -EIGRP,EX -EIGRP external,O -OSPF,IA -OSPF inter area
      N1 -OSPF NSSA external type 1,N2 -OSPF NSSA external type 2
      E1 -OSPF external type 1,E2 -OSPF external type 2,E -EGP
      i -IS-IS,L1 -IS-IS level-1,L2 -IS-IS level-2,ia -IS-IS inter area
      *  -candidate default,U -per-user static route,o -ODR
      P -periodic downloaded static route
Gateway of last resort is not set
C1.0.0.0/8 is directly connected,Serial0/0/0
C    192.168.3.0/24 is directly connected,FastEthernet0/0
C    192.168.4.0/24 is directly connected,FastEthernet0/1
S    192.168.1.0/24 [1/0] via 1.1.1.1
S    192.168.2.0/24 [1/0] via 1.1.1.1
```

(3) 交换机 IP 地址、默认网关的配置,以 Switch1 为例。

```
Switch>enable
Switch#configure  terminal
Switch(config)#hostname Switch1  //将交换机的系统名改为"Switch1"
Switch1(config)#interface vlan 1  //进入交换机的管理 VLAN
Switch1(config-if)#ip  address 192.168.1.2 255.255.255.0  //为交换机指定 IP 地址
Switch1(config-if)#no shutdown
%LINK-5-CHANGED:Interface Vlan1,changed state to up
%LINEPROTO-5-UPDOWN:Line protocol on Interface Vlan1,changed state to up
//系统显示当前已激活
Switch1(config-if)#exit  //设置网关需在全局配置模式下进行
Switch1(config)#ip default-gateway 192.168.1.1  //设置默认网关
Switch1(config)#exit
Switch1#
%SYS-5-CONFIG_I:Configured from console by console
Switch1#copy  running-config  startup-config  //退出到特权模式进行保存
Destination filename [startup-config]?
```

```
Building configuration…
[OK]
```

(4) 为计算机指定 IP 地址和网关，并使用 ping 命令进行网络的连通性测试。

例如，通过使用“ipconfig”命令查看 PC0 IP 地址和网关的配置情况，利用 ping 命令测试 PC0 与其他 PC 是否能通信，如图 6-46 所示。

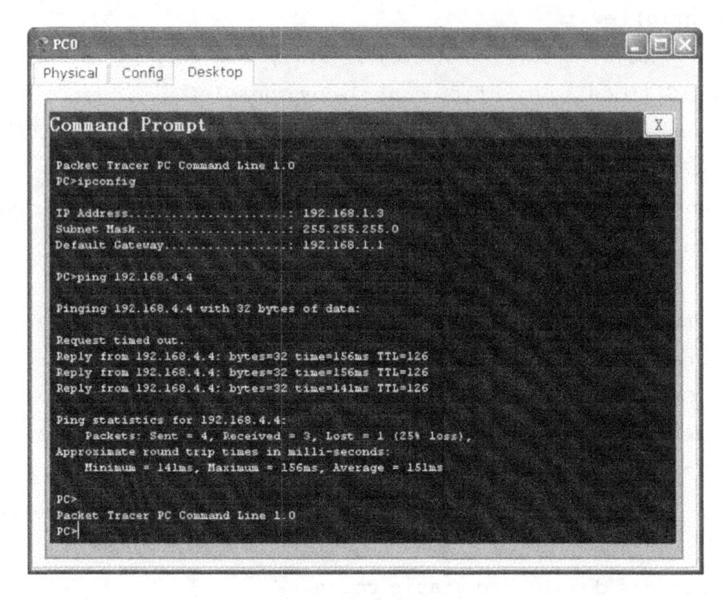

图 6-46　连通性测试

(5) 静态路由配置的故障诊断与排除。

故障之一：路由器没有配置动态路由协议，接口的物理状态和链路层协议状态均已处于 UP，但 IP 报文不能正常转发。

故障排除的方法如下。

- 用 show ip route protocol static 命令查看是否正确配置静态路由。
- 用 show ip route 命令查看该静态路由是否已经生效。
- 查看在 NBMA 接口上是否未指定下一跳地址或指定的下一跳地址不正确。并查看 NBMA 接口的链路层二次路由表是否配置正确。

【实践练习】学习了那么多知识，下面我们可以动手操作啦！

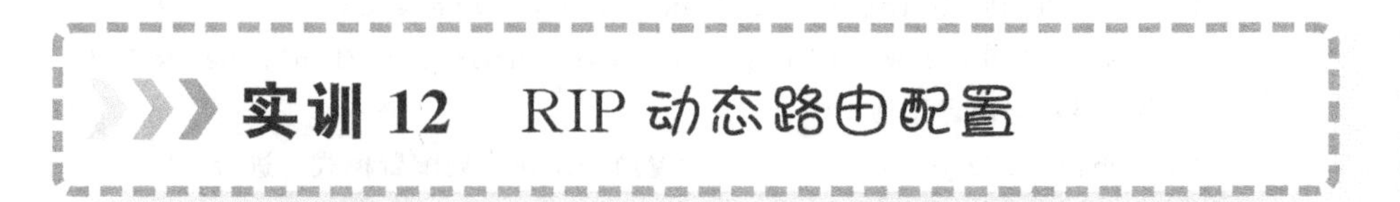

1. 组网需求、IP 地址分配和网络拓扑连接

组网需求、IP 地址分配和网络拓扑连接与“实训 11　静态路由配置”时相同。

2. 配置步骤

(1) 路由器 Router1 配置 RIP 协议。

```
Router1>enable
Router1#configure terminal
Enter configuration commands,one per line.  End with CNTL/Z.
Router1(config)#router  rip  //启动动态路由协议 RIP 进程
Router1(config-router)#network 192.168.1.0  //通告网络
Router1(config-router)#network 192.168.2.0
Router1(config-router)#network1.0.0.0
Router1(config-router)#^Z  //使用快捷键 Ctrl+ Z 退出到特权模式
Router1#
%SYS-5-CONFIG_I:Configured from console by console
Router1#copy  running-config startup-config  //保存
Destination filename [startup-config]?
Building configuration...
[OK]
  Router1#show ip route  //查看 Router1 的路由表
  Codes:C -connected,S -static,I -IGRP,R -RIP,M -mobile,B -BGP
        D -EIGRP,EX -EIGRP external,O -OSPF,IA -OSPF inter area
        N1 -OSPF NSSA external type 1,N2 -OSPF NSSA external type 2
        E1 -OSPF external type 1,E2 -OSPF external type 2,E -EGP
        i -IS-IS,L1 -IS-IS level-1,L2 -IS-IS level-2,ia -IS-IS inter area
        *  -candidate default,U -per-user static route,o -ODR
        P -periodic downloaded static route
  Gateway of last resort is not set
  C    1.0.0.0/8 is directly connected,Serial0/0/0
  C    192.168.1.0/24 is directly connected,FastEthernet0/0
  C    192.168.2.0/24 is directly connected,FastEthernet0/1
  R    192.168.3.0/24 [120/1] via 1.1.1.2,00:00:10,Serial0/0/0  //“R”表示动态路由协议
RIP 搜索来的路由
  R    192.168.4.0/24 [120/1] via 1.1.1.2,00:00:10,Serial0/0/0
```

(2) 路由器 Router2 的配置如下。

```
Router2>enable
Router2#configure terminal
Router2(config)#router  rip  //启动动态路由协议 RIP 进程
Router2(config-router)#network 192.168.3.0  //通告网络
Router2(config-router)#network 192.168.4.0
Router2(config-router)#network 1.0.0.0
Router2(config-router)#^Z  //使用快捷键 Ctrl+ Z 退出到特权模式
Router1#
%SYS-5-CONFIG_I:Configured from console by console
Router2#copy  running-config startup-config  //保存
Destination filename [startup-config]?
```

```
Building configuration…
[OK]
  Router2#show ip route   //查看 Router2 的路由表
  Codes:C -connected,S -static,I -IGRP,R -RIP,M -mobile,B -BGP
        D -EIGRP,EX -EIGRP external,O -OSPF,IA -OSPF inter area
        N1 -OSPF NSSA external type 1,N2 -OSPF NSSA external type 2
        E1 -OSPF external type 1,E2 -OSPF external type 2,E -EGP
        i -IS-IS,L1 -IS-IS level-1,L2 -IS-IS level-2,ia -IS-IS inter area
        * -candidate default,U -per-user static route,o -ODR
        P -periodic downloaded static route
  Gateway of last resort is not set
  C     1.0.0.0/8 is directly connected,Serial0/0/0
  C     192.168.3.0/24 is directly connected,FastEthernet0/0
  C     192.168.4.0/24 is directly connected,FastEthernet0/1
  R     192.168.1.0/24 [120/1] via 1.1.1.1,00:00:26,Serial0/0/0
  R     192.168.2.0/24 [120/1] via 1.1.1.1,00:00:26,Serial0/0/0
```

3. 计算机的配置与测试

为计算机指定 IP 地址和网关,并使用 ping 命令进行网络的连通性测试。例如,通过使用“ipconfig”命令查看 PC0 IP 地址和网关的配置情况,利用 ping 命令测试 PC0 与其他 PC 是否能通信。

4. 动态路由配置的故障诊断与排除

故障之一:在物理连接正常的情况下收不到更新报文。

故障排除:相应的接口上 RIP 没有运行(如执行了 no rip work 命令)或该接口未通过 network 命令。对端路由器上配置的是组播方式(如执行了 rip version 2 multicast 命令),但在本地路由器上没有配置组播方式。

故障之二:运行 RIP 的网络发生路由震荡。

故障排除:在各个运行 RIP 的路由器上使用 show rip 命令查看 RIP 定时器的配置,如果不同路由器的 Period Update 定时器和 Timeout 定时器值不同,则将全网的定时器配置一致,并确保 Timeout 定时器时间长度大于 Period Update 定时器的时间长度。

八、OSPF 动态路由配置

1. 组网需求、IP 地址分配和网络拓扑连接

组网需求、IP 地址分配和网络拓扑连接与“实训 11　静态路由配置”时相同。

2. 配置步骤

(1) 路由器 Router1 配置 RIP 协议。

```
Router2>enable
Router2#configure terminal
Router1(config)#router ospf 1   //启动动态路由协议 OSPF 协议,进程号为 1
Router1(config-router)#network 192.168.1.0 255.255.255.0 area0   //通告网络位于区域 0
Router1(config-router)#network 192.168.2.0 255.255.255.0 area0
```

```
Router1(config-router)#network1.0.0.0 255.0.0.0 area0
Router1(config-router)#^Z  //使用快捷键 Ctrl+ Z 退出到特权模式
Router1#
%SYS-5-CONFIG_I:Configured from console by console
Router1#copy  running-config startup-config  //保存
Router1#show ip route  //查看 Router1 的路由表
Router#show ip route
Codes:C -connected,S -static,I -IGRP,R -RIP,M -mobile,B -BGP
      D -EIGRP,EX -EIGRP external,O -OSPF,IA -OSPF inter area
      N1 -OSPF NSSA external type 1,N2 -OSPF NSSA external type 2
      E1 -OSPF external type 1,E2 -OSPF external type 2,E -EGP
      i -IS-IS,L1 -IS-IS level-1,L2 -IS-IS level-2,ia -IS-IS inter area
      *  -candidate default,U -per-user static route,o -ODR
      P -periodic downloaded static route
Gateway of last resort is not set
C    1.0.0.0/8 is directly connected,Serial0/0/0
C    192.168.1.0/24 is directly connected,FastEthernet0/0
C    192.168.2.0/24 is directly connected,FastEthernet0/1
O    192.168.3.0/24 [110/65] via 1.1.1.2,00:00:18,Serial0/0/0
O    192.168.4.0/24 [110/65] via 1.1.1.2,00:00:18,Serial0/0/0
```

（2）路由器 Router2 的配置如下。

```
Router2>enable
Router2#configure terminal
Router2(config)#router  ospf 1    //启动动态路由协议 OSPF 协议,进程号为 1
Router2(config-router)#network 192.168.3.0 255.255.255.0 area0  //通告网络位于区域 0
Router2(config-router)#network 192.168.4.0 255.255.255.0 area0
Router2(config-router)#network 1.0.0.0 255.0.0.0 area0
Router2(config-router)#^Z    //使用快捷键 Ctrl+ Z 退出到特权模式
Router1#
%SYS-5-CONFIG_I:Configured from console by console
Router2#copy  running-config startup-config    //保存
Destination filename [startup-config]?
Building configuration…
[OK]
Router2#show ip route    //查看 Router2 的路由表
Codes:C -connected,S -static,I -IGRP,R -RIP,M -mobile,B -BGP
      D -EIGRP,EX -EIGRP external,O -OSPF,IA -OSPF inter area
      N1 -OSPF NSSA external type 1,N2 -OSPF NSSA external type 2
      E1 -OSPF external type 1,E2 -OSPF external type 2,E -EGP
      i -IS-IS,L1 -IS-IS level-1,L2 -IS-IS level-2,ia -IS-IS inter area
      *  -candidate default,U -per-user static route,o -ODR
      P -periodic downloaded static route
Gateway of last resort is not set
C    1.0.0.0/8 is directly connected,Serial0/0/0
```

```
O    192.168.1.0/24 [110/65] via 1.1.1.1,00:00:01,Serial0/0/0
O    192.168.2.0/24 [110/65] via 1.1.1.1,00:00:01,Serial0/0/0
C    192.168.3.0/24 is directly connected,FastEthernet0/0
C    192.168.4.0/24 is directly connected,FastEthernet0/1
```

3. 计算机的配置与测试

为计算机指定 IP 地址和网关，并使用 ping 命令进行网络的连通性测试。例如，通过使用“ipconfig”命令查看 PC0 IP 地址和网关的配置情况，利用 ping 命令测试 PC0 与其他 PC 是否能通信。

习题

一、选择题

1. ping 命令发送的报文是(　　)。

A. ECHO Request　　B. ECHO Reply　　C. TTL 超时　　D. LCP

2. 为了满足子网寻径的需要，路由表中应包含的元素有(　　)。

A. 子网掩码　　B. 源地址

C. 目的网络地址　　D. 下一跳地址

3. 192.168.1.1 代表的是(　　)地址。

A. A 类地址　　B. B 类地址　　C. C 类地址

D. D 类地址　　E. 以上均不对

4. 224.0.0.5 代表的是(　　)地址。

A. 主机地址　　B. 网络地址　　C. 组播地址　　D. 广播地址

5. 192.168.1.255 代表的是(　　)地址。

A. 主机地址　　B. 网络地址　　C. 组播地址　　D. 广播地址

6. 某公司申请到一个 C 类 IP 地址，但要连接六个子公司，最大一个子公司有 26 台计算机，每个子公司在一个网段中，则子网掩码应设为(　　)。

A. 255.255.255.0　　B. 255.255.255.128

C. 255.255.255.192　　D. 255.255.255.224

7. 路由器作为网络互联设备，必须具备的特点有(　　)。

A. 支持路由协议　　B. 至少具备一个备份口

C. 至少支持两个网络接口　　D. 协议至少要实现到网络层

E. 具有存储、转发和寻径功能

8. 对于一个没有经过子网划分的传统 C 类网络来说，允许安装主机的台数为(　　)。

A. 1 024　　B. 65 025　　C. 254

D. 16　　E. 48

9. C 类地址最大可能子网位数是(　　)。

A. 6　　B. 8　　C. 12　　D. 14

10. RARP 的作用是(　　)。

A. 将自己的 IP 地址转换成 MAC 地址

B. 将对方的 IP 地址转换成 MAC 地址

C. 将对方的 MAC 地址转换成 IP 地址

D. 知道自己的 MAC 地址,通过 RARP 协议得到自己的 IP 地址

11. IP 地址 219.25.23.56 的默认子网掩码的位数为(　　)。

A. 8　　B. 16　　C. 24　　D. 32

12. 国际上负责分配 IP 地址的专业组织划分了几个网段作为私有网段,可以供人们在私有网络上自由分配使用,以下属于私有地址的网段是(　　)。

A. 10.0.0.0/8　　B. 172.16.0.0/12

C. 192.168.0.0/16　　D. 224.0.0.0/8

13. 关于 IP 报文头的 TTL 字段,以下说法正确的有(　　)。

A. TTL 的最大可能值是 65 535

B. 在正常情况下,路由器不应该从接口收到 TTL=0 的报文

C. TTL 主要是为了防止 IP 报文在网络中的循环转发,浪费网络带宽

D. IP 报文每经过一台网络设备,包括 HUB、LAN SWITCH 和路由器,TTL 值都会被减去一定的数值

14. 为了确定网络层所经过的路由器数目,应使用的命令是(　　)。

A. ping　　B. arp-a　　C. stack-test　　D. tracert　　E. telnet

15. 保留给自环测试的 IP 地址是(　　)。

A. 127.0.0.0　　B. 127.0.0.1　　C. 224.0.0.9　　D. 126.0.0.1

二、填空题

1. 在 Internet 上一个 B 类地址的子网被划分为 16 个网段,则它的子网掩码是__________。

2. 某单位得到一段 IP 地址,分配给它是这样描述的,IP 地址为 166.111.70.128,掩码为 255.255.255.224,则内部可分配给主机的合法 IP 地址从__________到__________。

3. IP 地址分__________和__________两部分。

4. IP 地址由__________位二进制数组成。

5. 以太网利用__________协议获得目的主机 IP 地址与 MAC 地址的映射关系。

6. 在转发一个 IP 数据报过程中,如果路由器发现该数据报首部中的 TTL 字段为 0,那么它首先将该数据报__________,然后向__________发送 ICMP 报文。

7. 在 IP 互联网中,路由通常可以分为__________路由和__________路由。

8. IP 路由表通常包括三项内容,它们是__________、__________和__________。

9. RIP 协议使用__________算法,OSPF 协议使用__________算法。

三、简答题

1. 大写和小写开头的英文名称 internet 和 Internet 在意思上有何重要区别?

2. 作为中间系统,转发器、网桥、路由器和网关有何区别?

3. 试简单说明 IP、ARP、RARP 和 ICMP 协议的作用。
4. IP 地址分为几类？各如何表示？IP 地址的主要特点是什么？
5. 试说明 IP 地址和硬件的区别。为什么要使用这两种不同的地址？
6. (1) 子网掩码为 255.255.255.0 代表什么意思？
   (2) 一个网络的子网掩码为 255.255.255.248，该网络能够连接多少台主机？
   (3) 一个 A 类网络和一个 B 类网络的子网号分别为 16b 和 8b，这两个网络的子网掩码有何不同？
   (4) 一个 B 类地址的子网掩码是 255.255.240.0，那么其中每一个子网上的主机数最多是多少？
   (5) 一个 A 类网络的子网掩码为 255.255.0.255，它是否为一个有效的子网掩码？
   (6) 某个 IP 地址的十六进制表示是 C22F1481，试将其转换为点分十进制的形式。并说明这个地址是哪一类 IP 地址。
   (7) C 类网络使用子网掩码有何实际意义？为什么？
7. 试辨认以下 IP 地址的网络类别。
   (1) 128.36.199.3
   (2) 21.12.240.17
   (3) 183.194.76.253
   (4) 192.12.69.248
   (5) 89.3.0.1
   (6) 200.3.6.2

四、实践题

1. 现有一家公司需要创建内部网络，该公司包括工程部、技术部、市场部、财务部和办公室等五大部门，每个部门有 20～30 台计算机。
   问：(1) 要将几个部门从网络上进行分开，如果分配该公司使用的地址为一个 C 类地址，网络地址为 192.162.1.0，如何划分网络？
   (2) 确定各部门的网络 IP 地址和子网掩码，并写出分配给每个部门网络中的主机 IP 地址范围。
   (3) 推荐一种可行的网络结构，指出所需的网络设备，并说明该设备在网络中的作用。
   (4) 画出网络的拓扑结构图。
2. 有如下的四个/24 地址块，试进行最大可能的聚合。
   121.56.132.0/24
   121.56.133.0/24
   121.56.134.0/24
   121.56.135.0/24

3. 假定网络中的路由器 B 的路由表如表 6-12 所示。

表 6-12　路由器 B 的路由表

目的网络	距离	下一跳路由器
N_1	7	A
N_2	2	A
N_6	8	A
N_8	4	A
N_9	4	A

现在 B 收到从 C 发来的路由信息，如表 6-13 所示。

表 6-13　路由器 C 的路由表

目的网络	距离
N_2	4
N_3	8
N_6	4
N_8	3
N_9	5

试求出路由器 B 更新后的路由表。

项目7 传 输 层

项目描述　传输层是 OSI 参考模型的第 4 层，它为上一层提供了端到端(end to end)的可靠的信息传递。物理层可以使我们在各链路上透明地传输比特流。数据链路层使得相邻结点所构成的链路能够传输无差错的帧。网络层提供路由选择、网络互连的功能。而对于用户进程来说，希望得到的是端到端的服务，传输层就是建立应用间的端到端连接，并且为数据传输提供可靠或不可靠的连接服务。

基本要求　了解传输层功能，理解 TCP 与 UDP 格式，掌握 TCP 与 UDP 协议的工作原理。

任务1 传输层概述

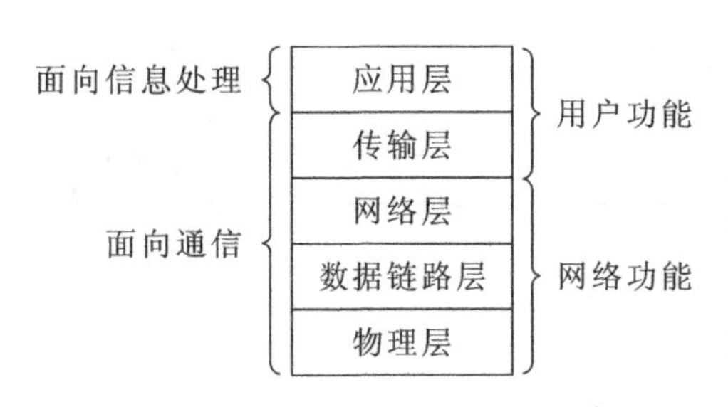

图 7-1 传输层的位置

从通信和信息处理的角度来看，传输层向它上面的应用层提供通信服务，它属于面向通信部分的最高层，同时也是用户功能中的最低层，是整个网络体系结构的核心部分。传输层的位置，如图 7-1 所示。

需要注意的是在通信子网中没有传输层，传输层只存在于通信子网以外的各主机中。传输层的最终目标是利用网络层提供的服务向其用户(一般是应用层的进程)提供有效、可靠且价格合理的服务。其主要任务是：在优化网络服务的基础上，从源主机到目的主机提供可靠的、价格合理的数据传输，使高层服务用户在相互通信时不必关心通信子网实现的细节，即与所使用的网络无关。所以在通信子网内的各个交换结点以及连接各通信子网的路由器中都没有传输层。

传输层的作用我们可以利用图 7-2 进行简要说明。设局域网 1 中的主机 A 和局域网 2 中的主机 B 通过互连的广域网进行通信，在计算机 A 和计算机 B 上同时有两个应用程序在运行，每对应用程序需要通过互连的广域网网络才能进行数据通信，如果主机 A 上的应用程序 AP1 要和主机 B 上的应用程序 AP3 进行通信，其数据传输的过程如图 7-2 所示。

由图 7-2 可以看出数据在两台主机间传送的整个过程，在物理层上可以透明地传输数据的比特流；在数据链路层上使得各条链路能传送无差错的数据帧；在网络层上提供了路由选择和网络互连的功能，使得主机 A 发送的数据段能够按照合理的路由到达主机 B。但是在这一过程中，到达主机 B 的数据并不一定是最可靠的，为了提高网络服务的质量，在传输层需要再次优化网络服务，并向高层用户屏蔽通信子网的细节，使高层用户看见的就好像在两个传输层实体之间有一条端到端的、可靠的、全双工的通信通路一样。端到端的通信是指应用进程之间的通信，也就是在应用进程 AP1 和应用进程 AP3 之间建立了逻辑通信。逻辑通信的意思是传输层之间的通信好像是

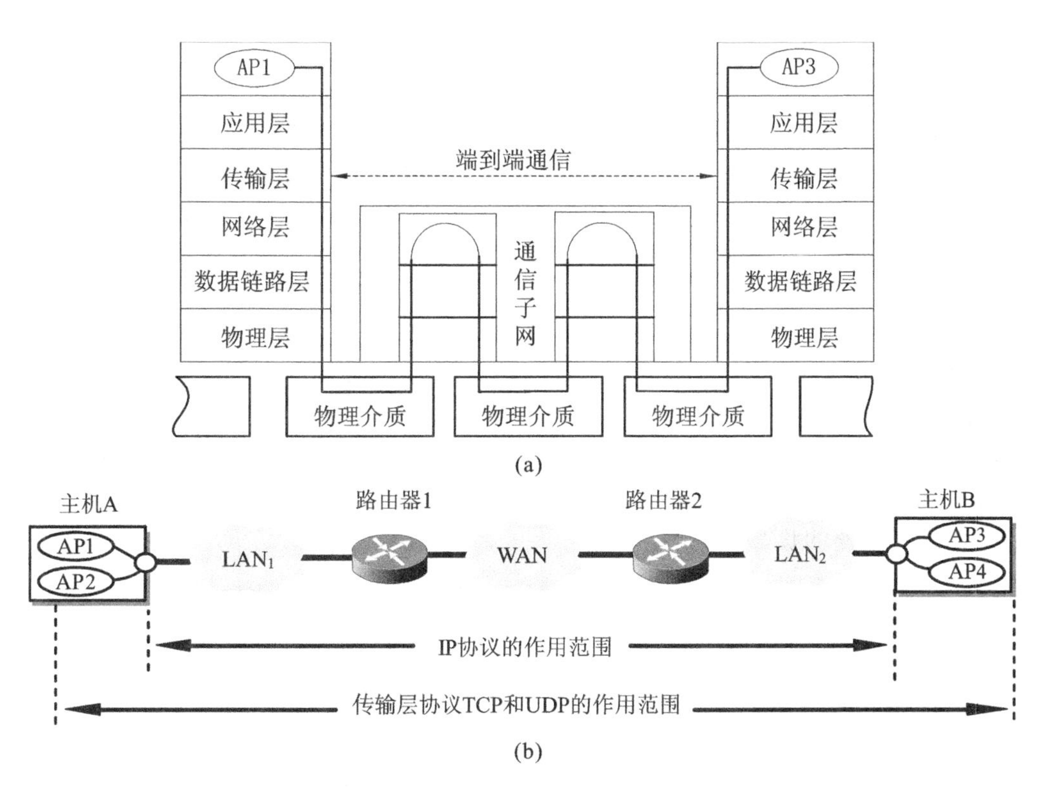

图 7-2 传输层为互相通信的应用进程提供逻辑通道

沿水平方向传送数据。但事实上这两个传输层之间并没有一条水平方向的物理连接，要传送的数据是沿着图 7-2(a)中实线方向传送的。

任务 2 TCP/IP 体系中的传输层

一、传输层中的两个协议

在 TCP/IP 协议中有两个并列的协议：UDP 和 TCP，如图 7-3 所示。

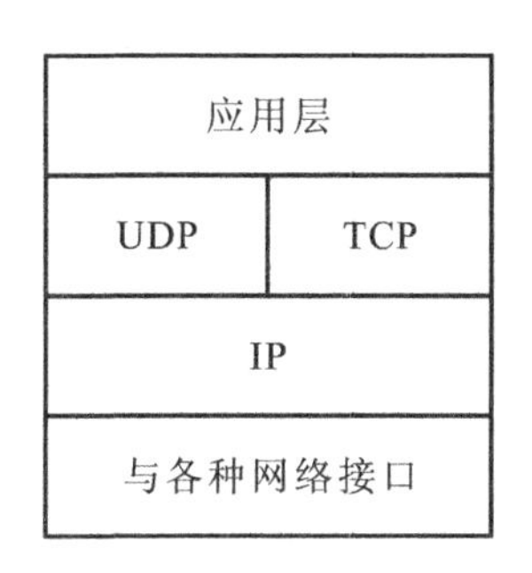

图 7-3 TCP/IP 体系中的传输

UDP(user datagram protocol，用户数据报协议)是面向无连接的，即在进行数据传输之前不需要建立连接，而目的主机收到数据报后也不需要发回确认。这种协议提供了一种高效的传输服务。

TCP(transmission control protocol，传输控制协议)是面向连接的，即在进行数据传输之前需要先建立连接，而且目的主机收到数据报后要发回确认信息。这种协议提供了一种可靠的传输服务。与 UDP 相比提供了较多的功能，但是相对的报文格式和运行机制也较为复杂。

关于 UDP 和 TCP 应注意以下两点。

(1) 传输层的 UDP 用户数据报与网际层的 IP 数据报有很大区别。IP 数据报要经过互联网中许多路由器的存储转发，但 UDP 用户数据报是在传输层的端到端抽象的逻辑信道中传送的。这个逻辑信道虽然也是尽最大努力交付(因而不可靠)，但传输层的这个逻辑信道并不经过路由器(传输层看不到路由器)，因为路由器只有下三层协议而没有传输层。IP 数据报虽然经过路由器进行转发，但用户数据报只是 IP 数据报中的数据，因此路由器看不见有用户数据报经过它。这两种数据报不能混淆。

(2) TCP 是传输层的连接，它和网络层中的虚电路(如 X. 25 所使用的)完全不同。TCP 报文段是在传输层抽象的端到端逻辑信道中传送的，这种信道是可靠的全双工信道。但这样的信道却不知道究竟经过了哪些路由器，而这些路由器也根本不知道上面的传输层是否建立了 TCP 连接。当 IP 数据报的传输路径中增加或减少了一些路由器时，上层的 TCP 连接不会发生变化，因为上层的 TCP 根本不知道下层所发生的这些事情。然而在 X. 25 建立的虚电路所经过的交换结点中，都必须保存 X. 25 虚电路的状态信息。

二、端口的概念

在一台主机中经常有多个应用进程同时分别和另一台主机中的多个应用进程通信。例如，某用户在使用浏览器查找某网站的信息时，其主机的应用层运行浏览器客户进程。如果用户在浏览网页的同时，还要使用电子邮件发送信息，那么主机的应用层还要运行电子邮件的客户程序。如图 7-2 所示，应用进程 AP1 和应用进程 AP3 通信，同时应用进程 AP2 和应用进程 AP4 也进行通信。因此，传输层需要完成复用和分用。复用和分用是通过端口完成的。

应用层不同进程的报文通过不同的端口向下交付到传输层，再往下就共用网络层提供的服务。这些报文通过广域网到达目的网络后，目的主机的传输层就使用其分用功能，通过不同的端口将报文分别交付到相应的应用进程。

UDP 和 TCP 都使用端口(protocol port，简称端口)来标识通信的应用进程。传输层就是通过端口与应用层的应用程序进行信息交互的，应用层各种用户进程通过相应的端口与传输层实体进行信息交互。端口实际上是一个 16 位长的地址，范围可以从 0 至65 535。将 0 至 1 023 端口号称为熟知端口(well-known port)，其余 1 024 至 65 535 端口号称为一般端口或(动态)连接端口(registered/dynamic)，在数据传输过程中，应用层中的各种不同的服务器进程不断地检测分配给它们的端口，以便发现是否有某个应用进程要与它通信。

熟知端口由 ICANN 负责分配。表 7-1 中列出了 UDP 和 TCP 端口号。

表 7-1　UDP 与 TCP 端口号

关　键　字	描　　述	传输层协议	端　口　号
DNS	域名系统	UDP	53
TFTP	简单文件传输协议	UDP	69
SNMP	简单网络管理协议	UDP	161
FTP	文件传输协议	TCP	21
TELNET	远程登录协议	TCP	23
SMTP	简单邮件传输协议	TCP	25
HTTP	超文本传输协议	TCP	80

一般端口用来随时分配给请求通信的用户进程。

为了使得多主机多进程通信时，不至于发生混乱情况，必须把端口号和主机的 IP 地址结合起来使用，称为插口或套接字(socket)。由于主机的 IP 地址是唯一的，这样目的主机就可以区分收到的数据包的源端机了。

套接字＝IP 地址＋端口号

发送套接字＝源 IP 地址＋源端口号

接收套接字＝目的 IP 地址＋目的端口号

例如，目的 IP 地址为 192.168.3.1，目的端口号为 53，则接收套接字为(192.168.3.1,53)，插口包括 IP 地址(32 位)和端口号(16 位)，共 48 位。

我们利用图 7-4 来说明插口的使用。这是两台主机使用 SMTP(简单邮件传输协议)进行通信的例子，使用熟知端口 25 进行邮件的接收。

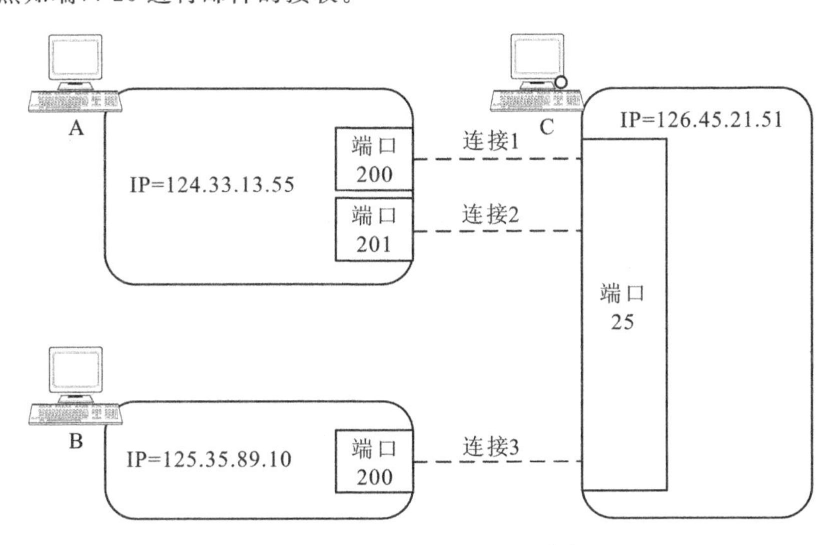

图 7-4 使用 SMTP 进行通信的主机

如图 7-4 所示，(124.33.13.55,200)和(126.45.21.51,25)就是一对插口，在整个 Internet 中，在传输层上进行通信的一对插口都必须是唯一的。在上述的例子中，使用的是 TCP 协议，若使用 UDP 协议，虽然在进行通信的进程间不需要建立连接，但是在每次传输数据时，都要给出发送端口和接收端口，因此同样也要使用插口。

任务 3 用户数据报协议 UDP

一、UDP 概述

在传输层的 UDP 服务是无连接的，即在传输数据之前不用先建立连接，提供的服务是不可靠的，是“尽最大努力交付”，并不保证数据一定到达，其优点是简单。

UDP 主要有以下几方面的优点。

(1) 发送数据之前不需要先建立连接，发送数据结束时也无须释放连接，因此减少了开销和缩短了发送数据之前的时延。

(2) UDP用户数据报只有8字节的首部开销,TCP报文段至少有20字节的首部开销。

(3) UDP不使用拥塞控制,也不保证可靠交付,因此主机不需要维持复杂的连接状态表。

(4) 由于UDP没有拥塞控制,因此网络出现的拥塞不会使源主机的发送速率降低,这对某些应用程序的实现很重要,如实时视频会议,这种服务要求以恒定的速率发送数据,允许在网络发生拥塞时丢失一些数据,但却不允许数据有较大的时延。UDP符合这种应用程序的要求。

下面将应用层协议主要使用的传输层协议用表7-2给出。

表7-2 应用层协议使用的传输层协议

应用层协议	描述	传输层协议
DNS	域名系统	UDP
TFTP	简单文件传输协议	UDP
RIP	路由信息协议	UDP
DHCP	动态主机配置协议	UDP
SNMP	简单网络管理协议	UDP
IGMP	因特网组管理协议	UDP
专用协议	IP电话	UDP
TELNET	远程登录协议	TCP
SMTP	简单邮件传输协议	TCP
HTTP	超文本传输协议	TCP
FTP	文件传输协议	TCP

二、UDP的首部格式

UDP用户数据报有两个字段:数据字段和首部字段。首部字段有8字节,由四个域组成,每个域占2字节,具体内容包括:源端口号、目的端口号、数据报长度及检验和,如图7-5所示。

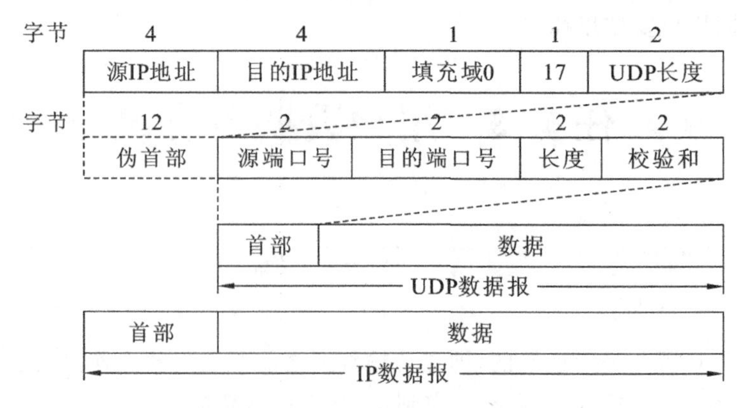

图7-5 UDP用户数据报

其中,各个字段的意义如下。

(1) UDP 协议用源端口号来标明该数据报是由本地的哪一个进程创建的,用目的端口号标明所请求的服务类型。

(2) 长度字段的值包括首部和数据部分的总长度。首部长度是固定的 8 字节,所以该字段主要计算可变的数据部分。校验和字段是为了保证数据的安全。

(3) UDP 首部除了 8 字节固定字段,还有增加的 12 字节伪首部。伪首部并不是 UDP 用户数据报真正的首部,只是在计算校验和时,临时和 UDP 用户数据报连接在一起,得到一个过渡的 UDP 用户数据报。校验和就是按照这个过渡的 UDP 用户数据报来计算的。伪首部既不向下传送也不向上递交,仅仅就是为了计算校验和。UDP 计算机校验和的方法与计算 IP 数据报首部校验和的方法相似。但不同的是:IP 数据报的校验和只校验 IP 数据报的首部,但 UDP 的校验和是将首部和数据部分一起都校验。具体方法就不加以描述。

伪首部有五个字段,第一字段为源 IP 地址,第二字段为目的 IP 地址,第三字段是全 0,第四字段是 IP 首部中的协议字段值。在 IP 数据报首部中已经介绍过,对于 UDP 协议,此协议字段值为 17。第五字段是 UDP 用户数据报的长度。

三、UDP 的工作原理

由于 UDP 提供的是一种面向无连接的服务,它并不保证可靠的数据传输,不具有确认、重发等机制,而是必须靠上层应用层的协议来处理这些问题。UDP 相对于 IP 协议来说,唯一增加的功能是提供对协议端口的管理,以保证应用进程间进行正常通信。它和对等的 UDP 实体在传输时不建立端到端的连接,而只是简单地向网络上发送数据或从网络上接收数据。并且,UDP 将保留上层应用程序产生的报文的边界,即它不会对报文合并或分段处理,这样使得接收方收到的报文与发送时的报文大小完全一致。

任务 4 传输控制协议 TCP

一、TCP 概述

TCP 服务是面向连接的,在数据传输之前,必须要建立连接,在传输数据结束的时候,要释放连接,其提供的服务是全双工的、可靠的,同时协议复杂。

二、TCP 报文段的首部

一个 TCP 报文段由数据和首部两部分构成,如图 7-6 所示。TCP 的全部功能都能够体现为首部各字段的作用。因此,只有理解 TCP 首部各字段的作用才能够掌握 TCP 的工作原理。

TCP 报文段首部的前 20 字节是固定的,后面是根据需要增加的 $4N$ 字节的可变长度字段。因此,TCP 首部的最小长度是 20 字节。TCP 首部固定部分各字段的意义如下。

(1) 源端口号和目的端口号(16 位) 端口是传输层与应用层的服务接口。传输层的复用和分用功能都要通过端口才能实现。源端口号用于标识源端的应用进程,目的端口号用于标识目的

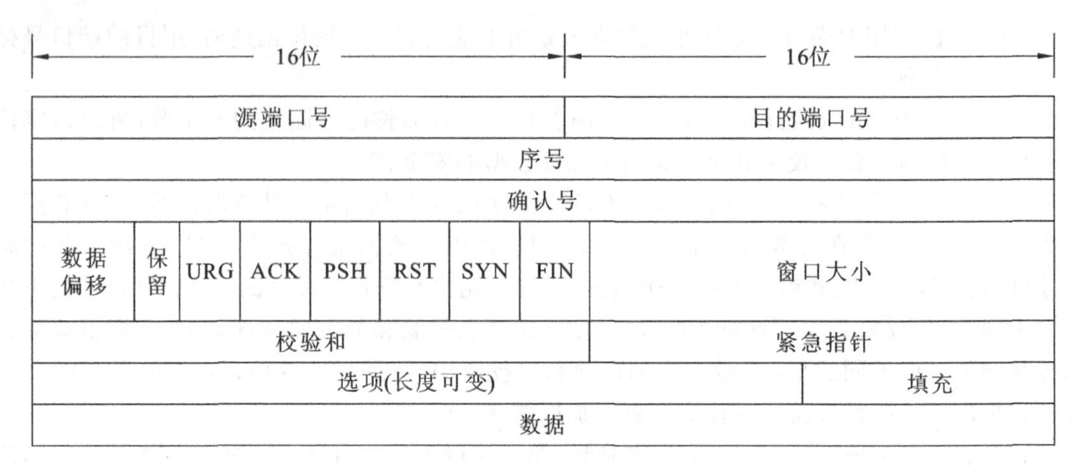

图 7-6 TCP 报文段格式

端的应用进程。

例如：当某一台客户机的应用进程想要向某一台服务器提供 WWW 服务的请求时，用目的端口号 80 向收到请求的服务器表明其请求的服务是 WWW 服务；如果该机器的另一个应用程序向服务器提出 FTP 的请求时，则使用目的端口号 21 来表示它所需要的服务类型为 FTP。这样就很好地保证了多个应用同时进行数据传输时传输的数据不会混淆。

(2) 序号(32 位) TCP 是面向数据流的。TCP 传送的报文可看成连续的数据流。TCP 把传送的数据流中的每一个字节都编上一个序号。整个数据的起始序号在连接建立时设置。首部中的序号字段值是指本报文段所发送的数据的第一个字节的序号。

例如，一报文段的序号字段的值是 201，而携带的数据共有 200 字节。这就表明：本报文段的数据的最后一个字节的序号应该是 400。我们还可以知道，下一个报文段的数据序号应该从 401 开始，因而下一个报文段的序号字段值为 401。

(3) 确认号 确认号字段值是指期望收到对方的下一个报文段的第一个字节的序号，也就是期望收到的下一个报文段首部的序号字段的值。

例如：主机 A 正确收到了主机 B 发送过来的一个报文段，其序号字段的值为 401，而数据长度为 200 字节，这就表明 A 已正确收到了 B 发送的序号在 401 至 600 之间的数据。因此，A 期望收到的下一个报文段的首部中的序号字段值应为 601，于是 A 在发给 B 的响应报文段中将首部中的确认序号设置为 601。

(4) 数据偏移(4 位) 它指出 TCP 报文段的数据起始处距离 TCP 报文段的起始处有多远。这实际上就是 TCP 报文段首部的长度。由于首部中有长度不固定的可选字段，所以首部的长度也不固定，因此数据偏移字段是非常必要的。由于 4 位能够表示的最大十进制数字是 15，因此数据偏移的最大值是 60 字节，这也是 TCP 首部的最大长度。

(5) 保留(6 位) 保留为今后使用，目前设置为 0。

(6) 紧急比特(URG) 当 URG=1 时，表明紧急指针字段有效。它告诉系统此报文段中有紧急数据，应尽快传送(相当于高优先级的数据)，而不要按原来的排队顺序来传送。

例如：已经发送了很长的一个程序要在远地的主机上运行。但后来发现一些问题，需要取消该程序的运行。因此，用户从键盘发出中断命令(Ctrl+C)。如果不使用紧急数据，那么这两个字符存储在接收 TCP 缓存的末尾。只有在所有的数据被处理完毕后这两个字符才被交付到接收应用进程。这样，就浪费了许多时间。

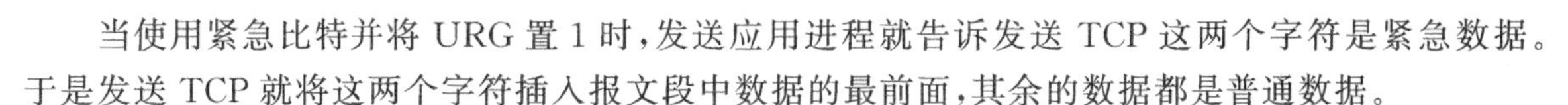

当使用紧急比特并将 URG 置 1 时，发送应用进程就告诉发送 TCP 这两个字符是紧急数据。于是发送 TCP 就将这两个字符插入报文段中数据的最前面，其余的数据都是普通数据。

紧急比特应与紧急指针字段配合使用。

紧急指针指出在本报文段中的紧急数据的最后一个字节的序号。紧急指针使接收方知道紧急数据共有多少字节。紧急数据到达接收方后，当所有紧急数据都被处理完毕时，TCP 就告诉应用进程恢复到正常工作。值得注意的是，即使窗口为零时也可以发送紧急数据。

(7) 确认比特(ACK)　只有当 ACK=1 时，确认号字段才有效。当 ACK=0 时，确认号字段无效。

(8) 推送比特[PSH(PuSH)]　强迫 TCP 提早发送与接收报文段。当两个应用进程进行交互式的通信时，有时在一端的应用进程希望键入一个命令后立即就能够收到对方的响应。在这种情况下，TCP 就可以使用推送操作。这时，发送方 TCP 将 PSH 置为 1，并立即创建一个报文段发送出去。接收 TCP 收到推送比特置 1 的报文段，就尽快地交付给接收应用进程，而不再等到整个缓存都填满了后再向上交付。虽然应用程序可以选择推送操作，但推送操作往往不被人们使用。

(9) 复位比特[RST(ReSeT)]　当 RST=1 时，表明 TCP 连接中出现严重差错(如由于主机崩溃或其他原因)，必须释放连接，然后再重新建立运输连接。复位比特还用来拒绝一个非法的报文段或拒绝打开一个连接。

(10) 同步比特(SYN)　在连接建立时用于同步序号。当同步比特 SYN=1，而 ACK=0 时，表明这是一个连接请求报文段。对方若同意建立连接，则应在响应的报文段中有 SYN=1 和 ACK=1。因此，同步 SYN 置为 1，就表示这是一个连接请求或连接接收报文。

(11) 终止比特[FIN(FINal)]　用来释放一个连接。当 FIN=1 时，表明此报文段的发送端的数据已发送完毕，并要求释放运输连接。

(12) 窗口大小(16 位)　控制对方发送的数据量，其单位为字节。计算机网络中经常用接收端的接收能力的大小来控制发送端的数据发送量，TCP 也是这样。TCP 连接的一端根据设置的缓存空间大小来确定自己的接收窗口大小，然后通知对方以确定对方的发送窗口的上限。

将 TCP 连接的两端分别记为 A 和 B。若 A 确定自己的接收窗口为 WIN，则 A 发给 B 的 TCP 报文段的窗口字段中写入 WIN 的数值。这就是告诉 B 的 TCP，“你(B)在未收到我(A)的确认时所能够发送的数据量的上限就是从本首部中的确认号开始的 WIN 个字节”。所以 A 所设定的 WIN 既是 A 的接收窗口，同时也就是 B 的发送窗口的上限值。

例如：A 在发送给 B 的报文段的首部中将窗口字段的值 WIN 置为 400，将确认号置为 201。这就是告诉 B，“你(B)在未收到确认的情况下，最多可向我(A)发送序号从 201 开始到 600，共 400 字节的数据”。B 在收到此报文后，就用此窗口数值 400 作为 B 的发送窗口的上限值。

但应注意，B 向 A 发送的报文段的首部也有一个窗口字段，这是根据 B 的接收能力来确定 A 的发送窗口上限，二者不要混淆。

(13) 校验和(16 位)　校验和字段校验的范围包括首部和数据这两部分。与 UDP 用户数据报相同，在计算校验和时，要在 TCP 报文段的前面加上 12 字节的伪首部。伪首部的格式与图 7-5 中 UDP 用户数据报的伪首部一样。但应将伪首部第 4 字段中的 17 改为 6(TCP 的协议号是 6)，将第 5 字段中的 UDP 长度改为 TCP 长度。接收端收到此报文后，仍要加上这个伪首部来计算校验和。

(14) 选项(24 位)　长度可变。TCP 只规定了一种选项，即最大报文段长度(maximum segment size，MSS)。当没有使用选项时，TCP 的首部长度是 20 字节。

MSS的选择并不简单。若选择较小的MSS长度，网络的利用率就降低。设想在极端的情况下，当TCP报文段只含有1字节的数据时，在IP层传输的数据包的开销至少有40字节(包括TCP报文段的首部和IP数据报的首部)。这样，对网络的利用率就不会超过1/41。到了数据链路层还要增加一些开销。

反过来，若TCP报文段非常长，那么在IP层传输时就有可能分解成多个短数据报片。在目的站要将收到的各个短数据报片装配成原来的TCP报文段。当传输出错时还要重传，这些都会使开销增大。

一般认为，MSS应尽可能大些，只要在IP层传输时不需要分片就行。在连接建立的过程中，双方都将自己能够支持的MSS写入这一字段。所有在因特网上的主机都应能接受的报文段长度是556(即536＋20)字节。

(15) 填充字段(8位)　这是为了使整个首部长度是4字节的整数倍。

三、TCP连接的建立与释放

传输控制协议(TCP)是面向连接的，向应用层提供可靠服务。在传输数据之前要先建立连接。建立连接的过程是三次握手的过程。连接建立以后就可以传输数据了。数据传输结束，要释放连接。释放连接也是三次握手的过程。

1. 数据的丢失与重发

TCP建立在一个不可靠的虚拟通信系统上，因此，数据的丢失可能会经常发生。通常，发送方利用重传(retransmission)技术补偿数据报的丢失，当然，这种技术需要通信双方的共同参与。

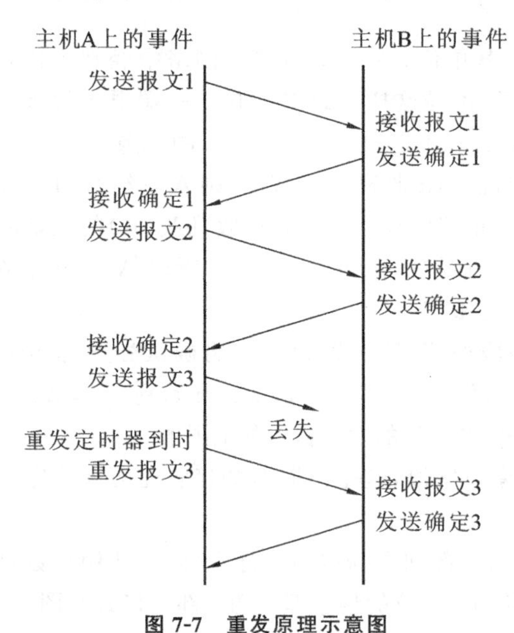

图7-7　重发原理示意图

在使用重发机制的过程中，如果接收方的TCP正确收到一个数据报，它要回发一个确认(acknowledgement)信息给发送方。而发送方在发送数据时，TCP需要启动一个定时器。当定时器到时时，如果没有收到确认信息，则发送方重发该数据，重发机制如图7-7所示。

重发机制是TCP协议中重要且复杂的问题之一。在这一过程中，关键在于如何设置定时器的时间。如果处于同一个局域网中的两台主机进行通信，则确认信息在几毫秒之内就能到达，因此，在一个局域网中TCP不应该在重发之前等待过久。然而，互联网可以由多个不同类型网络相互连接而成，大规模的互联网可以包含成千上万个不同类型的网络(如因特网)。显然，几毫秒的重发等待时间在这样的网络中是不够的。另外，互联网中的任意一台主机都有可能突然发送大量的数据报，数据报的突发性可能导致传输路径的拥挤程度发生很大的变化，以至于数据报的传输延迟也发生很大的变化。

所以，定时器的时间应该等于数据报文段往返时延，也就是等于从数据发出到收到对方确认所经历的时间。TCP采用了一种自适应算法来计算重发超时时间。它能够根据互联网当时的通信状况,给出适当的数据重发时间。

2. TCP连接的建立

为确保连接建立和终止的可靠性,TCP使用了三次握手(3-way handshake)法。所谓三次握手法就是在连接建立和终止的过程中,通信的双方需要交换三个报文。

3. 三次握手法建立连接的过程

(1) 第一次握手:源端机发送一个带有本次连接序号的请求。

(2) 第二次握手:目的主机收到请求后,如果同意连接,则发回一个带有本次连接序号和源端机连接序号的确认。

(3) 第三次握手:源端机收到含有两次的初始序号的应答后,再向目的主机发送一个带有两次的连接序号的确认。

TCP利用三次握手建立连接的正常过程如图7-8所示。

由图7-8可以看出,在三次握手的第一次中,主机A向主机B发出连接请求,其中包含主机A选择的初始序号X。第二次,主机B收到请求后,发回连接确认,其中包含主机B选择的初始序号Y,以及主机B对主机A初始序号X的确认。第三次,主机A向主机B发送序号为X的数据,其中包含对主机B初始序号Y的确认。

图7-9给出了一个利用三次握手避免过时连接请求的例子。主机A首先向主机B发送了一个连接请求,其中A为该连接请求选择的初始序号为X。但是,由于种种原因(如重启计算机等),主机A在未收到主机B的确认前终止了该连接。而后,主机A又开始进行新一轮的连接请求,不过,主机A这次选择的初始序号为X′。由于主机B并不知道主机A停止了前一次的连接请求,于是对收到的初始序号为X的连接请求按照正常的方法进行确认。A收到该确认后,发现B确认的不是初始序号为X′的新连接请求,于是向主机B发送拒绝信息,通知B该连接请求已经过时。通过这个过程,TCP可以避免连接请求的二义性,保证连接建立过程的可靠和准确。

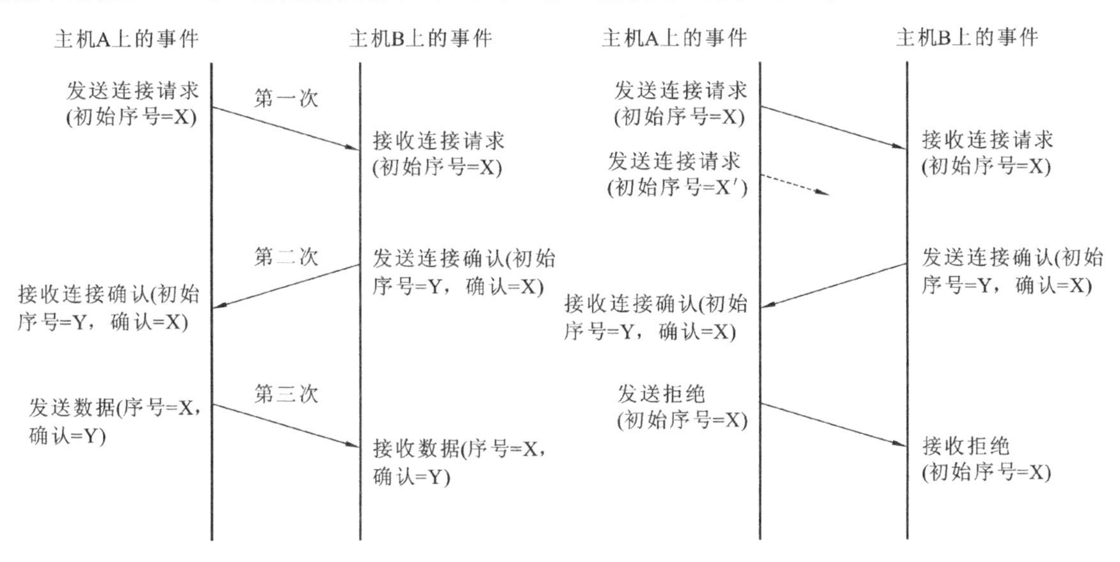

图7-8 TCP建立连接的正常过程　　图7-9 利用三次握手避免过时的连接请求

4. 连接的释放

在数据传输结束后,通信双方都可以发出释放连接的请求。

(1) 第一次握手:由进行数据通信的任意一方提出要求释放连接的请求报文段。

(2) 第二次握手:接收端收到此请求后,会发送确认报文段,同时接收端的所有数据都已经发送完毕后,接收端会向发送端发送一个带有其自己序号的报文段。

(3) 第三次握手:发送端收到接收端的要求释放连接的报文段后,发送反向确认。

四、TCP 的流量控制与拥塞控制

两用户进程间的流量控制和链路层两相邻结点间的流量控制类似,都要防止快速的发送数据时超过接收者的能力,采用的方法都是基于滑动窗口的原理。但是链路层常采用固定窗口大小,而传输层则采用可变窗口大小和使用动态缓冲分配。在 TCP 报文段首部的窗口字段写入的数值就是当前设定的接收窗口的大小。

实际上实现流量控制并非仅仅为了使得接收方来得及接收而已,还有控制网络拥塞的作用。例如,接收端正处于较空闲的状态,而整个网络的负载却很多,这时如果发送方仍然按照接收方的要求发送数据就会加重网络负荷,由此会引起报文段的时延变长,使得主机不能及时地收到确认,因此会重发更多的报文段,从而加剧网络的阻塞,形成恶性循环。为了避免发生这种情况,主机应该及时地调整发送速率。

发送端主机在发送数据时,既要考虑接收方的接收能力,也要考虑网络目前的使用情况,发送方发送窗口大小应该考虑以下几点。

(1) 通知窗口(advertised window)　这是接收方根据自己的接收能力而确定的接收窗口的大小。

(2) 拥塞窗口(congestion window)　这是发送方根据目前网络的使用情况而得出的窗口值,也就是来自发送方的流量控制。

二者中最小的一个最为适宜,即发送窗口=min(通知窗口,拥塞窗口)。

TCP 利用滑动窗口进行流量控制的过程如图 7-10 所示。

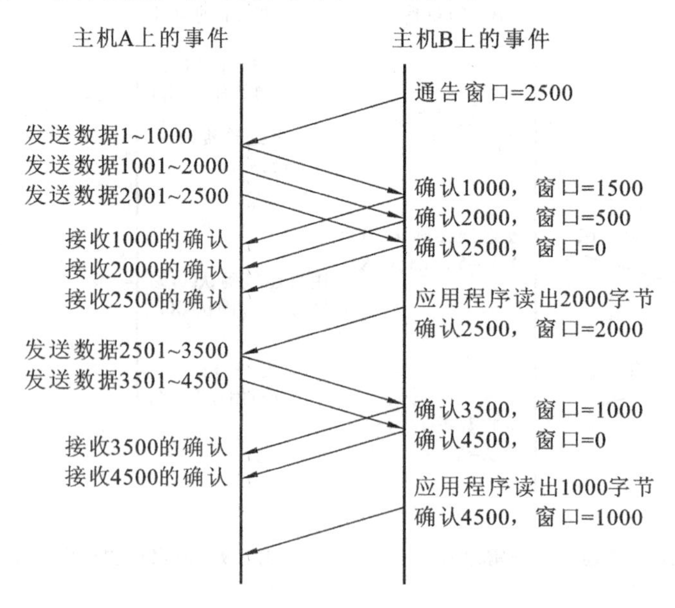

图 7-10　TCP 的流量控制过程

假设发送方每次最多可以发送1000字节数据，并且接收方通告了一个2500字节的窗口。2500字节的窗口说明接收方具有2500字节的空闲缓冲区，因此，发送方传输了三个数据段，其中两个数据段包含1000字节，一段包含500字节。在每个数据段到达时，接收方就产生一个确认，其中的窗口减去了达到的数据尺寸。

由于前三个数据段在接收方应用程序使用数据之前就充满了缓冲区，因此，通告的窗口达到零，发送方不能再传送数据。在接收方应用程序用掉了2000字节之后，接收方TCP发送一个额外的确认，其中的窗口通告为2000字节，用于通知发送方可以再传送2000字节。于是，发送方又发送两个数据段，使接收方的窗口再一次变为零。

窗口和窗口通告可以有效地控制TCP的数据传输流量，使发送方发送的数据永远不会溢出接收方的缓冲空间。

习题

一、选择题

1. TCP协议为保证连接建立的可靠性，采用了(　　)的技术来建立可靠的连接，采用(　　)来结束TCP连接。

   A. 二次握手　　B. 三次握手　　C. 四次握手　　D. 五次握手

2. TCP端口号区分上层应用，端口号小于(　　)的定义为常用端口。

   A. 128　　B. 256　　C. 1024　　D. 4096

3. TCP报头中有，而UDP报头中没有的字段是(　　)。

   A. 序列号　　B. 源端口　　C. 确认号　　D. 目标端口

二、简答题

1. 请描述建立TCP连接的三步握手过程。
2. 请比较TCP和UDP协议。
3. 一个应用程序使用UDP协议，到了IP层将数据报再划分为四个数据报片发送出去。结果前两个数据报片丢失，后两个到达目的站。过了一段时间应用程序重传UDP，而IP层仍然划分为四个数据报片来传送，结果这次前两个到达目的站而后两个丢失。

   试问：在目的站能否将这两次传输的四个数据报片组装成为完整的数据报？假定目的站第一次收到的后两个数据报片仍然保存在目的站的缓存中。

项目8 应 用 层

项目描述 应用层位于 OSI 参考模型的最高层,它通过使用下面各层提供的服务,直接向用户提供服务,是计算机网络与用户之间的界面或接口。应用层由若干面向用户提供服务的应用程序和支持应用程序的通信组件组成。

基本要求 描述应用层的基本功能,熟练安装 DHCP、DNS、IIS 等服务,完成 DHCP 服务器配置以及客户端设置,完成 DNS 服务器的配置以及客户端设置,使用 IIS 架设 Web 服务器和 FTP 服务器,熟悉电子邮件服务系统。

任务1 域名系统

互联网上的计算机用 32 位的 IP 地址作为自己的唯一标识,但是访问某个网站时,一般在地址栏中输入的是名称,而不是 IP 地址,如输入 www.hao123.com,这样我们就可以浏览相应的网站,为什么我们不用输入 IP 地址也能找到相应的计算机呢?这就是域名系统 DNS 的作用。

用户通过 32 位的 IP 地址浏览互联网非常不方便,而用户比较容易记住有意义的名称。当我们输入名称的时候,DNS 将名称转换为对应的 IP 地址,找到计算机,再把网页传回给我们的浏览器,我们就看到了网页内容。

一、因特网的命名机制

ARPANET 建立初期,整个网络上的计算机数量不多,只有几百台,所有计算机的主机名字和相应的 IP 地址都放在一个名称为 host 的文件中,输入主机名,查找 host 文件,很快就可以找到对应的 IP 地址。

但是由于因特网的飞速发展,其很快覆盖全球,联网计算机的数量巨大,如果还用一个文件来存放计算机名字和对应的 IP 地址,必然会导致计算机负担过重而无法工作。1983 年,因特网采用分布式的域名系统 DNS 来管理域名。

其域名结构由多个层次组成,具体如下。

……四级域名,三级域名,二级域名,顶级域名

例如:fudan.edu.cn,这是一台主机的完整名字,顶级域名为 cn,二级域名为 edu,计算机的名称为 fudan,这样就组成了一个层次型域名结构。

顶级域名有如下三类。

(1) 国家顶级域名 国家顶级域名代表国家的代码,现在使用的国家顶级域名有 200 个左右。例如,.cn 代表中国,.us 代表美国,.uk 代表英国,.nl 代表荷兰,.jp 代表日本。

(2) 国际顶级域名　采用. int,国际性的组织可在. int 下注册。

(3) 通用顶级域名　最早的顶级域名有六个。具体内容见表 8-1。

表 8-1　通用顶级域名分配

顶级域名	表示组织
com	公司企业
edu	教育机构
net	网络服务机构
org	非营利性组织
gov	政府部门
mil	军事部门

由于互联网的规模急剧扩大,因特网上的用户不断增加,2000 年 11 月,又增加了七个通用顶级域名,具体内容见表 8-2。

表 8-2　增加的通用顶级域名分配

顶级域名	表示组织
aero	航空运输企业
biz	公司和企业
coop	合作团体
info	各种情况
museum	博物馆
name	个人
pro	会计、律师和医师等自由企业

顶级域名由非营利性组织 ICANN(Internet corporation for assigned names and numbers,国际互联网络名字与编号分配机构)管理,顶级域名管理二级域名。我国将二级域名分为以下两类。

(1) 类别域名　我国的类别域名有六个,具体内容见表 8-3。

表 8-3　我国类别域名

类别域名	表示组织
com	工、商、金融企业
edu	教育机构
net	互联网络、接入网络的信息中心和运行中心
org	非营利性组织
gov	政府部门
ac	科研机构

(2) 行政区域名　行政区域名共 34 个,使用于各省、自治区和直辖市。例如,. bj 表示北京市,. he 表示河北省,. ln 表示辽宁省,. sh 表示上海市,. xj 表示新疆维吾尔自治区,详细内容见表 8-4。

表 8-4 我国部分行政区域名

行政区域名	表示省市
bj	北京市
sh	上海市
tj	天津市
cq	重庆市
ln	辽宁省
jl	吉林省
hlj	黑龙江省
he	河北省
mo	澳门
tw	台湾
hk	香港

二级域名管理三级域名,在二级域名.edu下申请三级域名由中国教育和科研计算机网网络中心负责。例如:清华大学 tsinghua,复旦大学 fudan,北京大学 pku。其他二级域名下申请三级域名由中国互联网网络信息中心管理。

图 8-1 中将因特网的域名空间列出了一部分。

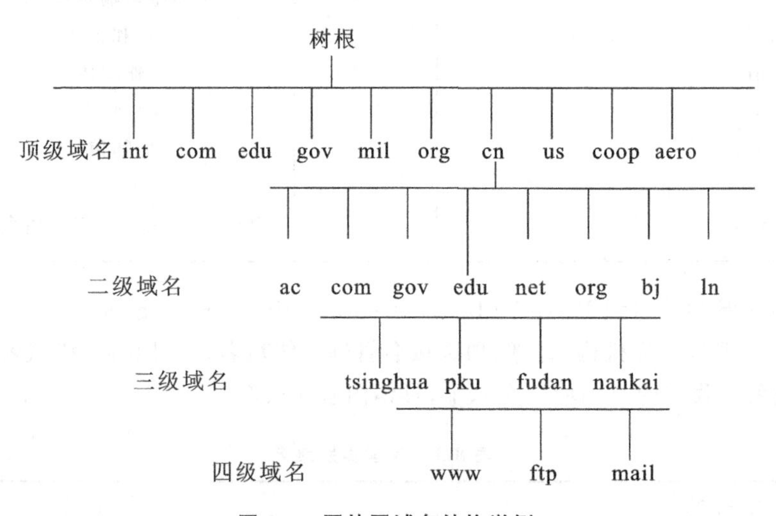

图 8-1 因特网域名结构举例

从这个例子可以看出,虽然复旦大学有一台主机名称为 mail,那么这台主机的域名就是 mail.fudan.edu.cn。如果其他单位也有一台主机叫作 mail,由于它们的上级域名不同,也可以保证域名不重复。

域名系统由以下三个部分组成。

(1) 域名空间和相关资源记录(RR) 它们构成了 DNS 分布式数据库系统。

(2) DNS 名称服务器 它是一台维护 DNS 的分布式数据库系统的服务器,并查询 DNS 系统以完成来自 DNS 客户机的查询请求。

(3) DNS 解析器 它是 DNS 客户机中的一个进程,用来帮助客户端访问 DNS 系统,发出名称查询请求获得解析的结果。

二、查询模式

域名解析有两种方式，包括递归解析和迭代解析，分别介绍如下。

(1) 递归解析：客户机的解析器发出查询请求后，DNS 服务器必须告诉解析器正确的数据，也就是 IP 地址，或者通知解析器找不到其所需数据。如果 DNS 服务器内没有所需要的数据，则 DNS 服务器会代替解析器向其他的 DNS 服务器查询。客户机只需接触一次 DNS 服务器系统，就可得到域名对应的 IP 地址。

(2) 迭代解析：解析器送出查询请求后，若该 DNS 服务器中不包含所需数据，它会告诉客户机另外一台 DNS 服务器的 IP 地址，使解析器自动转向另外一台 DNS 服务器查询，依此类推，直到查到所需数据。

例如，一用户要访问域名为 WWW. LNJD. COM 的主机，本机的应用程序收到域名后，解析器首先向自己知道的本地 DNS 服务器发出请求。如果采用的解析方式是递归解析，先查询自己的数据库，有此域名与 IP 地址的对应关系，就返回 IP 地址，如果本地数据库中没有，则该 DNS 服务器就向它知道的其他 DNS 服务器发出请求，直到解析完成，将结果返回给解析器；如果采用的解析方式是迭代解析，本地 DNS 服务器如果在本地数据库中没有找到该信息，它将有可能找到该 IP 地址的其他域名服务器地址告诉解析器应用程序，解析器将再次向被告知的域名服务器发出请求查询，如此反复，直到查到为止。

任务 2　万　维　网

万维网（WWW），也称 Web 服务，是因特网上一个完全分布的信息系统，它能以超链接的方式方便地访问连接在因特网上的位于全世界范围的信息。

万维网正如其名字一样，是一个遍布 Internet 的信息储藏所，是一种特殊的应用网络。它通过超级链接将所有的硬件资源、软件资源、数据资源连成一个网络，用户可从一个站点轻易地转到另一个站点，非常方便地获取丰富的信息。万维网的出现，极大地推动了 Internet 的发展。

一、概述

WWW 服务采用客户/服务器模式工作，使用超文本传输协议（HTTP）和超文本标记语言（HTML），利用资源定位器 URL 完成一个页面到另一个页面的链接，为用户提供界面一致的信息浏览系统。

在万维网中，信息资源以页面的形式存储在服务器中，这些页面采用超文本方式对信息进行组织，通过统一资源定位符（URL）将位于不同地区、不同服务器上的页面链接在一起。用户通过浏览器向 WWW 服务器发出请求，服务器端根据客户端的请求内容将保存在服务器中的某个页面返回给客户端，浏览器接收到页面后进行解释，最终将图、文、声并茂的画面呈现给用户。

二、WWW 服务器

WWW 服务器分布在互联网的各个位置，每个 WWW 服务器都保存着可以被 WWW 客户端共享的信息。WWW 服务器上的信息以页面的方式进行组织。页面一般是超文本文档，也就是说，除了普通文本外，还包含指向其他页面的指针，即通常所称的超链接。利用 Web 页面的超链接，可以将 WWW 服务器上的一个页面与互联网上其他服务器的任意页面进行关联，使用户在检索一个页面时，可以方便地查看其他相关页面。这些页面可以在一个服务器上，也可以分布在互联网中不同的服务器上。

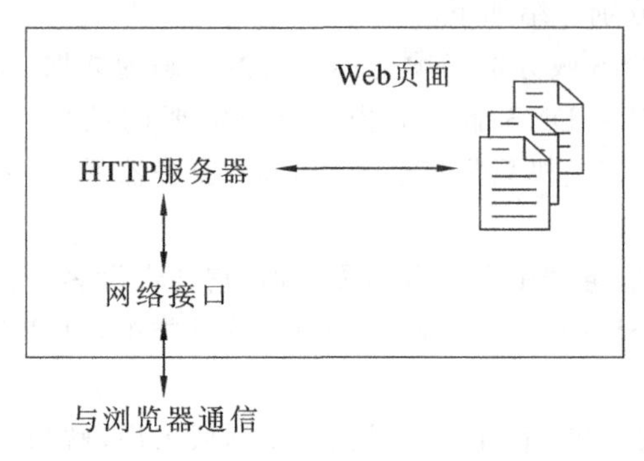

图 8-2　WWW 服务器的主要组成部分

WWW 服务器不但需要保存大量的 Web 页面，而且需要接收和处理浏览器的请求，实现 HTTP 服务器的功能，如图 8-2 所示。

WWW 服务器在 TCP 的熟知端口 80 侦听浏览器的连接请求。当 WWW 服务器接收到浏览器对某一页面的请求信息时，服务器搜索该页面，并将该页面返回给浏览器。

三、WWW 浏览器

WWW 的客户程序称为 WWW 浏览器(browser)，它是用来浏览服务器中的 Web 页面的软件。

在 WWW 服务系统中，WWW 浏览器负责接收用户的请求(如用户的键盘输入或鼠标输入)，并利用 HTTP 协议将用户的请求传送给 WWW 服务器。在服务器将请求的页面送回到浏览器后，浏览器再将页面进行解释，显示在用户的屏幕上。

从浏览器的结构上来说，浏览器由一个控制程序和一系列客户程序、解释程序组成，如图 8-3 所示。控制程序是浏览器的中心，它协调、管理客户程序和解释程序。控制程序接收用户的键盘或鼠标输入，并调用其他单元完成用户的指令。

例如：用户键入一个请求某一 Web 页面的命令或者用鼠标点击了一个超链接，控制程序接收并分析这个命令，然后调用 HTTP 客户程序并由客户程序向 WWW 服务器提出请求，服务器返回用户指定的页面后，控制程序再调用 HTTP 解释程序解释该页面，并将解释后的页面通过显示器驱动程序显示在用户的屏幕上，如图 8-3 所示。

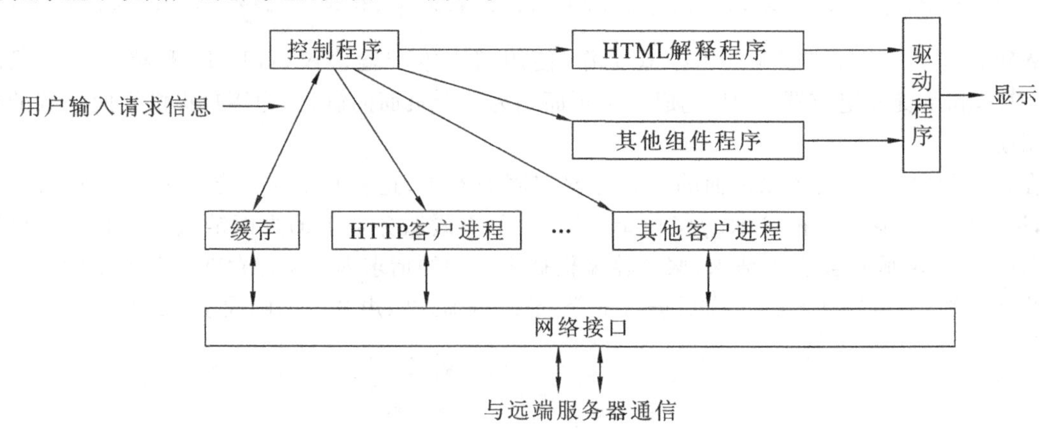

图 8-3　WWW 浏览器的主要组成部分

四、统一资源定位符

互联网中有无数的 WWW 服务器，每台服务器上又存放着无数的页面，用户如何能够方便地获取所需要的页面呢？这就需要统一资源定位符发挥作用。

统一资源定位符(URL)是对可以从因特网上得到的资源的位置和访问方法的一种简洁的表示。URL 给资源的位置提供一种抽象的识别方法，并用这种方法给资源定位。只要能够对资源定位，系统就可以对资源进行各种操作，如存取、更新、替换和查找等。具体来说，就是利用 URL，用户可以指明使用什么协议访问哪台服务器上的什么文件。

URL 的格式如下。

〈URL 的访问方式〉://〈主机〉:〈端口〉/〈路径〉

其中，URL 的访问方式即协议类型，常用的协议类型有超文本传输协议(HTTP)、文件传输协议(FTP)和新闻(NEWS)；主机项是必需的，端口和路径有时可以省略。

例如，某一网页的 URL 为：

http://www.fudan.edu.cn/student/index.html

其中，http 为协议类型，www.fudan.edu.cn 是服务器即主机名，student/index.html 是路径及文件名。HTTP 的端口是 80，通常可以省略。如果使用非 80 端口需要指明端口号，如 http://www.fudan.edu.cn:8080/student/index.html。

五、超文本传输协议

HTTP 是面向对象的应用层协议，它是建立在 TCP 基础之上的。每个万维网网点都有一个服务器进程，它不断地监听 TCP 的端口 80，以便发现是否有客户进程向它发出连接请求。一旦监听到连接建立请求并建立了 TCP 连接以后，浏览器就向服务器发出浏览某个页面的请求，服务器就返回所请求的页面作为响应，最后，TCP 连接就被释放了。在浏览器与服务器进行交互的过程中，必须遵守一定的规则，这个规则就是 HTTP 协议。

服务器和浏览器利用 HTTP 协议进行交互的过程如下。

(1) 浏览器确定 Web 页面的 URL。

(2) 浏览器请求域名服务器解析的 IP 地址。

(3) 浏览器向主机的 80 端口请求一个 TCP 连接。

(4) 服务器对连接请求进行确认，建立连接的过程完成。

(5) 浏览器发出请求页面报文。

(6) 服务器以 index.html 页面的具体内容响应浏览器。

(7) WWW 服务器关闭 TCP 连接。

(8) 浏览器将页面 index.html 的文本信息显示在屏幕上。

(9) 如果 index.html 页面包含图像等非文本信息，浏览器需要为每幅图像建立一个新的 TCP 连接，从服务器获得图像并显示。

六、超文本标记语言

超文本标记语言 HTML 是制作万维网页面的标准语言，是 WWW 世界的共同语言。计算机的页面制作都采用标准 HTML 语言格式，在通信的过程中就不会有障碍。

HTML 语言的语法与格式很简单，可以使用任何文本编辑器进行编写。下面我们以一个例子给出几种常用的格式与标签。打开记事本，编写如下内容。

```
<html>
<head>
<title> homepage</title>
</head>
<body>
<h2> This is my first homepage</h2>
<img src= image.jpg>
<p>
<a href= "text.html"> Turn to next homepage</a>
</body>
</html>
```

其中：“＜”表示一个标签的开始，“＞”表示一个标签的结束；

〈html〉…〈/html〉声明这是用 HTML 语言写成的文档；

〈head〉…〈/head〉定义页面的首部；

〈title〉…〈/title〉定义页面的标题；

〈body〉…〈/body〉定义页面的主体；

〈img src=“ ”〉插入一张图像，图像的位置必须是相对路径；

〈p〉一个段落开始，与上一个段落空一行或缩进几个字符；

〈a href=“ ”〉〈/a〉定义一个链接。

该文件保存名称为 homepage.html，保存位置为 E:\homepage，打开页面后如图 8-4 所示。

图 8-4 网页文件

任务3 文件传输协议

因特网服务器中存有大量的共享软件和免费资源，要想从服务器中把文件传送到客户机上或者将客户机上的资源传送至服务器，就必须在两台机器中进行文件传送，此时双方要遵循一定的规则，如传送文件的类型与格式。基于 TCP 的文件传输协议 FTP 和基于 UDP 的简单文件传输协议 TFTP 都是文件传送时使用的协议。它们的特点是：复制整个文件，即若要存取一个文件，就必须先获得一个本地的文件副本。如果要修改文件，则只能对文件的副本进行修改，然后将修改后的副本传回到原结点。

一、文件传输协议

文件传输协议(FTP)用于实现文件在远端服务器和本地主机之间的传送。FTP 采用的传输层协议是面向连接的 TCP 协议，使用端口 20 和 21。其中 20 端口用于数据传输，21 端口用于控制信息的传输。控制信息和数据信息能够同时传输，这是 FTP 的特殊之处。

FTP 的另一个特点是假如用户处于不活跃的状态，服务器会自动断开连接，强迫用户在需要时重新建立连接。

FTP 使用客户机/服务器模式。一个 FTP 服务器进程可同时为多个客户进程提供服务。FTP 的服务器进程由两大部分组成：一个主进程，负责接受新的请求；另外有若干个从属进程，负责处理单个请求。

主进程的工作步骤如下。

(1) 打开熟知端口 21，使客户进程能够连接上。

(2) 等待客户进程发出连接请求。

(3) 启动从属进程来处理客户进程发来的请求。从属进程对客户进程的请求处理完毕后即终止，但从属进程在运行期间根据需要还可以创建其他一些子进程。

(4) 回到等待状态，继续接受其他客户进程发来的请求。主进程和从属进程的处理是并发地进行的。

二、简单文件传输协议

简单文件传输协议(TFTP)，也用于文件传输。TFTP 采用的传输层协议是无连接的 UDP 协议，是不可靠的协议，因此 TFTP 需要有自己的差错改正措施，TFTP 只支持文件传输而不支持交互。TFTP 使用端口 69。TFTP 也使用客户机/服务器模式。

TFTP 主要有两个优点：①TFTP 可用于 UDP 环境，如当需要将程序或文件同时向许多机器下载时使用 TFTP 的效率比较高；②TFTP 代码所占的内存较小，这对于较小的计算机或某些特殊用途的设备是很重要的。这些设备不需要硬盘，只需要固化了 TFTP、UDP 和 IP 的小容量只读存储器即可。接通电源后，设备执行只读存储器中的代码，在网络上广播一个 TFTP 请求，网络上的 TFTP 服务器就发出响应，其中包括可执行二进制程序。设备收到此文件后将其放入内存，然后开始运行程序。这种方式增加了灵活性，也减少了开销。

任务4 电子邮件

电子邮件(E-mail)与传统邮件类似,并且电子邮件是异步的,即不管接收者是否知道,发送者总能发送邮件。电子邮件相当快捷,容易发送,并且很便宜,同时现在的电子邮件可以包含超链接、HTML文档、图像、声音甚至视频等,这是传统邮件所无法比拟的。

与其他通信方式相比,电子邮件具有以下特点。

(1) 电子邮件比人工邮件传递迅速,可达到的范围广,而且比较可靠。

(2) 电子邮件与电话系统相比,它不要求通信双方都在场,而且不需要知道通信对方在网络中的具体位置。

(3) 电子邮件可以实现一对多的邮件传送,这样可以使一位用户向多人发出通知的过程变得容易。

(4) 电子邮件可以将文字、图像、语音等多种类型的信息集成在一个邮件中传送,因此它是多媒体信息传送的重要手段。

一、概述

电子邮件使用客户机/服务器工作模式。欲使用电子邮件的人员可到ISP网站注册申请邮箱,获得电子邮件账号(电子邮件地址)及口令,就可通过专用的邮件处理程序接、发电子邮件了。邮件发送者将邮件发送到邮件接收者的ISP邮件服务器的邮箱中,接收者可在任何时刻主动地通过Internet查看或下载邮件。电子邮件可以在两个用户间交换,也可以向多个用户发送同一封邮件,或将收到的邮件转发给其他用户。电子邮件不仅包含文本信息,还可包含声音、图像、视频、应用程序等各类计算机文件。

二、电子邮件的工作原理

1. 电子邮件系统的组成

电子邮件系统的组成如图8-5所示。

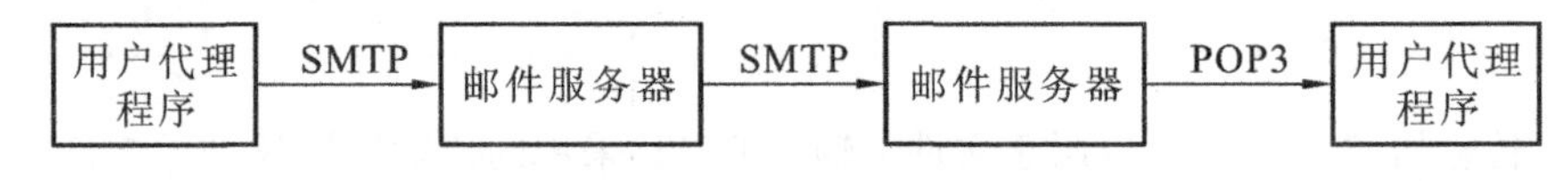

图8-5 电子邮件系统的组成

邮件的发送协议为SMTP,即简单电子邮件发送协议。邮件下载协议为POP,即邮局协议,目前经常使用的是第3版本,称为POP3协议。用户通过POP3协议将邮件下载到本地PC进行处理,ISP邮件服务器上的邮件会自动删除。IMAP(因特网报文存取协议)也是邮件下载协议,但它与POP协议不同,它支持在线对邮件的处理,邮件的检索与存储等操作不必先下载到本地。用户不发送删除命令,邮件一直保存在邮件服务器上。常用的收发电子邮件的软件有Exchange、Outlook Express、Foxmail等,这些软件提供邮件的接收、编辑、发送及管理功能。

2. 电子邮件的组成

电子邮件由信封(envelope)和内容(content)两部分组成。电子邮件的传输程序根据邮件信封上的信息来传送邮件。用户在从自己的邮箱中读取邮件时才能见到邮件的内容。在邮件的信封上,最重要的就是收信人的地址。

3. 电子邮件地址的格式

传统的邮政系统要求发信人在信封上写清楚收信人的姓名和地址,这样邮递员才能投递信件。互联网上的电子邮件系统也要求用户有一个电子邮件地址。TCP/IP 体系的电子邮件系统规定电子邮件地址的格式如下:

收信人邮箱名@ 邮箱所在主机的域名

其中,符号"@"读作"at",表示"在"的意思。

例如,电子邮件地址 cpl@sina.com 中,cpl 这个用户名在该域名的范围内是唯一的,邮箱所在的主机的域名 sina.com 在全世界必须是唯一的。

4. 工作过程

(1) 用户通过用户代理程序撰写、编辑邮件。在发送栏填入收件人的邮件地址。

(2) 撰写完邮件后,点击"发送"按钮,将邮件通过 SMTP 协议传送到发送邮件服务器。

(3) 发送邮件服务器将邮件放入邮件发送缓存队列中,等待发送。

(4) 接收邮件服务器将收到的邮件保存到用户的邮箱中,等待收件人提取邮件。

(5) 收件人在方便的时候,使用 POP3 协议从接收邮件服务器中提取电子邮件,通过用户代理程序进行阅览、保存及其他处理。

三、简单邮件传输协议

简单邮件传输协议(SMTP)是电子邮件系统中的一个重要协议,它负责将邮件从一个"邮局"传送给另一个"邮局"。SMTP 的最大特点是简单和直观,它不规定邮件的接收程序如何存储邮件,也不规定邮件发送程序多长时间发送一次邮件,它只规定发送程序、接收程序之间的命令和应答。

协议实现的过程,是双方信息交换的过程。SMTP 协议正是规定了进行通信的两个 SMTP 进程间是如何交换信息的。SMTP 使用 C/S 模式工作,因此邮件的发送方为客户端(client 端),邮件的接收方为服务器端(server 端)。

SMTP 规定了 14 条命令和 21 种响应信息。每条命令由四个字母组成,而响应信息一般由一至三位数字代码开始,后面附上简单说明。

SMTP 协议可分为如下的三个工作过程。

(1) 建立连接　在这一阶段,SMTP 客户请求与服务器的 25 端口建立一个 TCP 连接。一旦连接建立,SMTP 服务器和客户机就开始相互通告自己的域名,同时确认对方的域名。

(2) 邮件传送　利用命令,SMTP 客户将邮件的源地址、目的地址和邮件的具体内容传递给 SMTP 服务器,SMTP 服务器进行相应的响应并接收邮件。

(3) 连接释放　SMTP 客户发出退出命令,服务器在处理命令后进行响应,随后关闭 TCP 连接。

四、第3代邮局协议

邮件到来后，首先存储在邮件服务器的电子邮箱中。用户如果希望查看和管理这些邮件，可以通过 POP3 协议将邮件下载到用户所在的主机。

邮局协议(POP)是一个非常简单但功能有限的邮件读取协议，现在使用的是它的第三代版本 POP3。POP 也使用客户机/服务器的工作方式。在接收邮件的用户 PC 中必须运行 POP 客户程序，而在用户所连接的 ISP 的邮件服务器中则运行 POP 服务器程序。

任务5 DHCP

一、采用 DHCP 的必要性

在 TCP/IP 网络中，每台工作站在访问网络及其资源之前，都必须进行基本的网络配置，一些主要参数诸如 IP 地址、子网掩码、默认网关、DNS 等必不可少，还可能需要一些附加的信息如 IP 管理策略之类。

在大型网络中，确保所有主机都拥有正确的配置是一件相当困难的管理任务，尤其对于含有漫游用户和笔记本电脑的动态网络更是如此。经常有计算机从一个子网移到另一个子网以及从网络中移出。手动配置或重新配置数量巨大的计算机可能要花很长时间，而 IP 主机配置过程中的错误可能导致该主机无法与网络中的其他主机通信。

因此，需要有一种机制来简化 IP 地址的配置，实现 IP 的集中式管理。而 IETF(因特网网络工程师任务小组)设计的动态主机配置协议(DHCP)正是这样一种机制。

DHCP 是一种客户机/服务器协议，该协议简化了客户机 IP 地址的配置和管理工作以及其他 TCP/IP 参数的分配。基本上不需要网络管理人员的人为干预。网络中的 DHCP 服务器给运行 DHCP 的客户机自动分配 IP 地址和相关的 TCP/IP 的配置信息。

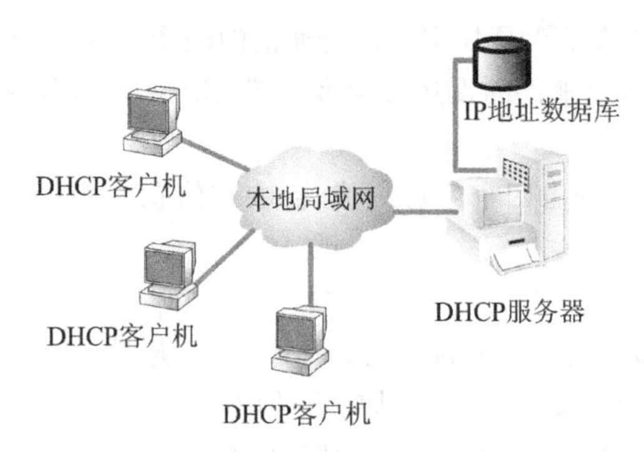

图 8-6　基本 DHCP 模型

DHCP 服务器拥有一个 IP 地址池，当任何启用 DHCP 的客户机登录到网络时，可从它那里租借一个 IP 地址。因为 IP 地址是动态的(租借)而不是静态的(永久分配)，不使用的 IP 地址就自动返回地址池，供再分配，从而大大节省了 IP 地址空间。图 8-6 所示为基本 DHCP 模型。而且，DHCP 本身被设计成 BOOTP(自举协议)的扩展，支持需要网络配置信息的无盘工作站，对需要固定 IP 的系统也提供了相应支持。

在用户的企业网络中应用 DHCP 有以下优点。

(1) 减少错误　通过配置 DHCP，把手工配置 IP 地址所导致的错误减少到最低程度，例如已分配的 IP 地址再次分配给另一设备所造成的地址冲突等将大大减少。

(2) 减少网络管理　TCP/IP 配置是集中化和自动完成的，不需要网络管理员手工配置。网络管理员能集中定义全局和特定子网的 TCP/IP 配置信息。使用 DHCP 选项可以自动给客户机分配全部范围的附加 TCP/IP 配置值。客户机配置的地址变化必须经常更新,比如远程访问客户机经常到处移动,这样便于它在新的地点重新启动时,高效而又自动地进行配置。同时大部分路由器能转发 DHCP 配置要求,这样就不必在每个子网配置 DHCP 服务器。

二、DHCP 的工作原理

1. 基本概念

(1) DHCP 客户　DHCP 客户是通过 DHCP 来获得网络配置参数的 Internet 主机,通常就是普通用户的工作站。

(2) DHCP 服务器　DHCP 服务器是负责提供网络设置参数给 DHCP 客户的 Internet 主机。

(3) DHCP 中继代理　在 DHCP 客户和服务器之间转发 DHCP 消息的主机或路由器。

(4) DHCP 是基于客户机/服务器模型设计的,DHCP 客户和 DHCP 服务器之间通过收发 DHCP 消息进行通信。

2. DHCP 消息类型

DHCP 主要有以下消息类型。

(1) DHCPDISCOVER　在一台 DHCP 客户计算机第一次试图登录到网络中时,它通过广播 DHCPDISCOVER 包请求 DHCP 服务器的 IP 地址信息。该包的源 IP 地址是 0.0.0.0,因为此时客户机还没有 IP 地址。

(2) DHCPOFFER　每个收到客户机 DHCPDISCOVER 包的 DHCP 服务器以一个 DHCPOFFER 包作为应答,其中包含一个未租借的 IP 地址和其他 DHCP 配置信息,比如子网掩码和默认网关。不止一个 DHCP 服务器能应答 DHCPOFFER 包。客户机将接收所收到的第一个 DHCPOFFER 包,该消息为 342 字节长。

(3) DHCPREQUEST　当一台 DHCP 客户机接收到一个 DHCPOFFER 包,它就广播一个 DHCPREQUEST 包,该包中包含提供的 IP 地址,表明已经接受了所提供的 IP 地址。该消息为 342 或 576 字节长,取决于相应的 DHCPDISCOVER 消息的长度。

(4) DHCPDECLINE　如果 DHCP 客户机判定提供的配置参数是无效的,它就向服务器发送一个 DHCPDECLINE 包,而客户机必须重新开始租借过程。

(5) DHCPACK　在选中的 DHCP 服务器发送一个 DHCPACK 包应答客户机对该 IP 地址的 DHCPREQUEST。此时服务器也转发任何选项配置参数。接收到 DHCPACK 后,客户机就能加入 TCP/IP 网络并完成系统启动。该消息为 342 字节长。

(6) DHCPNAK　如果因为该 IP 地址不再有效或已被其他计算机占用而使客户机不能使用它,DHCP 服务器就应答一个 DHCPNAK 包,客户机必须重新开始租借过程。只要 DHCP 服务器接收到一个对无效地址的请求,它就向客户机发送一个 DHCPNAK 消息,此处无效是根据服务器所配置的作用域判定的。

(7) DHCPRELEASE　DHCP 客户机向服务器发送 DHCPRELEASE 包以释放 IP 地址,并取消任何剩下的租约。

(8) DHCPLNFORM　在 DHCPLNFORM 是一个新的 DHCP 消息类型,用于网络上的计算机从 DHCP 服务器请求并获得信息供本地配置使用。当使用这种类型的消息时,发送者已经从外部获得了本网络的 IP 地址配置，该地址的获得可能使用 DHCP，也可能不用 DHCP。目前，早期版本的 Windows NT Server 提供的 DHCP 服务并不支持该消息类型，其他第三方实现的 DHCP 软件也可能不能识别该消息类型。

不论是 DHCP 客户还是 DHCP 服务器，都按照 DHCP 消息格式的要求来填写各个段以形成具体的 DHCP 消息，从 DHCP 客户发出的 DHCP 消息送往 DHCP 服务器的端口 67，DHCP 服务器发给客户的 DHCP 消息送往 DHCP 客户的端口 68，由于在取得服务器赋予的 IP 之前，DHCP 客户并没有自己的 IP，所以包含 DHCP 消息的 UDP 数据报的 IP 头的源地址段是 0.0.0.0，目的地址则是 255.255.255.255。

3. DHCP 租借 IP 地址的过程

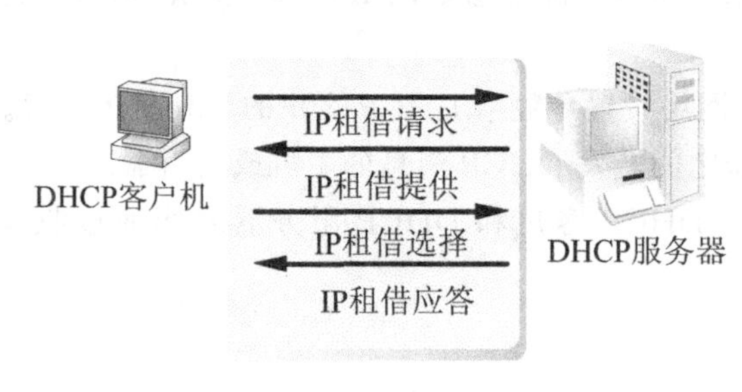

图 8-7　DHCP 租借过程

当 DHCP 的客户机第一次启动并试图加入网络时，它执行以下初始化步骤，以便从 DHCP 服务器获得 IP 地址，如图 8-7 所示为 DHCP 的租借过程。

(1) DHCP 客户机初始化 TCP/IP，在本地物理子网上广播一个 DHCPDISCOVER 消息，以确定 DHCP 服务器位置及其 IP 地址。如果 DHCP 服务器和客户不在同一个物理子网上，BOOTP 中继代理将转发这个消息给 DHCP 服务器。

(2) 由于网络上可能不止一个 DHCP 服务器，所有具有有效 IP 地址信息的 DHCP 服务器会用广播方式发送 DHCPOFFER 报文响应。在这些报文中 DHCP 服务器将提供给客户端 IP 地址。它们还可提供一个租用时间，默认值是 1 小时。发送 DHCPOFFER 的 DHCP 服务器就将已提供的 IP 地址上锁，使它对任何其他客户都是不可用的。若客户未收到 DHCPOFFER 报文，它将继续发送 DHCPDISCOVER 消息(共四次，5 分钟一次)，直到它从一台 DHCP 服务器接收到 DH-CPOFFER 消息为止。

(3) 客户机从所提供的地址中选择一个，如果客户端收到了多个 DHCPOFFER 报文，它会选择最先到达的 DHCP 服务器提供的 OFFER，并使用广播发送 DHCPREQUEST 报文给所选的 DHCP 服务器。表明自己已经接受了提供的地址。

(4) DHCP 服务器响应该消息，指定 IP 地址信息给该客户并发送一个 DHCPACK 报文，而所有其他 DHCP 服务器撤回各自的提议。客户机完成 TCP/IP 协议的初始化和绑定。

配置完成后，客户机就可以使用所有 IP 服务和应用，直到租期结束。

在少数情况下，DHCP 服务器可能向客户机返回一个否定应答。当客户机请求无效或地址重复时，就会发生这种情况。如果客户机接收到否定应答(DHCPNAK)，它就必须重新开始整个租借过程。

4. 子网的 DHCP 服务器的部署

正如前文中提到的，DHCP 的客户端是通过广播的方式和 DHCP 服务器取得联系的。当 DHCP 的客户端和 DHCP 的服务器不在同一个子网内时，DHCP 的服务器上虽然会为不同的子网创建不同的地址数据库，但由于 DHCP 的客户端无法使用广播找到 DHCP 服务器，DHCP 的客户端依然无法获得相应的 IP 地址。这时我们可以使用以下两种方法解决。

(1) 在连接不同子网的路由器上允许 DHCP 广播数据报通过，这种方法需要路由器的支持，同时也可能造成广播流量的增加。

（2）使用 DHCP 的中继代理服务器。DHCP 中继代理程序和 DHCP 的客户端位于同一个子网，它会侦听广播的 DHCPDISCOVER 和 DHCPREQUEST 消息。然后 DHCP 中继代理程序会等待一段时间，若没有检测到 DHCP 服务器的响应，则通过单播方式发送此消息给其指定的 DHCP 服务器。然后该服务器响应该消息，并选择合适的地址，发送给 DHCP 中继代理程序。接着中继代理程序在 DHCP 客户机所在的子网上广播此消息。DHCP 客户端收到广播后，就获得了相应的 IP 地址。

DHCP 服务器是如何确定应该使用哪个数据库的地址响应客户端的请求呢？若要确定使用哪个地址数据库分配地址，DHCP 服务器首先检查收到的 DHCPDISCOVER 消息中的 giaddr（网关 IP 地址）字段。如果 giaddr 为 0，则 DHCP 服务器将使用接收该消息的接口确定数据库。如果 giaddr 字段不为 0，则该服务器将使用填写该字段的 DHCP 中继代理程序所在的网段的地址数据库（giaddr 字段由 DHCP 中继代理程序设置，并且包括 DHCP 客户机的子网信息，它在通过 DHCP 中继代理程序启动时使用）。

【实践练习】学习了那么多知识，下面我们可以动手操作啦！

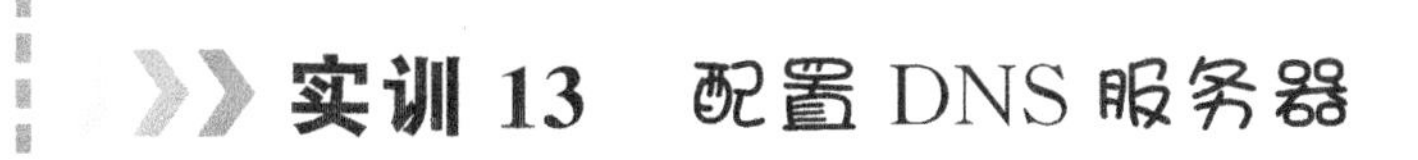

实训 13 配置 DNS 服务器

1. 安装 DNS 服务器

使用“添加/删除程序”完成 DNS 服务器的安装。

（1）选择“添加/删除程序”选项，弹出“添加/删除程序”对话框。

（2）单击“添加/删除 Windows 组件”选项，弹出“Windows 组件向导”对话框，单击“下一步(N)”按钮，在弹出的对话框的“组件(C)”列表中选择“网络服务”选项，如图 8-8 所示。

（3）单击“详细信息(D)”按钮，弹出“网络服务”对话框，在列表中选中“域名系统(DNS)”选项，如图 8-9 所示，单击“确定”按钮，返回如图 8-8 所示的对话框。

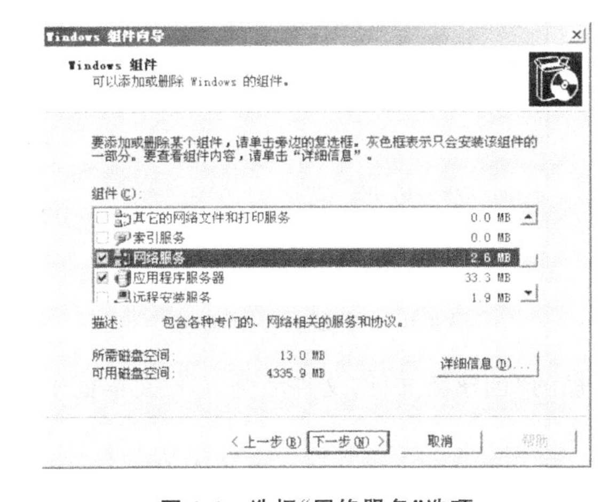

图 8-8 选择“网络服务”选项

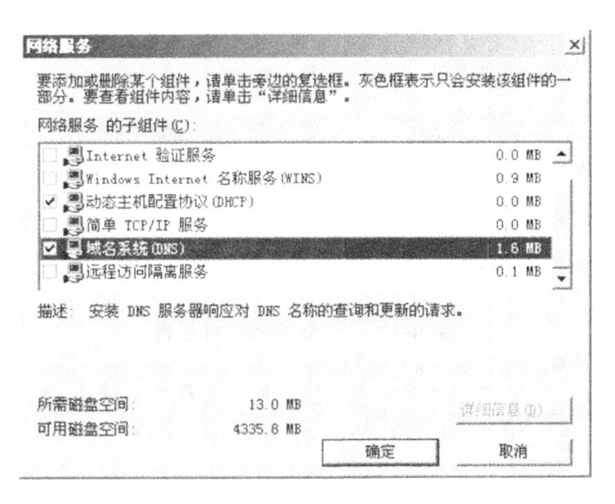

图 8-9 “网络服务”对话框

(4) 单击"下一步(N)"按钮,输入 Windows Server 2003 的安装源文件的路径,单击"确定"按钮,开始安装 DNS 服务。

(5) 单击"完成"按钮,回到"添加/删除程序"对话框,单击"关闭"按钮。关闭"添加/删除程序"对话框。

安装完毕后在管理工具中多了一个 DNS 控制台(安装结束后不需要重新启动计算机)。

2. 建立区域

下面首先介绍建立正向区域的方法,然后介绍建立反向区域的方法。

(1) 选择"开始"→"程序"→"管理工具"→"DNS"命令,打开 DNS 控制台,如图 8-10 所示。

在 DNS 控制台中左侧窗体中选择 SERVER1,选择"操作(A)"→"创建新区域"命令,弹出"新建区域向导"对话框,如图 8-11 所示。

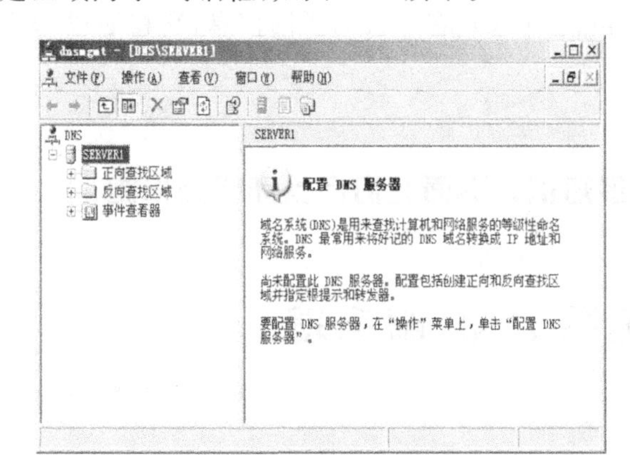

图 8-10 DNS 控制台

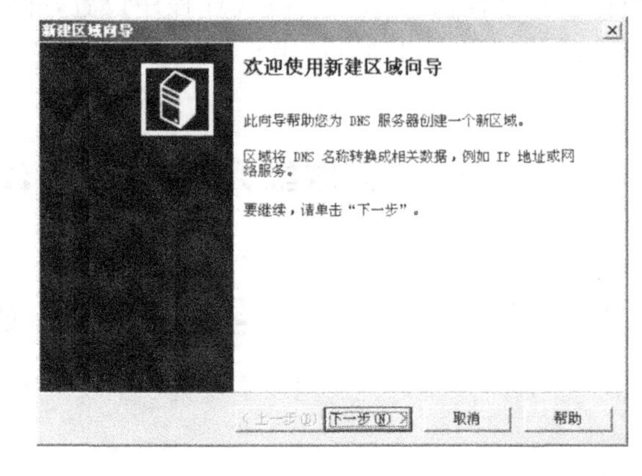

图 8-11 "新建区域向导"对话框

(2) 单击"下一步(N)"按钮,在"区域类型"对话框中选中"主要区域"选项,如图 8-12 所示。

(3) 单击"下一步(N)"按钮,在"区域名称"对话框中输入新区域的域名,如 lnjd. com,如图 8-13所示。注意只输入到次阶域,而不是连同子域和主机名称都一起输入。

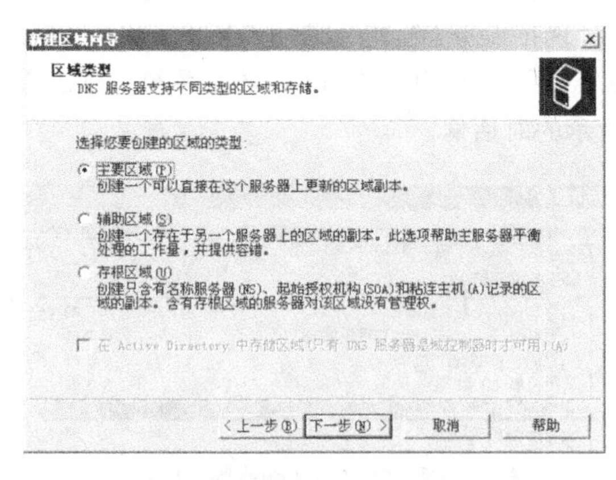

图 8-12 "区域类型"对话框

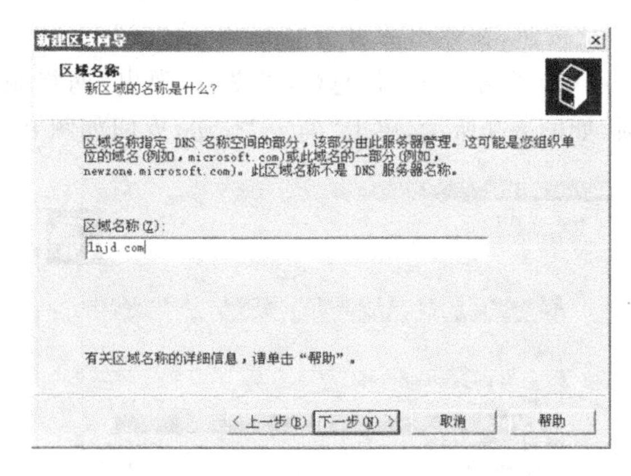

图 8-13 "区域名称"对话框

(4) 单击"下一步(N)"按钮,在"区域文件"对话框的"创建新文件,文件名为(C)"文本框中自动输入了以域名为文件名的 DNS 文件,如图 8-14 所示。

该文件的默认文件名为 lnjd. com. dns,即区域名后面加上. dns,它被保存在文件夹\winnt\system32\dns 中。如果要使用区域内已有的区域文件,则可先选中"使用此现存文件(U)"项,然后将该现存的文件复制到\winnt\system32\dns 文件夹中。

(5) 单击“下一步(N)”按钮，出现“动态更新”对话框，如图 8-15 所示。

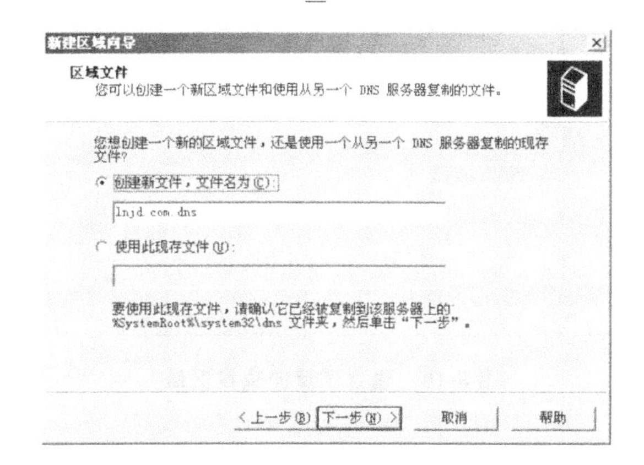

图 8-14　“区域文件”对话框

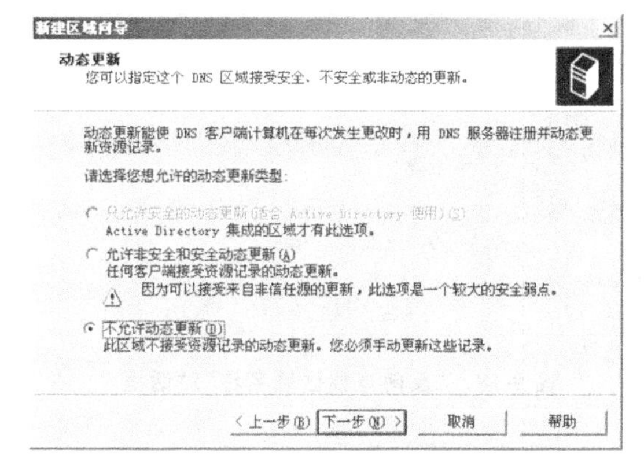

图 8-15　“动态更新”对话框

(6) 单击“下一步(N)”按钮，在完成设置对话框中将显示上述设置信息，如图 8-16 所示。

(7) 单击“完成”按钮，建立了一个正向查找区域，完成后的效果如图 8-17 所示。

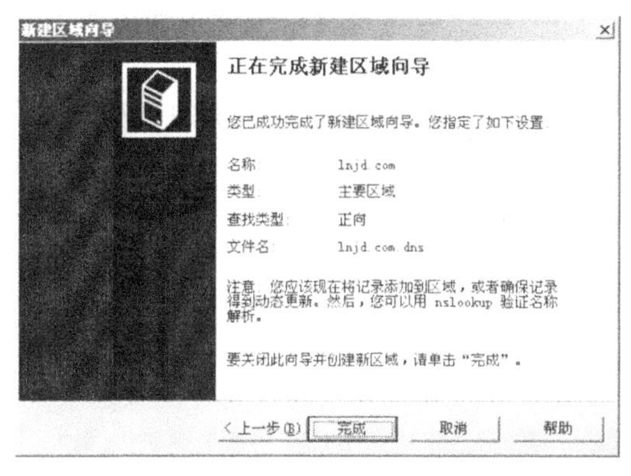

图 8-16　新建区域信息摘要

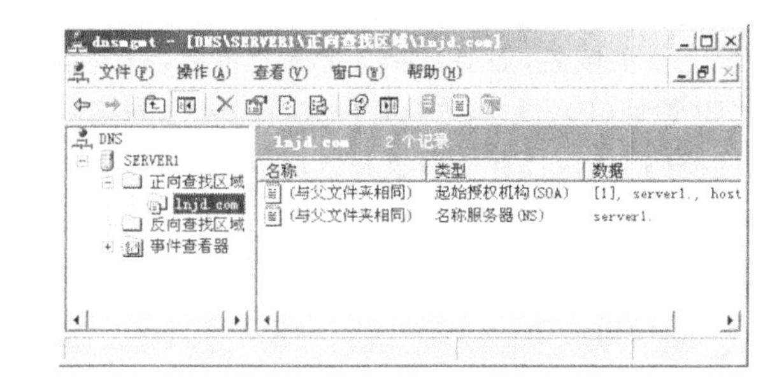

图 8-17　建立了正向查找区域

下面介绍反向查找区域的建立方法(与正向查找区域的建立方法类似)。

建立反向查找区域后可以让 DNS 客户端使用 IP 地址来查询主机名称。在 Windows Server 2003 中 DNS 分布式数据库以名称为索引而非以 IP 地址为索引。

(1) 建立一个反向查找区域与建立正向查找区域一样，右击“反向查找区域”选项，在弹出的快捷菜单中执行“新建区域”命令，弹出“新建区域向导”对话框。

(2) 单击“下一步(N)”按钮，选中“主要区域”选项，单击“下一步”按钮，弹出如图 8-18 所示的对话框。

在“网络 ID(E)”文本框中以 DNS 服务器所使用的 IP 地址前三码的相反顺序来设置反向查找区域。如果 DNS 服务器使用 IP 地址是 192.168.1.1，即取用前三码为 192.168.1，在“网络 ID(E)”文本框中输入该数值，然后系统会在“反向查找区域名称(V)”文本框中显示 1.168.192.in-addr.arpa。

(3) 单击“下一步(N)”按钮，区域文件名使用默认值即可完成，如图 8-19 所示。

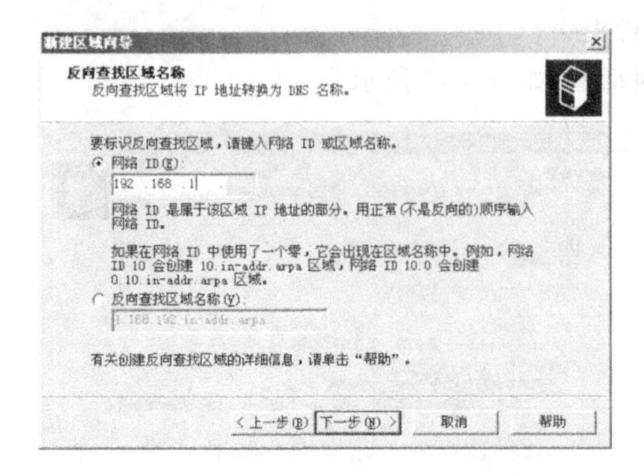

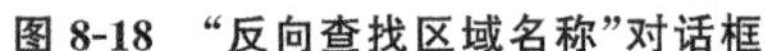

图 8-18 "反向查找区域名称"对话框

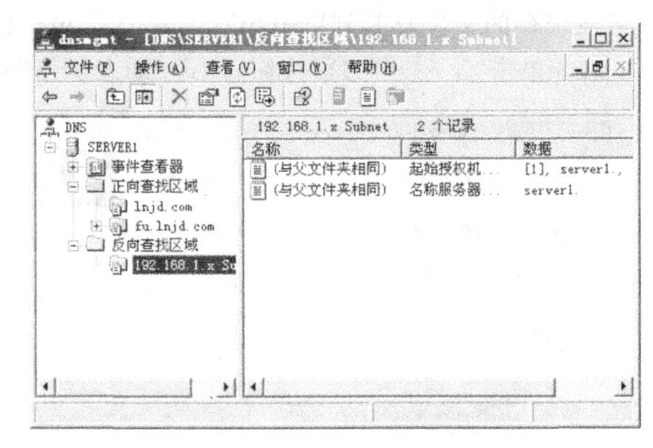

图 8-19 建立了反向查找区域

3. 建立主机与指针

区域建立以后，要向区域中增加资源记录，才可以满足 DNS 客户机使用域名而不是 IP 地址来访问服务器。如果将主机相关数据新增到 DNS 服务器的区域后，DNS 客户端就可以通过该服务器的服务来查询 IP 地址。具体操作方法如下。

(1) 右击欲新增加记录的域名，在弹出的快捷菜单中执行"新建主机"命令，弹出如图8-20所示的对话框。

(2) 在"名称(如果为空则使用其父域名称)(N)"文本框中填写新增主机记录的名称，但不需要填上整个域名，如要新增 server1 名称，只要输入 server1 即可，而不是输入 server1. lnjd. com。在"IP 地址(P)"文本框中填入欲新建名称的实际 IP 地址。如果 IP 地址与 DNS 服务器在同一个子网掩码下，并且有反向查找区域，则可以选中"创建相关的指针(PTR)记录(C)"复选框，这样会在反向查找区域自动添加一笔查找记录。正确输入信息后，单击"添加主机(H)"按钮，添加主机后的正向查找区域如图 8-21 所示。

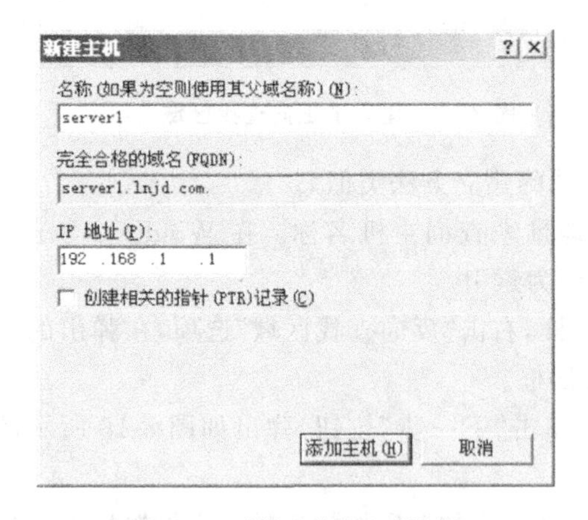

图 8-20 "新建主机"对话框

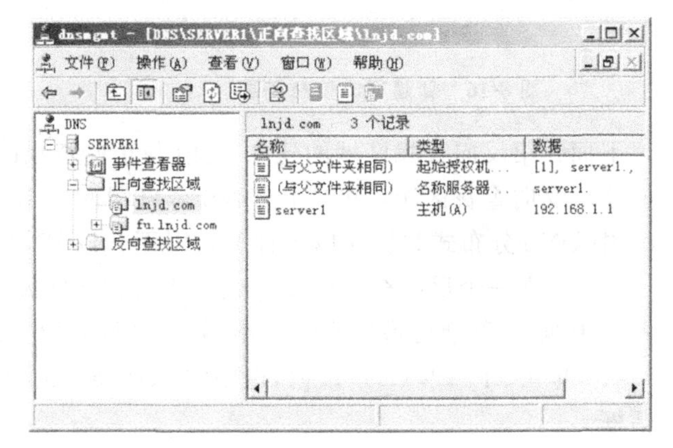

图 8-21 添加了主机

在反向查找区域内也需要建立数据以提供反向查找，有两种方式建立指针。新建指针的操作方法如下。

(1) 在建立正向的主机数据时，选中"创建相关的指针(PTR)记录(C)"复选框。

(2) 右击"反向查找区域"中欲新增指针的区域，在弹出的快捷菜单中选择"新增指针"命令。如图 8-22 所示，"新建资源记录"对话框中的主机名是完整的域名，为 server1. lnjd. com。

添加指针后的反向查找区域如图 8-23 所示。

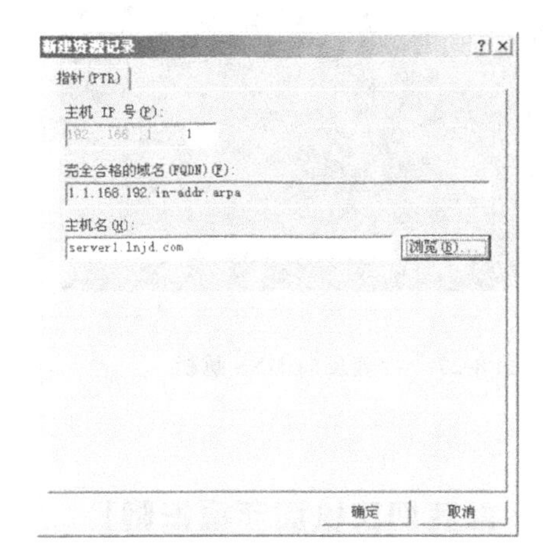

图 8-22 “新建资源记录”对话框

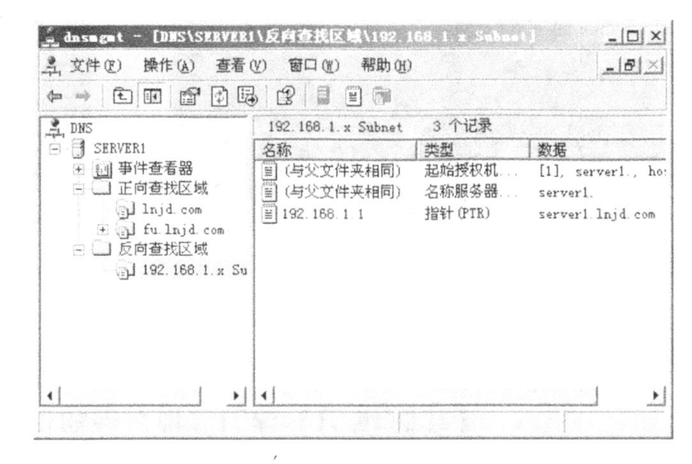

图 8-23 添加了指针

4. 检验 DNS 服务器

DNS 服务器配置完成以后，我们可以使用 ping、nslookup 两种工具测试 DNS 服务器是否能够完成域名和 IP 地址之间的解析。

(1) 使用 ping 命令　可以使用 ping 命令测试 DNS 服务器是否正常运行。

如果网络已经正确配置了 IP 地址与有关内容，使用 ipconfig 命令会看到如图 8-24 所示的相关信息。这说明网卡与 IP 协议均已经正常工作。

再使用 ping 命令，ping 主机名+区域名，如果出现如图 8-25 所示窗口，则说明 DNS 服务器已经正常工作，我们可以知道 DNS 服务器已经正确把域名解析为 IP 地址 192.168.1.1。

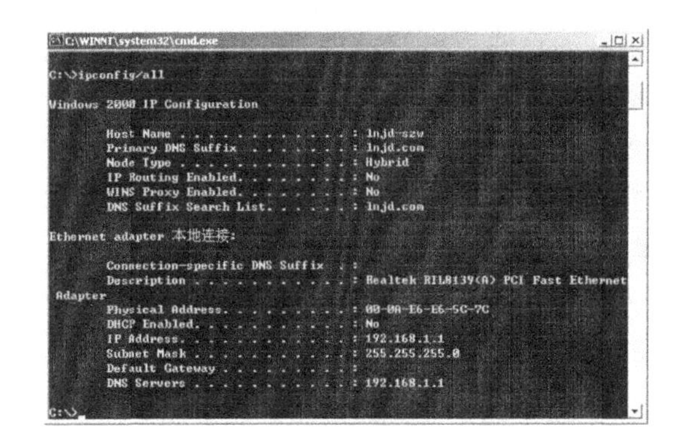

图 8-24 查看网卡有关信息

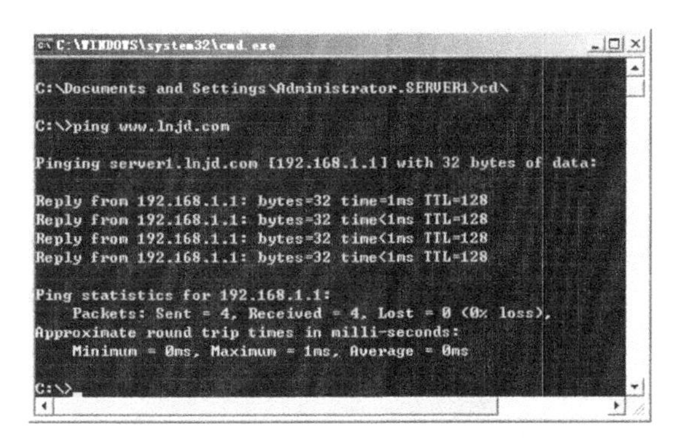

图 8-25 使用 ping 命令检测 DNS 服务

(2) 使用 nslookup 命令　系统提供了 nslookup 工具，在命令提示符中输入：nslookup，就进入交换式 nslookup 环境，如果 DNS 配置正确，就会显示当前 DNS 服务器的地址和域名，否则表示 DNS 服务器没能正常启动。下面简单介绍一些基本的 DNS 诊断。

- 检查正向 DNS 解析：在 nslookup 提示符下输入带域名的主机名，将显示该主机名对应的 IP 地址，如图 8-26 所示。
- 检查反向 DNS 解析：在 nslookup 提示符下输入 IP 地址，nslookup 回答出该 IP 地址所对应的主机名，如图 8-27 所示。

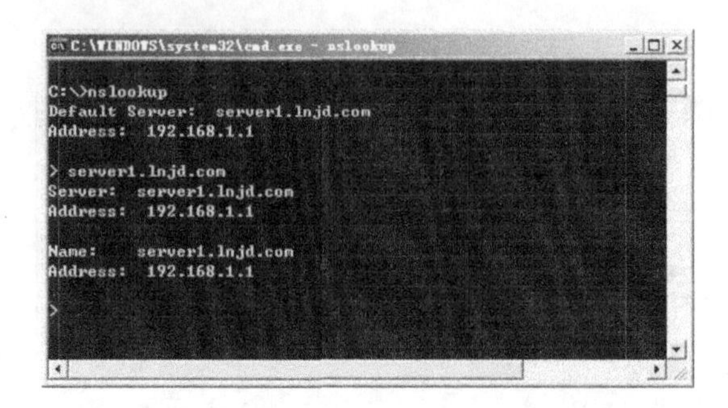

图 8-26 检查正向 DNS 解析

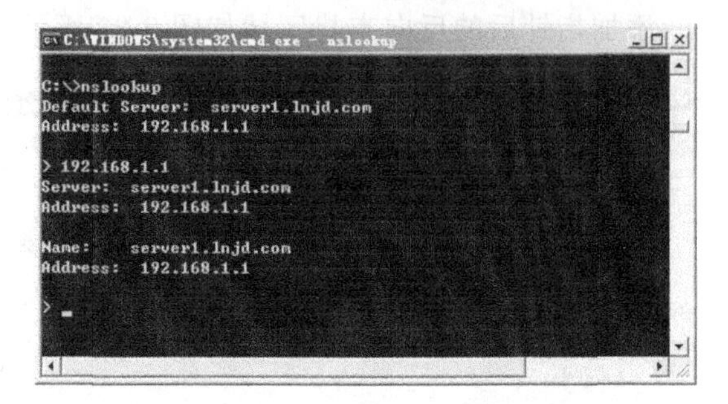

图 8-27 检查反向 DNS 解析

【实践练习】学习了那么多知识，下面我们可以动手操作啦！

实训 14 配置 WWW 服务器

1. 安装 IIS 服务器

使用“Windows 网络组件”安装 IIS 服务器，具体步骤如下。

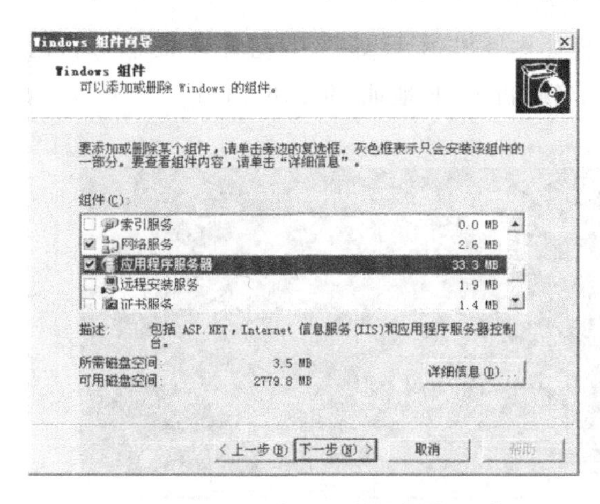

图 8-28 “应用程序服务器”组件

(1) 选择“开始”→“设置”→“控制面板”→“添加/删除程序”命令，弹出“添加/删除程序”对话框，单击“添加/删除 Windows 组件”按钮，弹出“Windows 组件向导”对话框，单击“下一步(N)”按钮，弹出“Windows 组件”对话框，从“组件”列表中选择“应用程序服务器”选项，如图 8-28 所示。

(2) 单击“详细信息(D)…”按钮，从“应用程序服务器 的子组件(C)”列表中选择“Internet 信息服务(IIS)”选项，如图 8-29 所示。

(3) 单击“详细信息(D)…”按钮，从“Internet 信息服务(IIS) 的子组件(C)”列表中选中“万维网服务”选项，如图 8-30 所示。

(4) 单击“下一步(N)”按钮，输入 Windows Server 2003 的安装源文件的路径，单击“确定”按钮，开始安装 Web 服务器。

(5) 单击“完成”按钮，回到“添加/删除程序”对话框后，单击“关闭”按钮。

2. 测试 IIS

安装完 IIS 以后，就要测试它是否能够正常工作。打开 IE 浏览器，在地址栏中输入本地 IP 地址，如 192.168.1.1，将用户名和密码输入以后，单击“确定”按钮，出现如图 8-31 所示网页，这是系统已经架设好的网站，存放的位置是 C:\inetpub\wwwroot 文件夹中。

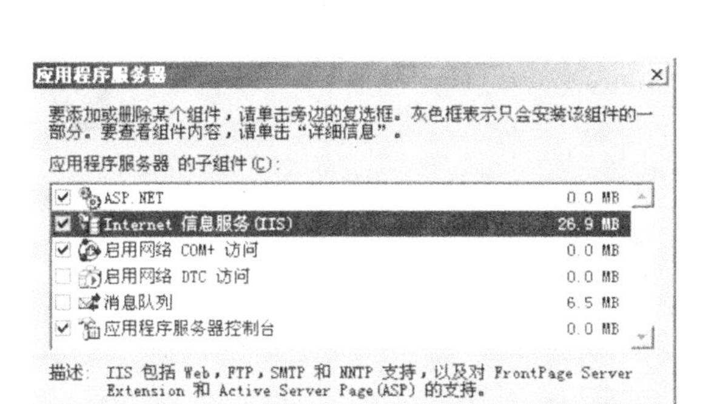

图 8-29　"Internet 信息服务(IIS)"组件

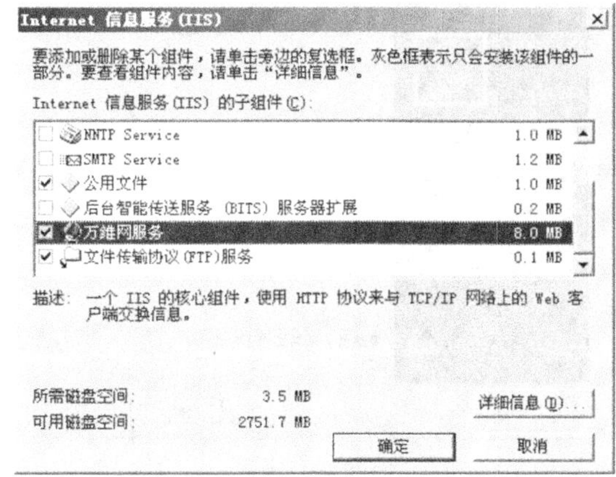

图 8-30　"万维网服务"组件

如果要发布个人主页，无须特意选择定制安装，只需将欲发布的 Web 文件复制至 C:\inetpub\wwwroot 文件夹中，并将主页的文件名设置为 default.htm 或 default.asp 即可通过 Web 浏览器访问该 Web 服务器。

3. 架设网站

通过将欲发布的 Web 文件复制至 C:\inetpub\wwwroot 文件夹中，并将主页的文件名设置为 default.htm 或 default.asp 的方式架设网站的安全性较低。可以使用 IIS 架设自己的网站，架设的方法如下。

(1) 选择"开始"→"程序"→"管理工具"→"Internet 服务管理器"命令，出现如图 8-32 所示的控制台。

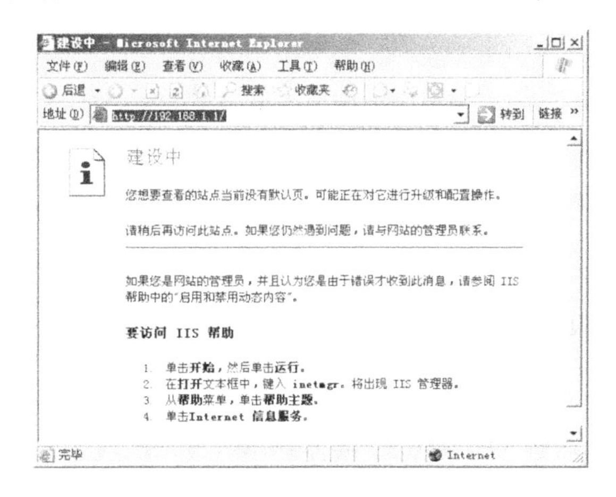

图 8-31　IIS 安装成功

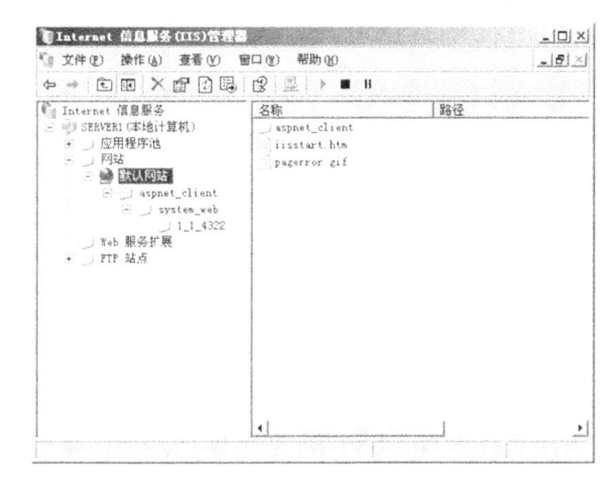

图 8-32　IIS 控制台

(2) 在 IIS 左侧的管理控制树中右击计算机图标，在弹出的快捷菜单中选择"新建"→"Web 站点"命令，弹出"欢迎使用网站创建向导"对话框，如图 8-33 所示。

(3) 单击"下一步(N)"按钮，弹出"网站描述"对话框，如图 8-34 所示。在"描述(D)"文本框中输入用于在 IIS 内部识别站点的说明，该名称并非真正的 Web 站点域名。例如，输入"我的网站"。

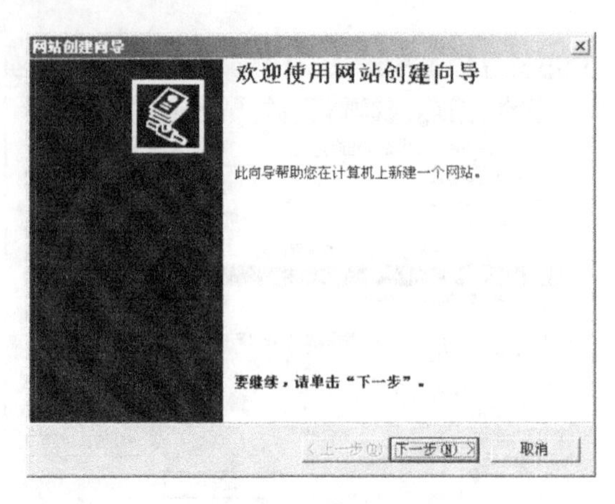

图 8-33 "欢迎使用网站创建向导"对话框

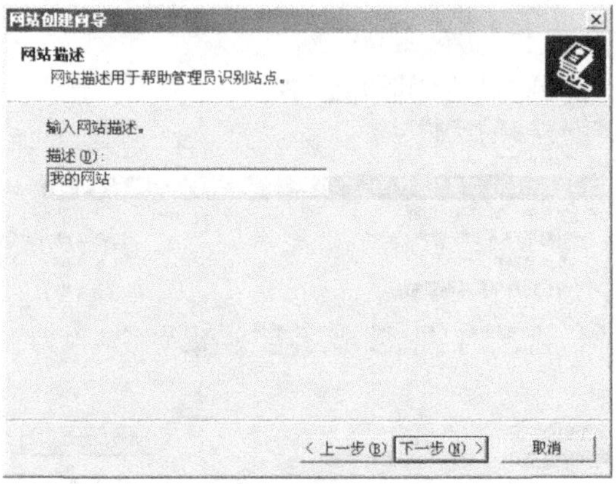

图 8-34 "网站描述"对话框

(4) 单击"下一步(N)"按钮，如图 8-35 所示，在"IP 地址和端口设置"对话框中指定该站点使用的 IP 地址和 TCP 端口号，注意默认的端口号为 80，IP 地址使用本机 IP 地址，即将要把本机设置为 Web 服务器。

(5) 单击"下一步(N)"按钮，弹出"网站主目录"对话框，指定站点主目录。主目录是用于存储网站网页文件的主要位置。该目录位置可以自行规定，如图 8-36 所示。

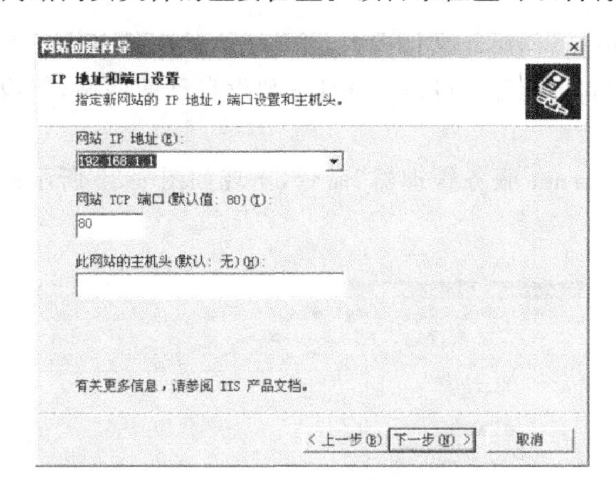

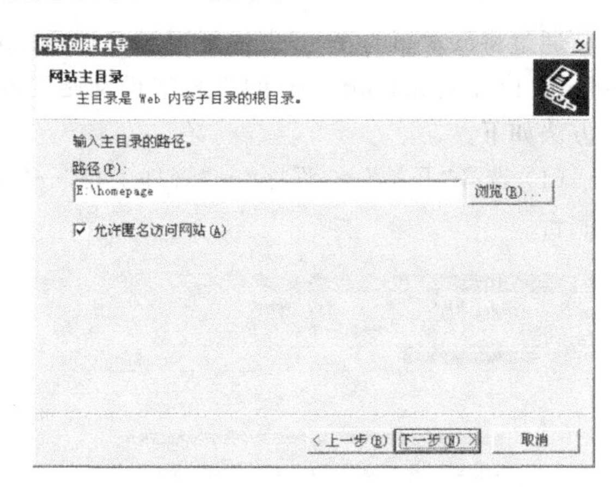

图 8-35 "IP 地址和端口设置"对话框

图 8-36 "网站主目录"对话框

(6) 单击"下一步(N)"按钮，弹出"网站访问权限"对话框，指定站点权限，为了站点安全，我们只选中"读取(R)"权限，如图 8-37 所示，单击"下一步(N)"按钮。

(7) 单击"完成"按钮结束 Web 站点创建。

(8) 回到 IIS 窗口中，在管理控制树中选择我们刚刚创建的 Web 站点，如图 8-38 所示，单击工具条上的"启动项目"按钮使之生效。

网站架设完成后，还必须指定主页，否则客户端不能正常访问。其具体设置方法如下。

(1) 在 IIS 左侧的管理控制树中右击"我的网站"，在弹出的菜单中选择"属性"命令，在弹出的对话框中选择"文档"选项卡，如图 8-39 所示。

(2) 单击右侧"添加(D)..."按钮，弹出"添加内容页"对话框，输入我们编写的网页 homepage.html，必须保证文件名和扩展名完全一致，完成后单击"确定"按钮，如图 8-40 所示。

(3) 单击"上移(U)"按钮将 homepage.html 文件移到最上面的位置，如图 8-41 所示。完成后单击"确定"按钮。

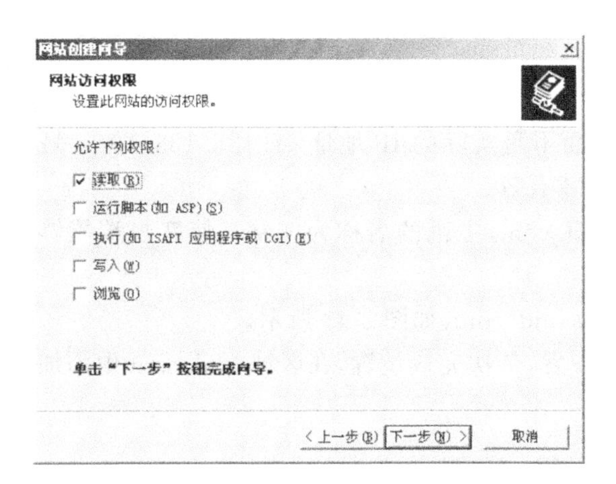

图 8-37　“网站访问权限”对话框

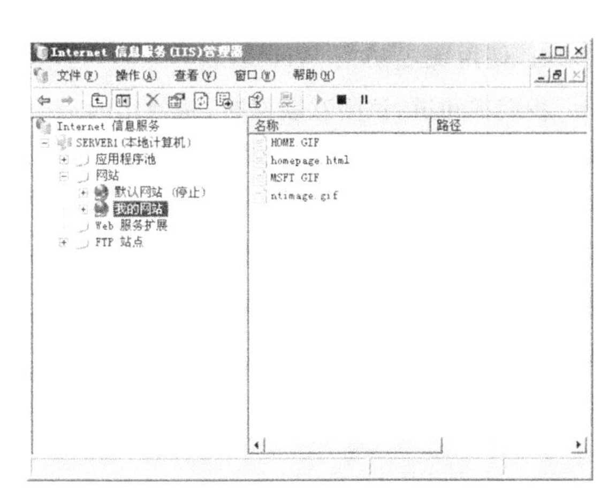

图 8-38　创建的 Web 站点

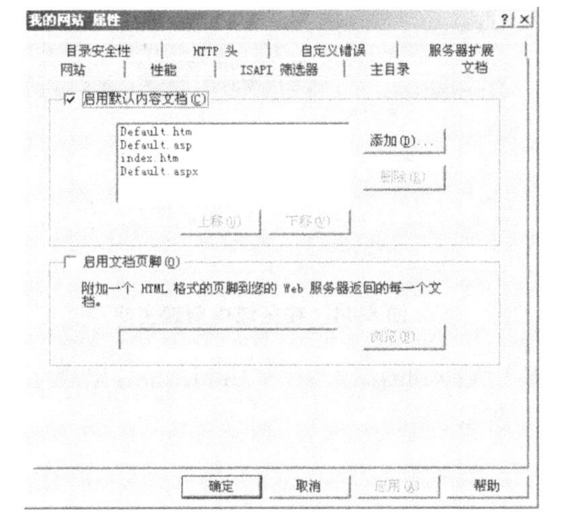

图 8-39　“文档”选项卡

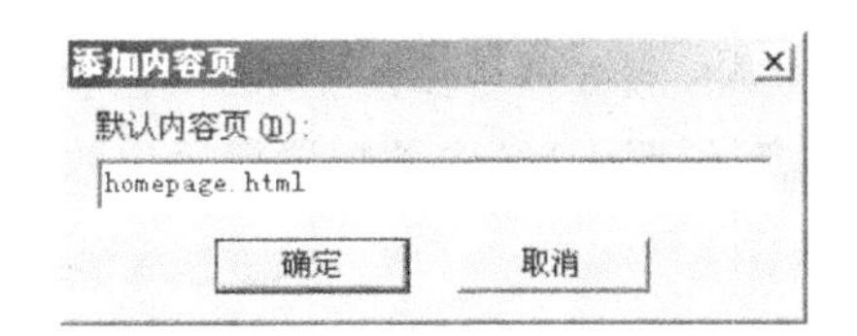

图 8-40　添加默认内容页

这样，已经完成了网站的架设，在客户端的 IE 地址栏中输入服务器的 IP 地址，即 http://192.168.1.1，可以看到主页内容，如图 8-42 所示。

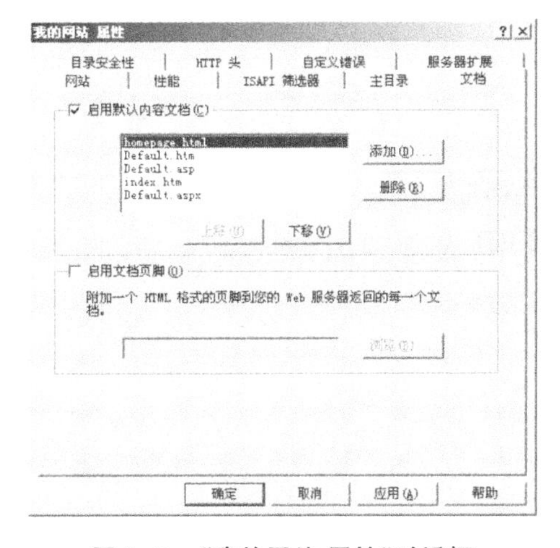

图 8-41　“我的网站 属性”对话框

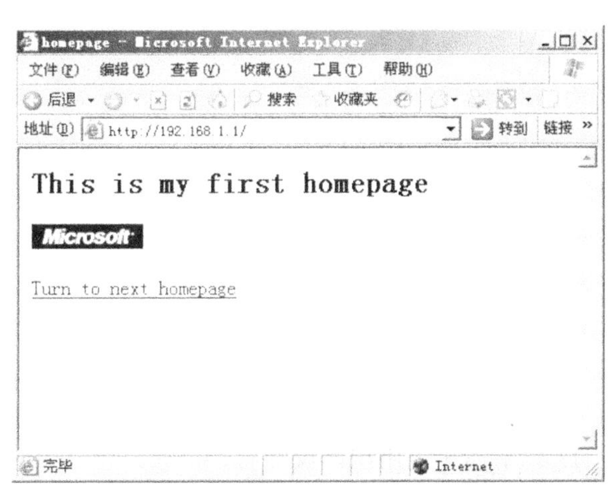

图 8-42　使用 IP 地址访问主页

4. 使用域名访问 Web 站点

我们都知道,访问互联网时,常使用的是用户方便记忆的域名,而不是 IP 地址,如我们访问搜狐网站,在 IE 地址栏中输入的是 www. sohu. com,而不是实际的 IP 地址 61. 135. 133. 104。域名在因特网上使用,必须先向 DNS 管理机构申请注册才有效。

下面我们建立一个内部使用的域名,名称为 lnjd. com,主机的名称为 www,使客户端能够使用域名 www. lnjd. com 访问该网站。

(1) 打开 DNS 控制台,新创建一个区域,名称为 lnjd. com,如图 8-43 所示。

(2) 按照“实训 13 配置 DNS 服务器”中相关设置,依次完成设置,在区域 lnjd. com 中添加主机 www,如图 8-44 所示。

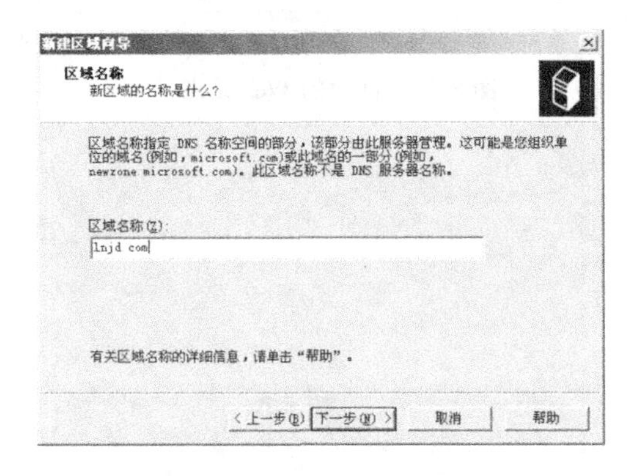

图 8-43 在 DNS 中创建新区域

图 8-44 在区域中创建主机

在 DNS 服务器中添加主机后,在客户端的 IE 中输入 http://www. lnjd. com,出现了相同的主页内容,说明 DNS 中的配置已经生效,如图 8-45 所示。

图 8-45 使用域名访问主页

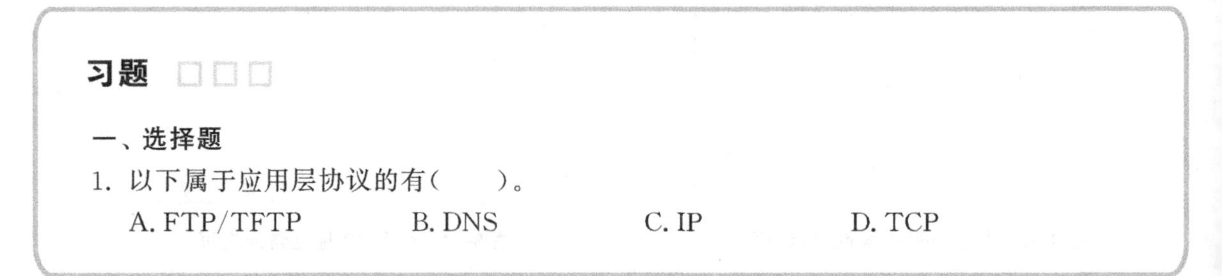

习题

一、选择题

1. 以下属于应用层协议的有( )。

   A. FTP/TFTP B. DNS C. IP D. TCP

2. DHCP 客户计算机第一次试图登录到网络中时，它通过广播(　　)请求 DHCP 服务器的 IP 地址信息。

A. DHCPOFFER　　B. DHCPDISCOVER
C. DHCPREQUEST　　D. DHCPACK

3. DNS 的重要功能是(　　)。

A. 将 IP 地址转换为域名　　B. 将域名转换成 IP
C. 自动获取 IP 地址　　D. 自动获取域名

4. 客户端使用(　　)向服务器发送邮件。

A. POP3　　B. SMTP　　C. TELNET　　D. FTP

5. 下面的顶级域名中，(　　)表示商业机构。

A. COM　　B. GOV　　C. MIL　　D. NET

6. 关于 FTP/TFTP 的说法，正确的是(　　)。

A. FTP 用于完成文件在远端服务器和本地主机之间的传送
B. FTP 采用两个默认端口号：20 与 21
C. TFTP 基于 UDP 的连接
D. 以上说法都不对

7. 在 TCP/IP 协议栈中，(　　)能够唯一地确定一个 TCP 连接。

A. 源 IP 地址和源端口号
B. 源 IP 地址和目的端口号
C. 目的地址和源端口号
D. 源地址、目的地址、源端口号和目的端口号

二、填空题

1. 在 TCP/IP 互联网上的域名解析有两种方式，一种是________，另一种是________。
2. 在 TCP/IP 互联网中，电子邮件客户端程序向邮件服务器发送邮件时使用________协议，邮件服务器之间相互传递邮件使用________协议。
3. SMTP 服务器通常在________的________端口守候，而 POP3 服务器通常在________的________端口守候。
4. 在 TCP/IP 互联网中，WWW 服务器与 WWW 浏览器之间的信息传递使用________协议。
5. WWW 服务器上的信息通常以________方式进行组织。
6. URL 一般由三部分组成，它们是________、________和________。
7. 对于一个主机域名“hava. gxou. com. cn”来说，其中________是主机所在域的域名。
8. 假如在“mail. gxrtvu. edu. cn”的邮件服务器上给某一用户创建了一个名为“ywh”的账号，那么该用户可能的 E-mail 地址是________。
9. 一般 HTML 文件的后缀名为________或________。
10. 电子邮件的工作遵循________结构。

三、简答题

1. 什么是 DNS 域名系统？详细描述域名解析的过程。

2. 客户机向 DNS 服务器查询 IP 地址有哪些模式？
3. 练习安装 DNS 服务器、创建区域、新建主机与指针。
4. 正向搜索区域与反向搜索区域的主要功能有哪些？
5. 怎样测试 DNS 解析是否正常？

四、实践题

一台主机可以拥有多个 IP 地址，而一个 IP 地址又可以与多个域名相对应。在 IIS 中建立的 Web 站点可以和这些 IP(或域名)进行绑定，以便用户在 URL 中通过指定不同的 IP(或域名)访问不同的 Web 站点。

例如，Web 站点 1 与 192.168.0.1(或 w1.school.edu.cn)进行绑定，Web 站点 2 与 192.168.0.2(或 w2.school.edu.cn)进行绑定。这样，用户通过 http://192.168.0.1(或 http://w1.school.edu.cn)就可以访问 Web 站点 1，用户通过 http://192.168.0.2(或 http://w2.school.edu.cn)就可以访问 Web 站点 2。

将主机配置成多 IP 或多域名的主机，在 IIS 中建立两个新的 Web 站点，然后对这两个新站点进行配置，看一看是否能够通过指定不同的 IP(或域名)访问不同的站点。

项目9 计算机网络的安全

项目描述 当资源共享广泛用于政治、军事、经济以及科学等各个领域，网络的用户来自社会各个阶层与部门时，大量在网络中存储和传输的数据就需要保护，因为这些数据在存储和传输过程中，都有可能被盗用、暴露或篡改，这就是网络安全问题。为了加强网络安全和保证网络最佳性能，需要对网络进行有效的管理。

基本要求 掌握网络安全的基本概念及防火墙技术。

任务1 计算机网络安全概述

计算机网络安全主要涉及网络信息的安全和网络系统本身的安全。在计算机网络中存在着各种资源设施，经常存储和传输大量数据。这些设施可能遭到攻击和破坏，数据在存储和传输过程中可能被盗用、暴露和篡改。另外，计算机网络本身可能存在某些不完善之处，网络软件也有可能遭受恶意程序的攻击而使整个网络陷于瘫痪。同时网络实体还必须经受诸如水灾、火灾、地震、电磁辐射等方面的考验。

一、网络安全的意义

迅速发展的互联网给人们的生活、工作带来了巨大方便，人们可以坐在家里通过互联网收发电子邮件、打电话、购物等，一个网络化社会的雏形已经展现在我们面前。但是，在网络给人们带来巨大便利的同时，也带来一些不容忽视的问题，网络信息安全问题就是其中之一。

网络的开放性和黑客攻击是造成网络不安全的主要原因。科学家在设计互联网之初就缺乏对安全性的总体构想和设计，所用的 TCP/IP 协议是建立在可信的环境之上，主要考虑的是网络互联，在安全方面则缺乏考虑。这种基于地址的 TCP/IP 协议本身就会泄露口令，而且该协议是完全公开的，连接的主机基于互相信任的原则等，这些性质使网络更加不安全。

伴随着计算机与通信技术的迅猛发展，网络攻击与防御技术循环上升，网络的开放互联性使信息的安全性问题变得越来越棘手，只要接入因特网中的主机就有可能成为被攻击或入侵的对象。

网络信息安全有一个发展的过程，粗略地可把它分成三个阶段，即通信安全(comsec)、计算机安全(compusec)和网络安全(netsec)。

为了评估安全等级，各国制定了一系列标准，其中典型的有可信计算机系统评估准则(TC-SEC)、信息技术安全评估准则(ITSEC)以及通用安全评估准则(CC)等。我国起草制订了《计算机信息系统　安全等级划分准则》(GB 17859—1999)，为评估、开发、构建安全计算机网络系统提供了指导准则。

1. 网络信息安全的含义

网络信息安全是计算机网络的机密性、完整性和可用性的集合。机密性是指通过加密数据防止信息泄露;完整性是指通过验证防止信息篡改;可用性是指得到授权的实体在需要时可使用网络资源。由此还可以派生出一些属性,如可审性、真实性、可控性、抗否认性等。可审性是指通过基于身份标识和鉴别服务的审计提供过去事件的记录;真实性是指通过身份鉴别来确定发送方和接收方的真实身份;可控性是指通过访问授权控制用户对网络资源的访问权限;抗否认性是指通过数字签名提供有效证据以防止事后抵赖。

网络信息安全是在分布网络环境中,对信息载体(如处理载体、存储载体、传输载体等)和信息的处理、传输、存储、访问提供安全保护,以防止数据、信息内容或能力被非授权使用、篡改和拒绝服务。

信息载体的安全包括处理载体、存储载体的安全。处理载体指处理器、操作系统等处理信息的硬件或软件载体。存储载体指内存、硬盘、数据库等存储信息的硬件或软件载体。传输载体指通信线路、路由器、网络协议等传输信息的硬件或软件载体。

2. 网络层面的安全需求

维护信息载体的安全运行是网络层面的安全目标。为了达到这一目标,就要抵抗对网络和系统的安全威胁。这些安全威胁包括物理侵犯(如机房侵入、设备偷窃、电子干扰等)、系统漏洞(如旁路控制、程序缺陷等)、网络入侵(如窃听、截获、堵塞等)、恶意软件(如蠕虫、特洛伊木马、信息炸弹等)、存储损坏(如老化、破损等)等。

3. 信息层面的安全需求

维护信息自身的安全使用是信息层面的安全目标。为了达到这一目标,就要抵抗对信息的安全威胁。这些安全威胁包括身份假冒、非法访问、信息泄露、数据受损、事后否认等。为了抵抗对信息的安全威胁,通常采取的安全措施包括身份认证、访问控制、数据加密、数据验证、数字签名、内容过滤、日志审计、应急响应、灾难恢复等。

4. 网络安全事例

计算机网络及Internet的发展使计算机信息安全的概念发生了根本性的变化。人们不再把信息安全局限于单机范围,而扩展到由计算机网络连接的世界范围。特别是Internet网络正在从学术和科研的范围向电子商务、金融、军事、政府机构等方面迅速发展,同时Internet也为各种犯罪活动提供了新的场所,如果不能提供一个可信的网络安全系统,将使得很多组织和用户对网络望而却步。因此计算机系统的安全问题是一个越来越引起世界各国关注的重要问题,必须给予充分的重视并设法解决。

1994年末,俄罗斯人弗拉基米尔·利文与其伙伴从圣彼得堡的一家小软件公司的联网计算机上,向美国Citibank银行发动了一连串攻击,通过电子转账方式,从Citibank在纽约的计算机主机里窃取了1100万美元。

1996年初,据美国旧金山的计算机安全协会与联邦调查局的一次联合调查统计,有53%的企业受到过计算机病毒的侵害,42%的企业的计算机系统在过去的12个月被非法使用过。而五角大楼的一个研究小组称美国一年中遭受的攻击就达25万次之多。

1996年9月18日,黑客侵入美国中央情报局的网络服务器,将其主页由“中央情报局”改为“中央愚蠢局”。

1997年4月23日，中国互联网络信息中心(CNNIC)站点遭到黑客攻击，CNNIC的主页被换成骷髅头像。CNNIC技术人员最终查出攻击是从美国西南部贝尔互联网络服务公司的一个拨号网络用户发出的。这是我国公开报道的网络遭国外黑客攻击的第一例。

1998年正当中国互联网普及进入大发展时，美国一个名为“死牛崇拜”的黑客小组公布了一款名叫Back Orifice的黑客软件，并将源代码一起发布。这个软件掀起了全球性的计算机网络安全问题，并大大推进了“特洛伊木马”这种黑客攻击软件的飞速发展。在Back Orifice诞生不久，中国网民自己研究的“特洛伊木马”程序也诞生了，这就是NetSpy。

2004年5月8日，德国警方在汉诺威城附近的村庄瓦芬森拘捕了18岁的高中生斯文・贾斯昌(Sven Jaschan)。警方指控他涉嫌编写了席卷全球的“震荡波”病毒，至少造成了全球1800万台计算机的感染。

最近几年中类似事件多得数不胜数。事件发生的场所也涉及了众多领域，如金融、军事部门、政府机构、企业、学校等。许多机构出于种种考虑，根本不向外发布其所受到的入侵和攻击，所以很难估计实际上所发生的计算机网络犯罪事件数量。

在网络犯罪事件增加的同时，网络破坏的方式及手段也越来越复杂。在1988年，网络攻击的方法一般有两类：猜测口令；寻找操作系统和系统软件中存在的安全漏洞。当然到现在为止，这两种方法在网络犯罪中仍占有很大的比例。但由于系统管理者和普通用户都比以前要更加小心，用户口令的设置也越来越复杂，软件存在的漏洞不断地得到修补，在这种情况下，网络攻击者也在寻找新的工具和方法，技术上的复杂性不断增加。

虽然网络破坏活动的数量呈现上升趋势，但是我们也看到了令人欣喜的一面。普通用户的安全意识在不断提高，这对于一个组织或单位来说是相当重要的，因为网络中存在的许多漏洞正是由于普通用户的无意识操作而造成的。成立于1988年的事件响应与安全组论坛(FIRST)，致力于各安全组之间的协调与合作以及对安全事件的防范，以期对安全事件做出最快反应，真正做到安全信息共享。设在美国普渡大学的计算机操作、检测与安全技术实验室(COAST)则致力于各种计算机(网络)安全工具的收集与测试，为对抗网络破坏活动提供更好的工具。

二、网络的安全威胁

计算机网络的安全威胁可以分为两大类，即主动攻击和被动攻击。主动攻击分为中断、篡改和假冒三种形式，而被动攻击只有一种形式，即截取。

(1) 中断(interruption)　当网络上的用户在通信时，破坏者可以中断他们之间的通信。如图9-1所示。

(2) 篡改(modification)　当网络用户甲在向乙发送报文时，报文在转发的过程中被丙更改，如图9-2所示。

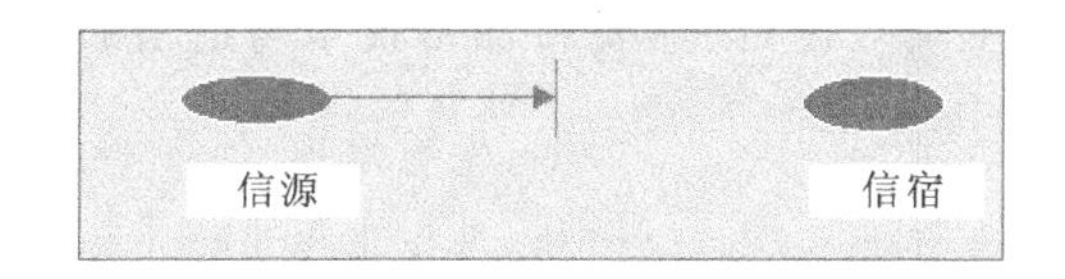

图9-1　中断

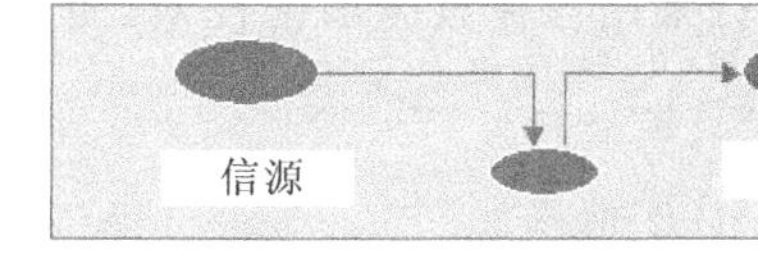

图9-2　篡改

(3) 假冒(fabrication)　网络用户丙非法获取用户乙的权限并以乙的名义与甲进行通信，如图9-3所示。

(4) 截取(interception) 当网络用户甲与乙进行网络通信时，如果不采取任何保密措施，那么其他人就有可能偷看到他们之间的通信内容，如图 9-4 所示。

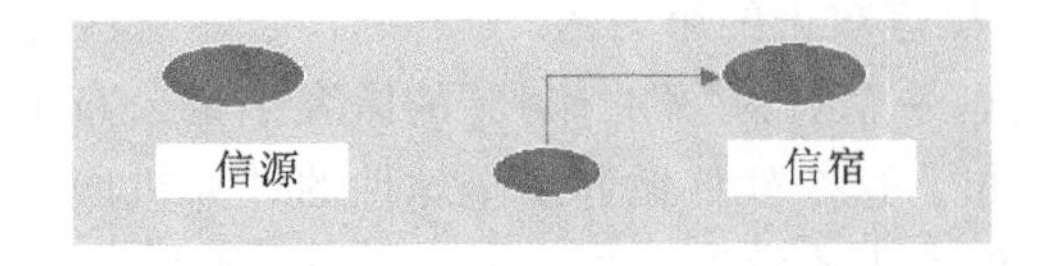

图 9-3 假冒

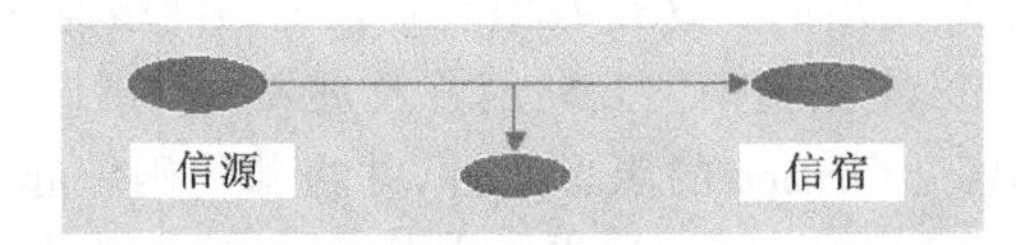

图 9-4 截取

还有一种特殊的主动攻击就是恶意程序(rogue program)的攻击。恶意程序的种类繁多，对网络安全构成较大威胁的主要有如下几种。

(1) 计算机病毒(computer virus) 一种会“传染”其他程序的程序，“传染”是通过修改其他程序来把自身或其变种复制进去完成的。

(2) 计算机蠕虫(computer worm) 一种通过网络的通信功能将自身从一个结点发送到另一个结点并启动的程序。

(3) 特洛伊木马(Trojan horse) 执行的功能超出其所声称的功能。例如，一个编译程序除了执行编译任务之外，还把用户的源程序偷偷地复制下来，这程序就是一种特洛伊木马程序。计算机病毒有时也以特洛伊木马的形式出现。

(4) 逻辑炸弹(logic bomb) 一种当运行环境达到某种特定条件时执行其他特殊功能的程序。例如，一个编译程序在平时运行得很好，但当系统时间为 13 日又为星期五时，它删除系统中所有的文件，这种程序就是一种逻辑炸弹。

现在人们常把所有的恶意程序泛指为计算机病毒。例如，1988 年 10 月“Morris 病毒”入侵美国 Internet，舆论说它是“计算机病毒入侵美国计算机网络”，而计算机网络安全专家却称之为“Internet蠕虫事件”。

主动攻击是指攻击者对某个连接通过的 PDU(协议数据单元)进行各种处理，如果选择性地更改、删除、延迟这些 PDU，还可在稍后的时间将以前录下的 PDU 插入这个连接(即重放攻击)，甚至还可以将合成的或伪造的 PDU 送入到一个连接中去。所有主动攻击都是上述各种方法的某种组合，从类型上可以将主动攻击分为如下三种。

(1) 更改报文流。

(2) 拒绝报文服务。

(3) 伪造连接初始化。

在被动攻击中，攻击者只是观测通过某一个 PDU 而不干扰信息流。即使这些数据对攻击者来说是不容易理解的，他也可以通过观察 PDU 的协议控制信息部分，了解正在通信的协议实体的地址和身份，研究 PDU 的长度和传输频度，以便了解所交易的数据的性质。

对于主动攻击，可以采取适当的措施加以检测。但对于被动攻击，通常却是检测不出来的。对于被动攻击可以采用各种数据加密技术，而对于主动攻击，则需要将加密技术与适当的鉴别技术相结合。

任务 2 访问控制列表

在前面我们已经学习了如何使网络连通，而实际环境中网络管理员经常面临左右为难的问题,他们必须设法拒绝那些不希望的访问连接,同时又要允许正常的访问连接。虽然其他一些安全工具,如设置密码、回叫信号设备以及硬件的保密装置等可以提供帮助,而它们通常缺乏基本流量过滤的灵活性和特定的扩展手段,这正是许多网络管理员所需要的。例如,网络管理员允许局域网的用户访问互联网,但同时却不愿意局域网以外的用户通过互联网使用 Telnet 服务登录到本局域网。

下面将通过在路由器上配置访问控制列表(access control list,ACL),提供基本的通信流量过滤能力,从而满足工作任务要求。

一、访问控制列表的定义

访问控制列表(ACL)是应用在路由器接口的指令列表(即规则)。具有同一个服务列表编号或名称的 access-list 语句便组成了一个逻辑序列或者指令列表。这些指令列表用来告诉路由器哪些数据包可以接收或哪些数据包需要拒绝。其原理是 ACL 使用包过滤技术,在路由器上读取 OSI 七层模型的第三层及第四层包头中的信息,如源地址、目的地址、源端口、目的端口等,根据预先定义好的规则,对包进行过滤,从而达到访问控制的目的。

ACL 可分为以下两种基本类型。

(1) 标准访问控制列表　检查经过路由器数据包的源地址。其结果基于源网络/子网/主机 IP 地址,来决定是允许还是拒绝转发数据包。它使用 1～99 之间的数字作为编号。

(2) 扩展访问控制列表　对数据包的源地址与目标地址均进行检查。它也能检查特定的协议、端口号及其他参数。它使用 100～199 之间的数字作为编号。

在过去的几年中,CISCO 公司大大增强了访问控制列表的能力,开发了诸如基于时间的访问控制列表、动态访问控制列表等新的类型,我们将在后面逐一介绍。

ACL 的定义是基于协议的。换言之,如果想控制某种协议的通信数据流,就要对该接口处的这种协议定义单独的 ACL。例如,如果路由器接口配置为支持三种协议(IP、IPX 和 AppleTalk),那么,至少要定义三个访问控制列表。通过灵活地配置访问控制,ACL 可以作为网络控制的有力工具来过滤流入、流出路由器接口的数据包,如图 9-5 所示为使用 ACL 实现网络控制。

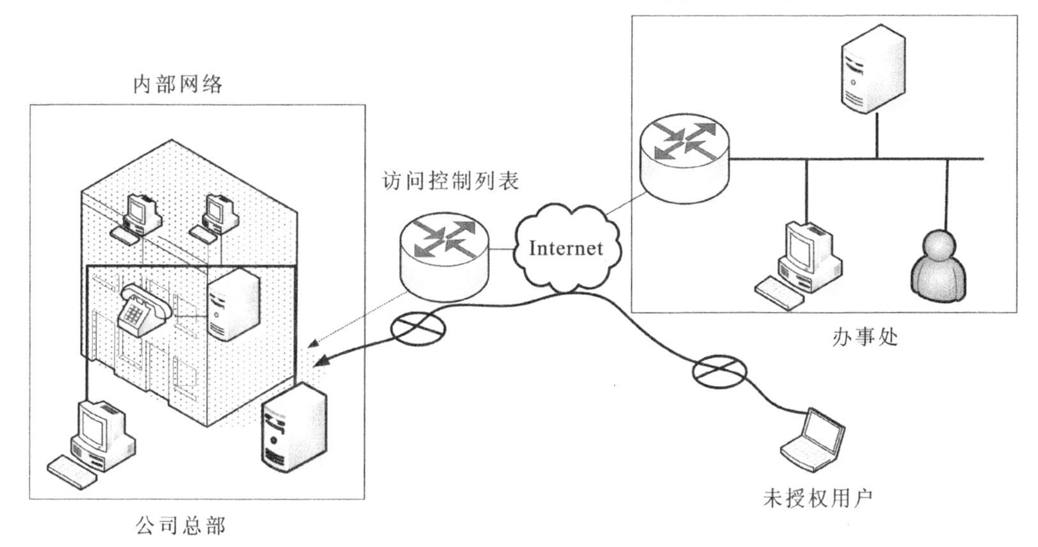

图 9-5　使用 ACL 实现网络控制

二、访问控制列表的工作原理

访问控制列表为网络控制提供了一个强有力的工具。访问控制列表有助于限定网络通信量和某些用户及设备对网络的使用。

访问控制列表最常见的用途是作为数据包的过滤器。如果没有过滤器,那么,所有的数据包都能传输到网络的任何位置。虽然访问控制列表经常与数据包过滤器联系在一起,但它还有许多其他用途,具体如下。

(1) 访问控制列表可指定某种类型的数据包的优先级,以对某些数据包优先处理。

(2) 访问控制列表可以用来识别触发按需拨号路由选择(DDR)的相关通信量。

(3) 访问控制列表是路由映射的基本组成部分。

访问控制列表提供网络访问的基本安全手段。例如,ACL 允许某一主机访问某网络,而阻止另一主机访问同样的网络。如图 9-6 所示,允许主机 A 访问人力资源网络,而拒绝主机 B 访问人力资源网络。如果没有在路由器上配置 ACL,那么,通过路由器的所有数据包将畅通无阻地到达网络的所有部分。

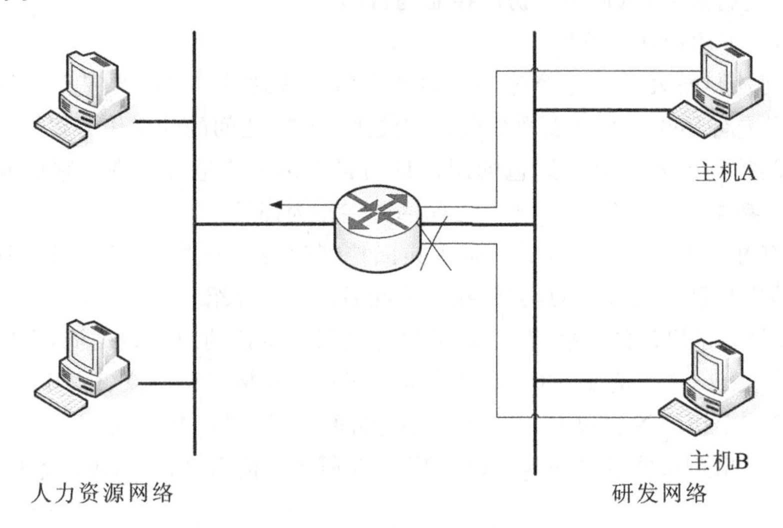

图 9-6 使用 ACL 可以阻止某指定网络访问另外一个指定网络

访问控制列表可用于 QoS(quality of service,服务质量)对数据流量进行控制。例如,ACL 可以根据数据包的协议,指定某类数据包具有更高的优先级,路由器可以优先处理。对于不感兴趣的数据包类型,可以赋予低优先级或直接拒绝。这样,ACL 便起到了限制网络流量、减少网络拥塞的作用。

访问控制列表提供对通信流量的控制手段。例如,ACL 可以限定路由选择更新信息的长度,这种限定往往用来限制通过路由器的某一网段的通信流量。

通过访问控制列表,可以在路由器接口处决定哪种类型的通信流量被转发,哪种类型的通信流量被阻塞。例如,可以允许电子邮件通信流量通过路由,同时却拒绝所有的 Telnet 通信流量。

1. 路由器对访问控制列表的处理过程

访问控制列表对路由器本身产生的数据包不起作用,如一些路由选择更新信息。ACL 是一组判断语句的集合,具体对下列数据包进行检测并控制。

(1) 从入站接口进入路由器的数据包。

(2) 从出站接口离开路由器的数据包。

是否应用了访问控制列表,路由器对数据包处理过程是不一样的。路由器会检查接口上是否应用了访问控制列表。

(1) 如果接口上没有 ACL,就对这个数据包继续进行常规处理。

(2) 如果对接口应用了访问控制列表,与该接口相关的一系列访问控制列表语句组合将会被检测,若第一条不匹配,则依次往下进行判断,直到有任一条语句匹配,则不再继续判断,路由器将决定该数据包允许通过或拒绝通过。若最后没有语句匹配,则路由器根据默认处理方式丢弃该数据包。

基于 ACL 的测试条件,数据包要么被允许,要么被拒绝。如果数据包满足了 ACL 的 permit 的测试条件,数据包就可以被路由器继续处理。如果数据包满足了 ACL 的 deny 的测试条件,该数据包就被丢弃。一旦数据包被丢弃,某些协议将返回一个数据包到发送端,以表明目的地址是不可到达的。

如图 9-7 所示为 ACL 对数据包的检查过程。

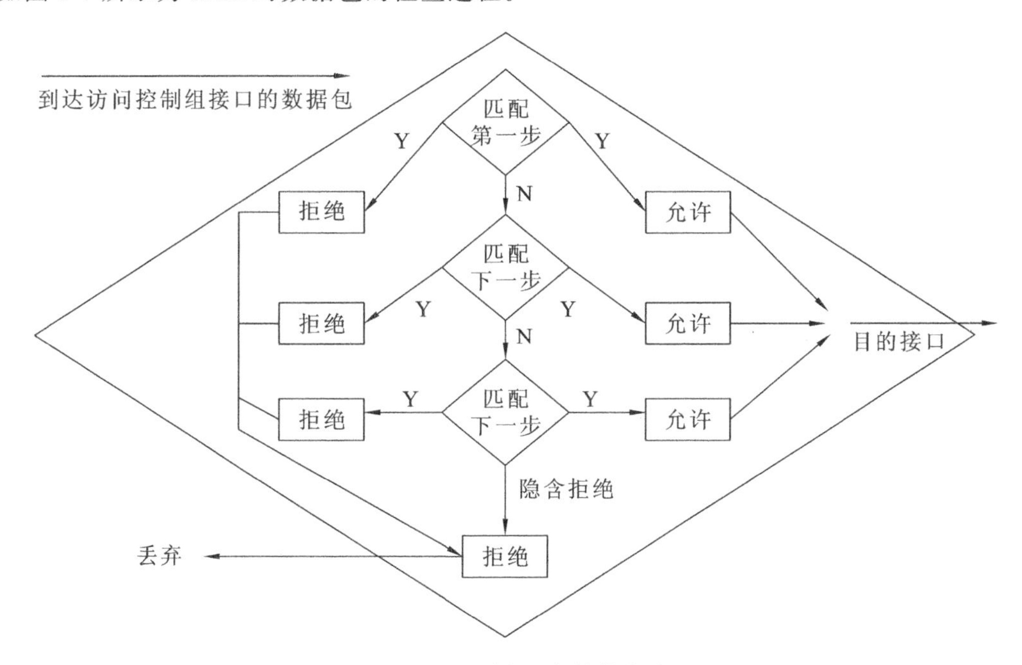

图 9-7　ACL 对数据包的检查过程

显然,根据路由器对访问控制列表的处理过程,在 ACL 中,各描述语句的放置顺序是很重要的。一旦找到了某一匹配条件,就结束比较过程,不再检查以后的其他条件判断语句。因此,应确保是按照从具体到普遍的次序来排列条目。例如,如果把一条允许所有主机数据包通过的语句放在想要拒绝来自某具体主机的数据包的语句前面,那么,将永远不会执行到这条拒绝语句,所有的数据包都将畅通无阻地通过。另外,要注意将经常发生的条件放在不经常发生的条件之前,以提高路由器的处理效率。

要记住,只有在数据包与第一个判断条件不匹配时,它才交给 ACL 中的下一个条件判断语句进行比较;在与某条语句匹配后,就结束比较过程,不再检查以后的其他条件判断语句;如果不与任一语句匹配,则它必与最后隐含的拒绝匹配。

最后一个隐含的判断条件语句涉及所有条件都不匹配的数据包。这个最后的测试条件与所有其他的数据包匹配，它的匹配结果是拒绝。如果要避免这种情况，那么，这个最后的隐含测试条件必须改为允许。一般隐含拒绝并不会出现在配置文件中。建议在配置文件中显式给出隐含拒绝条件判断语句，这样可以提高可读性。

2. 访问控制列表的入与出

使用命令 ip access-group，可以把访问控制列表应用到某一接口上。其中，关键字 in 或 out 指明访问控制列表是对进来的（以接口为参考点）数据包进行控制，还是对出去的数据包进行控制，具体如下。

Router（config-if）# ip access-group access-list-number {in|out}

在接口的一个方向上，只能应用一个访问控制列表。入访问控制列表不处理从该接口离开路由器的数据包；对于出访问控制列表而言，它不处理从该接口进入路由器的数据包。入标准访问控制列表的处理过程，如图 9-8 所示。

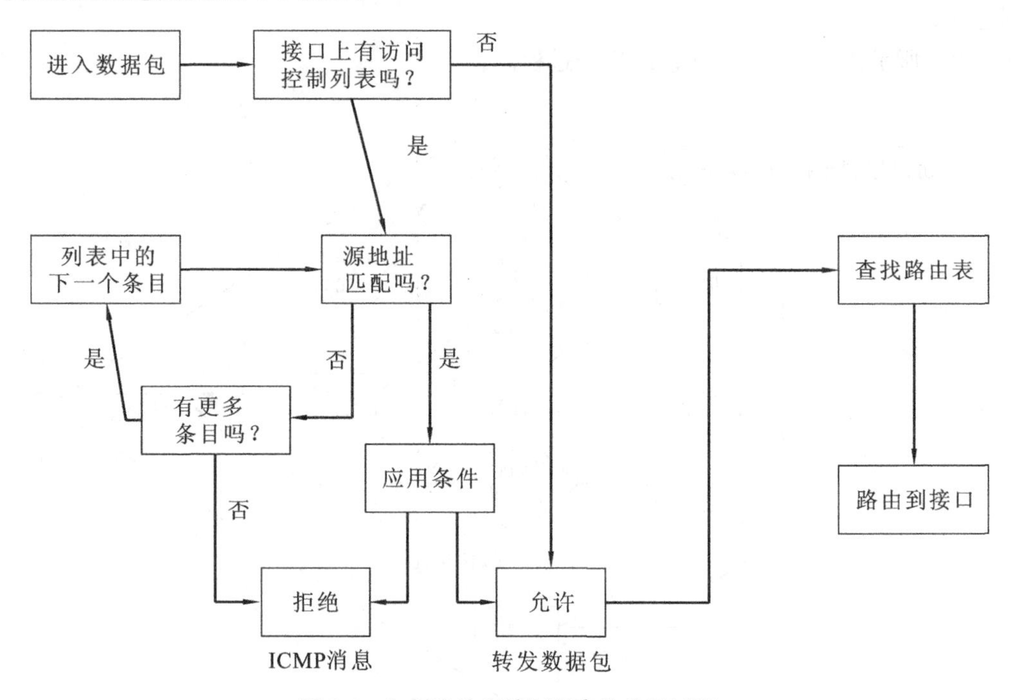

图 9-8 入标准访问控制列表的处理过程

（1）当接收到一个数据包时，路由器检查数据包的源地址是否与访问控制列表中的条件相符。

（2）如果访问控制列表允许该地址，那么，路由器将停止检查访问控制列表，继续处理该数据包。

（3）如果访问控制列表拒绝了这个地址，那么，路由器将丢弃该数据包，并且返回一个因特网控制消息协议（ICMP）的管理性拒绝消息。

出标准访问控制列表的处理过程如图 9-9 所示。

（1）在接收并将数据包转发到相应的受控制的接口后，路由器检查数据包的源地址是否与访问控制列表中的条件相符。

（2）如果访问控制列表允许该地址，那么路由器将传输该数据包。

（3）如果访问控制列表拒绝了这个地址，那么，路由器将丢弃该数据包，并且返回一个因特网

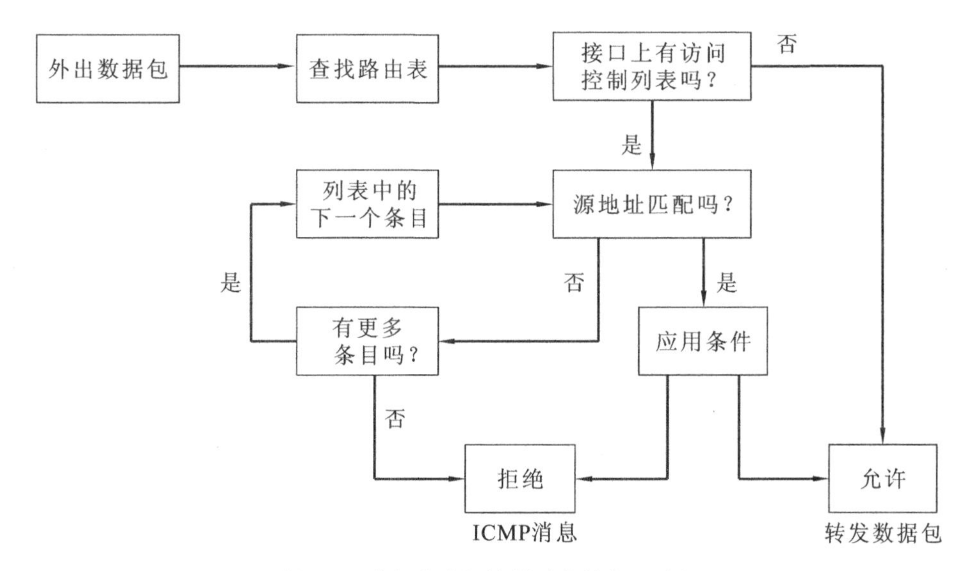

图 9-9 出标准访问控制列表的处理过程

控制消息协议(ICMP)的管理性拒绝消息。

上述两个处理过程的区别在于，路由器对进入的数据包先检查入访问控制列表，对允许传输的数据包才查询路由表。而对于外出的数据包先查询路由表，确定目标接口后才查看出访问控制列表。应该尽量把访问控制列表应用到入站接口，因为这样比应用到出站接口效率更高，将要丢弃的数据包在路由器进行路由表查询处理之前就拒绝它。

对于扩展访问控制列表的处理过程是类似的，这里不再重复。

3. 访问控制列表的 deny 和 permit

在路由器对访问控制列表的处理过程中，提到了基于 ACL 的测试条件，数据包要么被允许，要么被拒绝。用于创建访问控制列表的全局 access-list 命令中的关键字 permit/deny 可以实现上述功能。

下列语法结构给出了全局 access-list 命令的通用形式。

Router(config)＃access-list access-list-number {permit/deny}{test conditions}

这里的全局 access-list 语句中的“permit”或“deny”，指明了 IOS 软件如何处理满足检测条件的数据包。

● permit 选项意味着允许数据包通过应用了访问控制列表的接口，对于入站接口来说，意味着被允许的数据包将被继续处理；对于出站接口来说，意味着被允许的数据包将被直接发送出去。

● deny 选项意味着路由器拒绝数据包通过，如果满足了参数是 deny 的测试条件，就简单地丢弃该数据包。

这里的语句通过访问列表编号来识别访问列表。此编号还指明了访问列表的类别。access-list 语句中最后的参数指定了此语句所用的检测条件，检测可以很简单，只检测源地址(标准访问控制列表)。访问控制列表也可以进行扩展，不仅仅是按照源地址进行检测，还可以包括更多个条件。

下面是给标准 ACL 设置测试条件的实例，如图 9-10 所示，在这个例子中，将利用 deny 和 permit 来设置访问控制列表。

(1) 第一步：创建访问控制列表。

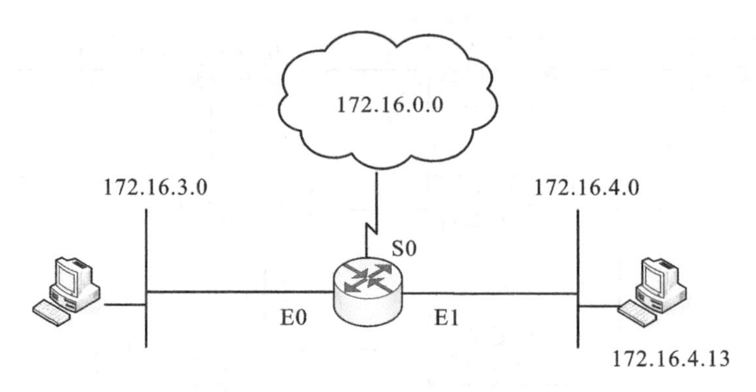

图 9-10 一个路由器连接两个子网所组成的网络实例

```
Router(config)#access-list 1 deny  172.16.4.13  0.0.0.0
//拒绝来自主机 172.16.4.13 的数据包,其中的 1 表明这是一个标准访问控制列表。
Router(config)#access-list 1 permit 172.16.0.0  0.0.255.255
//允许网络 172.16.0.0 的所有流量通过。
```

提示:这两条命令的顺序不能颠倒。否则,不会执行拒绝 172.16.4.13 的数据包的命令。

```
Router(config)#access-list  1  permit 0.0.0.0  255.255.255.255
//允许任何流量通过。如果没有这条命令,该列表将只允许 172.16.0.0 的流量通过。注意,在它之后是隐含拒绝所有流量。
```

(2) 第二步:应用到接口 F0/0 的出方向上。

```
Router(config)#interface  fastethernet  0/0
Router(config-if)#ip  access-group  1  out
```

如果在访问控制列表的条目生成之前用 ip access-group 命令将其应用到接口上,结果将是 permit any(允许所有的数据包)。如果只输入一条允许行,则一旦输入,该列表将从"允许所有的数据包"变为"拒绝大多数数据包"语句(由于列表末端隐含的"拒绝所有的数据包起作用")。因此,在把访问权限表应用到接口之前,一定要创建它。

如果要删除一个访问控制列表,首先在接口模式下输入命令:no ip access-group 并带有它的全部参数。然后再在全局模式下输入命令:no access-list 并带有它的全部参数。

4. 访问控制列表的通配符

(1) 使用通配符 any 使用二进制反码的十进制表示方法相当单调乏味。最普遍的反码使用方式是使用缩写字。当网络管理员配置测试条件时,可用缩写字来代替冗长的反码字符串,它将大大减少输入量。

假设网络管理员要在访问控制列表测试中允许访问任何目的地址。为了指出是任何 IP 地址,网络管理员将要输入 0.0.0.0;然后还要指出访问控制列表将要忽略任何值,相应的反码位是全 1,即 255.255.255.255。

不过,管理员可以使用通配符 any,把上述测试条件表达给 IOS 软件。这样,管理员就不需要输入 0.0.0.0 和 255.255.255.255,而只要使用通配符 any 即可。

例如,对于下面的测试条件:

```
Router(config)#access-list 1 permit 0.0.0.0  255.255.255.255
```

可以用 any 改写成如下形式。

```
Router(config)#access-list 1 permit any
```

(2) 使用通配符 host 当网络管理员想要与整个 IP 主机地址的所有位相匹配时，IOS 允许在访问控制列表的反码中使用通配符 host。

假设网络管理员想要在访问控制列表的测试中拒绝特定的主机地址。为了表示这个主机 IP 地址，管理员将要输入 172.16.30.29，然后指出这个访问控制列表将要测试这个地址的所有位，相应的反码位全为零：0.0.0.0。

管理员可以使用通配符 host，表达上面所说的这种测试条件。例如，下面的测试语句：

```
Router(config)#access-list 1 permit 172.16.30.29  0.0.0.0
```

可以改写成：

```
Router(config)#access-list 1 permit host 172.16.30.29
```

三、访问控制列表的分类

下面我们将介绍标准访问控制列表、扩展访问控制列表、命名访问控制列表和基于时间的访问控制列表等四类访问控制列表。标准 IP 访问控制列表只对源 IP 地址进行过滤。扩展访问控制列表不仅可以过滤源 IP 地址，还可以对目的 IP 地址、源端口、目的端口等进行过滤。使用命名访问控制列表，还可以用名字来创建访问控制列表。

在实际应用中，访问控制列表的种类要丰富得多，包括按照时间对内或对外的流量进行控制，根据第二层的 MAC 地址进行控制等新功能。

1. 标准访问控制列表

当管理员想要阻止来自某一特定网络的所有通信流量，或允许来自某一特定网络的所有通信流量时，可以使用标准访问控制列表来实现这一目标。

标准访问控制列表根据数据包的源 IP 地址来允许或拒绝数据包，如图 9-11 所示。标准 IP 访问控制列表的访问控制列编号是 1～99。

标准访问控制列表是针对源 IP 地址而应用的一系列允许和拒绝条件。路由器逐条测试数据包的源 IP 地址与访问控制列表的条件是否相符。一旦匹配，就将决定路由器是接收还是拒绝数据包。因为只要匹配了某一个条件之后，路由器就停止继续测试剩余的条件，所以，条件的次序是非常关键的。如果所有的条件都不能够匹配，路由器将拒绝该数据包。

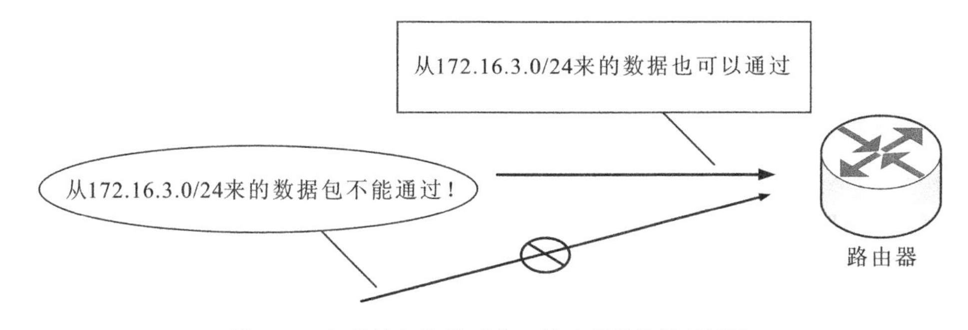

图 9-11 标准访问控制列表只基于源地址进行过滤

对于一个单独的ACL,可以定义多个条件判断语句。每个条件判断语句都指向同一个固定的ACL,以便把这些语句限制在同一个ACL之内。另外,ACL中条件判断语句的数量是无限的。其数量的多少只受内存的限制。当然,条件判断语句越多,该ACL的执行和管理就越困难。因此,合理地设置这些条件判断语句将有效地防止出现混乱。

当访问控制列表中没有剩余条目时,所采取的行动是拒绝数据包,这非常重要,访问控制列表中的最后一个条目是隐含拒绝一切的语句,所有没有明确被允许的数据流都将被隐含拒绝,图9-12说明了标准访问控制列表的处理过程。

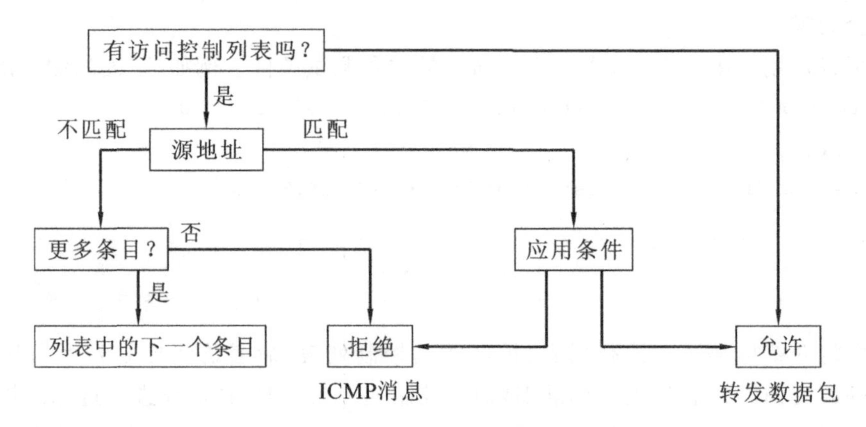

图9-12　标准访问控制列表的处理过程

配置访问控制列表时,顺序很重要。要确保按照从具体到普遍的次序来排列条目。例如,如果想要拒绝一个具体的主机地址并且允许其他主机,那么,要确保有关这个具体主机的条目最先出现。

1) 标准访问控制列表的应用与配置

标准ACL检查只检查数据包的源地址,从而允许或拒绝基于网络、子网和主机IP地址以及某一协议族的数据包通过路由器。

(1) 配置和显示访问列表　可以使用全局配置命令access-list来定义一个标准的访问控制列表,并给它分配一个数字编号。详细语法如下。

Router(config)# access-list access-list-number {permit | deny} source [source-wildcard][log]

另外,可以通过在access-list命令前加no的形式,来消除一个已经建立的标准ACL。具体语法如下。

Router(config)# no access-list　access-list-number

下面是access-list命令参数的详细说明。

① access-list-number　访问控制列表编号,用于指出属于哪个访问控制列表(对于标准ACL来说,是1～99的一个数字)。

② permit/deny　如果满足测试条件,则允许/拒绝该通信流量。

③ source　数据包的源地址,可以是主机地址,也可以是网络地址。可以采用如下两种不同的方式来指定数据包的源地址。

● 采用不同十进制的32比特位数字表示,每8位为一组,中间用点号隔开。例如,指定数据包的源地址:168.123.23.23。

● 使用关键字any作为一个源地址和反码(如0.0.0.0和255.255.255.255)的缩写字。

④ source-wildcard 可以采用下面两种方式来指定 source-wildcard。

● 采用不同十进制的 32 比特位数字表示，每 8 位为一组，中间用点号隔开。如果某位为 1，表明这一位不需要进行匹配操作，如果为 0 则表明这一位需要严格匹配。

● 使用关键字 any 作为一个源地址和反码(如 0.0.0.0 和 255.255.255.255)的缩写字。

⑤ log(可选项) 生成相应的日志信息。

⑥ 使用 show access-list 命令来显示所有访问控制列表的内容，也可以使用这个命令显示一个访问控制列表的内容。

在下面的例子中，一个标准 ACL 允许三个不同网络的流量通过。

```
access-list 1 permit 192.5.34.0 0.0.255.255
access-list 1 permit 128.88.0.0  0.0.255.255
access-list 1 permit 36.0.0.0 0.255.255.255
```

提示：所有其他的访问都隐含地被拒绝了。

在这个例子中，反码位作用于网络地址的相应位，从而决定哪些主机可以相匹配。对于那些源地址与 ACL 条件判断语句不匹配的流量，将被拒绝通过。

向访问列表中加入语句时，这些语句加入到列表末尾。对于使用编号的访问控制列表，编号列表的单个语句是无法删除的。如果管理员要改变访问列表，必须先要删除整个访问列表，然后重新输入改变的内容。建议在 TFTP 服务器上用文本编辑器生成访问控制列表，然后下载到路由器上。也可以使用终端仿真器或 PC 上的 Telnet 会话来将访问列表剪切、粘贴到处于配置模式的路由器上。

(2) access-group 命令 访问控制列表与出站口联系起来。

access-group 命令把某个现存的访问控制列表与某个出站接口联系起来。对于该命令应注意，在每个端口、每个协议、每个方向上只能有一个访问控制列表。access-group 命令的语法格式如下。

Router(config-if)#ip access-groupaccess-list-number { in | out }

其中，各个参数的说明如下。

● access-list-number 访问控制列表编号，用于指出链接到这一接口的 ACL 编号。

● in/out 用于指示该 ACL 是应用到流入接口(in)，还是流出接口(out)。

2) 标准 ACL 的配置实例

下面是一些标准 ACL 的配置实例，如图 9-13 所示。第一个例子允许源网络地址是 172.16.0.0 的通信流量通过；第二个例子拒绝源地址位为 172.16.4.13 的通信流量通过，允许其他的流量通过；第三个例子拒绝来自子网 172.16.4.0 的所有通信流量通过，而允许其他的通信流量通过。

(1) 允许特定源的通信流量通过 在此 ACL 只允许源网络地址为 172.16.0.0 的通信流量通过，而阻塞其他的通信流量。具体实现过程如下。

① 第一步：创建允许来自 172.16.0.0 的流量的 ACL。

```
Router(config)#access-list  1  permit  172.16.0.0  0.0.255.255
Router(config)#access-list  1  deny any
```

② 第二步：应用到接口 F0/0 和 E1 的出方向上。

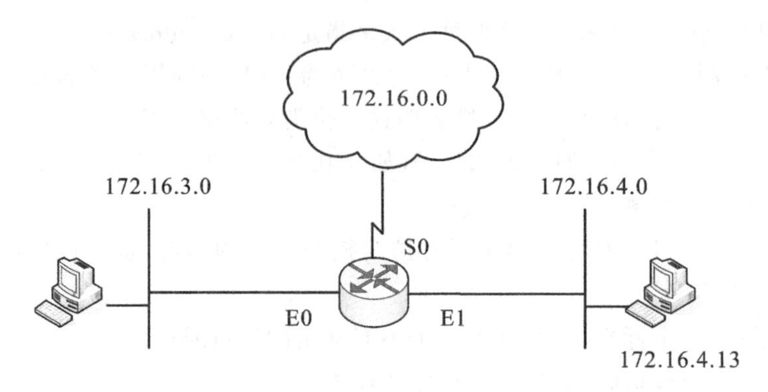

图 9-13　一个路由器连接两个子网所组成的网络实例

```
Router(config)#interface  fastethernet 0/0
    Router(config-if)#ip  access-group  1  out
    Router(config)#interface  fastethernet 0/1
    Router(config-if)#ip  access-group  1  out
```

(2) 拒绝特定主机的通信流量　在下面的例子中，设计 ACL 阻塞来自特定主机 172.16.4.13 的通信流量，把其他的通信流量从以太网 F0/0 接口转发出去。它的第一条 access-list 命令通过 deny 参数来拒绝指定主机的通信流量，这里的掩码 0.0.0.0 要求测试条件对所有位都要进行严格测试。具体实现步骤如下。

① 第一步：创建拒绝来自 172.16.4.13 的流量的 ACL。

```
Router(config)#access-list  1  deny  host  172.16.4.13
Router(config)#access-list  1  permit0.0.0.0  255.255.255.255(或者 any)
```

② 第二步：应用到接口 F0/0 的出方向。

```
Router(config)#interface  fastethernet 0/0
    Router(config-if)#ip  access-group  1  out
```

(3) 拒绝特定子网的通信流量　在下面的例子中，设计 ACL 阻塞特定子网 172.16.4.0 的通信流量，而允许其他的通信流量通过，并把它们转发出去。注意这里的反掩码 0.0.0.255，开头的 3 个 8 位组的 0 表示测试条件。另外，还要注意用来代替源地址的缩写字 any 的使用情况。

拒绝特定子网通信流量的实现步骤如下。

① 第一步：创建拒绝来自子网 172.16.4.0 的流量的 ACL。

```
Router(config)#access-list 1 deny  172.16.4.00.0.0.255
Router(config)#access-list 1 permit  any
```

② 第二步：应用到接口 F0/0 的出方向。

```
Router(config)#interface  fastethernet 0/0
Router(config-if)#ip access-group  1  out
```

2. 扩展访问控制列表

扩展访问控制列表通过启用基于源和目的地址、传输层协议和应用端口号的过滤来提供更高程度的控制。利用这些特性，可以基于网络的应用类型来限制数据流。

如图 9-14 所示，扩展访问控制列表行中的每个条件都必须匹配才认为该行被匹配，才会施加允许或拒绝条件。只要有一个参数或条件匹配失败，就认为该行不被匹配，并立即检查访问控制列表中的下一行。

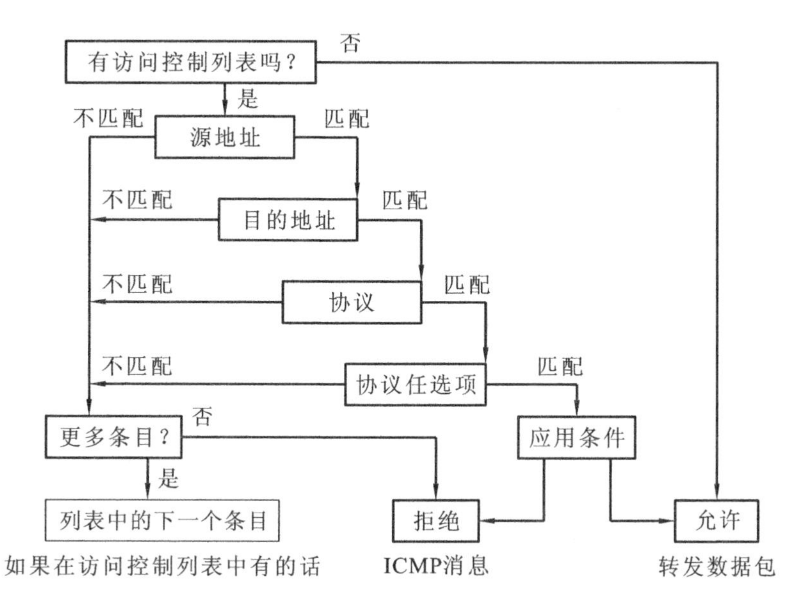

图 9-14　扩展 IP 访问控制列表处理流程图

扩展 ACL 比标准 ACL 提供了更为广泛的控制范围，因而更受网络管理员的偏爱。例如，要是只想允许外来的 Web 通信流量通过，同时又要拒绝外来的 FTP 和 Telnet 等通信流量时，就可以通过使用扩展 ACL 来达到目的。这种扩展后的特性给网络管理员提供了更大的灵活性，可以灵活多变地设置 ACL 的测试条件。数据包是否被允许通过该端口，既可以基于它的源地址，也可以基于它的目的地址。例如，要求一边允许从 F0/0 来的 E-mail 通信流量抵达目的地 S0，一边又拒绝远程登录和文件传输。要实现这种控制，可以在接口 F0/0 绑定一个扩展 ACL(即使用一些精确的逻辑条件判断语句创建的 ACL)。一旦数据包通过该接口的，绑定在该接口的 ACL 就检查这些数据包，并且进行相应的处理。

使用扩展 ACL 可以实现更加精确的流量控制。扩展 ACL 的测试条件既可以检查数据包的源地址，也可以检查数据包的目的地址。此外，在每个扩展 ACL 条件判断语句的后面部分，还通过一个特定参数字段来指定一个可选的 TCP 或 UDP 的端口号。常见的端口号见表 9-1。

表 9-1　常见的端口号

端　口　号	关　键　字	描　　述	TCP/UDP
20	FTP-DATA	(文件传输协议)FTP(数据)	TCP
21	FTP	(文件传输协议)FTP	TCP
23	TELNET	终端连接	TCP
25	SMTP	简单邮件传输协议	TCP
42	NAMESERVER	主机名字服务器	UDP
53	DOMAIN	域名服务器(DNS)	TCP/UDP
69	TFTP	普通文件传输协议(TFTP)	UDP
80	WWW	万维网	TCP

基于这些扩展 ACL 的测试条件，数据包要么被允许，要么被拒绝。对入站接口来说，意味着

被允许的数据包将被继续进行处理。对出站接口来说，意味着被允许的数据包将被直接转发，如果满足了参数是 deny 的条件，就简单地丢弃该数据包。

路由器的这种 ACL 实际上提供了一种防火墙控制功能，用于拒绝通信流量通过端口。一旦数据包被丢弃，某些协议将返回一个数据包到发送端，以表明目的地址是不可到达的。

1）扩展访问控制列表的配置与应用

在扩展 ACL 中，命令 access-list 的完全语法格式如下。

Router(config)#access-list access-list-number {permit I deny}protocol [source source-wildcard destination destination-wildcard] [operator operan][established][log]

下面是该命令有关参数的说明。

- access-list-number　访问控制列表编号。使用 100～199 之间的数字来标识一个扩展访问控制列表。
- permit/deny　用于表示在满足测试条件的情况下，该入口是允许还是拒绝后面指定地址的通信流量。
- protocol　用于指定协议类型，如 IP、TCP、UDP、ICMP、GRE 以及 IGRP。
- source、destination　源和目的，分别用于标识源地址和目的地址。
- source-wildcard、destination-wildcard　反码。source-wildcard 是源反码，与源地址相对应；destination-wildcard 是目的反码，与目的地址对应。
- operator operan　lt(小于)、gt(大于)、eq(等于)、neq(不等于)和一个端口号。
- established　如果数据包使用一个已建立连接(如该数据包的 ACK 位已经设置)，便可以允许 TCP 信息量通过。

接下来，就可以使用 ip access-group 命令把已存在的扩展 ACL 连接到一个接口。它的使用方法与标准访问控制列表中所述相同，这里不再细述。

2）扩展访问控制列表的应用

下面介绍扩展 ACL 配置的实例。第一个例子将拒绝 FTP 通信流量通过 F0/0 接口。第二个例子只拒绝 Telnet 通信流量经过 F0/0，而允许其他流量经过 F0/0。

(1) 拒绝所有从 172.16.4.0 到 172.16.3.0 的 FTP 通信流量通过 F0/0。

① 第一步：创建拒绝来自 172.16.4.0 去往 172.16.3.0 的 FTP 流量的 ACL。

```
Router(config)#access-list 101 denytcp 172.16.4.0 0.0.0.255 172.16.3.0 0.0.0.255 eq 21
Router(config)#access-list 101 permit ip any any
```

② 第二步：应用到接口 F0/0 的出方向。

```
Router(config)#interfacefastthernet 0/0
Router(config-if)#ip access-group 101 out
```

此处，访问控制列表(ACL 101)绑定到一个出站接口 F0/0 上，注意，该 ACL 并没有完全拒绝 FTP 服务类型的通信流量，它仅仅拒绝了端口 21 上的通信流量。因为 FTP 服务可以容易地通过配置到别的端口来实现。

提示：要记住，所谓的著名端口也仅仅是“著名”而已，并不能保证特定服务一定与特定的端口相绑定，尽管它们往往是绑定在一起的。

(2) 拒绝来自指定子网的 Telnet 通信流量。

只拒绝从 172.16.4.0 到 172.16.3.0 的 Telnet 通信流量通过 F0/0，而允许其他的通信流量。

① 第一步：创建拒绝来自 172.16.4.0 去往 172.16.3.0 的 Telnet 流量的 ACL。

```
Router(config)#access-list 101  denytcp  172.16.4.0  0.0.0.255  172.16.3.0  0.0.0.
255  eq  23
Router(config)#access-list  101  permit ip  any any
```

② 第二步：应用到接口 F0/0 的出方向上。

```
Router(config)#interface  fastethernet  0/0
   Router(config-if)#ip  access-group  101  out
```

查看和验证访问控制列表的命令与标准 ACL 的命令相同。

3. 命名访问控制列表

1) 访问控制列表的命名

在标准 ACL 和扩展 ACL 中，可以使用字母数字组合的字符串(名字)代替前面所使用的数字(1～199)来表示 ACL 的编号，称为命名 ACL。命名 ACL 还可以用来从某一特定的 ACL 中删除个别的控制条目，这样可以让网络管理员方便地修改 ACL，而不必完全删除一个 ACL，然后再重新建立一个 ACL 来进行修改。

可以在下列情况下使用命名 ACL。

- 需要通过字母数字串组成的名字来直观地表示特定的 ACL。
- 对于某一给定的协议，在同一路由器上，有超过 99 个的标准 ACL 或者有超过 100 个的扩展 ACL 需要配置。

另外，在使用命名 ACL 的过程中，需要注意以下几点。

(1) ISO 11.2 以前的版本不支持命名 ACL。

(2) 不能以同一个名字命名多个 ACL。另外，不同类型的 ACL 也不能使用相同的名字。

(3) 命名 IP 访问列表允许从指定的访问列表删除单个条目。但条目无法有选择地插入列表中的某个位置。如果添加一个条目到列表中，那么该条目添加到列表末尾。

(4) 在命名访问控制列表下，permit 和 deny 命令的语法格式与前述有所不同。

ACL 命名的命令语法格式如下。

Router(config)＃ip access-list {standard | extended} name

在 ACL 配置模式下，通过指定一个或多个 permit(允许)及 deny(拒绝)条件，来决定一个数据包是允许通过还是被丢弃。其命令语法格式如下。

Router(config{std | ext}-nacl)＃{permit | deny} {source [source-wildcard] | any} {test conditions}[log]

可以使用带 no 形式的对应 permit 或 deny 命令，来删除一个 permit 或 deny 命令，其命令语法格式如下。

Router(config{std | ext}-nacl)＃no {permit | deny} {source [source-wildcard] | any} {test conditions}

这里 test conditions 的使用可参考标准和扩展访问控制列表中相应的内容。

2) 命名访问控制列表的应用

下面的例子说明了如何建立一个命名扩展 ACL，以便只拒绝通过 F0/0 端口从 172.16.4.0 到 172.16.3.0 的 Telnet 通信流量，而允许其他的通信流量。具体实现步骤如下。

(1) 第一步:创建名为 cisco 的命名访问控制列表。

```
Router(config)#ip access-list  extended  cisco
```

(2) 第二步:指定一个或多个 permit 及 deny 条件。

```
Router(config-ext-nacl)#deny tcp 172.16.4.0  0.0.0.255  172.16.3.0  0.0.0.255 eq 23
Router(config-ext-nacl)#permit ip  any  any
```

③ 第三步:应用到接口 F0/0 的出方向。

```
Router(config)#interface  fastethernet  0/0
Router(config-if)#ip access-group  cisco out
```

3) 查看 ACL 列表

(1) 命令 show ip interface 用来显示 IP 接口信息,并显示 ACL 是否正确设置。

(2) 命令 show access-list 用来显示所有 ACL 的内容。

(3) 命令 show running-config 可以用来查看 ACL 的具体配置条目,以及如何应用到某个端口上。

4. 基于时间的访问控制列表

基于时间的访问控制列表可以规定内网的访问时间。目前几乎所有的防火墙都提供了基于时间的控制对象,路由器的访问控制列表也提供了定时访问的功能,用于在指定的日期和时间范围内应用访问控制列表。其语法规则如下。

1) 为时间段起名

Router(config)# time-range time-range-name

2) 配置时间对象

(1) 配置绝对时间。

Router(config-time-range)# absolute { start time date [end time date] | end time date }

相关参数的说明如下。

① start time date:表示时间段的起始时间。time 表示时间,格式为“hh:mm”。date 表示日期,格式为“日 月 年”。

② end time date:表示时间段的结束时间,格式与起始时间相同。

例如:absolute start 08:00 1 Jan 2010 end 10:00 1 Feb 2010(即从 2010 年 1 月 1 日 08:00 开始到 2010 年 2 月 1 日 10:00 结束)。

(2) 配置周期时间。

Router(config-time-range)# periodic day-of-the-week hh:mm to [day-of-the-week] hh:mm

periodic{ weekdays | weekend | daily } hh:mm to hh:mm

相关参数的说明如下。

① day-of-the-week:表示一个星期内的一天或者几天,如 Monday、Tuesday、Wednesday、Thursday、Friday、Saturday、Sunday 等。

② hh:mm:表示时间。

③ weekdays:表示周一到周五。

④ weekend:表示周六到周日。

⑤ daily:表示一周中的每一天。

例如:periodic weekdays 09:00 to 18:00(即周一到周五每天的 09:00 到 18:00)。

应用时间段:在 ACL 规则中使用 time-range 参数引用时间段,只有配置了 time-range 的规则才会在指定的时间段内生效，其他未引用时间段的规则将不受影响，但要确保设备的系统时间正确。

3）配置实例

假设规定上班期间早八点到晚八点启用规则、周末全天启用规则，则具体配置如下。

```
Router(config)#time-rangeworktime
Router(config-time-range)#periodic weekends 00:00 to 23:59
Router(config-time-range)#periodic monday 08:00 to friday 20:00
```

任务3　防　火　墙

一、什么是防火墙

防火墙是建立在内外网络边界上的过滤封锁机制，内部网络被认为是安全和可信赖的，而外部网络（通常是 Internet）被认为是不安全和不可信赖的。防火墙的作用是防止不希望的、未经授权的通信进出被保护的内部网络，通过边界控制强化内部网络的安全政策。

防火墙通常是运行在一台或者多台计算机之上的一组特别的服务软件，用于对网络进行防护和通信控制。但是在很多情况下防火墙以专门的硬件形式出现，这种硬件也被称为防火墙，它是安装了防火墙软件，并针对安全防护进行了专门设计的网络设备，本质还是软件在进行控制。

如果没有防火墙，则整个内部网络的安全性完全依赖于每一台主机，因此，所有的主机都必须共同达到一致的高度安全水平。也就是说，网络的安全水平是由最低的安全水平的主机决定的，这就是所谓的“木桶原理”。网络越大，对主机进行管理使它们达到统一的安全级水平就越不容易。

防火墙隔离了内部网络和外部网络，防火墙被设计为只运行专用的访问控制、软件的设备，而没有其他的服务，因此也就相对少一些缺陷和安全漏洞。此外，防火墙也改进了登录和监测功能，从而可以进行专用的管理。

防火墙一般安放在被保护网的边界，这样必须做到以下几点，才能使防火墙起安全防护的作用。

(1) 所有进出被保护网络的通信必须通过防火墙。

(2) 所有通过防火墙的通信必须经过安全策略的过滤或者防火墙的授权。

(3) 防火墙本身是不可被入侵的。

总之，防火墙是在被保护网络和非信任网络之间进行访问控制的一个或者一组访问控制部件。防火墙是一种逻辑隔离部件，而不是物理的隔离，它所遵循的原则是在保证网络畅通的情况下，尽可能地保证内部网络的安全。防火墙是在已经制定好的安全策略下进行访问控制，所以它一般情况下是一种静态安全部件，但随着防火墙技术的发展，防火墙或通过与 IDS（入侵检测系统）进行联动，或者自身集成 IDS 功能，将能够根据实际的情况进行动态的策略调整。

二、防火墙的功能

防火墙具有如下几个功能。

（1）访问控制功能。这是防火墙最基本也是最重要的功能，通过禁止或允许特定用户访问特定的资源，保护网络的内部资源和数据。需要禁止非授权的访问，防火墙需要识别哪个用户可以访问何种资源。

（2）内容控制功能。根据数据内容进行控制，如防火墙可以从电子邮件中过滤掉垃圾邮件，可以过滤掉内部用户访问外部服务的图片信息，也可以限制外部访问，使它们只能够访问本地 Web 服务器中的一部分信息。简单的数据包过滤路由器不能实现这样的功能，但是代理服务器和先进的数据包过滤技术可以做到。

（3）全面的日志功能。防火墙的日志功能很重要。防火墙需要完整地记录网络访问情况，包括内外网进出的访问，需要记录访问是什么时候进行的且进行了什么操作，以检查网络访问情况。它如同银行的录像监视系统，记录下整体的营业情况，一旦有什么事发生，就可以看录像，查明事实。防火墙的日志系统也有类似的作用，一旦网络发生了入侵或者遭到破坏，就可以对日志进行审计和查询。日志需要有全面的记录和方便的查询。

（4）集中管理功能。防火墙是安全设备，针对不同的网络情况和安全的需要，来制定不同的安全策略，然后在防火墙上实施，使用中还需要根据情况，改变安全策略，而且在一个安全体系中，防火墙可能不止一台，所以防火墙应该是易于集中管理的，这样管理员就可以很方便地实施安全策略。

（5）自身的安全可用性。防火墙要保证自身的安全，不被非法侵入，保证正常工作。如果防火墙被入侵，防火墙的安全策略被修改，这样内网就变得不安全。防火墙也要保证可用性，否则网络就会被中断，网络连接就失去意义。

另外防火墙有很多附加的功能，具体如下。

（1）流量控制　针对不同的用户限制不同的流量，可以合理使用带宽资源。

（2）NAT（network address translation，网络地址转换）　通过修改数据包源地址（端口）或者目的地址（端口），来达到节省 IP 地址资源、隐藏内部 IP 地址的目的。

（3）VPN（virtual private network，虚拟专用网）　是指利用数据封装和加密技术，使本来只能在私有网络上传送的数据能够通过公共网络（互联网）进行传输，使系统费用大大降低。

三、边界保护机制

对防火墙而言，网络可以分为可信网络和不可信网络，可信网络和不可信网络是相对的，一般来说内部网络是可信网络，互联网是不可信网络。但是在内部网络中，比如财务部网络需要特殊保护，在这里财务部网络是可信网络，其他的内部网络就变成了不可信网络。对于服务器来说，比如 Web 服务器或数据库服务器，内部网络和外部网络则都是不可信网络。

防火墙是可信网络通向不可信网络的唯一出口，在被保护网络周边形成被保护网络与外部网络的隔离，防范来自被保护网络外部的对被保护网络安全的威胁，所以它是一种边界保护，它对可信网络内部之间的访问无法进行控制，它仅对穿过边界的访问进行控制。

四、防火墙的局限性

安装防火墙并不能做到绝对的安全，它有许多防范不到的地方，具体如下。

（1）防火墙不能防范不经由防火墙的攻击。例如，如果允许从受保护网内部不受限制地向外拨号，一些用户可以形成与互联网的直接，从而绕过防火墙，造成一个潜在的后门攻击渠道。

(2) 防火墙不能防止感染了病毒的软件或文件传输。这只能在每台主机上装反病毒软件。这是因为病毒的类型太多，操作系统也有多种，不能期望防火墙对每一个进出内部网络的文件进行扫描，查出潜在的病毒，否则的话防火墙将成为网络中最大的瓶颈。

(3) 防火墙不能防止数据驱动式攻击。有些表面看起来无害的数据通过电子邮件发送或者其他方式复制到内部主机上，一旦被执行就形成攻击。一个数据攻击可能导致主机修改与安全相关的文件，使得入侵者很容易获得对系统的访问权。后面将会介绍，在堡垒主机上部署代理服务器是禁止从外部直接产生网络连接的最佳方式，并能减少数据驱动型攻击的威胁。

(4) 防火墙不能防范恶意的内部人员。内部人员通晓内部网络的结构，如果他从内部来入侵内部主机，或进行一些破坏活动，因为该通信没有通过防火墙，所以防火墙无法阻止。

(5) 防火墙不能防范不断更新的攻击方式。防火墙的安全策略是在已知的攻击模式下的制定的，所以对全新的攻击方式缺少阻止功能。防火墙不能自动阻止全新的侵入，所以认为安装了防火墙就什么问题都没有了的思想是很危险的。

五、防火墙的分类

从实现技术方式来分，防火墙可分为包过滤防火墙、应用网关防火墙、代理防火墙和状态检测防火墙，在后面将分别介绍。

从形态上分类，防火墙可以分为软件防火墙和硬件防火墙。软件防火墙提供防火墙应用软件，需要安装在一些公共的操作系统上，比如 MS Windows 或者 UNIX，此类防火墙如 Checkpoint 防火墙。硬件防火墙软件安装在专用的硬件平台和专有操作系统（有些硬件防火墙甚至没有操作系统）之上，以硬件形式出现，有的还使用一些专有的 ASIC 硬件芯片负责数据包的过滤。这种方式可以减少系统的漏洞，性能也更好，是比较常见的方式如 Cisco 的 PIX 防火墙。

六、防火墙技术

1. 包过滤技术

包过滤(packet filtering)技术是防火墙在网络层中根据数据包中包头信息实施有选择地允许通过或阻断。依据防火墙内事先过滤规则，检查数据流中每个数据包头部，根据包的源地址、目的地址、TCP/UDP 源端口号、TCP/UDP 目的端口号及数据包头中的各种标志位等因素来确定是否允许数据包通过，其核心是安全策略即过滤规则的设计。一般来说，不保留前后连接信息，利用包过滤技术很容易实现允许或禁止访问。

包过滤技术在防火墙上的应用非常广泛，因为 CPU 用来处理包波的埋单相对很小，而且这种防护措施对用户透明，合法用户在进出网络时根本感觉不到它的存在，使用起来很方便。但是因为包过滤技术是在 IP/TCP 层实现的，所以包过滤的一个很大的弱点是不能在应用层级别上进行过滤，所以防卫方式比较单一。但是现在已经有一些在 IP 重组应用层数据的技术，从而可以对应用层数据进行检查，可以辨认一些入侵活动，达到很好的防护效果。

包过滤技术作为防火墙的应用有两类：一种是路由设备在完成路由选择和数据转发之外，同时进行包过滤，这是目前较常用的方式；另一种是在一种称为屏蔽路由器的路由设备上启动包过滤功能。

2. 应用网关技术

应用网关(application gateway)与包过滤防火墙不同,它针对每个应用使用专用目的的处理方法。这比其他方法安全得多,一是不必担心不同过滤规则集之间的交互影响;二是不必担忧对外部提供安全服务的主机中的漏洞,只需仔细检查选择的几个应用程序。

应用网关技术是建立在网络应用层上的协议过滤。应用网关对某些易于登录和控制所有输入/输出的通信的环境给予严格的控制,以防有价值的程序和数据被窃取。它的另一个功能是对通过的信息进行记录,如什么样的用户在什么时候连接了什么站点。在实际工作中,应用网关一般由专用工作站系统来完成。

有些应用网关还存储互联网上的那些被频繁使用的页面。当用户请求的页面在应用网络服务器缓存中存在时,服务器将检查所缓存的页面是否是最新的版本(即页面是否已更新),如果是最新版本,则直接提交给用户,否则,到真正的服务器上请求最新的页面,然后再转发给用户。

应用层网关的优点是它易于记录并控制所有的进出通信,并对互联网的访问做到内容级的过滤,控制灵活而全面,安全性高。应用级网关具有登记、日志、统计和报告功能,有很好的审计功能,还有严格的用户许可证功能。

应用层网关的缺点是需要为各种应用编写不同的代码,维护比较困难,另外就是速度较慢。

3. 状态检测防火墙

状态检测(stateful inspection)防火墙现在应用非常广泛,既提供了比包过滤型防火墙更高安全性和更灵活的处理,也避免了应用层网关型防火墙带来的速度降低的问题。

要实现状态检测,防火墙最重要的是要实现连接的跟踪功能,对于单一连接的协议来说相对比较简单,基本只需要数据包头的信息就可以进行跟踪,但对于一些复杂协议,除了使用一个公开端口的连接进行通信外,在通信过程中还会动态建立子连接进行数据传输,而子连接的端口信息是在主连接中通过协商得到的随机值,因此对于此类协议,用包过滤防火墙就只能打开所有端口才能允许通过,但这带来很大的安全隐患。而对于状态检测防火墙,则能够进一步分析主连接中的内容信息,识别出所协商的子连接的端口而在防火墙上将其动态打开,连接结束时自动关闭,充分保证系统的安全。例如,使用FTP协议传送文件时,在进行数据传送时是通过另一个子连接进行的,状态检测防火墙能够通过跟踪主连接中的信息得到子连接所用的端口,自动确定允许此连接的数据通过而必须另加规则。一些数据库通信使用的协议、多媒体通信使用的协议等,状态检测防火墙为能跟踪这些协议,就必须单独为各协议实现连接跟踪模块,而且一般要求这些协议在协商子连接端口时是明文协商,不能进行加密。

4. 电路级网关

电路级网关也称为线路级网关,它工作在会话层。它在两台主机首次建立TCP连接时创立一个电子屏障。它作为服务器接收外来请求,转发请求;与被保护的主机连接时则担当客户机角色,起代理服务的作用。它监视两台主机建立连接时的握手信息,如SYN、ACK等标志和序列号等是否合乎逻辑,判定该会话请求是否合法。一旦会话连接有效后网关仅复制、传递数据,而不进行过滤。电路级网关中特殊的客户程序只在初次连接时进行安全协商控制,其后就透明了。只有懂得如何与该电路级网关通信的客户机才能到达防火墙另一边的服务器。

电路级网关的防火墙的安全性比较高,但它仍不能检查应用层的数据包以消除应用层攻击的威胁。

5. 代理服务器技术

代理服务器(proxy server)工作在应用层,它用来提供应用层服务的控制,起到内部网络向外部网络申请服务时中间转接作用。内部网络只接受代理提出的服务请求,拒绝外部网络其他接点的直接请求。

具体来说,代理服务器是运行在防火墙主机上的专门的应用程序或者服务器程序。防火墙主机可以是具有一个内部网络接口和一个外部网络接口的双重宿主主机,也可以是一些可以访问互联网并被内部主机访问的堡垒主机。这些程序接受用户对互联服务的请求,并按照一定的安全策略转发它们的实际的服务,代理提供代替连接并且充当服务的网关。

包过滤技术和应用网关通过特定的逻辑判断来决定是否允许特定的数据通过。其优点是速度快,实现方便。其缺点是审计功能差,过滤规则的设计存在矛盾关系,即过滤规则简单时,安全性差;过滤规则复杂时,管理困难。一旦判断条件满足,防火墙内部网络的结构和运行状态便"暴露"在外来用户面前。

代理技术则能进行安全控制又可以加速访问,能够有效地实现防火墙内外计算机系统的隔离,安全性好,还可用于实施较强的数据流监控、过滤、记录和报告等功能。其缺点是对于每一种应用服务都必须为其设计一个代理软件模块来进行安全控制,而每一种网络应用服务的安全问题各不相同,分析困难,因此实现也困难。

在实际应用当中,构筑防火墙真正的解决方案很少采用单一的技术,通常将多种解决不同问题的技术有机组合起来。

一些协议(如 TELNET SMTP)能更有效地处理数据包过滤,而另一些(如 FTP、Gopher、WWW)能更有效地处理代理。大多数防火墙将数据包过滤和代理服务器结合起来使用。

【实践练习】学习了那么多知识,下面我们可以动手操作啦!

实训 15 防火墙配置

1. 工作任务

你是某公司新聘请的一位网络管理员,公司要求你熟悉现有的网络产品,需要你了解并掌握防火墙的操作技巧,能够通过图形界面进行一些基本的配置。但公司覆盖范围较大,包括很多分公司,这些分公司之间需要进行通信,但都要通过防火墙进行安全访问,要求你对防火墙进行适当的配置。

2. 工作载体

设备与配线:路由器两台(RSR-2018 或 RSR-2004)、防火墙设备一台(RSR-2018 或 RSR-2004)、兼容 VT-100 的终端设备或能运行终端仿真程序的计算机(两台)、RS-232 电缆(一根)、RJ-45 接头的网线一根。

用一台 PC 作为控制终端,通过防火墙的串口登录防火墙,设置 IP 地址、网关和子网掩码;然后通过 Web 界面进行防火墙策略的添加，同时配置好两个路由接口地址，最后测通即完成实验，拓扑图如图 9-15 所示。

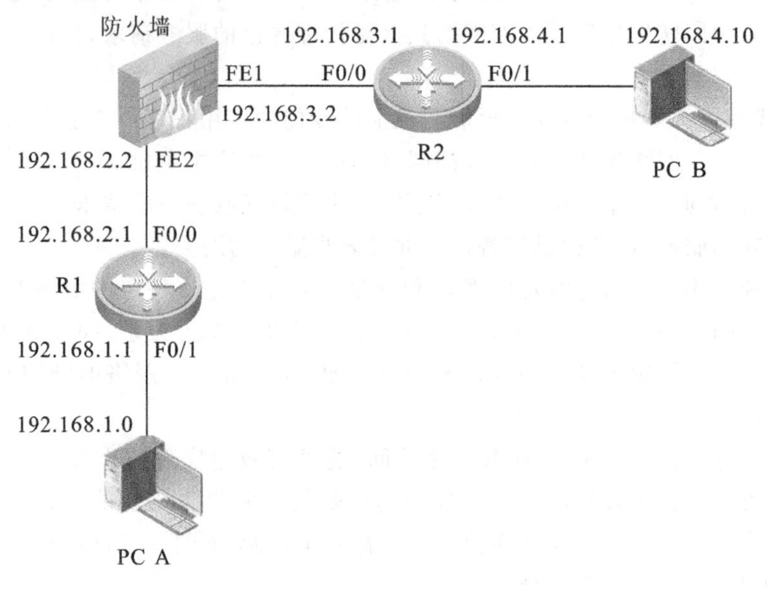

图 9-15　防火墙透明桥的拓扑图

3. 项目实施

1) 通过 Console 口对防火墙进行命令行的管理

基本步骤：连接串口线→配置超级终端→开始配置管理。

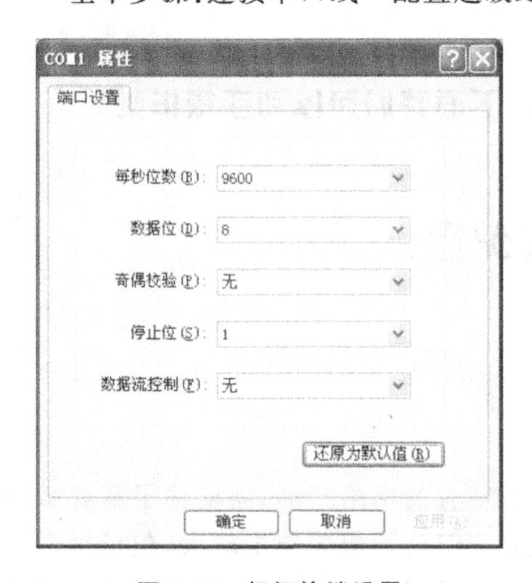

图 9-16　超级终端设置

(1) 选用管理主机　要求该主机具备空闲的 RS-232 串口，有超级终端软件，比如 Windows 系统中的“超级终端”连接程序。

(2) 连接防火墙　利用随机附带的串口线连接管理主机的串口和防火墙串口 Console，启动以 Windows 自带“超级终端”为例，选择“开始”→“所有程序”→“附件”→“通讯”→“超级终端”，选择用于连接的串口设备，定制参数。对于 Windows 自带“超级终端”，单击“还原为默认值”按钮即可，如图9-16所示。

(3) 登录 CLI 界面　连接成功以后，提示输入管理员账号和口令时，输入出厂默认账号“admin”和口令“firewall”，即可进入登录界面，注意所有的字母都是小写，如图 9-17 所示。

命令行快速配置向导如下。

(1) 用串口或者 SSH 客户端成功登录防火墙后，输入命令“fastsetup”，按回车键，进入命令行配置向导。

配置向导仅适用于管理员第一次配置防火墙或者测试防火墙的基本通信功能，此过程涉及最基本的配置，安全性很低，因此管理员只有在此基础上对防火墙细化配置，才能保证防火墙拥有有效的网络安全功能。

(2) 输入原密码。

(3) 输入新密码，并确认密码。启用快速配置，如图 9-18 所示。

图 9-17 输入账号和口令

```
Welcome to the config wizard of SecGate firewall ,P
ameters:
(Attention:"*" means this term must be set)

1.*SET THE PASSWORD OF ADMINISTTRATOR.
Please input the old password: ********
Please input the new password: ********
Please confirm the new password: ********

2.*SET THE WORK MODE OF INTERFACE.
Please choose mode of fe1(1-route, 2-broute):
```

图 9-18 启用快速配置

(4) 选择防火墙 FE1 接口的工作模式，输入 1 为路由模式，输入 2 为混合模式。选择防火墙 FE2 接口的工作模式，在这里我们选择路由模式，方法同 FE1。此时 FE1 和 FE2 的工作模式必须一致。

(5) 输入 FE1 接口的 IP 地址和掩码，若 FE1、FE2 都是混合模式，则 FE1 的地址必须配置，FE2 的地址可以不配置，如图 9-19 所示。

输入 FE2 接口的 IP 地址和掩码的方法同 FE1 的设置方法。此时 FE1 和 FE2 的 IP 允许在同一网段。

(6) 是否允许所有主机 ping FE1 接口，输入“y”为允许，输入“n”为不允许。

(7) 是否允许通过 FE1 接口管理防火墙，输入“y”为允许，输入“n”为不允许。

(8) 是否允许管理主机 ping RE1 接口，输入“y”为允许，输入“n”为不允许。

(9) 是否允许管理员用 traceroute 探测 FE1 口的 IP 地址，输入“y”为允许，输入“n”为不允许。

(10) 设置默认网关 IP，若防火墙的两个网口都是混合模式，可以不配置默认网关，如图9-20 所示。

```
Welcome to the config wizard of SecGate firewall ,Plea
ameters:
(Attention:"*" means this term must be set)

1.*SET THE PASSWORD OF ADMINISTTRATOR.
Please input the old password: ********
Please input the new password: ********
Please confirm the new password: ********

2.*SET THE WORK MODE OF INTERFACE.
Please choose mode of fe1(1-route, 2-broute): 1
Please choose mode of ge1(1-route, 2-broute): 1

3.*SET THE INTERFACE ADDRESS(ip, mask) OF FIREWALL.
Please input the IP of interface fe1: 192.168.10.100
Please input the mask of interface fe1: 255.255.255.0
Please input the IP of interface ge1: 192.168.3.2
Please input the mask of interface ge1: 255.255.255.0

4.*SET THE ATTRIBUTE OF FIREWALL INTERFACE.
Do you allow all of host ping interface fe1(y/n):
```

图 9-19 配置接口的 IP 地址

```
Please choose mode of fe1(1-route, 2-broute): 1
Please choose mode of ge1(1-route, 2-broute): 1

3.*SET THE INTERFACE ADDRESS(ip, mask) OF FIREWALL.
Please input the IP of interface fe1: 192.168.10.100
Please input the mask of interface fe1: 255.255.255.0
Please input the IP of interface ge1: 192.168.3.2
Please input the mask of interface ge1: 255.255.255.0

4.*SET THE ATTRIBUTE OF FIREWALL INTERFACE.
Do you allow all of host ping interface fe1(y/n): y
Do you allow to manage interface fe1(y/n): y
Do you allow admin ping interface fe1(y/n): y
Do you allow admin to use traceroute in interface fe1(y/n): y
Do you allow all of host ping interface ge1(y/n): y
Do you allow to manage interface ge1(y/n): y
Do you allow admin ping interface ge1(y/n): y
Do you allow admin to use traceroute in interface ge1(y/n): y

5.SET THE DEFAULT GATEWAY OF FIREWALL.
Please input the default gateway: 192.168.3.1

6.*SET THE ADMINISTER HOST.
Please input the IP of adminster host:
```

图 9-20 设置网关 IP

(11) 设置管理主机 IP 与设置安全规则的源 IP 和目的 IP，默认为 any，如图 9-21 所示。

(12) 是否允许用 SSH 客户端登录防火墙，输入“y”为允许，输入“n”为不允许，注意此时输入“y”或者“n”后会显示所有的设置信息。

(13) 是否保存并且退出，输入“y”为将以上配置立即生效，输入“n”为直接退出，如图 9-22 所示。如果需要保存配置，可执行“syscfg save”命令。

```
Please input the mask of interface ge1: 255.255.255.0

4.*SET THE ATTRIBUTE OF FIREWALL INTERFACE.
Do you allow all of host ping interface fe1(y/n): y
Do you allow to manage interface fe1(y/n): y
Do you allow admin ping interface fe1(y/n): y
Do you allow admin to use traceroute in interface fe1(y/n): y
Do you allow all of host ping interface ge1(y/n): y
Do you allow to manage interface ge1(y/n): y
Do you allow admin ping interface ge1(y/n): y
Do you allow admin to use traceroute in interface ge1(y/n): y

5.SET THE DEFAULT GATEWAY OF FIREWALL.
Please input the default gateway: 192.168.3.1

6.*SET THE ADMINISTER HOST.
Please input the IP of adminster host: 192.168.10.200

7.ADD POLICY OF FIREWALL.
Please input source IP:
Please Input Destimination IP:

8.*ENABLE SSH MANAGEMENT METHOD.
Start SSH or not(y/n): _
```

图 9-21　设置管理主机 IP

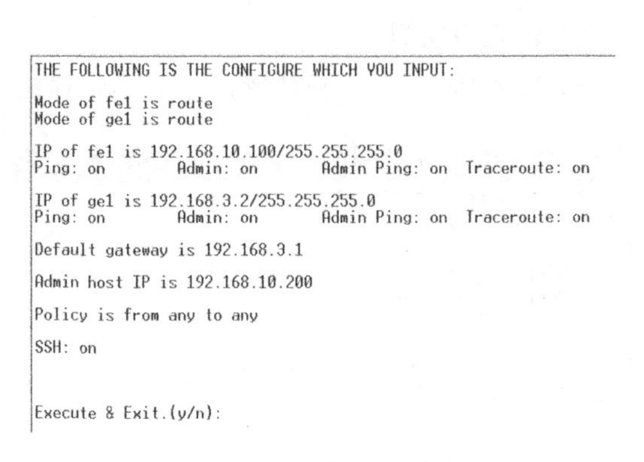

图 9-22　保存配置信息

2）通过 Web 界面进行管理

（1）安装电子钥匙程序。插入随机附带的驱动光盘，进入光盘 Admin Cert 目录，双击运行 admin 程序，证书导入如图 9-23 所示，单击“下一步(N)”按钮。

为私钥输入密码(123456)，如图 9-24 所示。

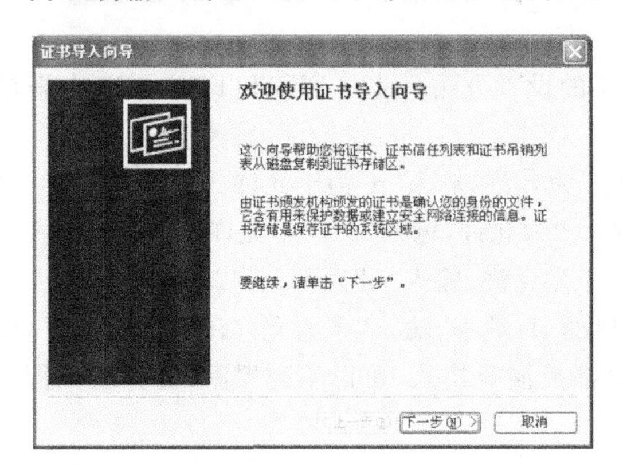

图 9-23　证书导入

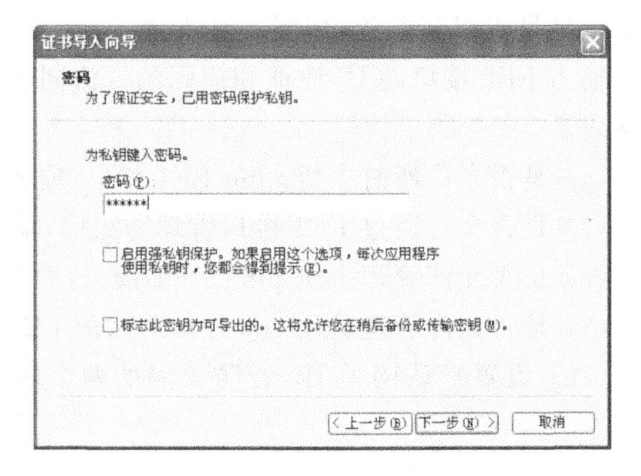

图 9-24　输入私钥密码

单击“完成”按钮，完成证书导入向导，如图 9-25 所示，出现一个提示框，显示“导入成功”，单击“确定”按钮。

（2）修改主机的 IP 地址并测通，如图 9-26 所示。

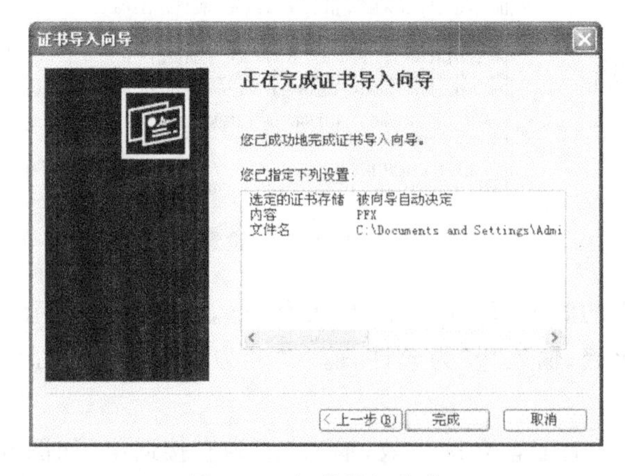

图 9-25　证书导入完成

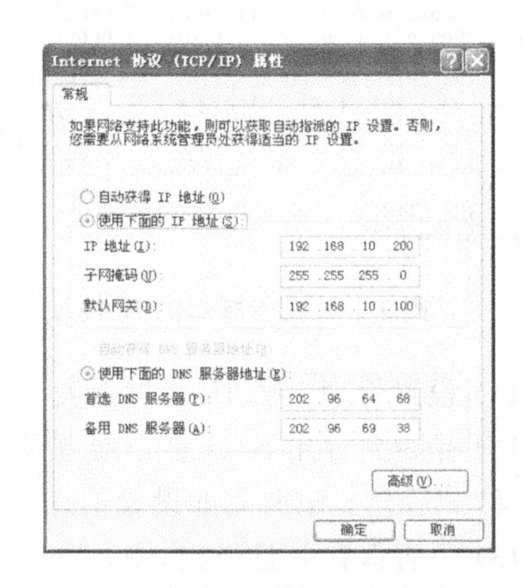

图9-26　修改主机的 IP 地址并测通

(3) 登录防火墙 Web 界面。

运行 IE 浏览器，在地址栏输入 https://192.168.10.100:6666，等待约 20 秒钟会弹出一个对话框提示接受证书，确认即可，如图 9-27 所示。

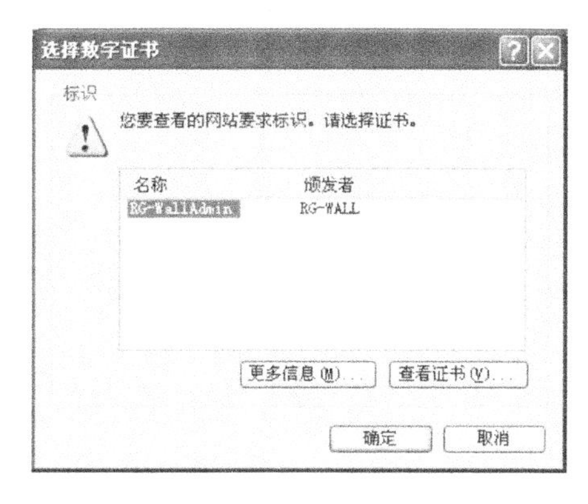

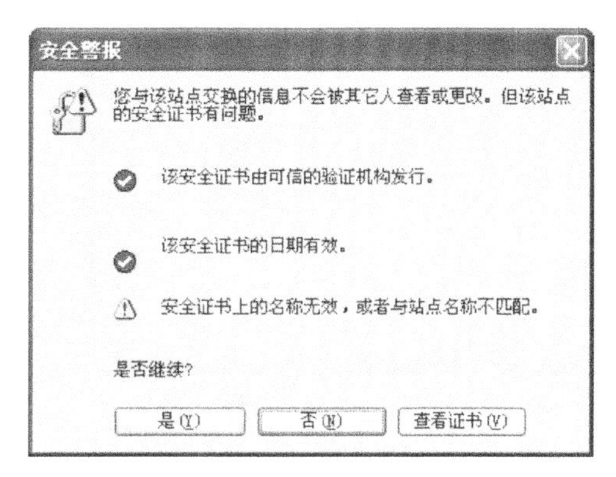

图 9-27　选择数字证书

系统提示输入管理员账号和口令，在默认情况下，管理员账号为“admin”，密码为“firewall”，如图 9-28 所示。

图 9-28　进入登录窗口

(4) 配置防火墙的 IP 地址，建议至少设置一个接口上的 IP 用于管理，否则完成初始配置后无法用 Web 界面管理防火墙，如图 9-29 所示。若 ge1、ge2 都是混合模式，则 ge1 的地址必须配置，ge2 的地址可以不配置。

在“网络配置>>接口 IP”界面，单击 添 加 ，将弹出如图 9-30 所示界面。设置 ge2 的 IP 地址为 192.168.2.2。

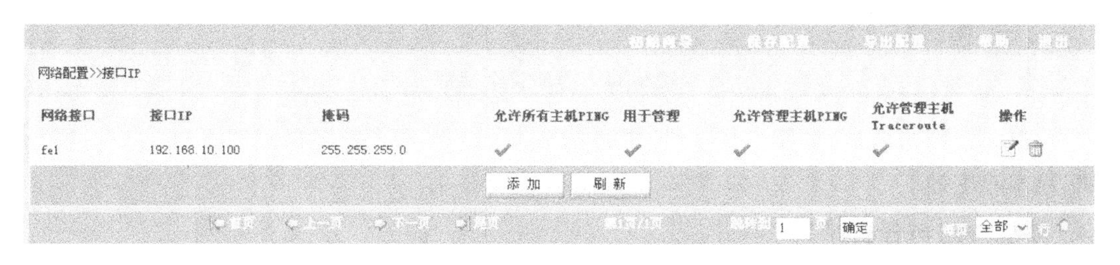

图 9-29　防火墙配置界面

(5) 设置透明桥。

① 在做透明桥之前务必把接口设为混合模式,如图 9-31 所示。

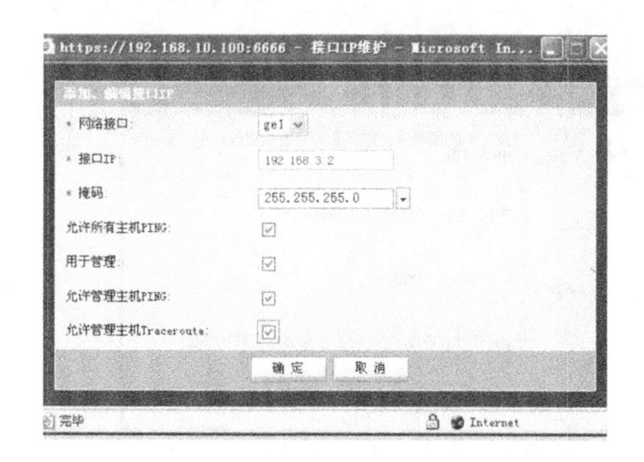

图 9-30　配置接口 IP 地址

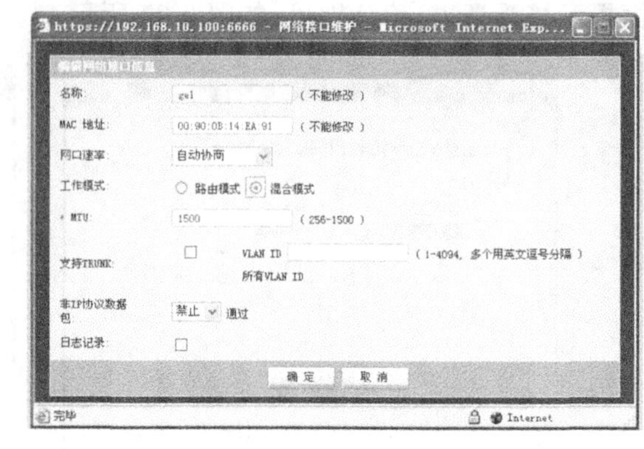

图 9-31　选择工作模式

② 打开透明桥选项卡,单击 添加 ,将弹出如图 9-32 所示界面。单击"确定"按钮,完成透明桥的建立工作。

(6) 添加策略路由:在"网络配置>>策略路由"界面中,单击 添加 ,将弹出如图 9-33 所示界面。再添加一条,目的地址为 192.168.1.0、掩码为 255.255.255.0、下一跳地址为 192.168.2.1。

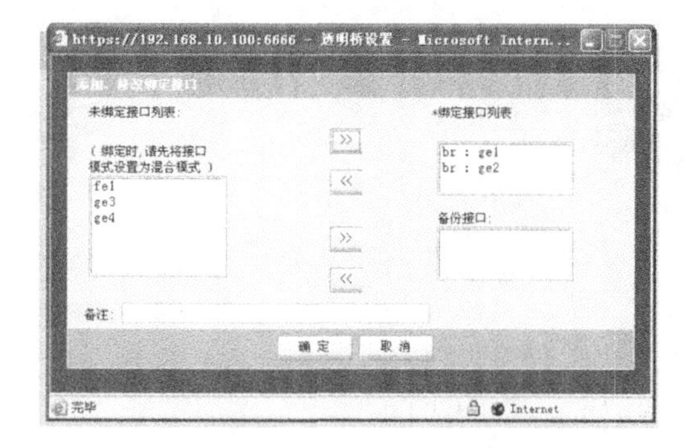

图 9-32　添加透明桥

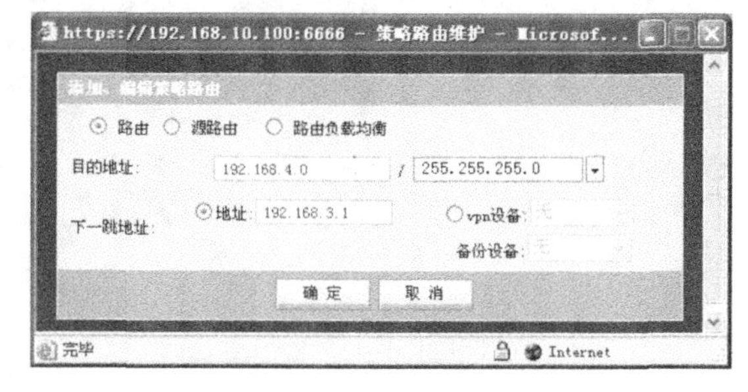

图 9-33　添加路由

(7) 设置包过滤:在"安全策略>>安全规则"界面中,单击 添加 ,将弹出如图 9-34 所示界面。

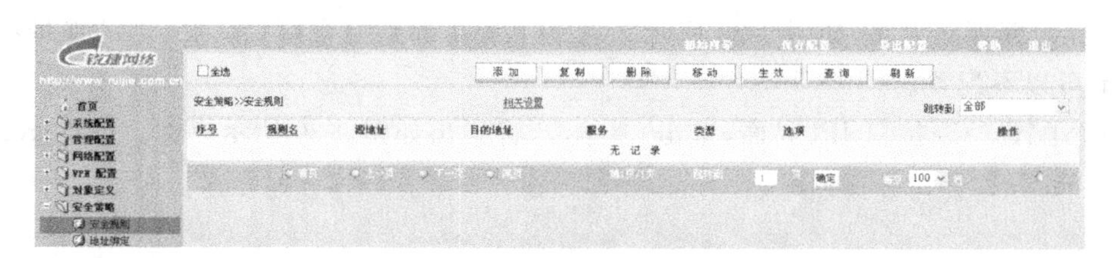

图 9-34　添加安全规则

进入安全规则对话框,如图 9-35 所示来进行设置,最后一定要保存配置文件,只有这样,防火墙的配置才能生效。

4. 教学方法与任务结果

学生分组进行任务实施,可以 3～5 人一组,小组讨论,确定方案后进行讲解,教师给予指导,

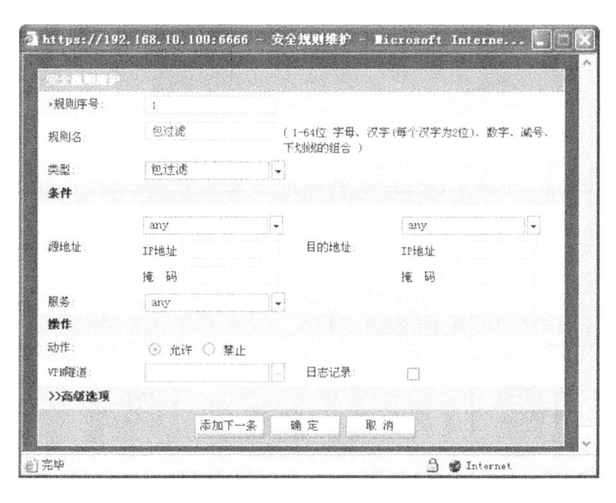

图 9-35　规则设置

全体学生参与评价。

方案实施完成后，PC A 正常数据便能够通过防火墙包过滤后顺利到达 PC B，PC A 与 PC B 能够相互 ping 通，如果将安全规则服务中的 any 改为 FTP，PC A 与 PC B 就不能够相互 ping 了，但如果 PC A 有 FTP 服务，PC B 仍能够访问 PC A 上的 FTP 资源。

【实践练习】学习了那么多知识，下面我们可以动手操作啦！

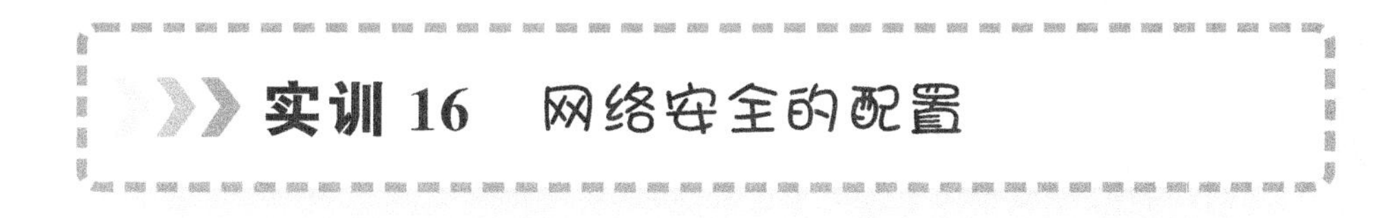

1. 工作任务

大连东软公司随着其网络建设的开展，对网络的安全性要求越来越高，因此需要在路由器上应用访问控制列表进行控制，作为网络管理员，需要设计具体的控制条件并在路由器上应用，以满足公司的要求。

如图 9-36 所示，有一台路由器充当外部路由器，用于模拟该公司外部网络，一台路由器充当公司内部路由器，外部路由器连接了网段 1(10.10.1.0/24)和网段 2(10.10.2.0/24)。外部路由器连接五台路由器，每台路由器内部有一网段，其中实验路由器 1 连接的网络为 172.16.1.0/24，实验路由器 2 连接的网络为 172.16.2.0/24，依此类推。

公司为了提高网络的安全性，具体要求如下。

(1) 允许网段 1(10.10.1.0/24)访问各个路由器的内部网段，不允许网段 2(10.10.2.0/24)访问各个路由器的内部网段。

(2) 允许网段 1(10.10.1.0/24)访问各个实验路由器的内部服务器上的 WWW 服务和 ping 服务，拒绝服务该服务器上的其他服务。

(3) 允许网段 2(10.10.2.0/24)访问各个实验路由器的内部服务器上的 TFTP 服务和 ping 服

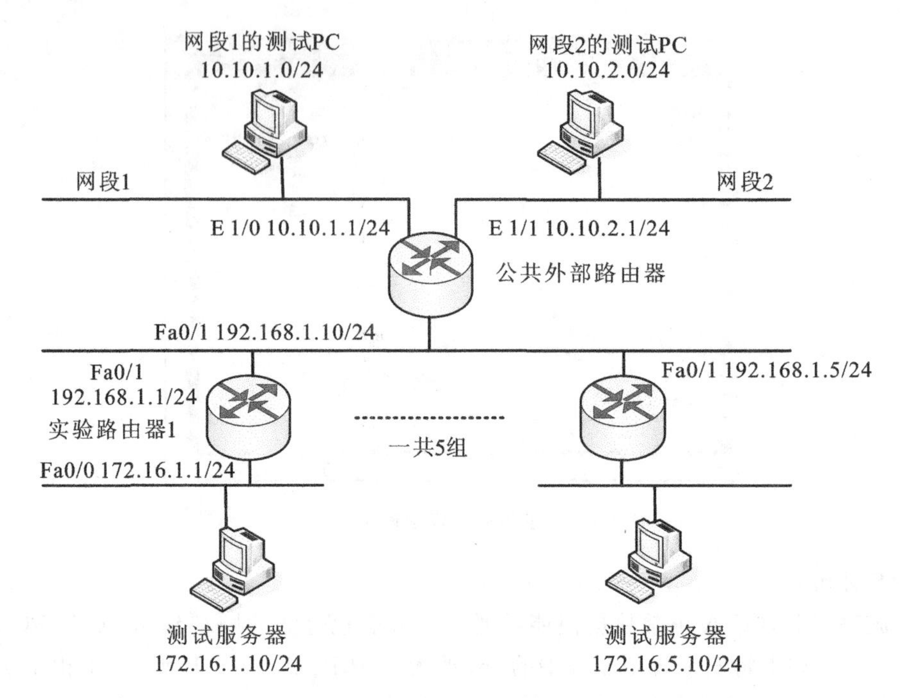

图 9-36　ACL 综合任务图

务，拒绝服务该服务器上的其他服务。

(4) 允许网段 172.16.1.0/24 在每天的 9:00—18:00 时间不能访问 Internet，下班时间可以访问 Internet 的 Web 服务。

(5) 允许网段 172.16.2.0/24 在每天的 9:00—18:00 时间可以访问 Internet，下班时间不能访问 Internet 的 Web 服务。

2. 任务实施

1) 标准访问控制列表的任务要求与实施过程

允许网段 1(10.10.1.0/24)访问各个路由器的内部网段，不允许网段 2(10.10.2.0/24)访问各个路由器的内部网段。

(1) 公共外部路由器的配置如下。

```
Router(config)#interface  fastethernet  1/0  //进入 F1/0 端口
Router(config-if)#ip address10.10.1.1 255.255.255.0  //设置端口 IP 地址 10.10.1.1/24
Router(config)#interface  fastethernet  1/1  //进入 F1/1 端口
Router(config-if)#ip address10.10.2.1 255.255.255.0  //设置端口 IP 地址 10.10.2.1/24
Router(config)#interface  fastethernet  0/1  //进入 F0/1 端口 Router
Router(config-if)#ip address  192.168.1.10 255.255.255.0  //设置端口 IP 地址 192.168.1.10/24
Router(config)#ip route  172.16.1.0  255.255.255.0  192.168.1.1
//设置到达内部子网 172.16.1.0 的静态路由，下一跳地址为 192.168.1.1
Router(config)#ip route  172.16.2.0  255.255.255.0  192.168.1.2
//设置到达内部子网 172.16.2.0 的静态路由，下一跳地址为 192.168.1.2
Router(config)#ip route  172.16.3.0  255.255.255.0  192.168.1.3
//设置到达内部子网 172.16.3.0 的静态路由，下一跳地址为 192.168.1.3
```

```
Router(config)#ip route  172.16.4.0  255.255.255.0  192.168.1.4
//设置到达内部子网 172.16.4.0 的静态路由,下一跳地址为 192.168.1.4
Router(config)#ip route  172.16.5.0  255.255.255.0  192.168.1.5
//设置到达内部子网 172.16.5.0 的静态路由,下一跳地址为 192.168.1.5
Router#show interface  //查看路由器端口信息
Router#show ip route  //查看路由表的显示
```

(2) 对每一组路由器进行配置(以第一小组为例,其余各小组依此类推)。

```
Router(config)#interface f 0/0
Router(config)#ip address 172.16.1.1  255.255.255.0
Router(config)#no shutdown
Router(config)#interface f 0/1
Router(config)#ip address 192.168.1.1  255.255.255.0
Router(config)#no shutdown
Router(config)#ip route0.0.0.0  0.0.0.0  192.168.1.10
Router#show interface  //查看路由器端口信息
Router#show ip route  //查看路由表的显示
Router(config)#access-list 1 permit10.10.1.0  0.0.0.255
Router(config)#access-list 1 permit10.10.2.0  0.0.0.255
Router(config)#interface f 0/1
Router(config-if)#ip access-group1 in
Router(config-if)#end
Router#show ip interface
Router#show running-config
```

(3) 对标准 ACL 配置进行验证。

① 在网段 1 的测试 PC 上测试网络连通性,ping 172.16.1.10 是否 ping 通(可以)。

② 在网段 2 的测试 PC 上测试网络连通性,ping 172.16.1.10 是否 ping 通(不可以)。

2) 扩展访问控制列表的任务要求与实施过程

● 允许网段 1(10.10.1.0/24)访问各个实验路由器的内部服务器上的 WWW 服务和 ping 服务,拒绝服务该服务器上的其他服务。

● 允许网段 2(10.10.2.0/24)访问各个实验路由器的内部服务器上的 TFTP 服务和 ping 服务,拒绝服务该服务器上的其他服务。

(1) 公共外部路由器的配置(与标准访问控制列表配置相同)如下。

```
Router(config)#interface  fastethernet  1/0
Router(config-if)#ip address10.10.1.1 255.255.255.0
Router(config)#interface  fastethernet  1/1
Router(config-if)#ip address10.10.2.1 255.255.255.0
Router(config)#interface  fastethernet  0/1
Router(config-if)#ip address  192.168.1.10 255.255.255.0
Router(config)#ip route  172.16.1.0  255.255.255.0  192.168.1.1
Router(config)#ip route  172.16.2.0  255.255.255.0  192.168.1.2
Router(config)#ip route  172.16.3.0  255.255.255.0  192.168.1.3
Router(config)#ip route  172.16.4.0  255.255.255.0  192.168.1.4
Router(config)#ip route  172.16.5.0  255.255.255.0  192.168.1.5
```

```
Router# show interface
Router# show ip route
```

（2）对每一组路由器进行配置(以第一小组为例,其余各组依此类推)。

```
Router(config)#interface f 0/0
Router(config-if)#ip address 172.16.1.1  255.255.255.0
Router(config-if)#no shutdown
R Router(config)#interface f 0/1
Router(config-if)#ip address 192.168.1.1  255.255.255.0
Router(config-if)#no shutdown
Router(config)#ip route 0.0.0.0  0.0.0.0  192.168.1.10
Router# show interface  //查看路由器端口信息
Router# show ip route  //查看路由表的显示
Router(config)#access-list 101 permit icmp  any any echo
Router(config)#access-list 101 permit icmp  any any echo-replay
Router(config)#access-list 101 permittcp 10.10.1.0  0.0.0.255  172.16.1.0 0.0.0.255
eq 80  //允许网段 1:10.10.1.0/24 访问各个实验路由器的内部服务器上的 WWW 服务和 ping 服务
Router(config)#access-list 101 permittcp 10.10.2.0  0.0.0.255  172.16.1.0 0.0.0.255
eq 69  //允许网段 2:10.10.2.0/24 访问各个实验路由器的内部服务器上的 TFTP 服务和 ping 服务
Router(config)#interface f 0/1
Router(config-if)#ip access-group101 in  //在 F0/1 入口方向应用编号为 101 的列表
Router(config-if)#end
Router# show ip interface
Router# show running-config
```

（3）对扩展 ACL 配置进行验证。

- 在网段 1 的测试 PC 上测试网络连通性,ping 172.16.1.10 是否 ping 通(可以)。
- 在网段 1 的测试 PC 上访问内部服务器的 WWW 服务,是否打开测试页面(可以)。
- 在网段 1 的测试 PC 上访问内部服务器的 TFTP 服务,是否连接到 TFTP 服务器(不可以)。
- 在网段 2 的测试 PC 上测试网络连通性,ping 172.16.1.10 是否 ping 通(可以)。
- 在网段 2 的测试 PC 上访问内部服务器的 WWW 服务,是否打开测试页面(不可以)。
- 在网段 2 的测试 PC 上访问内部服务器的 TFTP 服务,是否连接到 TFTP 服务器(不可以)。

3）基于时间的访问控制列表的任务要求与实施过程

- 允许网段 172.16.1.0/24 在每天的 9:00—18:00 时间不能访问 Internet,下班时间可以访问 Internet 的 Web 服务。
- 允许网段 172.16.2.0/24 在每天的 9:00—18:00 时间可以访问 Internet,下班时间不能访问 Internet 的 Web 服务。

```
Router(config)#time-rangeworktime
Router(config-time-range)#periodic weekdays  09:00 to 18:00
Router(config)#time-range off-work
Router(config-time-range)#periodic weekdays 18:00 to 09:00
Router(config)#access-list 100 deny ip 172.16.1.00.0.0.255 any time-range worktime
//允许网段 172.16.1.0/24 在每天的 9:00～18:00 时间不能访问 Internet
Router(config)# access-list 100 permittcp 172.16.1.0 0.0.0.255 any time-range off-
work eq  WWW  //允许网段 172.16.1.0/24 在下班时间可以访问 Internet 的 Web 服务
```

```
Router(config)#access-list 100 permit ip 172.16.2.00.0.0.255 any time-range worktime
  //允许网段 172.16.2.0/24 在每天的 9:00—18:00 时间可以访问 Internet
Router(config)#access-list 100 denytcp 172.16.2.0 0.0.0.255 any time-range off-work
eq  WWW  //允许网段 172.16.1.0/24 在下班时间不能访问 Internet 的 Web 服务
Router(config)#access-list 100 permit ip any any
Router(config)#interface f 0/1
Router(config-if)#ip access-group101 in  //在 F0/1 入口方向上应用该列表
Router(config-if)#end
```

3. 教学方法与任务结果

学生分组进行任务实施，可以 3～5 人一组，小组讨论，确定方案后进行讲解，教师给予指导，全体学生参与评价。方案实施完成后，首先要检测交换机与计算机的连通性，确保每台计算机都可以远程登录到交换机上进行配置与管理。

习题

一、填空题

1. 黑客对信息流的干预方式可以分为________、________、________和________。
2. 对网络安全构成较大威胁的恶意程序主要有________、________、________和________。
3. 防火墙技术主要包括________、________、________、________和________。

二、实践题

根据图 9-37 所示的拓扑结构图，要求：① 在两台设备中使用动态路由配置使 PC2 可以直接 ping 通 Router1 所连接的 PC1。② 在 Router2 中使用标准访问控制列表控制 PC2，可以 ping 通 Router1 所连接的 PC1，但不可以 ping 通 Router1 的 S1/0 接口。③ 在 Router2 中使用扩展访问控制列表控制 PC2，可以 ping 通 Router1 所连接的 PC1，但不可以通过 Telnet Router1 的 S1/0 接口访问 Router1。

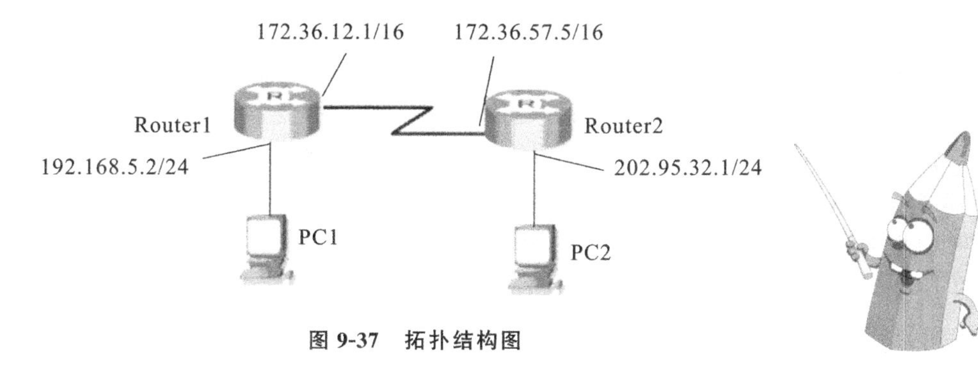

图 9-37 拓扑结构图

项目10 Internet 接入技术

项目描述 网络接入技术(特别是宽带网络接入技术)是目前互联网研究和应用的热点。借助于公共数据通信网络、计算机网络或有线电视网,并采用合适的接入技术,可以将一台计算机或一个网络接入 Internet。接入 Internet 有两种常用方式,即电话拨号方式和专线方式。对于学校或企事业单位的用户来说,通过局域网以专线接入 Internet 是最常见的接入方式。对于小区或个人用户而言,以电话拨号的方式(普通电话拨号、ISDN 拨号和 ADSL)则是目前最流行的接入 Internet 方式。

基本要求 了解目前常用的 Internet 接入技术。

任务1 接入网概述

一、Internet 概述

Internet 即因特网,又称为国际互联网,是目前唯一遍及全球的计算机网络。Internet 之所以具有如此庞大的规模,是因为它连接了世界上数以亿计的计算机,各计算机之间通过 TCP/IP 协议进行通信。Internet 由主机、通信子网和网络用户组成。

主机用来运行用户端所需的应用程序,为用户提供资源和服务。主机的工作任务可由微机、小型机、大型机等担负。如果一台计算机要加入 Internet 主机行列,需要向当地有关部门提交申请。获得批准后,该计算机拥有唯一的域名和 IP 地址。主机一般要求不间断地运行。通信子网是用来把主机连接在一起,并在主机之间传送信息的设施,包括连接线路和转接部件两部分。连接线路多由铜缆、光纤、无线电波等高速介质组成;转接部件又称为处理机,多由专用计算机来承担,负责信息的处理与传输。网络用户也称为终端用户,它可以通过用户接入网连接并登录网络,访问 Internet 主机上的资源,并利用 Internet 交换和传输信息。网络用户既可以是一台计算机,也可以是一个局域网。

二、Internet 接入方式

随着 Internet 的飞速发展,人们对访问 Internet 上资源的实际速度也提出了更高的要求,而决定实际速度的主要因素有两个,即 Internet 主干网速度和接入网速度(用户接入 Internet 的速度)。

目前对于 Internet 主干网来说,各种宽带组网技术日益成熟和完善,波分复用系统的带宽已达 400 Gb/s,可以说 Internet 主干网已经为承载各种高速业务做好了准备。但是,位于 Internet 主干网与用户之间的Internet接入网的发展相对滞后，接入网技术成了制约网络通信发展的瓶颈。网络接入技术与网络接入方式的结构密切相关，其发生在连接网络与用户的最后一段路程（人们常称之为“最后一公里”），网络的接入部分是目前最有希望大幅度提高网络性能的环节。

所谓Internet接入方式是指用户采用什么设备、通过什么接入网络（如公共数据通信网、计算机网络、有线电视网等）接入Internet。

按照接入网络类型，接入Internet方式可以分为如下三大类型，而每种类型中又有多种不同的方式。

1. 借助公共数据通信网上网

通过DDN、帧中继、X.25，ADSL以专线的方式接入Internet；通过电话网络，借助modem（调制解调器）以电话拨号的方式将计算机接入Internet；通过综合业务数字网ISDN，以拨号的方式将个人计算机接入Internet。

2. 借助计算机网络（主要是指计算机局域网）上网

利用光缆、同轴电缆、双绞线或无线通信直接将计算机接入已与Internet相连的计算机局域网。

3. 借助有线电视网上网

通过有线电视网络和cable modem将计算机接入Internet。

从用户数量来说，Internet接入一般分为单机接入和网络接入两种方式。单机接入一般比较直观，只需按某种方法将计算机接入Internet即可；而网络接入比较复杂，它一般是团体用户在拥有内联网的情况下，通过某种接入方式实现与Internet的连接，从而实现各种各样的网络服务。当局域网接入Internet时，一般是局域网中的一台计算机（服务器）采用高速接入技术连接Internet，而局域网中的其他计算机则通过该计算机访问Internet。

借助公共数据通信网上网是目前较为普遍的接入方式，为了简单描述这种接入方式，人们常常又将其分为拨号上网和专线上网两类。

拨号上网一般是普通电话拨号和ISDN拨号；专线上网一般是指通过DDN、帧中继、X.25或ADSL，用光纤、同轴电缆或双绞线，直接将计算机接入Internet。除此之外，人们常常将通过传输媒体（如光缆）直接将局域网接入Internet也称为专线入网。

任务2 Internet接入技术

一、拨号接入技术

拨号接入方式是目前使用最广泛且连接最为简单的一种Internet接入方式。使用拨号接入时，用户只需一台计算机，在安装配置了调制解调器等连接设备后，就可以通过普通的电话线接入Internet。

拨号入网主要适用于传输量较小的单位和个人。这类用户比较分散，不能直接通过专线方式连接Internet，其接入服务以电信局提供的公用电话网为基础。拨号入网有如下两种方式。

（1）普通电话拨号入网，使用的设备为一台计算机、一台调制解调器（或一块调制解调器卡）和一根电话线。

(2) ISDN 拨号入网，使用的设备为一台计算机和 ISDN 网络终端、ISDN 网络适配器和一根电话线（ISDN 业务要专门到电信局申请）。

利用电话线连接 Internet，通常采用的方法是 PPP（点对点协议）拨号上网。主机拨号上网连入 Internet 的基本过程如下。

(1) 拨电话号码　需要访问 Internet 时，用户通过计算机启动软件拨号程序，输入 ISP（Internet 服务商）方提供的入网电话号码，进行电话拨号。

(2) 协商速率　ISP 方收到用户请求，其调制解调器摘机应答，双方的调制解调器根据电话线路和各自的最高速率等实际情况，协商得出一个双方都能支持的允许最高连接速率，物理连接建立完成。

(3) 检验身份　ISP 方的远程通信服务器发送指令，要求检验拨号用户的用户名和口令。在用户输入合法后，验证完毕，完成身份验证。

(4) 指定协议　ISP 方的远程通信服务器询问用户采用何种串行线的通信协议来传输 TCP/IP 数据包，一般是采用 PPP，一旦用户指定好协议，双方协商通过，远程通信服务器就将用户接通的异步端口的 IP 地址分配给用户计算机，完成 IP 层连接。

(5) 运行应用　用户有了 IP 地址，就可以开始运行网络应用程序（如 E-mail 和浏览器等），询问和使用 Internet 资源，实现自己的目的。

(6) 关闭应用　用户完成网络应用后，关闭网络应用程序。

(7) 断开连接　关闭所有应用程序后，通过软件拨号程序断开连接。这时电话线也自动挂断，最终完成一个完整的连接操作。

二、ISDN 接入技术

ISDN（综合业务数字网）是以电话综合数字网为基础的通信网，它能提供端到端的数字连接性能，用来承载包括话音和非话音在内的多种电信业务，能够通过一组标准的多用途网络接口接入这个网络。

ISDN 在我国又称“一线通”，即利用一条用户线就可以实现电话、传真、可视图文及数据通信等多种功能，且具有高可靠性和高质量的性能。按带宽分类，ISDN 有两种：一种为窄带 ISDN，即 N-ISDN；另一种为宽带 ISDN，即 B-ISDN。B-ISDN 是未来发展的趋势。而 N-ISDN 在目前比较流行。与调制解调器接入方式不同，ISDN 接入技术在传统的电话线上传输的是数字信号。

ISDN 接入具有以下特点。

(1) 通过普通电话线可以进行多种通信，如电话、Internet、传真、可视电话、会议电视。

(2) 可以用 64 Kb/s 或 128 Kb/s 的速率快速上网，同时还可进行电话通信。

(3) 可以将八个终端连接到网络上，有三个终端可同时通信（目前暂时开放两个终端同时通信的业务）。

(4) 非 ISDN 标准终端、普通话机可以通过适配器（TA）、网络终端（NT）接入 ISDN 网络。

(5) 用户可以根据自己的需要选择使用 64 Kb/s 或是 128 Kb/s 的传输速率上网，当使用 64 Kb/s时还可以打电话。

目前国内大城市（如北京、上海、广州等地）的中国电信的 ISP 差不多都已经提供了ISDN接入方式，其中上海是率先提供 ISDN 接入业务的城市。

三、ADSL 接入技术

由于电话网的数据传输速率很低，利用电话网接入互联网已经不能适应传输大量多媒体信息的要求。因此，人们开始寻求其他的接入方法以解决大容量的信息传输问题，非对称数字用户线路(ADSL)的成功应用就是其中之一。

ADSL 是 DSL(数字用户线路)技术的一种。它是运行在普通电话线上，即铜双绞线上的一种新的高速、宽带技术，它可以被认为是专线接入方式的一种。ADSL 使用比较复杂的调制解调技术，在普通的电话线路上进行高速传输。在数据的传输方向上，ADSL 分为上行和下行两个通道。下行通道的数据传输率远远大于上行通道的数据传输速率，这就是所谓的非对称性。而 ADSL 的非对称特性正好符合人们下载信息量大而上载信息量小的特点。

电话线传输模拟信号的带宽极限是 64 Kb/s，要在普通电话线上实现高速率的数据传输速率就必须采用调制过的数字信号。ADSL 采用的是非对称数字用户环路技术，该技术的关键就是采用高速率、适于传输、抗干扰能力强的调制解调技术。在 ADSL 技术中一对电话线被分成了三个信息通道：标准电话服务的通道、640 Kb/s～1 Mb/s 的中速上行通道及 1 Mb/s～10 Mb/s 的高速下行通道，三个通道可同时工作。但是，ADSL 的数据传输率和线路的长度成正比。传输距离越长，信号衰减越大，越不适合高速传输。

与普通电话接入相比，ADSL 接入 Internet 需要增加特殊的硬件。增加的硬件设备有 ADSL modem(或 ADSL 路由器)和 ADSL 分离器。ADSL modem 用于单个用户或小型网络用户的接入，ADSL 路由器用于用户数量较多或对网络安全性和稳定性要求较高的中小型网络。ADSL 接入包括用户端模块和交换局端模块。用户端由用户 ADSL modem 和分离器(也称滤波器)组成，交换局端由 ADSL modem、分离器和接入多路复用系统(局端交换部分)组成。分离器的作用是分离承载音频信号的 4kHz 以下的低频带信号和 ADSL modem 调制的高频带信号。因此，在电话线上就可以同时提供电话和高速数据传输业务，二者互不干扰。

由于 ADSL 传输速率高，而且无须拨号，全天候连通，因此，ADSL 不仅适用于将单台计算机接入互联网，而且可以将一个局域网接入互联网。实际上，市场上销售的大多数 ADSL modem 不但具有调制解调的功能，而且具有网桥和路由器的功能。ADSL modem 的网桥和路由器功能使单机接入、局域网接入都变得非常容易。

与其他技术相比，ADSL 具有以下优点。

(1) ADSL 接入方式的传输速率比调制解调器、N-ISDN 快，同时利用现有的电话线并不需对现有网络进行改造，因此其实施所需投入的资金不多。

(2) ADSL 采用了频分多路技术，将电话线分成了三个独立的信道。用户可以边观看点播的网上电视，边发送 E-mail，还可同时打电话。

(3) ADSL 上网通过 ATM 网络直接接入 Internet，无须拨号，避免了占线和掉线等现象。并且每个用户都独享带宽资源，不会出现因网络用户增加而使传输速率下降的现象。

四、cable modem 接入技术

混合光纤同轴电缆(hybrid fiber coax，HFC)接入也称有线电视网宽带接入。HFC 是一种以频分复用技术为基础，综合应用数字传输技术、光纤和同轴电缆技术、射频技术的智能宽带接入

网，是有线电视网(CATV)和电话网结合的产物。从接入用户的角度看，HFC是经过双向改造的有线电视网，但从整体上看，它是以同轴电缆网络为最终接入部分的宽带网络系统。

cable modem(线缆调制解调器)是HFC中非常重要的设备。它可以提供很高的速率，其上行速率可达10 Mb/s，下行最高速率可达40 Mb/s以上。cable modem上行通道占用5MHz～45MHz的频谱范围，下行通道占用550MHz～770MHz的频谱范围。cable modem的主要任务是将从计算机接收到的信号调制成同轴电缆中传输的上行信号。同时，cable modem监听下行信号，并将收到的下行信号转换成计算机可以识别的信号提交给计算机。

cable modem接入系统在干线部分采用光缆传输，在光结点配置有光纤传输设备，负责将电视信号和cable modem送来的调制信号转换为光信号，或将光信号还原。每个光结点可以通过同轴电缆连接500～2000个相邻的用户。由此可以看出，对于同一光结点的不同用户之间实际相当于一个大的局域网，其网络拓扑结构类似于总线型。这要求cable modem不但有调制解调的功能，并且应具有以太网集线器等设备的功能。由于其网络结构是总线共享结构，因此上网的速度会随着上网人数的增加而下降。

由于目前许多有线电视网是一种单向数据传输网，这也就意味着用户只能用cable modem下载数据，而上行数据则通过普通拨号调制解调器或N-ISDN完成，否则必须对现有的线路、设备进行改造，使之可以实现双向数据传输。但是，资金的投入要远远高于ADSL。从目前的网络环境来看，cable modem在这一点上无法与ADSL相比。

尽管目前推广使用cable modem技术还存在一些困难，但cable modem技术的优势还是很明显的。具体体现在如下几个方面。

(1) 传输速率快。在目前应用的接入方式中，cable modem传输速率较高。

(2) 上网无须拨号。cable modem采用了与ADSL类似的非对称传输模式，和ADSL一样，一直处于在线状态，用户无须拨号上网。

(3) 支持宽带多媒体应用，包括视频会议、远程教学、视频点播、音乐点播等。

(4) 成本低廉。利用已有的有线电视网络。

(5) 不受连接距离限制。用户所在地和有线电视中心之间的同轴电缆能够按照用户的需要延伸，不受连接距离的限制，而ADSL等接入方式则不同。

五、无线局域网接入技术

虽然前面我们讨论了多种接入Internet的方法，但它们都要求有固定的线路与Internet相连。对于那些因为各种原因而需要经常变动工作场所的人们来说，无疑非常不方便。那么，如何才能够使人们更加方便地接入Internet呢？无线局域网(WLAN)应运而生了。

无线局域网顾名思义就是使用无线传输媒体的局域网。在以前，无线局域网的代价高、数据速率低、保密性不好，并且使用无线网必须申请许可证，直到最近随着这些问题的逐步解决，无线局域网才开始迅猛发展。无线局域网可以作为传统局域网的一个必要的补充。无线网的应用范围非常广泛，其中一个主要的应用是移动办公。无线局域网必须具有无线网的一般特性，如高容量、覆盖一定的范围、站点之间的全连接以及支持广播功能。

无线局域网中的无线接入点的作用相当于HUB，用户的计算机通过无线网卡与无线接入点建立传输数据的通道，将数据信号转化为红外线或无线电波传送给无线接入点，然后送入Internet。

无线局域网具有以下特性。

(1) 无线网中的站点数可能有上百个。

(2) 无线网的覆盖范围较大。

(3) 移动工作站在使用无线适配器时必须使用高寿命的电池，需要该移动站点频繁参与的MAC协议不太合适。

(4) 由于无线媒体自身的特征，易于被干扰和入侵，因此无线网的设计必须考虑在噪声环境下的可靠传输问题，同时必须提供一定的安全机制。

(5) 由于无线网的广泛使用，有可能在一个区域内会有两个或多个无线局域网同时存在，这就必须考虑到无线局域网之间的干扰问题。

(6) 用户可能更希望无须申请许可证就可以使用无线局域网。

(7) 无线局域网支持漫游服务。

(8) 无线局域网必须允许网络的动态配置，也就是说允许站点动态加入、退出或者移动，这些都不会影响到其他用户。

习题

一、选择题

1. 选择互联网接入方式时可以不考虑(　　)。

A. 用户对网络接入速度的要求

B. 用户所能承受的接入费用和代价

C. 接入计算机或计算机网络与互联网之间的距离

D. 互联网上主机运行的操作系统类型

2. ADSL 通常使用(　　)。

A. 电话线路进行信号传输　　B. ATM 网进行信号传输

C. DDN 网进行信号传输　　D. 有线电视网进行信号传输

二、填空题

1. 决定访问 Internet 的实际速度的主要因素有两个，即________和________。

2. 按照接入网络类型，接入 Internet 的方式可以分为________、________和________三种。

3. 从用户数量来说，Internet 接入一般分为________和________两种方式。

4. Internet 接入有两种基本的方式，即________和________。

5. ADSL 的非对称性是指____________________。

三、问答题

1. 什么是 Internet 接入方式？

2. 借助公共数据通信网上网有哪些形式？

3. 什么是 ADSL？

四、实践题

一个网络的 DNS 服务器 IP 为 10.62.64.5，网关为 10.62.64.253。在该网络的外部有一台主机，IP 为 166.111.4.100，域名 IP 为 www.Tsinghua.edu.cn。现在该网络内部安装一台主机，网卡 IP 设为 10.62.64.179。请使用 ping 命令验证网络状态，并根据结果分析以下情况。

(1) 验证网络适配器(网卡)是否工作正常。

(2) 验证网络线路是否正确。

(3) 验证网络 DNS 是否正确。

(4) 验证网络网关是否正确。

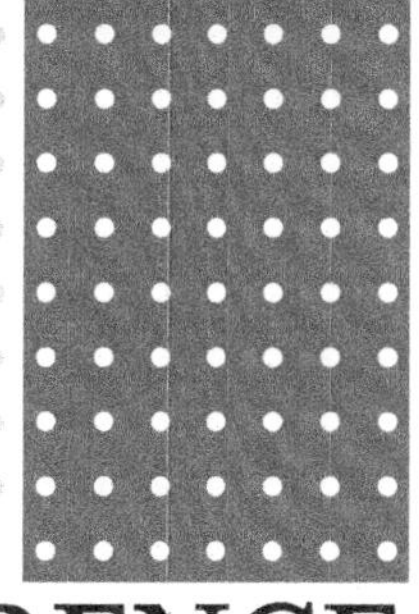

REFERENCE 参考文献

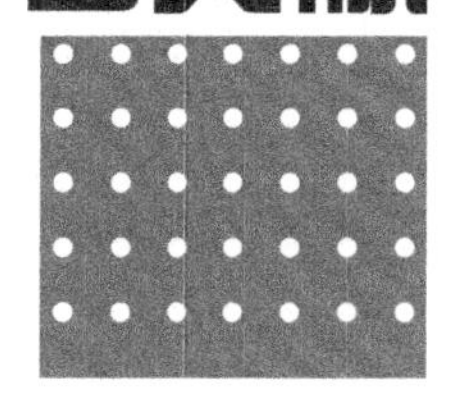

[1] 谢希仁.计算机网络[M].6版.北京:电子工业出版社,2013.
[2] 徐敬东,张建忠.计算机网络[M].3版.北京:清华大学出版社,2013.
[3] 张嘉辰,李金虎.计算机网络技术基础与实践教程[M].北京:中国电力出版社,2010.
[4] 陈明.计算机网络概论[M].2版.北京:中国铁道出版社,2015.
[5] 姜全生,王彬,侯丽萍,等.计算机网络技术应用[M].北京:清华大学出版社,2010.
[6] 周舸.计算机网络技术基础[M].4版.北京:人民邮电出版社,2015.
[7] 邱建新.计算机网络技术[M].北京:机械工业出版社,2012.
[8] 田庚林,王浩.计算机网络基础项目教程[M].北京:清华大学出版社,2011.
[9] 李志球.计算机网络基础[M].4版.北京:电子工业出版社,2014.
[10] 柳青.计算机网络技术基础实训[M].北京:人民邮电出版社,2010.
[11] 陕华,薛芳,徐晓明,等.计算机网络技术实用教程[M].北京:清华大学出版社,2012.
[12] 满昌勇,崔学鹏.计算机网络基础[M].2版.北京:清华大学出版社,2015.